草莓保鲜及深加工理论与技术

孙希云　郭弘冰　王月华　主编

Theory and Technology of
Strawberry Preservation and Processing

中国農業大學出版社
China Agricultural University Press
·北京·

内容简介

本书在辽宁省农业攻关及产业化项目“草莓采后贮运保鲜及深加工关键技术研究”的支持下，围绕草莓保鲜和加工中的理论基础及关键技术进行了系统研究，包括静电场处理对冷藏草莓的保鲜效应及软化机制的影响、草莓冻藏过程中挥发性香气成分的变化、草莓酒发酵过程中香气物质的变化、辅色剂对草莓果汁色泽稳定性的影响、草莓和草莓叶多酚提取物的抗糖化活性、草莓 3D 打印特性及涂膜处理对其保鲜效果的影响六个方面，最终形成一套完整的草莓冷链及深加工技术体系和理论。该书对于提升草莓物流保鲜及深加工技术具有重要的指导意义，为推动草莓深加工产业走向高品质发展的道路奠定基础。本书可为食品类专业研究生和从事功能食品生产及相关科研人员提供参考。

图书在版编目(CIP)数据

草莓保鲜及深加工理论与技术/孙希云等主编. --北京：中国农业大学出版社，2023.9
ISBN 978-7-5655-3066-1

Ⅰ.①草… Ⅱ.①孙… Ⅲ.①草莓－果蔬保藏－研究②草莓－水果加工－研究 Ⅳ.①TS255

中国国家版本馆 CIP 数据核字(2023)第 174649 号

书　　名 草莓保鲜及深加工理论与技术
Caomei Baoxian ji Shenjiagong Lilun yu Jishu

作　　者 孙希云　郭弘冰　王月华　主编

策划编辑 魏　巍　　**责任编辑** 魏　巍
封面设计 李尘工作室
出版发行 中国农业大学出版社
社　　址 北京市海淀区圆明园西路 2 号　　**邮政编码** 100193
电　　话 发行部 010-62733489,1190　　读者服务部 010-62732336
编辑部 010-62732617,2618　　出　版　部 010-62733440
网　　址 http://www.caupress.cn　　**E-mail** cbsszs@cau.edu.cn
经　　销 新华书店
印　　刷 河北虎彩印刷有限公司
版　　次 2023 年 9 月第 1 版　2023 年 9 月第 1 次印刷
规　　格 185 mm×260 mm　16 开本　17.25 印张　431 千字
定　　价 56.00 元

编者名单

孙希云(沈阳农业大学)

郭弘冰(丹东益农食品有限公司)

王月华(沈阳农业大学)

前　言

草莓属蔷薇科，果实为浆果，果色鲜红，柔软多汁，酸甜可口。草莓营养价值丰富，被誉为“水果皇后”，含有丰富的维生素 C、维生素 A、维生素 E、维生素 PP、维生素 B_1、维生素 B_2、胡萝卜素、鞣酸、天冬氨酸、草莓胺、果胶、纤维素、叶酸、铜、铁、钙、鞣花酸与花青素等物质，同时具有清暑解热、生津止渴、利尿止泻的功效，具有很高的营养价值和食疗作用，深受人们的喜爱。

20 世纪 80 年代以来，我国草莓产业发展迅速，种植面积也在逐年递增。伴随着种植面积和产量的不断增加，草莓的保鲜和深加工技术也亟须跟上其发展步伐，这样才能保持整个产业链持续健康发展。

本书突破传统保鲜和加工技术，围绕草莓本身的特点将果蔬加工的新技术、新理论应用其中，以提升草莓保鲜水平及加工品质，如将电场应用到草莓保鲜过程中，不但很好地避免了草莓保鲜过程中硬度下降的问题，同时还为该技术在物流中的应用提供了借鉴。草莓叶作为一种副产物，通过其功能评价可以为其开发保健品或化妆品提供途径；草莓泥可以应用到 3D 打印中，极大地拓展了草莓产品的应用范围；草莓的香气是其非常重要的品质指标，本书对草莓在速冻和果酒酿制过程中的香气变化进行了深入的分析。本书的具体编写分工如下：第 1 章、第 4 章、第 5 章由王月华编写，第 3 章、第 6 章由孙希云编写，第 2 章由郭弘冰和孙希云共同编写。

为了更好地推进传统出版与新型出版融合，发挥信息技术的积极作用，本书采用二维码技术形象地展示彩图，方便读者扫描参考学习。本书可作为食品类专业研究生与从事功能食品研发和生产工作者的参考书。在此，谨向关心、支持和参与本书编写、出版的各位老师和领导表示衷心的感谢！

由于书中内容多，涉及面广，编者水平有限，在编写过程中难免出现疏漏和错误，敬请广大同仁和读者批评指正。

编　者

2023 年 7 月

目　　录

第 1 章

静电场处理对冷藏草莓的保鲜效应及软化机制的影响

1.1 概述

草莓果实香甜可口，营养丰富，很受消费者的喜爱。但草莓属于软质型果实，极易在采摘、运输过程中受到损坏，导致草莓的货架期非常短。同时贮藏技术标准化不高、产业链发展不完善、上市时间短等问题，也严重制约草莓产业的发展。

目前草莓保鲜技术主要包括低温保鲜、气调保鲜、辐照保鲜、光照保鲜、热处理保鲜、使用化学保鲜剂或生物保鲜剂保鲜等。但是长期低温处理会出现冷害现象；气调保鲜成本较高，易出现缺氧损伤现象；辐照、光照和热处理会对草莓的营养物质、色泽和口感产生不利影响；化学保鲜剂会残留在草莓表面，对人体健康及环境产生危害；涂膜会增加草莓在包装过程中的机械损伤，且易受温度和湿度的影响。因此，尽快寻求一种安全、环保、高效、适合大众的保鲜技术十分重要。而 DENBA＋静电场可以不接触食材达到保鲜效果，是一种在成本、品质、安全方面具有优势的非热物理贮藏技术。

目前，关于使用 DENBA＋静电场对草莓进行保鲜的有关研究较少。在本章中，对比了不同强度的 DENBA＋静电场处理对冷藏期‘九九’草莓（Benihoppe，又名‘红颜’草莓）的保鲜效果，根据草莓的外观品质和内在品质的变化参数详细分析 DENBA＋静电场对草莓贮藏品质的影响。

1.2 不同强度静电场处理对冷藏草莓品质的影响

1.2.1 材料与设备

1.2.1.1 试验材料与试剂

试验材料为'九九'草莓，由丹东益农食品有限公司提供，采后 4 h 内送往辽宁省果树科学研究所。试验挑选成熟度、色泽、大小一致且无机械损伤和病虫害的草莓果实备用。草莓果实随机分成三组装到塑料保鲜盒中(规格为 200 mm×150 mm ×100 mm，每盒约 800 g)，用低密度聚氯乙烯保鲜膜密封，平行放置在对立电极板内部(500 V 或 1 200 V)，置于(4±0.5)℃，相对湿度 85%～95%的 DENBA+静电场冷库中 18 d，每组样品每隔 3 d 随机取样，进行各项指标测定，每项测定重复 3 次，取平均值。

试验试剂如表 1-1 所示。

表 1-1 试验试剂

名称	规格	生产厂家
乙醇	分析纯	天津大茂化学试剂有限公司
硫酸	分析纯	国药集团化学试剂有限公司
盐酸	分析纯	国药集团化学试剂有限公司
葡萄糖	分析纯	北京伊诺凯科技有限公司
氯化钾	分析纯	国药集团化学试剂有限公司
乙酸钠	分析纯	上海泰坦科技股份有限公司
碳酸钠	分析纯	国药集团化学试剂有限公司
福林-酚试剂	分析纯	国药集团化学试剂有限公司

1.2.1.2 主要仪器设备

主要仪器设备见表 1-2。

表 1-2 主要仪器设备

名称	仪器型号	生产厂家
超净工作台	HCB-1300V	青岛海尔特种电器有限公司
电子天平	JZC-3TSC	福州科迪电子技术有限公司
手持硬度计	GY-4	青岛慧美科电子有限公司
电热恒温水浴锅	DK-98-ⅡA	天津泰斯特仪器有限公司
高速冷冻离心机	Centrifuge 5804R	德国艾本德股份公司
全自动色差计	CM-700D	日本 KONICA MINOLTA 公司

续表 1-2

名称	仪器型号	生产厂家
pH 计	PHS-3E	上海佑科仪器仪表有限公司
数字糖度折射仪	PAL-1	日本 ATAGO 公司
九阳榨汁机	JYL-C012	济南九阳股份有限公司
数控超声波清洗仪	KH5200DE	昆山禾创超声仪器有限公司
紫外可见分光光度计	UV-1600	上海美普达仪器有限公司

1.2.2　测试指标与方法

1.2.2.1　硬度

采用 GY-4 型手持硬度计进行测量(Jongsri et al.，2016)。每个处理随机选取 5 个草莓，切去部分表面果皮，选择果实赤道处 3 个等距位置，保证果实完整无损坏，记录数据，硬度的单位为 N。

1.2.2.2　腐烂指数

根据果实的腐烂面积大小，腐烂指数划分为 4 个等级(Wang et al.，2019)。0 级，无腐烂；1 级，腐烂面积≤10%；2 级，腐烂面积≤30%；3 级，腐烂面积>30%。腐烂指数按以下公式计算：

$$\text{腐烂指数}=\frac{\sum(\text{腐烂级数}\times\text{该级果实数})}{\text{最高腐烂级数}\times\text{总果实数}}\times 100\%$$

1.2.2.3　失重率

失重率采用称重法测量(Kang et al.，2021)。将草莓置于托盘天平上称重，记录数据，按以下公式计算：

$$\text{失重率}=\frac{\text{初始质量}-\text{第 }n\text{ 天的质量}}{\text{初始质量}}\times 100\%$$

1.2.2.4　色差

采用 CM-700D 型全自动色差计测量果实的 L^*、a^*、b^*，每个处理随机选取 3 个草莓，测定草莓对称两侧的色差，记录数据，取平均值(朱莹莹，2019)。色差按以下公式进行计算：

$$\Delta E=\sqrt{(L_0^*-L^*)^2+(a_0^*-a^*)^2+(b_0^*-b^*)^2}$$

1.2.2.5　pH

将草莓去果柄并切块榨汁，取出汁液用纱布过滤至洁净烧杯中，用已校准的 PHS-3E 型 pH 计读数(Jiang et al.，2019)。

1.2.2.6　可溶性固形物(TSS)含量

随机选取 3 个草莓去果柄于研钵中，在冰浴中研磨，用纱布过滤至洁净烧杯中，用已校准的 PAL-1 型数字糖度折射仪测定可溶性固形物含量(Jiang et al.，2020)。

1.2.2.7 总糖含量

总糖含量采用蒽酮比色法测定(温文娟等,2020)。随机选取3个草莓去果柄于研钵中,在冰浴下研磨,取5 g草莓浆、25 mL沸水于洁净的50 mL锥形瓶中,加盖,超声提取15 min,取出自然冷却至室温后过滤,残渣反复用沸水洗涤并过滤。取1 mL提取液、4 mL蒽酮溶液(浓度为0.2%,使用浓硫酸溶解)于试管中,快速冷却后于水浴锅中煮沸,保持10 min,自然冷却至室温,在620 nm处测量吸光度值,平行测定3次,取平均值。

1.2.2.8 总酚含量

总酚含量采用福林-酚法测定(Singleton et al.,1999)。随机选取3个草莓去果柄于研钵中,在冰浴下研磨,取5 g草莓浆,用蒸馏水定容至50 mL锥形瓶中备用。取1 mL提取液、0.5 mL福林-酚试剂(2 mol/L)于试管中混匀,暗处放置5 min,加入2 mL Na_2CO_3(20%)溶液,用蒸馏水定容至25 mL,充分混匀后于暗处放置1 h,在760 nm处测定吸光度,平行测定3次,取平均值。

1.2.2.9 花青素含量

花青素含量采用pH示差法测定(Orak, 2007)。随机选取3个草莓去果柄,在冰浴下研磨,取10 g草莓浆、50 mL乙醇(60%,含有0.01% HCl)于洁净锥形瓶中混匀,超声提取20 min后离心(5 000 r/min)15 min,过滤取上清液。取两份2 mL提取液,分别加入8 mL的pH 1.0和pH 4.5的缓冲液,暗处放置90 min,用酶标仪于520 nm、700 nm处测量吸光度,平行测定3次,取平均值。按以下公式计算花青素含量:

$$A=(A_{520\ \mathrm{nm}}-A_{700\ \mathrm{nm}})_{\mathrm{pH1.0}}-(A_{520\ \mathrm{nm}}-A_{700\ \mathrm{nm}})_{\mathrm{pH4.5}}$$

$$\text{花青素含量(mg/kg)}=\left(\frac{A}{\varepsilon L}\times M\times V\times F\right)/m$$

式中:ε为矢车菊素-3-O-葡萄糖苷摩尔吸光系数[26 900 L/(cm · mg)];L为比色管宽度(1 cm);M为矢车菊素-3-O-葡萄糖苷分子质量(449.2 g/mol);V为最终定容体积(mL);m为样品质量(g)。

1.2.2.10 感官评价

由10名相关专业的学生代表评估草莓的感官品质,根据果实的颜色、质地、气味等指标进行感官评价(冯文婕等,2016),具体评价标准如表1-3所示。

表1-3 感官评价标准

颜色	质地	气味	外形	总分
鲜红色(9)	紧实(9)	果香浓郁(9)	饱满(9)	
深红色(7)	较紧实(7)	果香偏淡(7)	较饱满(7)	
暗红色(5)	偏软(5)	无果香(5)	稍萎蔫(5)	
部分为褐色(3)	软(3)	稍有异味(3)	萎蔫(3)	
褐色(1)	软化严重(1)	异味严重(1)	萎蔫严重(1)	

1.2.2.11 数据处理

所有数据均采用SPSS 26.0和Graphad Prism 9软件进行方差分析和图形绘制,采用邓肯多重比较法进行差异性分析，$p<0.05$ 表示差异性显著。

1.2.3　结果与分析

1.2.3.1　DENBA＋静电场处理对冷藏草莓硬度的影响

硬度是反映果品品质好坏的重要指标之一。如图 1-1 所示，草莓果实的硬度随贮藏时间的延长而持续降低。贮藏前期，500 V 处理组草莓的硬度显著高于对照组（$p<0.05$）。贮藏末期，对照组、1 200 V 处理组和 500 V 处理组的草莓果实硬度分别为 1.97 N、2.12 N 和 2.45 N。在整个贮藏期间，500 V 处理组的果实维持较高的硬度，比初始值降低了 45.1%。从柱形图下降趋势看，对照组的草莓果实的硬度下降速率最快，说明 DENBA＋静电场能显著抑制果实软化，其 500 V 处理组的效果更好，有效延长了草莓果实的货架期。

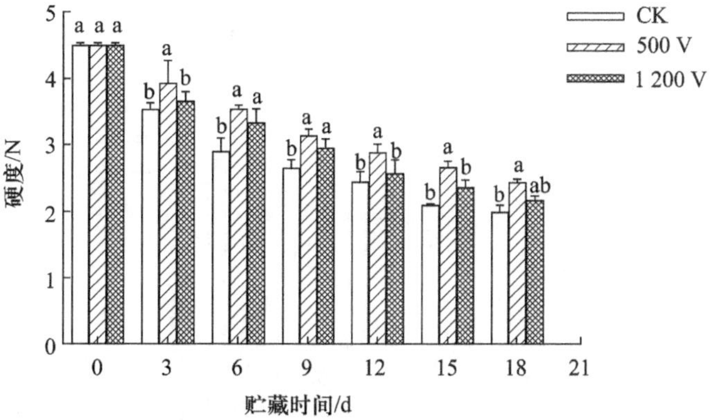

图 1-1　DENBA＋静电场处理对冷藏草莓果实硬度的影响

注：不同字母表示数据间有显著性差异。

1.2.3.2　DENBA＋静电场处理对冷藏草莓腐烂指数的影响

腐烂指数是判断果蔬新鲜度的重要指标。如图 1-2 所示，草莓果实的腐烂指数在贮藏期间持续增加，其对照组的果实的腐烂指数差异最为显著（$p<0.05$）。贮藏前期，草莓果实的腐烂指数均处于一个较低水平，对照组果实在 3 d 后开始出现腐烂现象，而试验组果实之间几乎没有差别（$p>0.05$）。贮藏末期，对照组、1 200 V 处理组和 500 V 处理组的草莓果实腐烂指数分别为 95.8 %、54.16 % 和 45.83 %。整个贮藏期间，500 V 处理组的果实腐烂指数始终最低。从柱形图变化趋势上看，1 200 V 处理组的腐烂指数高于 500 V 处理组，说明 500 V 处理组对草莓的腐烂变质起到更好的抑制作用。

1.2.3.3　DENBA＋静电场处理对冷藏草莓失重率的影响

果实在贮藏期间由于自身的呼吸作用和水分蒸发，导致果实质量损失。如图 1-3 所示，草莓的失重率随贮藏时间的延长而持续上升。从柱形图变化趋势看，对照组草莓的失重率高于试验组，说明 DENBA＋静电场处理对草莓的呼吸代谢及水分蒸发均具有一定的抑制作用。从贮藏第 6 天起，三组处理间出现显著差异（$p<0.05$）。贮藏末期，对照组果实的失重率比 500 V 处理组约高 1.95%；1 200 V 处理组与 500 V 处理组果实的失重率相差不大，仅约高 0.24%。在整个贮藏期，500 V 处理对草莓的保鲜效果最好。

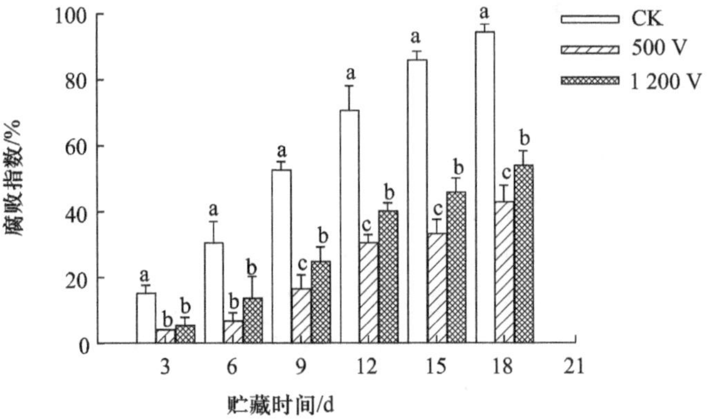

图 1-2 DENBA＋静电场处理对冷藏草莓果实腐烂指数的影响

注：不同字母表示数据间有显著性差异。

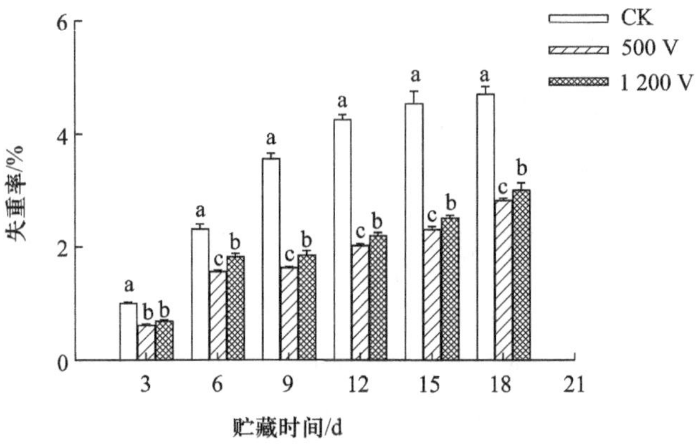

图 1-3 DENBA＋静电场处理对冷藏草莓果实失重率的影响

注：不同字母表示数据间有显著性差异。

1.2.3.4 DENBA＋静电场处理对冷藏草莓色差的影响

颜色是衡量果品外在品质的重要指标之一，也是消费者购买意愿的视觉参数。L^* 代表果实表面亮度，正值偏白色。如图 1-4(a)所示，L^* 随贮藏时间的延长呈先增大后减小的趋势。贮藏前期，各组草莓果实 L^* 无明显差异（$p>0.05$）；贮藏中期，对照组果实的亮度显著低于试验组（$p<0.05$），其中 500 V 处理组和 1 200 V 处理组的结果差异不大；贮藏后期，各处理组均出现显著差异（$p<0.05$），说明 500 V 的 DENBA＋静电场处理可较好维持冷藏期间草莓果实表面亮度。

a^* 是果实红绿色差指标，正值偏红色，负值偏绿色。b^* 是果实黄蓝色差指标，正值偏黄色，负值偏蓝色。如图 1-4(b)所示。贮藏前中期，对照组草莓果实的 a^* 显著高于 500 V 处理组（$p<0.05$），1 200 V 处理组的 a^* 与该两组无明显差异；贮藏末期，对照组草莓果实的 a^* 减小，这与草莓的腐烂变质有关。如图 1-4(c)所示，在整个贮藏过程中，各组草莓果实的 b^* 变化差异不明显（$p>0.05$）。

ΔE 代表果实的总色差，数值越大变化越明显。如图 1-4(d)所示，在整个贮藏期间，各组草

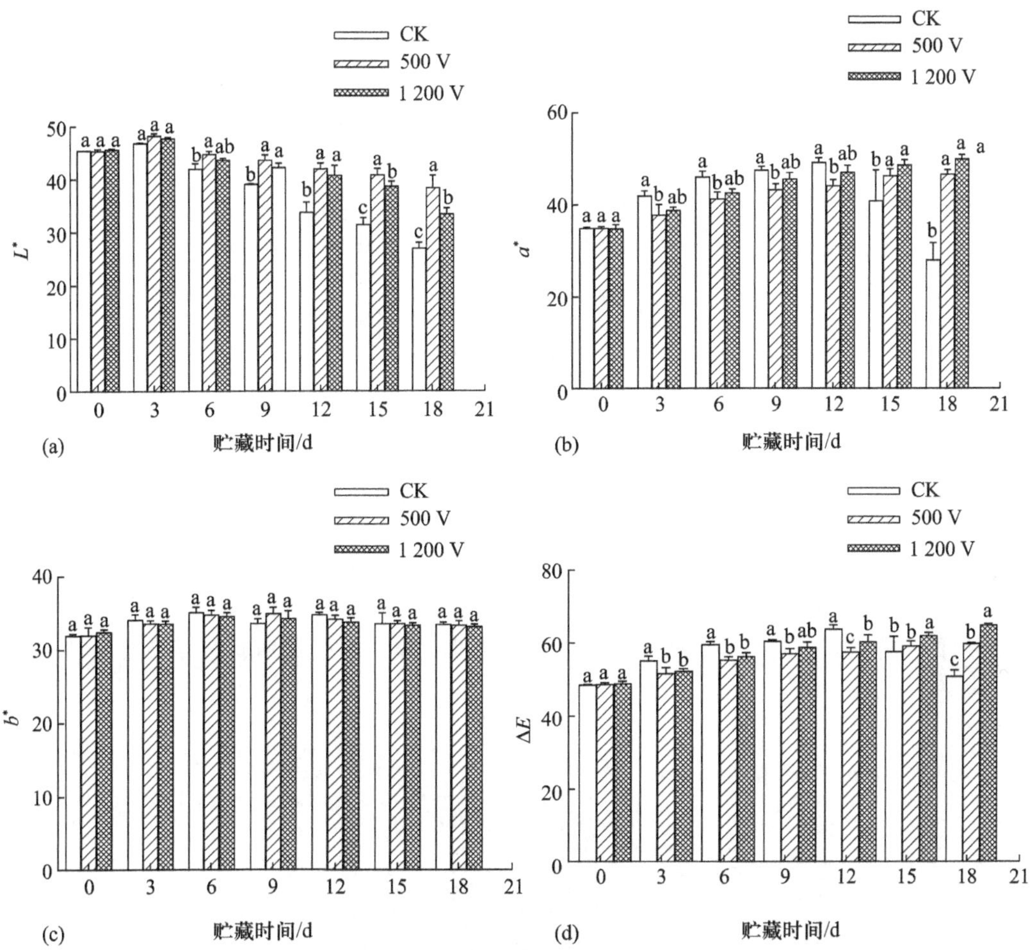

图 1-4　DENBA+静电场处理对冷藏草莓 L^*(a)、a^*(b)、b^*(c)和 ΔE(d)的影响

注:不同字母表示数据间有显著性差异。

莓果实的 ΔE 呈上升趋势,其中 500 V 处理组的 ΔE 变化最小,仅为初始值的 1.25 倍。结果表明输出电压 500 V 的 DENBA+静电场处理对抑制冷藏期间草莓果实的色泽转变速率效果较好。

1.2.3.5　DENBA+静电场处理对冷藏草莓 pH 的影响

pH 代表果实中有机酸含量的变化。由于采后果实不断衰老和自身的呼吸代谢增强,从而加快消耗体内的营养物质,使得 pH 持续上升,数值越大腐烂程度越高。如图 1-5 所示,在整个贮藏期间,各组草莓的 pH 呈上升趋势,其中 500 V 处理组果实的 pH 明显低于对照组($p<0.05$),且始终维持最低的 pH。贮藏末期,对照组、500 V 处理组、1200 V 处理组的 pH 分别为 4.20、4.14 和 4.18。从柱形图趋势上看,对照组果实的 pH 上升速率最快,说明对照组果实的腐烂变质速率较快,500 V DENBA+静电场处理可有效抑制冷藏期间草莓果实的 pH 升高。

1.2.3.6　DENBA+静电场处理对冷藏草莓可溶性固形物含量的影响

可溶性固形物(TSS)是衡量果品的营养价值和成熟度的重要指标。如图 1-6 所示,在整个贮藏期间,各组草莓的 TSS 均呈先上升后下降的趋势。贮藏初期,对照组果实的 TSS 含量明显高于试验组($p<0.05$)。从贮藏第 9 天起,试验组的 TSS 含量不断降低,贮藏第 9 天和第

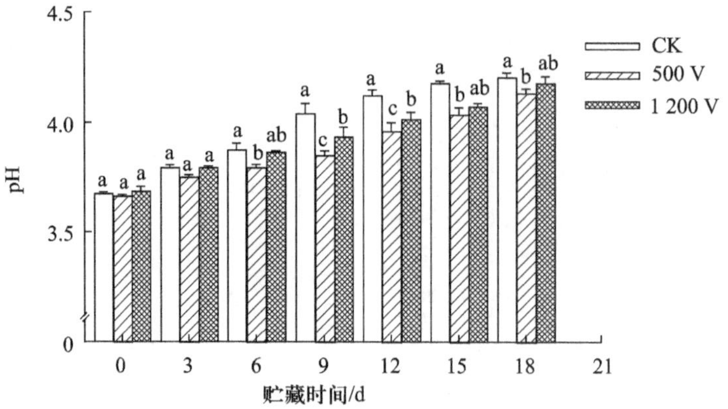

图 1-5　DENBA+静电场处理对冷藏草莓果实 pH 的影响

注：不同字母表示数据间有显著性差异。

12 天时 500 V 处理组和 1 200 V 处理组的 TSS 含量无明显差异($p>0.05$)。贮藏末期，对照组、500 V 处理组和 1200 V 处理组的 TSS 含量分别为初始值的 0.81 倍、0.98 倍、0.94 倍，说明对照组的 TSS 损失较多，DENBA+静电场处理可有效抑制冷藏期间草莓果实的 TSS 含量降低。

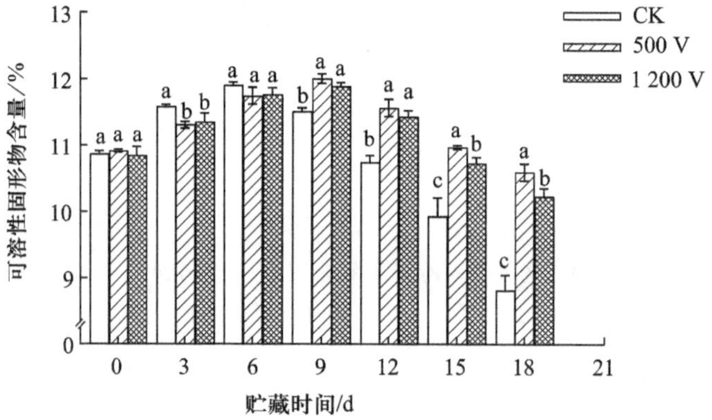

图 1-6　DENBA+静电场处理对冷藏草莓果实可溶性固形物含量的影响

注：不同字母表示数据间有显著性差异。

1.2.3.7　DENBA+静电场处理对冷藏草莓总糖含量的影响

总糖含量影响果蔬的鲜食风味，是衡量果实品质的重要指标之一。贮藏初期，果实的淀粉酶活性增强，促进淀粉水解为果糖、葡萄糖和其他物质，导致总糖含量上升。但随着果实不断衰老，呼吸速率加快等生理活动变化，大量消耗糖分，导致总糖含量下降。如图 1-7 所示，草莓的总糖含量均呈先上升后下降趋势。贮藏前期，各组果实的总糖含量无明显差异($p>0.05$)；贮藏末期，对照组、500 V 处理组和 1 200 V 处理组的 TSS 含量分别是 512.82 mg/kg、704.24 mg/kg 和 623.45 mg/kg。从柱形图趋势上看，对照组的总糖含量下降速度最快，且 500 V 处理组的总糖含量在贮藏中后期始终高于 1 200 V 处理组，说明输出电压 500 V 的 DENBA+静电场处理对草莓的总糖降解起到更好的抑制作用。

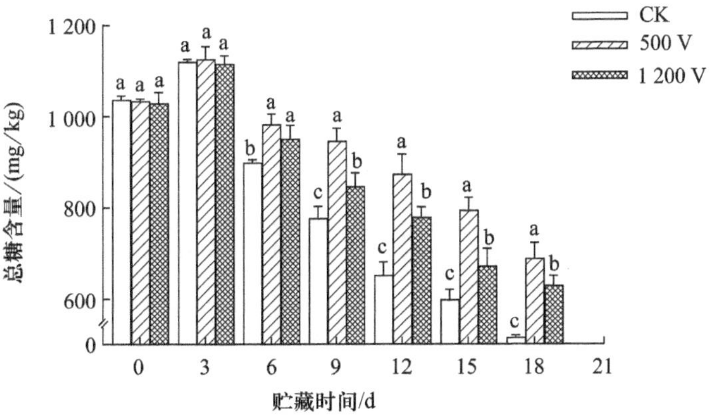

图 1-7　DENBA+静电场处理对冷藏草莓果实总糖含量的影响

注:不同字母表示数据间有显著性差异。

1.2.3.8　DENBA+静电场处理对冷藏草莓总酚含量的影响

通常贮藏前期果实的蔗糖、有机酸等转化为合成酚类物质的底物,促使总酚含量增加。贮藏后期,伴随微生物的入侵和果实衰老,酚类物质含量降低。如图 1-8 所示,草莓的总酚含量呈先上升后下降的趋势。贮藏中后期,对照组草莓果实的总酚含量显著低于试验组;贮藏末期,500 V 处理组和 1 200 V 处理组的总酚含量分别约为初始值的 1.41 倍和 1.23 倍。从柱形图趋势上看,对照组的总酚含量下降速率大于试验组($p<0.05$),且 500 V 处理组的总酚含量始终高于 1 200 V 处理组,说明输出电压 500 V 的 DENBA+静电场处理对草莓的总酚降解起到更好的抑制作用。

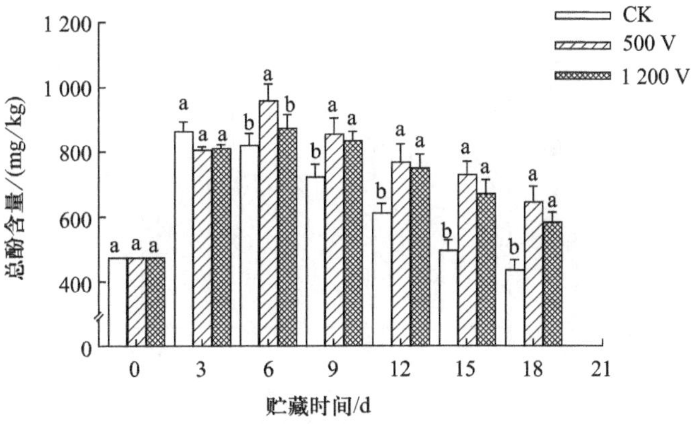

图 1-8　DENBA+静电场处理对冷藏草莓果实总酚含量的影响

注:不同字母表示数据间有显著性差异。

1.2.3.9　DENBA+静电场处理对冷藏草莓花青素含量的影响

花青素是果实次生代谢的主要产物,果实颜色变化的主要原因也是花青素的积累。如图 1-9 所示,各组草莓果实的花青素含量呈先上升后下降趋势。贮藏前期,各处理组草莓果实的花青素含量无显著差异($p>0.05$)。贮藏中后期,对照组果实的花青素含量显著降低($p<0.05$),其中贮藏 6 d 时,各组的花青素含量达到最大值;贮藏 18 d 时,500 V 处理组草莓果实的花青素含量比 1 200 V 处理组约高 45.36 mg/kg,说明 DENBA+静电场处理可有效抑制花青素的降

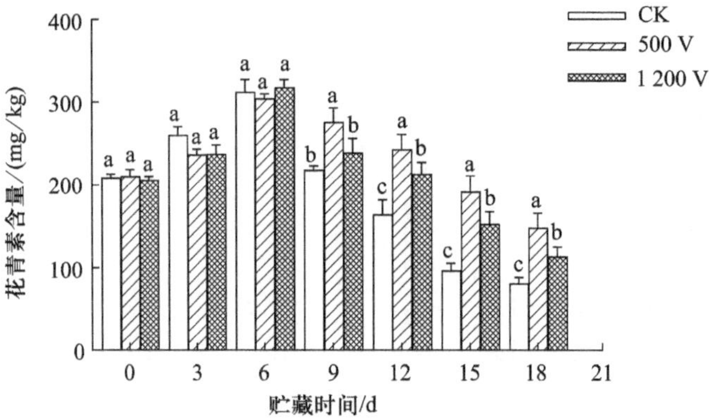

图 1-9　DENBA+静电场处理对冷藏草莓果实花青素含量的影响

注:不同字母表示数据间有显著性差异。

解,其中 500 V 处理组效果更佳。

1.2.3.10　DENBA+静电场处理对冷藏草莓感官评价的影响

如图 1-10 所示,在整个贮藏期间,草莓的感官评价均呈下降趋势,DENBA+静电场处理组保鲜效果优于对照组,其中对照组感官评分下降最快,贮藏 12 d,其感官评分仅为 14,此时草莓颜色暗红,质地偏软,稍有异味,花萼严重萎蔫,同时期的 500 V 处理组草莓果实的感官评分最高为 25。贮藏末期,500 V 处理组和 1 200 V 处理组的感官评价仍能保持较高分数。因此,输出电压 500 V 的 DENBA+静电场处理对冷藏期间的草莓果实保鲜效果较好。

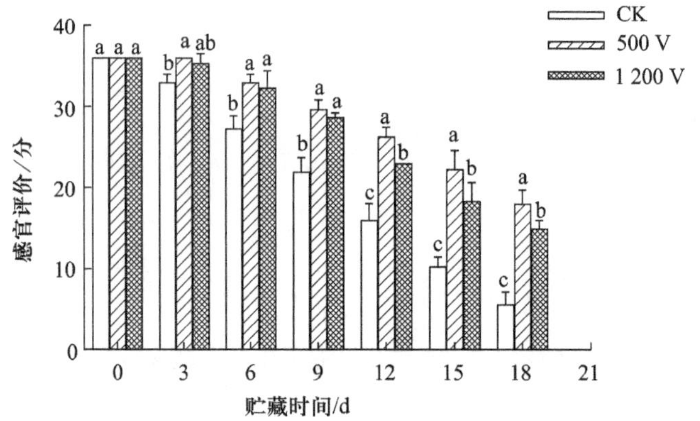

图 1-10　DENBA+静电场处理对冷藏草莓果实感官评价的影响

注:不同字母表示数据间有显著性差异。

1.2.4　讨论与小结

草莓在贮藏期间不断出现组织变软、腐败变质、色泽变暗,导致果实货架期缩短。研究发现,DENBA+静电场可在不接触果蔬状态下,可达到改善果蔬质地和延长货架期的目的。具体结果如下:就硬度而言,DENBA+静电场能维持草莓的结构稳定性,延缓果实软化,在柿子中也得到了相似结果(Liu　et al.,2017),但随贮藏时间的延长,1 200 V 处理组草莓果实的硬度与对照组无明显差异,这可能与长期的高压电场处理加速破坏草莓细胞壁的稳定结构有关。

就失重率而言，DENBA＋静电场通过减少草莓的水分蒸发及呼吸速率，抑制果实失重率的上升(Atungulu　et al.，2005)，其中 500 V 处理组的效果较优，这可能是对流传质系数随输出电压的增大而增加，导致果实失水率更快(Bajgai　et al.，2006)。就果实的亮度而言，DENBA＋静电场处理与对照组相比可更好维持果实表皮的亮度，贮藏末期 500 V 处理组与 1 200 V 处理组间草莓亮度略微出现差异，这可能与草莓本身颜色较暗有关。就 a^* 而言，贮藏中期，对照组草莓果实的 a^* 显著高于 500 V DENBA＋ 静电场处理组，在花椰菜中得到相似结果(Kao et al.，2019)，这可能是草莓失水率快、色素累积加快，导致了色差变化较大(Kang　et al.，2021)；贮藏末期，对照组的草莓果实 a^* 显著下降，这是由于草莓果实被微生物入侵，时间越长发霉现象越严重，加快了果实的色泽转换率。就腐烂指数而言，DENBA＋静电场产生的电磁静电波可有效抑制细菌、真菌的生长，延长果实的货架期(王伟强和董丹华，2017)。

草莓在贮藏期间不断衰老，加快消耗自身的营养物质(Liu　et al.，2017)，包括糖类、有机酸、总酚和花青素等。研究发现，500 V 处理组可以维持更好的草莓果实品质。就总酚而言，DENBA＋静电场处理的草莓果实的总酚含量显著高于对照组，在石榴、猕猴桃中也得到了相似结果(Lotfi et al. ，2022；杨孟，2013)，这可能是电场诱导苯丙氨酸解氨酶(PAL)的合成，减少果实营养物质的损失。就总糖、花青素而言，贮藏中后期，500 V 处理组与 1 200 V 处理组间草莓果实的营养物质含量出现显著差异，这可能是长期高压电场处理破坏了果实细胞膜的完整性，从而导致营养物质含量降低。

综上所述，DENBA＋静电场可作为一种延长草莓果实货架期的替代方法，其中 500 V 处理组的草莓果实的感官品质和营养品质均具有较大优势。

1.3　静电场处理对冷藏草莓细胞壁降解的影响

采后的草莓果实通过呼吸作用维持正常的生理活动，不断消耗自身的营养物质，导致果实的硬度下降，缩短其货架期。果实软化是一个复杂而微妙的过程，一般认为是酶水解细胞壁多糖组分而引起果实细胞结构改变。植物细胞壁由三部分组成：由果胶多聚物构成的且具有黏合性的胞间层；由原生质体分泌的纤维素、半纤维素、果胶和结构蛋白构成的具有可塑性的初生壁；由原生质体分泌的纤维素、半纤维素、少量果胶和木质素构成的具有刚性的次生壁。细胞壁的组成决定细胞的结构，导致改变细胞的大小、形态和功能。因此，研究果实细胞壁软化机制，可从果实的细胞壁组分和细胞壁超微结构等方面进行分析。

本章采用最佳强度(500 V)的 DENBA＋静电场处理 ‘九九’草莓果实，以 0 V 为对照，研究 DENBA＋静电场处理对冷藏期草莓果实细胞壁多糖组分的含量及细胞壁超微结构的影响，为 DENBA＋静电场处理对草莓果实软化调控机制提供理论依据。

1.3.1　材料与设备

1.3.1.1　试验材料与试剂

供试材料为‘九九’草莓，由丹东益农食品有限公司提供，采后当天 4 h 内送往辽宁省果树科学研究所进行试验，挑选成熟度、色泽、大小一致，且无机械损伤和病虫害的草莓果实以备用。草莓果实随机分成三组装到塑料保鲜盒中(规格为 200 mm×150 mm ×100 mm，每盒重约 800 g)，用低密度聚氯乙烯保鲜膜密封平行放置在对立电极板内部(500 V)，放置在(4±0.5) ℃，相对湿度 85%～95%的 DENBA+静电场冷库中，保持 18 d，每组样品每隔 3 d 定期随机取样，进行各项指标测定，重复 3 次，取平均值。

试验试剂如表 1-4 所示。

表 1-4 试验试剂

名称	规格	生产厂家
DMSO	分析纯	国药集团化学试剂有限公司
丙酮	分析纯	四川西陇化工有限公司
乙酸钠	分析纯	北京伊诺凯科技有限公司
EDTA	分析纯	国药集团化学试剂有限公司
碳酸钠	分析纯	上海泰坦科技股份有限公司
氢氧化钾	分析纯	国药集团化学试剂有限公司
浓硫酸	分析纯	国药集团化学试剂有限公司
乙酸乙酯	分析纯	国药集团化学试剂有限公司
蒽酮	分析纯	国药集团化学试剂有限公司
咔唑	分析纯	北京伊诺凯科技有限公司

1.3.1.2 主要仪器设备

主要仪器设备见表 1-5。

表 1-5 主要仪器设备

名称	仪器型号	生产厂家
超净工作台	HCB-1300V	青岛海尔特种电器有限公司
电子天平	JZC-3TSC	福州科迪电子技术有限公司
恒温水浴摇床	HT-110X50	上海赫田科学仪器有限公司
电热恒温水浴锅	DK-98-ⅡA	天津泰斯特仪器有限公司
高速冷冻离心机	Centrifuge 5804R	德国艾本德股份公司
旋涡振荡器	QL-901	江苏省海门市麒麟医用仪器厂
pH 计	PHS-3E	上海佑科仪器仪表有限公司
电热恒温鼓风干燥箱	DHG-9003BS	上海新苗医疗器械制造有限公司
透射扫描电子显微镜	HT7700-MS2	日本日立公司
超低温冰箱	DW-60L158	青岛海尔电器有限公司

1.3.2 测试指标与方法

1.3.2.1 果实细胞壁物质(CWM)的提取

参照 Gwanpua 等(2016)方法提取果实细胞壁物质，略有修改，具体步骤参照图 1-11。

1.3.2.2 细胞壁多糖的提取

参考王琛(2016)的方法略有修改，分步提取果实细胞壁多糖。称取上述细胞壁物质 400 mg，提取方法如下。

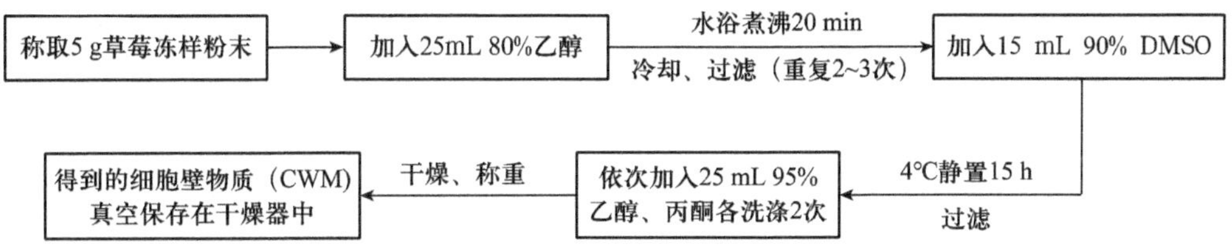

图 1-11　细胞壁物质(CWM)提取流程

水溶性果胶(WSP):20 ℃下加 20 mL 去离子水振荡 5 h;

离子型果胶(ISP):20 ℃下加 20 mL 乙酸钠(50 mmol,含 50 mmol/L EDTA,pH=5.5)振荡 6 h;

共价型果胶(CSP):4 ℃下加 20 mL 碳酸钠(50 mmol,含 2 mmol/L EDTA)振荡 20 h;

半纤维素:20℃下加 20 mL 氢氧化钾(0.4%,含 1% Na_2BH_4)振荡 2 h;

纤维素:即过滤后的沉淀物质。

每步振荡后的溶液需在 4 ℃离心(8 000 r/min)15 min,取上清液过滤以备用。沉淀物经蒸馏水反复冲洗后进行下一步骤。

将所得的水溶性果胶、离子型果胶溶液和共价型果胶溶液在 4 ℃下透析 48 h,其透析袋分子量截留值为 3 500 D,透析后浓缩,冻干备用。

1.3.2.3　细胞壁多糖的检测

果胶参考薛炳烨(2006)的方法,采用咔唑比色法。吸取 1 mL 的 WSP、ISP、CSP 溶液移至试管中,沿试管壁缓慢加入 6 mL 的浓硫酸,在水浴锅中沸水浴 20 min,常温下冷却至室温,加入 0.2 mL 的 0.15% 咔唑-乙醇溶液后混匀,在暗处静置 30 min,在 530 nm 处检测吸光度值,平行试验 3 次,结果用 mg/g 表示。

半纤维素含量参考薛炳烨等(2006)方法,采用蒽酮法。吸取 1 mL 的半纤维素溶液移至试管中,加入 1 mL 的 2% 蒽酮(乙酸乙酯溶液)溶液,在 620 nm 处检测吸光度值,平行试验 3 次,结果用 mg/g 表示。

纤维素含量采用称重法,将沉淀物放在烘箱中干燥至恒重进行测定,平行试验 3 次,结果用百分比(%)表示。

1.3.2.4　细胞壁超微结构

用双面刀片在草莓果肉上切取 1 mm^3 左右的立方体,放入装有 4%戊二醛溶液的玻璃瓶中,进行抽气处理,置于室温下固定 3 h,再放入装有 2.0%的锇酸溶液的玻璃瓶中,抽气处理并固定 2 h。固定后的果肉经乙醇梯度洗脱,每次 20 min,采用 Spurr 树脂渗透后包埋,用 2050 超薄切片机切成 50 nm 的薄片,在乙酸双氧铀-柠檬酸铅双染色后用 HT-7700 透射电镜观察拍照。

1.3.2.5　数据处理

所有数据均采用 SPSS 26.0 和 Graphad Prism 9 软件进行方差分析和图形绘制,采用邓肯多重比较法进行差异性分析,$p<0.05$ 表示差异性显著。

1.3.3　结果与分析

1.3.3.1　DENBA+静电场对冷藏草莓果实细胞壁物质(CWM)含量的影响

草莓果实的细胞壁主要由果胶、纤维素、半纤维素和结构蛋白等物质构成,果实采后的细胞壁组分含量可改变其硬度变化，从而加快果实的软化进程。如图 1-12 所示，各组草莓果实的 CWM 含量与贮藏时间呈负相关，且贮藏后期，对照组的 CWM 含量显著低于 500 V 处理组($p<0.05$)。贮藏末期，对照组和 500 V 处理组 CWM 含量分别为初始值的 71%和 79%，说明适当的 DENBA＋静电场处理可以抑制草莓果实细胞壁的降解，延缓果实的软化进程。

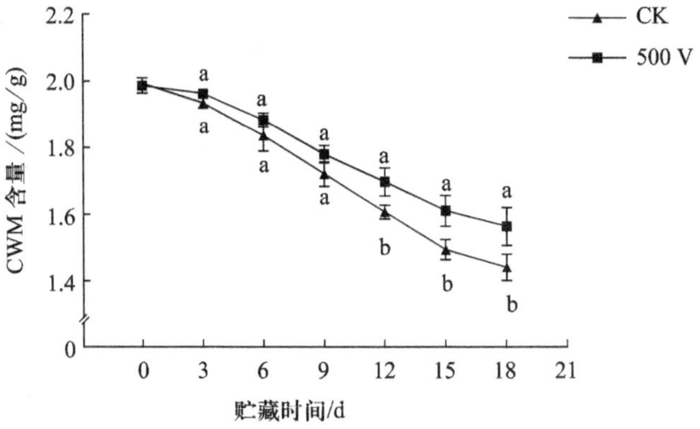

图 1-12　DENBA＋静电场处理对冷藏草莓果实 CWM 含量的影响

注：不同字母表示数据间有显著性差异。

1.3.3.2　DENBA＋静电场对冷藏草莓果实细胞壁多糖组分的影响

1. DENBA＋静电场对冷藏草莓果实水溶性果胶(WSP)的影响

草莓软化过程中，果胶由原果胶水解成水溶性果胶，包括可溶性果胶和果胶酸，其水溶性果胶含量越高，软化现象越明显。如图 1-13 所示，各组草莓果实的 WSP 含量呈上升趋势，且对照组的数值始终高于 500 V 处理组。贮藏末期，对照组和 500 V 处理组的果实中 WSP 含量分别为 0.79 mg/g 和 0.68 mg/g。从折线斜率上看，在整个贮藏期间，对照组草莓果实的 WSP 生成速率显著高于 500 V 处理组($p<0.05$)，说明适当的 DENBA＋静电场处理可以抑制草莓果实的 WSP 生成，延缓果实的软化进程。

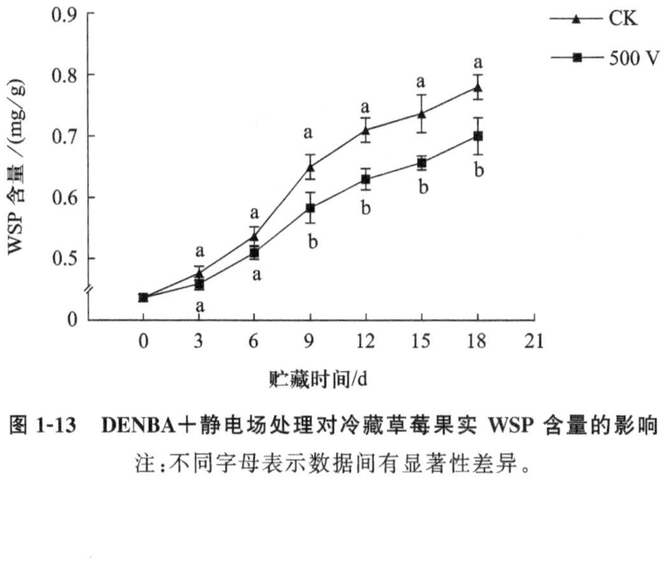

图 1-13　DENBA＋静电场处理对冷藏草莓果实 WSP 含量的影响

注：不同字母表示数据间有显著性差异。

2. DENBA+静电场对冷藏草莓果实离子型果胶(ISP)的影响

离子型果胶是以离子键与阳离子结合的果胶,如 Ca^{2+} 桥结合的可溶性果胶。如图 1-14 所示,ISP 含量随贮藏时间的延长逐渐降低。在整个贮藏时期,对照组草莓果实的 ISP 含量与 500 V 处理组无明显差异($p>0.05$),但对照组的数值始终低于 500 V 处理组。贮藏末期,500 V 处理组草莓果实的 ISP 含量比对照组仅约高 0.02 mg/g,说明适当的 DENBA+静电场处理虽能抑制草莓果实的 ISP 降解,但无明显作用。

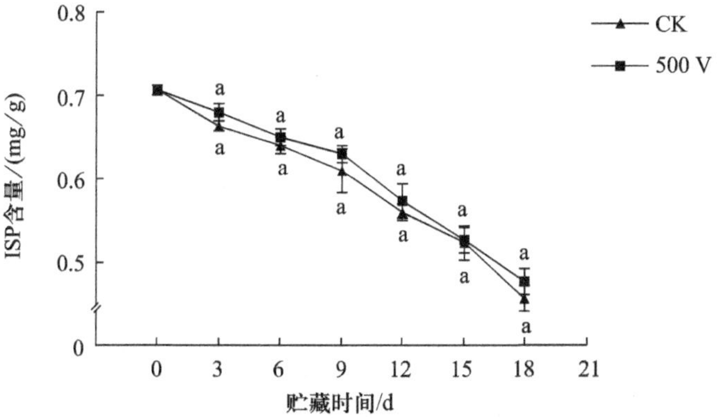

图 1-14　DENBA+静电场处理对冷藏草莓果实 ISP 含量的影响

注:不同字母表示数据间有显著性差异。

3. DENBA+静电场对冷藏草莓果实共价型果胶(CSP)的影响

共价型果胶是以共价键相邻结合的果胶,其含量的高低代表果胶的酯化程度。如图 1-15 所示,各组草莓果实的 CSP 含量与贮藏时间呈负相关。对照组果实的 CSP 含量先快速下降,贮藏 15 d 后基本不变,而 500 V 处理组的 CSP 含量在贮藏 9 d 快速下降后,变化趋于平缓;贮藏末期,对照组和 500 V 处理组的 CSP 含量分别降至初始值的 68.6 % 和 78.6 %。在整个贮藏期间,对照组草莓果实的 CSP 含量始终低于 500 V 处理组,且在贮藏 9 d 后差异开始显著($p<0.05$),因此适当的 DENBA+静电场处理可以抑制草莓果实的 CSP 降解,延缓果实的软化进程。

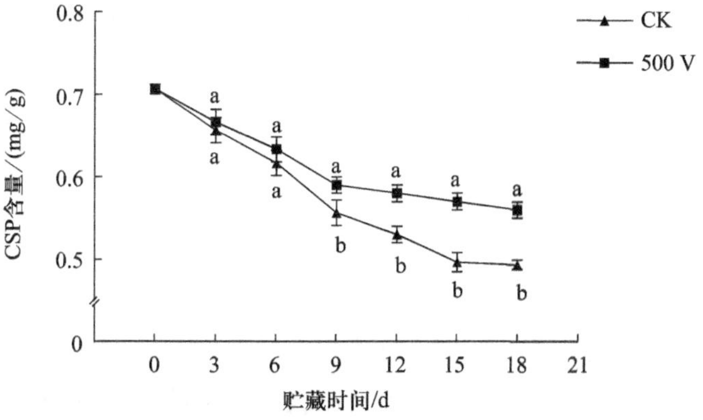

图 1-15　DENBA+静电场处理对冷藏草莓果实 CSP 含量的影响

注:不同字母表示数据间有显著性差异。

4. DENBA＋静电场对冷藏草莓果实半纤维素(HC)的影响

半纤维素主要以木葡聚糖形式存在于细胞壁中,通过氢键与微纤丝结合,构成细胞壁骨架结构。如图1-16所示,各组草莓果实的半纤维素(HC)含量呈先上升后下降趋势。在整个贮藏期间,对照组与500 V处理组草莓果实的HC含量无显著差异($p>0.05$),且对照组HC含量始终高于500 V处理组。贮藏18 d,对照组的数值比500 V处理组约高0.04 mg/g。研究结果说明适当的DENBA＋静电场处理可以抑制草莓果实的HC生成,维持细胞壁的结构稳定性,延缓果实的软化进程,但作用效果并不显著。

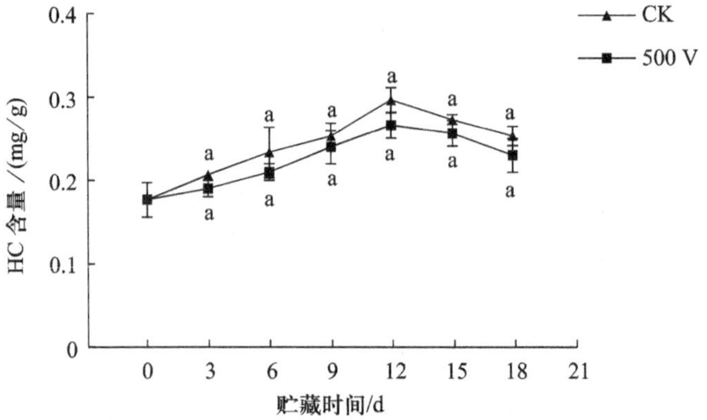

图1-16　DENBA＋静电场处理对冷藏草莓果实HC含量的影响

注:不同字母表示数据间有显著性差异。

5. DENBA＋静电场对冷藏草莓果实纤维素(CE)的影响

如图1-17所示,各组草莓的纤维素(CE)含量与贮藏时间呈负相关。贮藏前中期,对照组与500 V处理组的CE含量无明显差异($p>0.05$)。贮藏后期,对照组的CE含量显著低于500 V处理组($p<0.05$)。贮藏18 d,对照组和500 V处理组的CE含量分别比初始值降低42.1 %和33.8 %。研究结果表明,适当的DENBA＋静电场处理可以延缓草莓果实的CE降解速率,维持细胞壁的结构稳定性,延缓果实的软化进程。

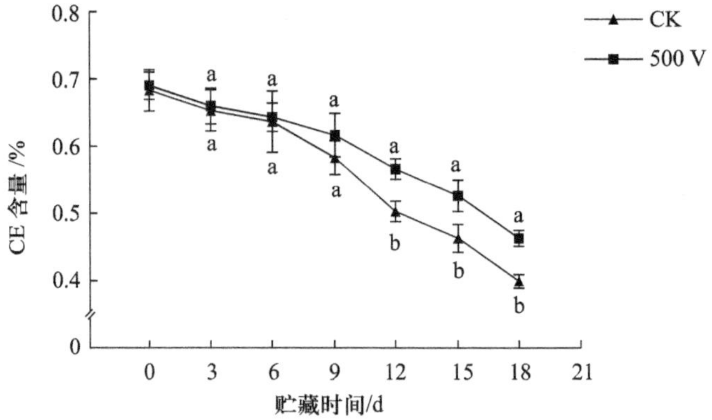

图1-17　DENBA＋静电场处理对冷藏草莓果实CE含量的影响

注:不同字母表示数据间有显著性差异。

1.3.3.3　DENBA＋静电场对冷藏草莓果实细胞壁超微结构的影响

由图 1-18(a)至图 1-18(c)可发现，贮藏 0 d 的草莓果实相邻两个细胞紧密连接，细胞壁排列有序，膜结构完整，呈清晰的“明—暗”交替分布，中胶层电子密度高，微纤维密集排列，果肉中的线粒体数量较多且结构清晰可见，淀粉颗粒大且数量多，内容物含量丰富，未出现质壁分离现象，说明此时草莓果实的硬度最高。

由图 1-18(d)至图 1-18(f)可发现，贮藏末期(18 d)，对照组草莓果实细胞壁结构瓦解，厚度不均匀，严重弯曲变形，中胶层电子密度极低，细胞器结构模糊或消失，淀粉颗粒降解且零星分布，内容物大量流失，其中图 1-18(f)清晰显示真菌存在，由于草莓采后易患灰霉病，故推测该菌为灰葡萄孢菌，具体详情有待深入研究。说明贮藏末期的草莓果实的硬度较低，软化现象严重，且表皮组织已被微生物侵染。

由图 1-18(g)至图 1-18(i)可发现，贮藏末期(18 d)，500 V DENBA＋静电场处理组草莓果实细胞壁排列整齐，部分开始膨胀，厚度不均匀，细胞间隙增大，中胶层明显但电子密度降低，个别线粒体和淀粉颗粒的结构受损，内容物含量较为丰富，其中图 1-18(i)清晰显示细胞自噬现象，由于自噬分为正常生理基础型和应激诱导型，两者均可防止细胞损伤，维持细胞内部稳定结构，但具体明确自噬类型有待深入研究。此时草莓果实已进入衰老阶段，与对照组相比，DENBA＋静电场处理能有效维持草莓果实细胞壁结构的完整性和黏稠性，在抑菌方面也起到一定的积极作用。

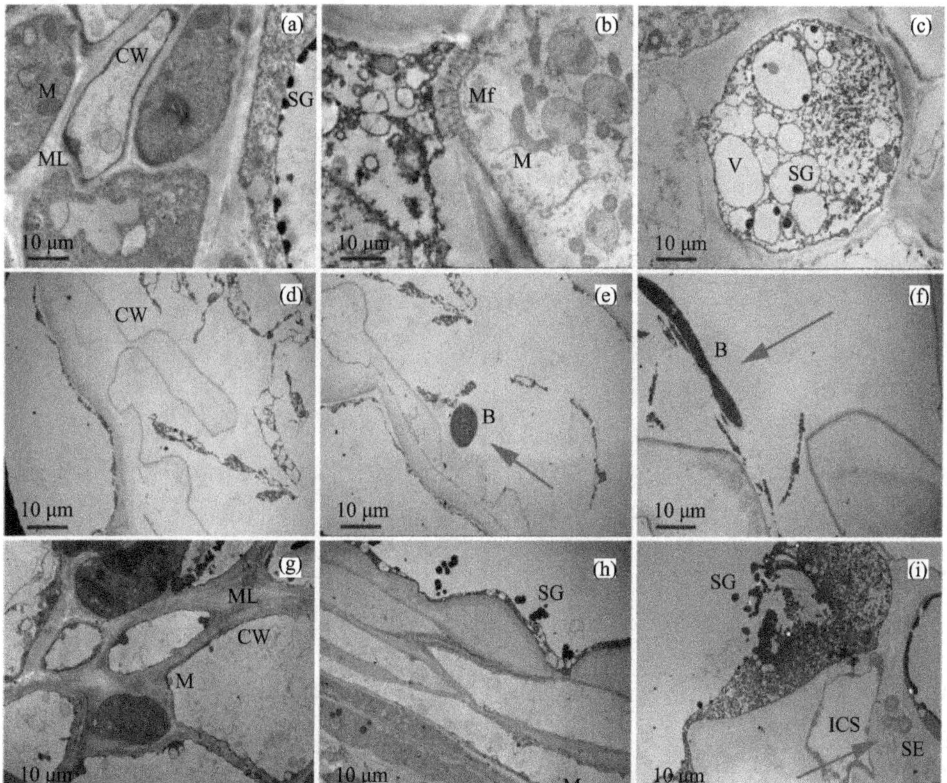

图 1-18　DENBA＋静电场处理对冷藏草莓果实细胞壁超微结构的影响

注：(a)～(c)贮藏 0 d 果实；(d)～(f) 贮藏 18 d 对照组果实；(g)～(i) 贮藏 18 d 500 V DENBA＋静电场处理组果实。CW 为细胞壁；ML 为中胶层；M 为线粒体；Mf 为微纤维；SG 为淀粉颗粒；V 为液泡；ICS 为细胞间隙；B 推测为真菌；SE 为细胞自噬。

1.3.4 讨论与小结

硬度是反映果实软化的重要指标，而细胞壁的结构完整性与硬度的下降密切相关(Ireland et al.,2014)。果实软化伴随细胞壁解体，细胞间黏附性降低，加快果实的衰老进程(朱璇等,2014)，这可能与聚糖基质的解聚、果胶的增溶、果胶侧链中性糖的损失及木葡聚糖细胞网络结构松动有关(Moya-Leon et al.,2019)。各处理组草莓果实在贮藏期间的细胞壁超微结构变化显示，从微观角度证明DENBA＋静电场处理对草莓细胞壁结构和细胞内部结构起积极稳定作用，从而延缓草莓果实的衰老、软化。

植物细胞壁主要由果胶和纤维素构成，起着支撑组织作用。最初果胶以原果胶形式存在，伴随果实成熟，原果胶不断降解成可溶性果胶和果胶酸，结合纤维素溶解，导致细胞壁组分含量降低，加快果实软化(赵文哲等,2021)。本试验结果显示，DENBA＋静电场处理能够有效抑制冷藏期间草莓果实细胞壁物质(CWM)和各多糖组分含量的降低，说明DENBA＋静电场处理可通过调控草莓果实细胞壁多糖的可溶性以保护胞间层的黏附性，主要表现在WSP上升速率相对较小，CSP和CE含量下降速率相对较慢，但对HC、ISP含量影响不明显。这可能与DENBA＋静电场处理刺激草莓果实细胞壁水解酶的活性有关，如果胶甲酯酶(PME)、多聚半乳糖醛酸酶(PG)、纤维素酶(Cx)、β-半乳糖苷酶(β-Gal)等，具体原因有待深入研究。

1.4 静电场处理对冷藏草莓细胞壁降解酶的影响

果实软化是一个复杂的生理过程，其中细胞壁组分的降解是十分重要的，降解的结果与细胞壁降解酶的活性关系密不可分。果实细胞壁中存在多种类型的水解酶，如多聚半乳糖醛酸酶(PG)、果胶甲酯酶(PME)、纤维素酶(Cx)和β-半乳糖苷酶(β-Gal)等，共同作用影响果实的硬度变化。前期的研究已证明适当的DENBA＋静电场处理能维持草莓果实硬度的稳定性，为进一步明确DENBA＋静电场对果实软化的影响机制，有必要对草莓果实细胞壁降解酶的活性及基因表达量的变化进行研究。

本节采用最佳强度(500 V)的DENBA＋静电场处理‘九九’草莓果实，以0 V为对照，研究DENBA＋静电场处理对冷藏期草莓果实中PG、PME、Cx和β-Gal四种细胞壁降解酶活性和基因表达量的调控规律，为DENBA＋静电场处理对草莓果实软化调控机制提供理论依据。

1.4.1 材料与设备

1.4.1.1 试验材料与试剂

供试材料为‘九九’草莓，由丹东益农食品有限公司提供，采后4 h内送往辽宁省果树科学研究所进行试验，挑选成熟度、色泽、大小一致，且无机械损伤和病虫害的草莓果实以备用。草莓果实随机分成三组装到塑料保鲜盒中(规格为200 mm×150 mm ×100 mm，每盒重约800 g)，用低密度聚氯乙烯保鲜膜密封平行放置在对立电极板内部(500 V)，且一直放置在(4±0.5) ℃，相对湿度85%～95%的DENBA＋静电场冷库中18 d，每组样品每隔3 d定期随机取样，进行各项指标测定，重复3次，取平均值。

试验试剂如表 1-6 所示。

表 1-6　试验试剂

名称	规格	生产厂家
PVPP	分析纯	国药集团化学试剂有限公司
Tris	分析纯	四川西陇化工有限公司
EDTA	分析纯	国药集团化学试剂有限公司
DNS 显色剂	分析纯	福州飞净生物科技有限公司
多聚半乳糖醛酸	生物试剂	上海奕叶生物科技中心
羧甲基纤维素钠	化学纯	国药集团化学试剂有限公司
硫代巴比妥酸	分析纯	北京伊诺凯科技有限公司
植物 RNA 提取试剂盒	生物试剂	南京诺唯赞生物科技有限公司
NovoScript© Plus ALL-in-one 1st Strand cDNA Synthesis SuperMix (gDNA Purge) 试剂盒	生物试剂	苏州近岸蛋白质科技股份有限公司
NovoStart© SYBR qPCR SuperMix Plus 试剂盒	生物试剂	苏州近岸蛋白质科技股份有限公司

1.4.1.2　主要仪器设备

主要仪器设备见表 1-7。

表 1-7　主要仪器设备

名称	仪器型号	生产厂家
超净工作台	HCB-1300V	青岛海尔特种电器有限公司
电子天平	JZC-3TSC	福州科迪电子技术有限公司
恒温水浴摇床	HT-110X50	上海赫田科学仪器有限公司
电热恒温水浴锅	DK-98-ⅡA	天津泰斯特仪器有限公司
高速冷冻离心机	Centrifuge 5804R	德国艾本德股份公司
旋涡振荡器	QL-901	江苏省海门市麒麟医用仪器厂
pH 计	PHS-3E	上海佑科仪器仪表有限公司
实时荧光定量 PCR 仪	ABI -QuantStudio	美国应用生物系统公司
超低温冰箱	DW-60L158	青岛海尔电器有限公司

1.4.2　测试指标与方法

1.4.2.1　酶液提取

将 −80 ℃冻存的草莓放入预冷的研钵中进行研磨，称取草莓粉 2 g 于离心管中，加入 4 mL 的 Tris-HCl 缓冲液（50 mmol/L、pH =7、含 0.02 mmol/L NaCl、10 mmol/L EDTA 和 5 g/L PVPP）混匀，用高速离心机 4 ℃离心（12 000 r/min）30 min，过滤后取上清液，移至另一干净的离心管中于 4 ℃冰箱中保存。

1.4.2.2 PG 活性测定

PG 活性采用 DNS 比色法测定(Chang et al.,2017),略有修改。取 2 支刻度度试管进行标号。1 号试管加入 0.5 mL 粗酶液,1 mL 乙酸钠(50 mmol/L、pH =5.5、含 0.5 %多聚半乳糖醛酸);2 号试管加入 0.5 mL 预先煮沸的粗酶液,1 mL 乙酸钠(50 mmol/L、pH =5.5、含 0.5 %多聚半乳糖醛酸)。将试剂混匀后置于 37 ℃的恒温水浴锅中 1 h,然后取出加入 1.5 mL 配制好的 3,5-二硝基水杨酸溶液,进行沸水浴 5 min,快速冷却至室温,加蒸馏水至 20 mL,混匀。在 540 nm 处测定吸光值,平行测定 3 次。以 37 ℃下每克草莓鲜样每小时催化多聚半乳糖醛酸水解生成 1.0 mg 的半乳糖醛酸为一个酶活力单位 U,结果用 U /(g · h)表示。

1.4.2.3 PME 活性测定

PME 活性采用滴定法测定(Lin et al.,1989),略有修改。取 200 μg 粗酶液和 10 mL 氯化钠溶液(150 mmol/L、含 0.25%果胶)于试管中混匀,加入 2 滴酚酞(1%)溶液,置于 37 ℃的恒温水浴锅 30 min,维持反应体系 pH 为 7.5 并记录消耗的 NaOH 溶液(100 mmol/L)体积。以 37 ℃下每克新鲜草莓样品每分钟消耗的 NaOH 溶液体积为一个酶活力单位 U,结果用 U /(g · min)表示。

1.4.2.4 Cx 活性测定

Cx 活性采用 DNS 比色法测定(周厚成, 2014),略有修改。取 2 支刻度度试管进行标号。1 号试管加入 0.5 mL 粗酶液,1.5 mL 羧甲基纤维素钠(10 g/L);2 号试管加入 0.5 mL 预先煮沸的粗酶液,1.5 mL 羧甲基纤维素钠(10 g/L)。将试剂混匀后置于 37 ℃的恒温水浴锅中 1 h,然后取出加入 1.5 mL 配置好的 3,5-二硝基水杨酸溶液,进行沸水浴 5 min,快速冷却至室温,加蒸馏水至 20 mL,混匀。在 540 nm 处测定吸光值,平行测定 3 次。以 37 ℃下每克草莓鲜样每小时催化羧甲基纤维素钠水解生成 1.0 mg 的还原糖的量为一个酶活力单位 U,结果用 U /(g · h)表示。

1.4.2.5 β-Gal 活性测定

β-Gal 活性采用对-硝基苯酚法测定(Langer et al.,2018),略有修改。取 2 支刻度度试管进行标号。1 号试管加入 1 mL 粗酶液,1 mL 乙酸钠溶液(含 0.5%PNPG);2 号试管加入 0.5 mL 预先煮沸的粗酶液,1 mL 乙酸钠溶液(含 0.5% PNPG)。将试剂混匀后置于 37 ℃的恒温水浴锅中 30 min,然后取出加入 2 mL Na_2CO_3 溶液(0.2 mL/L),加蒸馏水至 10 mL,混匀。在 400 nm 处测定吸光值,平行测定 3 次。以 37 ℃下每克草莓鲜样每小时催化 PNPG 水解生成 1.0 mg 的对-硝基苯酚的量为一个酶活力单位 U,结果用 U /(g · h)表示。

1.4.2.6 总 RNA 的提取

草莓的总 RNA 的提取采用南京诺唯赞生物科技有限公司植物 RNA 提取试剂盒。具体操作如下:随机选取草莓于液氮中迅速研磨成粉末, 加入预热(65 ℃)的 500 μL Buffer PRL(含 5% β-巯基乙醇),立即剧烈涡旋振荡 60 s,水浴(65 ℃)5 min,12 000 r/min 离心 10 min,转移上清液至 1.5 mL RNase-free 离心管中,加入 0.5 倍上清液体积的无水乙醇,立即吹打混匀。将混合液转移至 FastPure gDNA-Filter Column Ⅱ 中,12 000 r/min 离心 2 min,弃滤液,将 FastPure gDNA-Filter Column Ⅱ移至新的 2 mL 收集管中,加入 500 μL Buffer PRLPlus, 12 000 r/min 离心 30 s,收集滤液,加入 0.5 倍滤液体积的无水乙醇,立即吹打混匀。将混合液转移至 FastPure RNA Column Ⅳ 中,12 000 r/min 离心 2 min,弃滤液,加入 700 μL Buffer

PRW1，室温放置 1 min，12 000 r/min 离心 30 s，弃滤液，加入 500 μL Buffer PRW2，12 000 r/min 离心 30 s，弃滤液。将 FastPure RNA Column Ⅳ 吸附柱放回收集管中，12 000 r/min 离心 2 min。将 FastPure RNA Column Ⅳ 转移至 1.5 mL RNase-free 收集管中，向吸附柱膜中央悬空滴加 50 μL 的 RNase-free ddH_2O，室温放置 5 min，12 000 r/min 离心 1 min，得到的 RNA 溶液置于−80 ℃超低温冰箱中以保存备用。

1.4.2.7　cDNA 的第一链合成

cDNA 的第一链合成采用 NovoScript ® Plus ALL-in-one 1st Strand cDNA Synthesis SuperMix (gDNA Purge) 试剂盒，具体操作如下：取 1 μg 提取的 RNA，加入 1 μL gDNA Purge，再加入 RNase Free Water 补足至 10 μL，42 ℃孵育 5 min；加入 10 μL 2×NovoScript ® Plus ALL-in-one 1st Strand cDNA Synthesis SuperMix，轻轻混匀，离心，50 ℃孵育 15 min；75 ℃孵育 5 min，将得到的 cDNA 溶液置于−20 ℃冰箱中以保存备用。

1.4.2.8　引物设计与合成

参考 Langer 等(2019)对草莓果实的细胞壁降解酶的编码基因表达的研究，设计‘九九’草莓的细胞壁降解酶的相关基因的引物序列，以 *FaActin1* 作为内参(Zhang　et al.，2018)，由生工生物工程(上海)股份有限公司合成，具体序列如表 1-8 所示。

表 1-8　引物序列

引物名称	引物序列(5′ to 3′)
FaPG1-F	AATGTGAGATTCGACAGAGTG
FaPG1-R	GTGGAAATTTTTGCTGTTAAGTG
FaPME1-F	CAAGTGCACCCAACTTCTGA
FaPME1-R	CTGAGCTACCACAACGTCCA
FaβGal4-F	CATGGAATTATGGAGACTCAGAC
FaβGal4-R	GCTCCACAGCTTATGAACTAC
FaActin1-F	TTCACGAGACCACCTATAACTC
FaActin1-R	GCTCATCCTATCAGCGATT

1.4.2.9　荧光定量 PCR 反应

荧光定量 PCR 反应采用 NovoStart ® SYBR qPCR SuperMix Plus 试剂盒。具体操作如下：取 1 μL cDNA，依次加入 10 μL 2×NovoStart ® SYBR qPCR SuperMix Plus、0.4 μm 上游引物、0.4 μm 下游引物、0.4 μL ROX Reference Dye Ⅱ，最后加入 RNase Free Water 补足至 20 μL。实时荧光定量 PCR 仪程序设置为：95 ℃　1 min预变性；40 次循环，95 ℃ 20 s 变性，60 ℃ 1 min 退火；熔解曲线为 65～95 ℃(0.5 ℃/s)。重复试验 3 次，取平均值，将获得的 CT 值通过 $2^{-(\triangle Ct)}$ 法计算各基因的表达量(Thomsen　et al.，2010)。

1.4.2.10　数据处理

所有数据均采用 SPSS 26.0 和 Graphad Prism 9 软件进行方差分析和图形绘制，采用邓肯多重比较法进行差异性分析，$p<0.05$ 表示差异性显著。

1.4.3 结果与分析

1.4.3.1 DENBA+静电场处理对草莓果实 PG 活性的影响

多聚半乳糖醛酸酶(PG)是一种随机水解甲基化和乙酰化的同型半乳糖醛酸侧链上半乳糖醛酸残基间的 α-1,4-糖苷键的果胶酶,其活性的高低与果实的硬度密切相关。如图 1-19 所示,各组草莓果实的 PG 活性呈上升趋势。贮藏前中期,对照组与 500 V 处理组草莓果实的 PG 活性无明显差异($p>0.05$)。贮藏后期,对照组草莓果实的 PG 活性显著高于 500 V 处理组($p<0.05$),其中贮藏 18 d 时,各组的 PG 活性达到峰值,数值分别为 4.67 U/(g·h)和 4.46 U/(g·h)。结果表明适当的 DENBA+静电场处理可以抑制草莓果实的 PG 活性的升高,延缓细胞壁解体,维持草莓果实的结构稳定性。

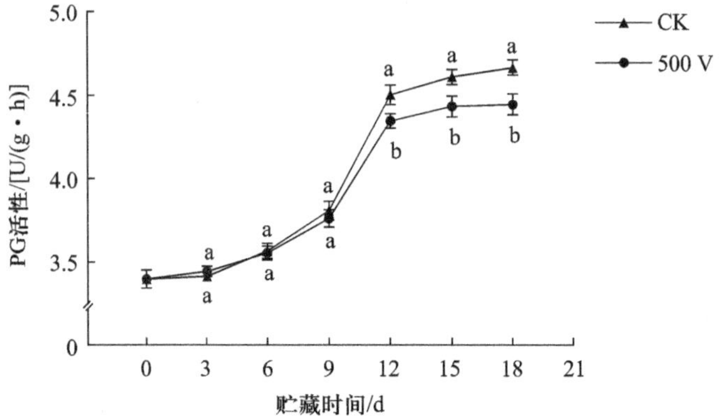

图 1-19 DENBA+静电场处理对冷藏草莓果实 PG 活性的影响

注:不同字母表示数据间有显著性差异。

1.4.3.2 DENBA+静电场处理对草莓果实 PME 活性的影响

果胶甲酯酶(PME)是一种水解同型半乳糖醛酸中 C-6 上甲氧基的酶,其活性的高低代表果胶甲酯化的程度。如图 1-20 所示,各组草莓果实的 PME 活性呈先上升后平稳趋势,其中贮藏 9 d 时,对照组和 500 V 处理组的 PME 活性数值分别为 1.83 U/(g·min)和 1.76 U/(g·min)。

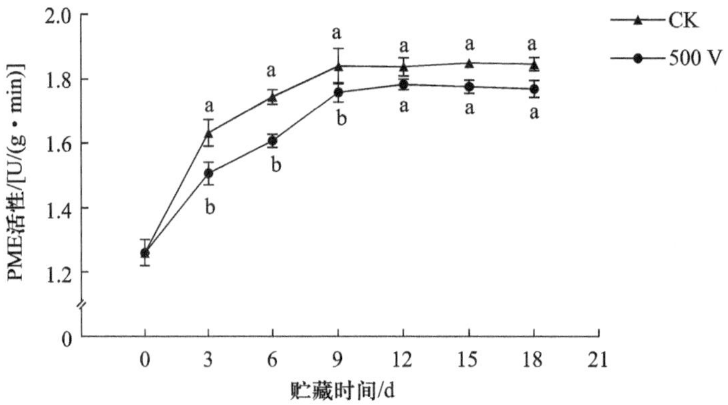

图 1-20 DENBA+静电场处理对冷藏草莓果实 PME 活性的影响

注:不同字母表示数据间有显著性差异。

在整个贮藏期间，对照组草莓果实的 PME 活性值始终高于 500 V 处理组，说明适当的 DENBA＋静电场处理可以抑制草莓果实的 PME 活性升高，降低果胶的甲酯化，维持草莓果实的结构稳定性。

1.4.3.3　DENBA＋静电场处理对草莓果实 Cx 活性的影响

纤维素酶(Cx)是一种降解纤维素为葡萄糖的水解酶，其活性的高低与果实细胞壁解体密切相关。如图 1-21 所示，各组草莓果实的 Cx 活性呈上升趋势。贮藏前中期，对照组与 500 V 处理组草莓果实的 Cx 活性无明显差异($p>0.05$)。贮藏后期，对照组草莓果实的 Cx 活性始终显著高于 500 V 处理组($p<0.05$)。其中贮藏 18 d，对照组与 500 V 处理组草莓果实的 Cx 活性分别为 2.28 U/(g・h)和 2.12 U/(g・h)。说明适当的 DENBA＋静电场处理可以抑制草莓果实的 Cx 活性升高，维持果实细胞壁的结构完整性，延缓草莓果实的软化。

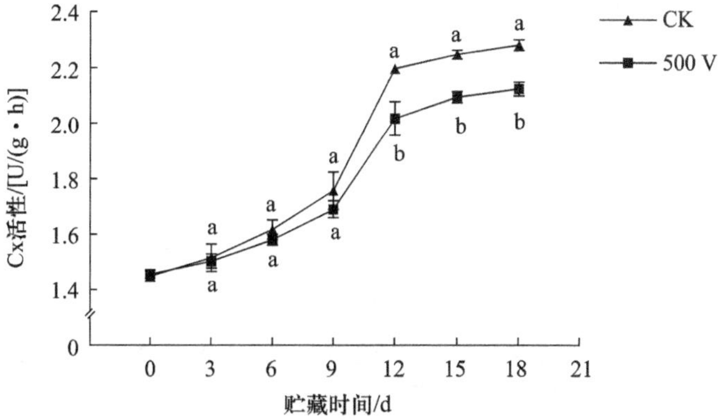

图 1-21　DENBA＋静电场处理对冷藏草莓果实 Cx 活性的影响

注：不同字母表示数据间有显著性差异。

1.4.3.4　DENBA＋静电场处理对草莓果实 *β*-Gal 活性的影响

β-半乳糖苷酶(*β*-Gal)是一种通过消除鼠李糖半乳糖醛酸侧链的非还原末端 *β*-*D*-半乳糖残基为半乳糖醛酸的水解酶。如图 1-22 所示，各组草莓果实的 *β*-Gal 活性呈上升的趋势。贮藏后期，对照组与 500 V 处理组草莓果实的 *β*-Gal 活性具有显著差异($p<0.05$)。其中贮藏

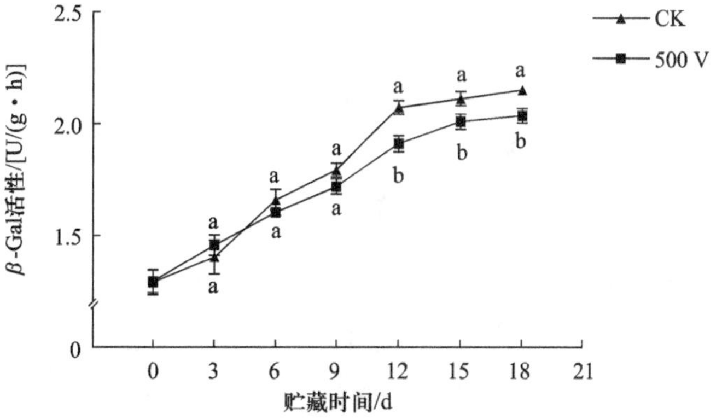

图 1-22　DENBA＋静电场处理对冷藏草莓果实 *β*-Gal 活性的影响

注：不同字母表示数据间有显著性差异。

18 d,各组的 β-Gal 活性分别增至 2.17 U/(g·h)和 2.09 U/(g·h)。说明适当的 DENBA+静电场处理可以抑制草莓果实的 β-Gal 活性升高,维持草莓果实的结构稳定性。

1.4.3.5 DENBA+静电场处理对草莓果实 *FaPG1* 基因表达的影响

如图 1-23 所示,各组草莓的 *FaPG1* 基因表达量均呈上升趋势。贮藏前期,500 V 处理组果实的 *FaPG1* 基因表达量略微上升,说明 DENBA+静电场处理刺激果实 PG 合成的启动;贮藏中后期,对照组果实的 *FaPG1* 基因表达量显著高于 500 V 处理组($p<0.05$)。其中贮藏 18 d,两者的基因表达量分别为初始值的 1.3 倍和 1.22 倍,说明适当的 DENBA+静电场处理可以抑制草莓果实的 *FaPG1* 基因的表达。

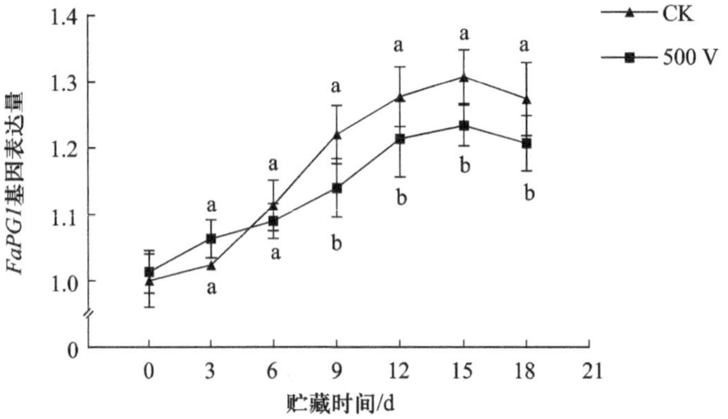

图 1-23 DENBA+静电场处理对冷藏草莓果实 *FaPG1* 基因表达量的影响

注:不同字母表示数据间有显著性差异。

1.4.3.6 DENBA+静电场处理对草莓果实 *FaPME1* 基因表达的影响

如图 1-24 所示,各组草莓果实的 *FaPME1* 基因表达量均呈下降趋势。贮藏末期,对照组与 500 V 处理组草莓果实的 *FaPME1* 基因表达量分别降至初始值的 18%和 12%。在整个贮藏期间,除第 9 天外,对照组果实的 *FaPME1* 基因表达量高于 500 V 处理组($p>0.05$),说明适当的 DENBA+静电场处理可以抑制草莓果实的 *FaPME1* 基因的表达,但作用效果不显著。

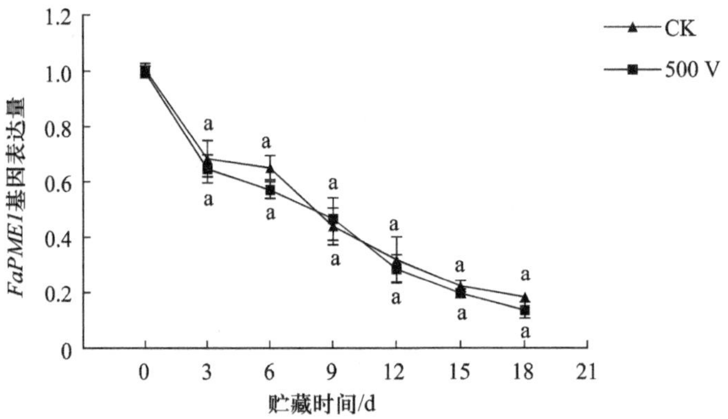

图 1-24 DENBA+静电场处理对冷藏草莓果实 *FaPME1* 基因表达量的影响

注:不同字母表示数据间有显著性差异。

1.4.3.7　DENBA＋静电场处理对草莓果实 *FaβGal4* 基因表达的影响

如图 1-25 所示，各组草莓果实的 *FaβGal4* 基因表达量呈先上升后下降趋势。贮藏前期，500 V 处理组果实的 *FaβGal4* 基因表达量略微上升，这与 β-Gal 酶活性试验结果一致，说明 DENBA＋静电场处理增加草莓果实对 β-Gal 的需求；贮藏 12 d 后，各组草莓果实的 *FaβGal4* 基因表达量开始下降，但有显著差异（$p<0.05$）。贮藏末期，对照组与静电场处理组草莓果实的 *FaβGal4* 基因表达量分别为 1.1 和 1.04。在整个贮藏期间，对照组果实的 *FaβGal4* 基因表达量始终高于静电场处理组，说明 500 V DENBA＋静电场处理可以抑制草莓果实的 *FaβGal4* 基因的表达。

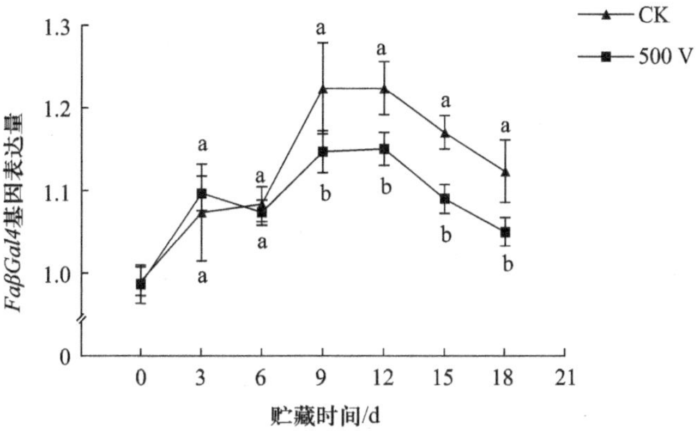

图 1-25　DENBA＋静电场处理对冷藏草莓果实 *FaβGal4* 基因表达的影响

注：不同字母表示数据间有显著性差异。

1.4.3.8　DENBA＋静电场处理对冷藏草莓果实硬度、细胞壁组分、细胞壁水解酶和相关基因间相关性的影响

草莓在贮藏期间硬度、细胞壁组分、细胞壁水解酶和相关基因间的相关性见表 1-9，就细胞壁组分而言，DENBA＋静电场处理草莓硬度下降与 WSP 含量呈极显著负相关（$p<0.01$），与 CWM、ISP、CSP、CE 含量呈显著正相关（$p<0.05$）；就细胞壁水解酶而言，DENBA＋静电场处理草莓硬度下降与 PG、PME、Cx、β-Gal 酶活性呈显著负相关（$p<0.05$）；就细胞壁水解酶相关基因而言，DENBA＋静电场处理草莓硬度下降与 *FaPG1* 和 *FaβGal4* 表达量呈显著负相关（$p<0.05$），与 *FaPME1* 表达量呈极显著正相关（$p<0.01$）。由表 1-9 还可知，WSP 含量与 PG、Cx、β-Gal 酶活性均呈极显著正相关（$p<0.01$）；CSP 含量与 PG、PME、Cx、β-Gal 酶活性及 *FaPME1* 表达量呈显著负相关（$p<0.05$），与 *FaPG1* 表达量呈极显著正相关（$p<0.01$）；HC 含量与 β-Gal 酶活性呈显著正相关（$p<0.05$）；CE 含量与 Cx、β-Gal 酶活性呈显著负相关（$p<0.05$）；PG 酶活性与 *FaPG1* 表达量呈显著正相关（$p<0.05$）；PME 酶活性与 *FaPME1* 表达量呈显著负相关（$p<0.05$）；β-Gal 酶活性与 *FaβGal4* 表达量呈显著正相关（$p<0.05$）。

1.4.4　讨论与小结

果实软化是一个复杂微妙的生理过程，细胞壁组分与果实硬度有着密切联系，而细胞壁组分变化是多种细胞壁水解酶共同作用的结果，使细胞间黏附性降低，加快果实软化，其中酶类主要包括 PME、PG、Cx、β-Gal 等（朱璇等，2014）。结果显示，500 V 处理组草莓的硬度与 PME、

表 1-9　DENBA＋静电场处理冷藏草莓果实硬度、细胞壁组分、细胞壁水解酶和相关基因间的相关性

	CWM	WSP	ISP	CSP	HC	CE	PG	PME	Cx	β-Gal	*FaPG1*	*FaPME1*	*FaβGal4*	硬度
CWM	1													
WSP	−0.966**	1												
ISP	0.949**	−0.932**	1											
CSP	0.88*	−0.901**	0.764	1										
HC	−0.674	0.575	−0.421	−0.682	1									
CE	0.905**	−0.884*	0.936**	0.744	−0.377	1								
PG	−0.928**	0.907**	−0.892*	−0.802*	0.546	−0.706	1							
PME	−0.737	0.763	−0.599	−0.933**	0.787	−0.496	0.847*	1						
Cx	−0.947**	0.917**	−0.921**	−0.82*	0.537	−0.912**	0.984**	0.667	1					
β-Gal	−0.969**	0.971**	−0.912*	−0.929**	0.833*	−0.809*	0.915**	0.838*	0.911**	1				
FaPG1	−0.797	0.778	−0.713	−0.802*	0.648	−0.673	0.812*	0.729	0.769	0.801*	1			
FaPME1	0.901**	−0.898*	0.852*	0.959**	−0.704	0.717	−0.838*	−0.885*	−0.832*	−0.965**	−0.866*	1		
FaβGal4	−0.621	0.715	−0.433	−0.514	0.892*	−0.529	0.525	0.633	0.596	0.821*	0.793	−0.786	1	
硬度	0.922**	−0.932**	0.848*	0.948**	−0.492	0.842*	−0.903**	−0.862*	−0.876*	−0.971**	−0.805*	0.943**	−0.808*	1

注：** 表示相关性极显著（$p<0.01$），* 表示相关性显著（$p<0.05$）。

PG、Cx、β-Gal 活性均呈显著负相关($p<0.05$)，但在贮藏期间，DENBA+静电场处理的草莓果实的细胞壁水解酶的活性均受到不同程度的抑制，主要体现在 PME 活性在贮藏前期抑制效果明显，PG、Cx 和 β-Gal 活性在贮藏中后期抑制效果明显。

贮藏前期，500 V 处理组草莓果实的 PG 和 β-Gal 酶活性略高于对照组，这可能是 DENBA+静电场产生的电磁静电波刺激所致。各组草莓的 PME 酶活性高峰均早于 PG，在苹果(鲁乐，2020)、蓝莓(纪淑娟等，2014)的试验中也得到了相似结果，这可能是 PME 水解高甲酯化 HG 中 C-6 位上的甲氧基为果胶酸，果胶酸即为 PG 作用底物，促进果胶的降解(李园园等，2018)。CSP 含量的高低可反映果胶去甲酯化程度，结果显示 CSP 含量与 PME 酶活性呈极显著负相关($p<0.01$)，这与王琛(2016)对蓝莓测定结果相似。β-Gal 通过降解果胶侧链和半纤维素的非还原端 *β-D*-半乳糖残基，使其微纤维与木葡聚糖间的氢键断裂，加快破坏细胞壁骨架的稳定结构，导致果实软化。Cx 可直接作用于含 β-1,4-糖苷键的纤维素基质多糖，改变细胞壁的网络结构，导致果实硬度降低，在灵武长枣试验中得到相似结果(王娟，2021)。

同时，细胞壁水解酶的相关基因也会受到 DENBA+静电场作用的影响。目前在草莓中已分离出 4 种 PME 基因，其中 *FaPME1* 表达量在草莓转色期达到最大值，随后开始下降(Cristina　et al.，2004)，这与本试验研究结果一致，但 *FaPME1* 表达量与 PME 活性呈负相关，推测在草莓软化过程中 *FaPME1* 并不是关键基因，*FaPME1* 仅起辅助果实软化作用。通过沉默 *FaPG1* 和 *FaPG2*，发现含有反义序列的 *FaPG1* 处理组草莓果实细胞壁的果胶增溶、解聚降低，CSP 含量增加，表明 *FaPG1* 在草莓果实软化过程中起着核心作用(Garcia-Gago et al.，2009)。本试验中 *FaPG1* 随贮藏时间的延长而上调，与 PG 活性趋势一致，说明 DENBA+静电场通过抑制 *FaPG1* 的基因上调，抑制 PG 活性上升，延缓果实软化。除此之外，在草莓中已分离出 4 个 β-Gal 基因，其中 *FaβGal1* 和 *FaβGal4* 显示与果实成熟过程相关的表达模式，研究发现含有反义序列的 *FaβGal4* 转基因草莓，维持更高的硬度和细胞壁稳定结构(Paniagua　et al.，2016；Trainotti　et al.，2001)。本试验中 *FaβGal4* 随贮藏时间的延长而上调，与 β-Gal 活性趋势一致，说明 DENBA+静电场通过抑制 *FaβGal4* 的基因上调，抑制 β-Gal 活性上升，延缓果实软化。

综上所述，DENBA+静电场处理对草莓果实硬度的调控作用主要体现在通过抑制 *FaPG1* 和 *FaβGal4* 基因表达水平，使 PG、PME、Cx 和 β-Gal 活性降低，进而减少果胶、半纤维素和纤维素的降解和解聚，维持完整的细胞壁骨架网络结构，延缓果实硬度的下降，深入证明 DENBA+静电场处理对冷藏期间草莓果实硬度的变化起积极作用。

参考文献

蔡迎红，田长青，邹慧明，等，2020. 果蔬冰温冷柜研制及保鲜实验研究[J]. 冷藏技术，43(3)：28-32.

陈杰，黄舒怡，李真琴，等，2022. 菠萝蜜果实 PG 基因的克隆与表达分析[J]. 热带作物学报，43(6)：1102-1113.

程杰山，沈火林，井玉芳，等，2006. 辣椒果实成熟过程中硬度及相关生理生化指标的变化[J]. 华北农学报，21(6)：75-78.

董婷，高鹏，汪菡月，等，2020. 电子束辐照对果蔬品质影响的研究进展[J]. 北方园艺，(16)：133-138.

杜正顺，巩惠芳，汪良驹，等，2009. 贮前热蒸汽处理对草莓果实保鲜效应的研究[J]. 南京农业大学学报，32(4)：37-42.
范青，田世平，汪沂，等，2000. 高压静电场(HVEF)对柑桔青、绿霉病菌的抑制效果[J]. 生物物理学报，(3)：634-638.
冯文婕，阙斐，陈岭，等，2016. 茶多酚-壳聚糖复合涂膜液对草莓保鲜效果的研究[J]. 现代农业科技，(22)：260-262.
付亮，刘诗扬，徐方旭，2015. 不同浓度 1-MCP 对草莓果实货架期品质的影响[J]. 辽宁大学学报(自然科学版)，42(3)：280-284.
傅阳，2011. 草莓的贮藏保鲜技术及其进展[J]. 农家科技，(S1)：7.
何定芬，谢超，史恬恬，等，2020. 低压静电场处理对爱媛橙常温贮藏品质的影响[J]. 浙江海洋大学学报(自然科学版)，39(6)：532-537.
侯丽媛，董艳辉，聂园军，等，2018. 世界草莓属种质资源种类与分布综述[J]. 山西农业科学，46(1)：145-149.
黄莎，李伟荣，王耀松，等，2019. 贮前温度处理对采后浆果贮藏特性影响的研究进展[J]. 食品工业科技，40(4)：335-340.
纪淑娟，卜凤雅，周倩，等，2014. 冷藏对蓝莓果实细胞壁组分及其降解酶活性的影响[J]. 食品与发酵工业，40(6)：199-204.
姜加良，王雪丽，韩颖，2023. 银杏叶提取物/阿拉伯胶复合涂膜对草莓保鲜效果的影响[J]. 中国食品添加剂，34(2)：211-218.
阚娟，金昌海，汪志君，等，2006. β-半乳糖苷酶及多聚半乳糖醛酸酶对桃果实成熟软化的影响[J]. 扬州大学学报，27(3)：76-80.
阚娟，刘涛，金昌海，等，2011. 硬溶质型桃果实成熟过程中细胞壁多糖降解特性及其相关酶研究[J]. 食品科学，32(4)：268-274.
雷亚欣，黄小镂，丛汉卿，等，2023. 杧果果实后熟过程中 PME 基因家族的鉴定与表达分析[J]. 分子植物育种，21(10)：3180-3190.
李金娜，2019. 温度结合低压静电场对灵武长枣贮藏保鲜效果的研究[D]. 银川：宁夏大学.
李瑞娟，2022. 电子束辐照抑制猕猴桃软化机理研究[D]. 杨凌：西北农林科技大学.
李世军，尹宝颖，李佳，等，2019. 早熟苹果果实软化过程中乙烯、相关酶及其基因表达变化[J]. 华北农学报，34(6)：104-109.
李圆圆，罗安伟，李琳，等，2018. 采前氯吡脲处理对'秦美'猕猴桃贮藏期间果实硬度及细胞壁降解的影响[J]. 食品科学，39(21)：273-278.
柳晓东，2020. 外源钙对草莓果实品质的影响[J]. 新农业，(17)：31-32.
鲁乐，2020. 红肉苹果新品种'美红'采后贮藏特性的研究[D]. 泰安：山东农业大学.
陆玲鸿，马媛媛，古咸彬，等，2022. 猕猴桃果实软化过程中细胞壁多糖物质含量与果胶降解相关酶活性变化[J]. 浙江农业学报，34(12)：2648-2658.
罗赟，陈宗玲，宋卫堂，等，2014. 草莓果实花色苷成分组成鉴定及分析[J]. 中国农业大学学报，19(5)：86-94.
罗自生，2005. 柿果实采后软化过程中细胞壁组分代谢和超微结构的变化[J]. 植物生理与分子生物学学报，31(6)：651-656.
朴一龙，赵兰花，薛桂新，2006. 梨果实在贮藏过程中细胞壁成分的变化[J]. 果树学报，23(6)：880-883.
沈颖，2020. 不同质地甜樱桃果实发育特性研究[D]. 烟台：烟台大学.
孙贵宝，2003. 高压静电场长期贮藏保鲜蓝莓果的试验研究[J]. 农机化研究，(1)：121-123.
孙文文，2022. 不同处理方式对柿果实理化特性及软化的影响[D]. 郑州：郑州轻工业大学.

王琛，2016. ^{60}Co γ 辐照处理对蓝莓保鲜效应及其细胞壁降解机理的研究[D]. 沈阳：沈阳农业大学.
王娟，2021. 灵武长枣贮藏期间果实硬度变化的生物学解析[D]. 银川：宁夏大学.
王玲，尹克林，2018. '达赛莱克特'草莓果实发育成熟过程中香气物质的变化及其特征成分的确定[J]. 果树学报，35(4)：433-441.
王伟强，董丹华，2017. DENBA＋静电波保鲜技术应用浅析[J]. 新疆农机化，33(2)：25-27.
王岩，翟硕莉，苑园园，等，2021. 荷叶提取物的抑菌性及其在草莓保鲜中的应用研究[J]. 农业科技与装备，43(6)：62-64.
王志巧，2015. 草莓酚类成分的抗肿瘤及抗氧化作用研究[D]. 长春：吉林大学.
魏国平，冯志刚，熊双丽，等，2019. DENBA＋静电场猪肉保鲜效果研究[J]. 现代食品，5(23)：99-102,105.
温文娟，刘珊，黄远丽，2020. 苯酚硫酸法与蒽酮硫酸法测定香菇多糖含量比较[J]. 现代食品，6(21)：177-179.
薛炳烨，2002. 肥城桃和草莓果实发育成熟软化生理机理的研究[D]. 泰安：山东农业大学.
薛炳烨，毛志泉，束怀瑞，2006. 草莓果实发育成熟过程中糖苷酶和纤维素酶活性及细胞壁组成变化[J]. 植物生理与分子生物学学报，43(3)：363-368.
杨孟，2013. 高压静电场处理对采后猕猴桃新鲜度指标影响的研究[D]. 南昌：江西农业大学.
杨亚丽，刘慧燕，杨文丽，等，2020. 保鲜剂结合低压静电场处理对红梅杏贮藏品质的影响及其相关性分析[J]. 食品与机械，36(4)：120-125,206.
余叔文，汤章城，1998. 植物生理与分子生物学[M]. 2 版. 北京：科学出版社，610-620.
张群，舒楠，宁密密，等，2022. 不同施肥处理对"东红"猕猴桃贮藏期间果实硬度及细胞壁降解的影响[J]. 保鲜与加工，22(9)：28-37.
张晓寒，2020. 低氧对采后草莓果实能量代谢和香气物质生物合成的影响[D]. 锦州：渤海大学.
赵文哲，陈修德，邓文鹏，等，2021. 外源硅处理对草莓果实果胶物质降解的影响[J]. 植物生理学报，57(10)：1926-1936.
赵妍，杨超，王若兰，等，2013. $CaCl_2$ 处理对草莓采后品质及灰霉病害的影响[J]. 食品工业科技，34(13)：313-316.
周厚成，2014. 草莓果实成熟软化相关基因的研究[D]. 杨凌：西北农林科技大学.
朱璇，侯媛媛，贾燕，等，2014. 水杨酸处理对冷藏杏果实细胞超微结构的影响[J]. 食品科学，35(14)：193-197.
朱莹莹，2019. 高压静电协同低温对采后葡萄保鲜效果的影响[J]. 苏州市职业大学学报，30(3)：52-57.
Alexandre E M C，Brandao T R S，Silva C L M，2012. Efficacy of non-thermal technologies and sanitizer solutions on microbial load reduction and quality retention of strawberries[J]. Journal of Food Engineering，108(3)：417-426.
Atungulu G，Atungulu E，Nishiyama Y，2005. Electrode configuration and treatment timing effects of electric fields on fruit putrefaction and molding post harvest[J]. Journal of Food Engineering，70(4)：506-511.
Bajgai T R，Hashinaga F，Isobe S，et al.，2006. Application of high electric field (HEF) on the shelf-life extension of emblic fruit (*Phyllanthus emblica* L.)[J]. Journal of Food Engineering，74(3)：308-313.
Barkaoui S，Mankai M，Miloud N B，et al.，2021. E-beam irradiation of strawberries：Investigation of microbiological，physicochemical，sensory acceptance properties and bioactive content[J]. Innovative Food Science & Emerging Technologies，73.
Brummell D A，2006. Cell wall disassembly in ripening fruit[J]. Funct Plant Biol，33(2)：103-119.
Cao S F，Hu Z C，Pang B，et al.，2010. Effect of ultrasound treatment on fruit decay and quality maintenance in strawberry after harvest[J]. Food Control，21(4)：529-532.

Castro I, Macedo B, Teixeira J A, et al., 2006. The effect of electric field on important food-processing enzymes: comparison of inactivation kinetics under conventional and ohmic heating[J]. Journal of Food Science, 69(9): C696-C701.

Chang E-H, Lee J-S, Kim J-G, 2017. Cell wall degrading enzymes activity is altered by high carbon dioxide treatment in postharvest 'Mihong' peach fruit[J]. Scientia Horticulturae, 225: 399-407.

Contigiani E V, Jaramillo Sánchez G M, Castro M A, et al., 2020. Efficacy of mild thermal and pulsed light treatments, individually applied or in combination, for maintaining postharvest quality of strawberry cv. Albion[J]. Journal of Food Processing and Preservation, 45.

Cristina C, Ignacio d l F J, Pietro I, et al., 2004. Pectin esterase gene family in strawberry fruit: study of FaPE1, a ripening-specific isoform[J]. Journal of experimental botany, 55(398): 909-918.

Crookes P R, Grierson D, 1983. Ultrastructure of tomato fruit ripening and the role of polygalacturonase isoenzymes in cell wall degradation[J]. Plant physiology, 72(4): 1088-1093.

Filho M D J, Scolforo C Z, Saraiva S H, et al., 2018. Physicochemical, microbiological and sensory acceptance alterations of strawberries caused by gamma radiation and storage time[J]. Scientia Horticulturae, 238: 187-194.

Gani A, Baba W N, Ahmad M, et al., 2016. Effect of ultrasound treatment on physico-chemical, nutraceutical and microbial quality of strawberry[J]. LWT-Food Science and Technology, 66: 496-502.

Gapper N E, McQuinn R P, Giovannoni J J, 2013. Molecular and genetic regulation of fruit ripening[J]. Plant Mol Biol, 82(6): 575-591.

Garcia-Gago J A, Pose S, Munoz-Blanco J, et al., 2009. The polygalacturonase *FaPG1* gene plays a key role in strawberry fruit softening[J]. Plant signaling & behavior, 4(8): 766-768.

Giovannoni J J, 2004. Genetic regulation of fruit development and ripening[J]. The Plant cell, 16(1): S170-S180.

Goulao L F, Oliveira C M, 2008. Cell wall modifications during fruit ripening: when a fruit is not the fruit [J]. Trends in Food Science Technology, 19(1): 4-25.

Gwanpua S G, Verlinden B E, Hertog M L A T M, et al., 2016. Slow softening of Kanzi apples (*Malus* × *domestica* L.) is associated with preservation of pectin integrity in middle lamella[J]. Food Chemistry, 211: 883-891.

He Y, Li J, Ban Q, et al., 2018. Role of Brassinosteroids in Persimmon (*Diospyros kaki* L.) Fruit Ripening [J]. Journal of Agricultural and Food Chemistry, 66(1): 2637-2644.

Ireland H S, Gunaseelan K, Muddumage R, et al., 2014. Ethylene regulates apple (*Malus* × *domestica*) fruit softening through a dose × time-dependent mechanism and through differential sensitivities and dependencies of cell wall-modifying genes[J]. Plant and Cell Physiology, 55(5): 1005-1016.

Jesus Filho M d, Scolforo C Z, Saraiva S H, et al., 2018. Physicochemical, microbiological and sensory acceptance alterations of strawberries caused by gamma radiation and storage time[J]. Scientia Horticulturae, 238: 187-194.

Jiang Y, Yu L, Hu Y, et al., 2019. Electrostatic spraying of chitosan coating with different deacetylation degree for strawberry preservation[J]. International Journal of Biological Macromolecules, 139: 1232-1238.

Jiang Y, Yu L, Hu Y, et al., 2020. The preservation performance of chitosan coating with different molecular weight on strawberry using electrostatic spraying technique[J]. Int J Biol Macromol, 151: 278-285.

Jongsri P, Wangsomboondee T, Rojsitthisak P, et al., 2016. Effect of molecular weights of chitosan coating on postharvest quality and physicochemical characteristics of mango fruit[J]. LWT-Food Science and Technology, 73(1): 28-36.

Kang S, Xiao Y, Guo X, et al., 2021. Development of gum arabic-based nanocomposite films reinforced with cellulose nanocrystals for strawberry preservation[J]. Food Chemistry, 350: 129199.

Kao N Y, Tu Y F, Sridhar K, et al., 2019. Effect of a high voltage electrostatic field (HVEF) on the shelf-life of fresh-cut broccoli (Brassica oleracea var. italica)[J]. LWT-Food Science and Technology, 116: 108532.

Klee H J, Giovannoni J J, 2011. Genetics and control of tomato fruit ripening and quality attributes[J]. Annual Review of Genetics, 45(1): 41-59.

Langer S E, Oviedo N C, Marina M, et al., 2018. Effects of heat treatment on enzyme activity and expression of key genes controlling cell wall remodeling in strawberry fruit[J]. Plant Physiology and Biochemistry, 130: 334-344.

Li L, Zhao W H, Feng X C, et al., 2019. Changes in fruit firmness, cell wall composition, and transcriptional profile in the yellow fruit tomato 1 (yft1) mutant[J]. Journal of Agricultural and Food Chemistry, 67(1): 463-472.

Lin T P, Liu C, Chen S W, et al., 1989. Purification and characterization of pectinmethylesterase from ficus awkeotsang makino achenes[J]. Plant physiology, 91(4): 1445-1453.

Liu C E, Chen W J, Chang C K, et al., 2017. Effect of a high voltage electrostatic field (HVEF) on the shelf life of persimmons (Diospyros kaki)[J]. LWT-Food Science and Technology, 75: 236-242.

Lotfi M, Hamdami N, Dalvi-Isfahan M, et al., 2022. Effects of high voltage electric field on storage life and antioxidant capacity of whole pomegranate fruit[J]. Innovative Food Science & Emerging Technologies, 75.

Lunn D, Phan T D, Tucker G A, et al., 2013. Cell wall composition of tomato fruit changes during development and inhibition of vesicle trafficking is associated with reduced pectin levels and reduced softening[J]. Plant Physiol Biochem, 66: 91-97.

Moya-Leon M A, Mattus-Araya E, Herrera R, 2019. Molecular events occurring during softening of strawberry fruit[J]. Frontiers in Plant Science, 10: 615.

Nayak S L, Sethi S, Sharma R R, et al., 2019. Improved control on decay and postharvest quality deterioration of strawberry by microbial antagonists[J]. Indian Journal of Horticulture, 76(3): 502-507.

Nishiyama K, Guis M, Rose J K, et al., 2007. Ethylene regulation of fruit softening and cell wall disassembly in Charentais melon[J]. Journal of experimental botany, 58(6): 1281-1290.

Njuguna W, Liston A, Cronn R, et al., 2013. Insights into phylogeny, sex function and age of Fragaria based on whole chloroplast genome sequencing[J]. Molecular Phylogenetics and Evolution, 66(1): 17-29.

Orak H H, 2007. Total antioxidant activities, phenolics, anthocyanins, polyphenoloxidase activities of selected red grape cultivars and their correlations[J]. Scientia Horticulturae, 111(3): 235-241.

Orfila C, Huisman M M, Willats W G, et al., 2002. Altered cell wall disassembly during ripening of Cnr tomato fruit: implications for cell adhesion and fruit softening[J]. Planta, 215(3): 440-447.

Paniagua C, Blanco-Portales R, Barcelo-Munoz M, et al., 2016. Antisense down-regulation of the strawberry beta-galactosidase gene FabetaGal4 increases cell wall galactose levels and reduces fruit softening[J]. Journal of experimental botany, 67(3): 619-631.

Paniagua C, Santiago-Domenech N, Kirby A R, et al., 2017. Structural changes in cell wall pectins during strawberry fruit development[J]. Plant Physiol Biochem, 118: 55-63.

Qiao Q, Xue L, Wang Q, et al., 2016. Comparative Transcriptomics of Strawberries (*Fragaria* spp.) Provides Insights into Evolutionary Patterns[J]. Front Plant Sci, 7: 1839.

Ross G S, Wegrzyn T, MacRae E A, et al., 1994. Apple β-Galactosidase activity against cell wall polysaccharides and characterization of a related cDNA Clone[J]. Plant physiology, 106: 521-528.

Singleton V L, Orthofer R, Lamuela-Raventós R M, 1999. Analysis of total phenols and other oxidation substrates and antioxidants by means of folin-ciocalteu reagent[J]. Methods in Enzymology, 299: 152-178.

Smith D L, Abbott J A, Gross K C, 2002. Down-regulation of tomato β-Galactosidase 4 results in decreased fruit softening[J]. Plant physiology, 129(4): 1755-1762.

Soleimani Aghdam M, Sayyari M, Luo Z, 2021. Exogenous phytosulfokine α application delays senescence and promotes antioxidant nutrient accumulation in strawberry fruit during cold storage by triggering endogenous phytosulfokine α signaling[J]. Postharvest Biology and Technology, 175: 111473.

Thomsen R, Solvsten C A E, Linnet T E, et al., 2010. Analysis of qPCR data by converting exponentially related Ct values into linearly related X_0 values[J]. Journal of bioinformatics and computational biology, 8 (5): 885-900.

Trainotti L, Spinello R, Piovan A, et al., 2001. β-galactosidases with a lectin-like domain are expressed in strawberry[J]. Journal of experimental botany, 52(361): 1635-1645.

Urrutia M, Rambla J L, Alexiou K G, et al., 2017. Genetic analysis of the wild strawberry (Fragaria vesca) volatile composition [J]. Plant Physiology and Biochemistry, 121: 99-117.

Wang D, Yeats T H, Uluisik S, et al., 2018. Fruit softening: revisiting the role of pectin[J]. Trends Plant Sci, 23(4): 302-310.

Wang H, Wang J, Mujumdar A S, et al., 2021. Effects of postharvest ripening on physicochemical properties, microstructure, cell wall polysaccharides contents (pectin, hemicellulose, cellulose) and nanostructure of kiwifruit (Actinidia deliciosa)[J]. Food Hydrocolloids, 118.

Wang Y, Li R, Lu R, et al., 2019. Preparation of chitosan/corn starch/cinnamaldehyde films for strawberry preservation[J]. Foods, 8(9): 423.

Wei Y, Wei Y, Xu F, et al., 2018. The combined effects of tea tree oil and hot air treatment on the quality and sensory characteristics and decay of strawberry[J]. Postharvest Biology and Technology, 136: 139-144.

Wu Z, Burns J K, 2004. A beta-galactosidase gene is expressed during mature fruit abscission of 'Valencia' orange (Citrus sinensis)[J]. Journal of experimental botany, 55(402): 1483-1490.

Xie F, Yuan S, Pan H, et al., 2017. Effect of yeast mannan treatments on ripening progress and modification of cell wall polysaccharides in tomato fruit[J]. Food Chemistry, 218: 509-517.

Yang X, Yan R, Chen Q, et al., 2020. Analysis of flavor and taste attributes differences treated by chemical preservatives: a case study in strawberry fruits treated by 1-methylcyclopropene and chlorine dioxide [J]. Journal of Food Science and Technology, 57(12): 4371-4382.

Yashoda H M, Prabha T N, Tharanathan R N, 2005. Mango ripening—chemical and structural characterization of pectic and hemicellulosic polysaccharides [J]. Carbohydrate Research, 340 (7): 1335-1342.

Yıldırım-Yalçın M, Şeker M, Sadıkoğlu H, 2022. Effect of grape derivatives and cross-linked maize starch coatings on the storage life of strawberry fruit[J]. Progress in Organic Coatings, 167.

Zavala J F A, Wang S Y, Wang C Y, et al., 2004. Effect of storage temperatures on antioxidant capacity and aroma compounds in strawberry fruit[J]. LWT-Food Science and Technology, 37: 687-695.

Zhang J Y, Jiang H, Li Y T, et al., 2022a. Transcriptomic and physiological analysis reveals the possible mechanism of ultrasound inhibiting strawberry (*Fragaria* × *ananassa* Duch.) postharvest softening[J]. Frontiers in Nutrition, 9.

Zhang W W, Zhao S Q, Zhang L C, et al., 2020. Changes in the cell wall during fruit development and ripening in Fragaria vesca[J]. Plant Physiol Biochem, 154: 54-65.

Zhang X, Sun Y, Yang Q, et al., 2015. Control of postharvest black rot caused by Alternaria alternata in strawberries by the combination of Cryptococcus laurentii and Benzo-(1,2,3)-thiadiazole-7-carbothioic acid S-methyl ester[J]. Biological Control, 90: 96-101.

Zhang X, Li D, Wang Y, et al., 2022b. Fumigation of SO_2 in combination with elevated CO_2 regulate sugar and energy metabolism in postharvest strawberry fruit[J]. Postharvest Biology and Technology, 192.

Zhu Q, Nakagawa T, Kishikawa A, et al., 2015. In vitro bioactivities and phytochemical profile of various parts of the strawberry (Fragaria × ananassa var. *amaou*)[J]. Journal of Functional Foods, 13: 38-49.

第 2 章

草莓冻藏过程中挥发性香气成分的变化

2.1 概述

东北地区作为我国草莓主产地区之一，拥有独特的气候环境和品种，随着草莓加工业的崛起，东北草莓产业也逐渐向加工方向转型。草莓因种间差异，其挥发性有机物种类、含量及比例不同，使得不同品种草莓的香气具有可辨识性。本章以三种加工常用草莓品种'九九''哈尼''蒙特瑞'为原料，利用 GC-IMS 技术，定性定量分析每种草莓的挥发性有机物，构建三种草莓的香气指纹图谱。在此基础之上，结合 HS-SPME-GC-MS 技术综合分析三种草莓的挥发性有机物成分（VOCs），明确草莓共性香气成分，揭示草莓香气成分及鉴别香气类型，同时进一步对比分析差异性挥发性有机物成分、含量及比例，探究不同品种草莓香气差异来源。本章内容将为草莓深加工产品香气研究及掺伪检测提供数据支持。

2.2 基于 GC-IMS 和 HS-SPME-GC-MS 对草莓鲜果 VOCs 的分析研究

2.2.1 材料与设备

2.2.1.1 材料与试剂

供试原材料：3 个草莓品种分别为产地为辽宁丹东的'九九'草莓、'哈尼'草莓和产地为云南的'蒙特瑞'草莓。从中挑选形状端正、成熟度为九成、没有损伤且大小一致的草莓鲜果，冻藏贮存以供试验使用。

其他主要试剂见表 2-1。

表 2-1　试验试剂

材料名称	材料等级、型号	生产厂家
氯化钠	分析纯	国药集团化学试剂有限公司
正己烷	色谱纯	德国 Merck 公司
标准品	色谱纯	美国 BioBioPha/Sigma-Aldrich 公司

注：标准品用正己烷进行配制，于−20℃保存。

2.2.1.2　仪器设备

主要仪器设备见表 2-2。

表 2-2　主要仪器设备

设备名称	设备型号	生产厂家
电子分析天平	JJ-1000 型	瑞士 Mettler Toledo 公司
气相-离子迁移谱联用仪	Flavour Spec1H1-00053 型	德国 G. A. S 公司
气相色谱毛细管柱	MXT-5 (15 m × 0.53 mm × 0.25 μm)	美国 Agilent 公司
GC-MS/MS	8890-7000D	美国 Agilent 公司
色谱毛细管柱	DB-5MS(30 m × 0.25 mm × 0.25 μm)	美国 Agilent 公司
球磨仪	MM400	德国 Retsch 公司
电子天平	MS105DU	瑞士 Mettler Toledo 公司
萃取头	120 μm DVB/CWR/PDMS	美国 Agilent 公司
固相微萃取装置	SPME Arrow	瑞士 CTC Analytics AG
老化装置	Fiber Conditioning Station	瑞士 CTC Analytics AG
样品加热箱	Agitator	瑞士 CTC Analytics AG

2.2.2　试验方法

2.2.2.1　不同品种草莓 VOCs 的 GC-IMS 测定

分别取样品进行匀浆，称取 2 g 草莓匀浆样品，置于 20 mL 顶空瓶中，在 60 ℃下孵育 20 min 后进样，每个草莓品种分别设置 3 个平行组。

进样条件：温度 60 ℃；时间 20 min；转速 500 r/min；进样针温度 85 ℃；进样体积 200 μL。GC 条件：MXT-5 色谱毛细管柱(15 m×0.53 mm×0.25 μm)；柱温 60 ℃；分析时间 30 min，载气为高纯度氮气；载气流速初始为 2 mL/min，保持 2 min，2～10 min 柱流速增加至 100 mL/min，10～20 min 柱流速保持在 100 mL/min。IMS 条件：飘移气为流速 150 mL/min 的氮气；IMS 检测器温度 45 ℃。

2.2.2.2　不同品种草莓 VOCs 的 HS-SPME-GC-MS 测定

1. 样品提取流程

称取 500 mg 草莓匀浆样品于顶空瓶中；分别加入 2 mL 饱和 NaCl 溶液，使用顶空固相微萃取方法进行样本萃取，每个草莓品种设置 6 个平行组。

2. 色谱质谱采集条件

HS-SPME 萃取条件：在 60 ℃恒温条件下，振荡 5 min 后顶空萃取 15 min，于 250 ℃下解析 5 min。采样前萃取头在 250 ℃下老化 5 min，采用的是 SPME Arrow 萃取头，其灵敏度可达传统 SPME 纤维头的 10 倍。

色谱条件：DB-5MS 毛细管柱(30 m×0.25 mm×0.25 μm)，载气为高纯氦气，流速 1.2 mL/min，进样口温度 250 ℃，不分流进样，溶剂延迟 3.5 min。升温程序：40 ℃保持 3.5 min，以 10 ℃/min 升至 100 ℃，再以 7 ℃/min 升至 180 ℃，最后以 25 ℃/min 升至 280 ℃，保持 5 min。

质谱条件：电子轰击离子源(EI)，离子源温度 230 ℃，四级杆温度 150 ℃，质谱接口温度 280 ℃，电子能量 70 eV，扫描方式为选择离子检测模式(SIM)，定性定量进行离子精准扫描(GB 23200.8—2016)。

2.2.2.3 数据处理

通过 GC-IMS 测定得到的数据采用 LAV 分析软件，通过 NIST library 数据库和 IMS 数据库比对，定性分析不同种类草莓特征挥发性物质。采用 Reporter 和 Gallery 插件构建草莓间挥发性物质的差异图谱并绘制香气指纹图谱。由 HS-SPME-GC-MS 测定得到的数据通过 MetWare 数据库和 NIST library 数据库比对，进行定性定量分析。

2.2.2.4 统计分析

本试验 GC-IMS 的数据为 3 次重复试验的平均值，GC-MS 的数据为 6 次的平均值。使用 SPSS 26.0 软件对挥发性成分的含量数据进行处理，统计图使用 Origin 2019 绘制。

2.2.3 结果与分析

2.2.3.1 GC-IMS 分析三种草莓的挥发性风味化合物

对三种草莓鲜果进行 GC-IMS 测定，将得到的挥发性风味化合物数据构建二维谱图，如图 2-1 所示(彩图见二维码 2-1)。图中横坐标表示离子迁移时间，纵坐标表示气相色谱的保留时间。以中间的'哈尼'草莓为对照，图中的颜色代表着物质的浓度，颜色越深，浓度越大时，可清晰看见在保留时间为 100～500 s，迁移时间 1.0～2.0 ms 草莓挥发性风味物质信号较强。图 2-1 直观地反映了三种草莓挥发性物质的差别，'九九'草莓样品中挥发性化合物含量高于'哈尼'草莓样品，'蒙特瑞'草莓样品中部分化合物含量略低于'哈尼'草莓样品，其中也有含量高于'哈尼'草莓样品的成分。

二维码 2-1 '九九'草莓、'哈尼'草莓和'蒙特瑞'草莓特征挥发性风味的 GC-IMS 谱图彩图

为了初步明确三种草莓的物质差异，根据挥发性物质气相色谱保留时间和迁移时间与 GC-IMS 数据库匹配进行定性分析，一共鉴定出 87 种挥发性有机物，由表 2-3 可知，共定性出 40 种化合物，还有 47 种不在数据库中的化合物未能定性。表 2-3 列出了被定性出来的 40 种挥发性有机物的名称、保留指数以及离子迁移时间，其中酯类物质最多，有 25 种(其中乙酸甲酯、乙酸乙酯、乙酸异丙酯、丁酸甲酯、丁酸苯乙酯、己酸甲酯、丁酸异戊酯和异戊酸丁酯均含有单体和二聚体，正己酸乙酯含有二聚体和三聚体)，醛类物质有 8 种[其中正己醛和(*E*)-2-己烯醛均含有单体和二聚体]，醇类有 6 种，还有 1 种呋喃

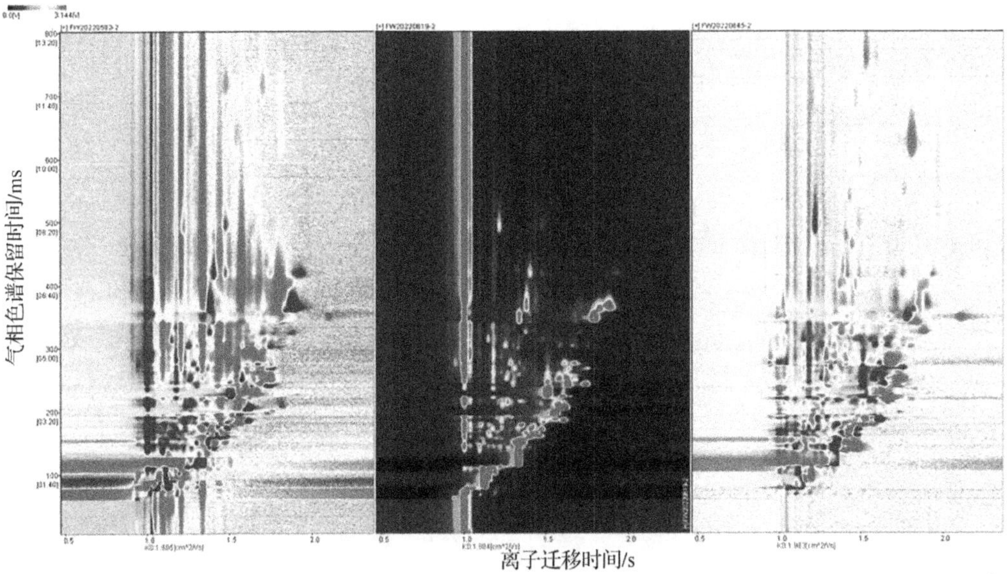

图 2-1　'九九'草莓、'哈尼'草莓和'蒙特瑞'草莓特征挥发性风味的 GC-IMS 谱图

酮。由于 GC-IMS 的数据库建立还不够完备，因此会出现检测出了挥发性风味物质却无法定性的情况。由此可见，三种草莓中种类较多的风味物质是酯类化合物、醛类化合物和醇类化合物，其中酯类化合物是最主要的挥发物。

表 2-3　GC-IMS 定性分析三种草莓鲜果中的挥发性风味物质

编号	化合物名称	CAS	保留指数	保留时间/s	迁移时间/ms	注释
1	芳樟醇 Linalool	78-70-6	1100.1	495.538	1.21358	
2	壬醛 Nonanal	124-19-6	1101.1	497.258	1.47899	
3	2,5-二甲基-4-甲氧基-3(2H)-呋喃酮 4-Methoxy-2,5-dimethyl-3(2H)-furanone	4077-47-8	1062.7	437.068	1.18724	
4	丁酸异戊酯 Isoamyl butyrate(M)	106-27-4	1052.6	422.515	1.40003	单体
5	丁酸异戊酯 Isoamyl butyrate(D)	106-27-4	1052.1	421.877	1.92229	二聚体
6	异戊酸丁酯 Butanoic acid, 3-methylbutyl ester(M)	109-19-3	1035.9	399.535	1.38707	单体
7	2,4-庚二烯醛 2,4-Heptadienal	5910-85-0	1003.5	358.363	1.19528	
8	正己酸乙酯 Ethyl hexanoate(M)	123-66-0	996.5	350.065	1.34042	单体
9	乙酸己酯 Acetic acid hexyl ester(D)	142-92-7	1011.6	368.257	1.8847	二聚体
10	正己酸乙酯 Ethyl hexanoate(D)	123-66-0	995.5	349.108	1.80565	二聚体
11	正己酸乙酯 Ethyl hexanoate(T)	123-66-0	996.2	349.836	2.11411	三聚体
12	庚醇 1-Heptanol	111-70-6	972.8	327.788	1.38233	
13	1-辛烯-3-醇 Oct-1-en-3-ol	3391-86-4	981.1	335.442	1.17676	

续表 2-3

编号	化合物名称	CAS	保留指数	保留时间/s	迁移时间/ms	注释
14	丁酸异丁酯 2-Methylpropyl butanoate	539-90-2	944.1	302.792	1.33542	
15	己酸甲酯 Methyl hexanoate(M)	106-70-7	921.6	284.467	1.28666	单体
16	己酸甲酯 Methyl hexanoate(D)	106-70-7	922.2	284.908	1.67309	二聚体
17	2-甲基丁基乙酸酯 2-Methylbutanol acetate(M)	624-41-9	877.2	253.373	1.3009	单体
18	(*E*)-2-己烯醛(*E*)-2-hexenal(D)	6728-26-3	840.1	232.864	1.51242	二聚体
19	2-甲基丁基乙酸酯 2-Methylbutanol acetate(D)	624-41-9	874.9	252.051	1.74053	二聚体
20	(*E*)-2-己烯醛(*E*)-2-hexenal(M)	6728-26-3	831.8	228.522	1.17638	单体
21	正己醛 Hexanal(M)	66-25-1	796.5	210.854	1.23816	单体
22	4-甲基-2-戊醇 4-Methyl-2-pentanol	108-11-2	760.8	193.808	1.26886	
23	丁酸苯乙酯 Ethyl isobutyrate(M)	97-62-1	750.4	189.003	1.20398	单体
24	丁酸甲酯 Butanoic acid methyl ester(M)	623-42-7	726.1	178.248	1.15112	单体
25	2-甲基戊醛 2-Methylpentanal	123-15-9	748.5	188.15	1.52755	
26	丁酸甲酯 Butanoic acid methyl ester(D)	623-42-7	720.3	175.775	1.42706	二聚体
27	二甲基丁醇 2-Methylbutan-1-ol	137-32-6	741.9	185.156	1.47413	
28	丁酸苯乙酯 Ethyl isobutyrate(D)	97-62-1	745	186.553	1.56444	二聚体
29	乙酸丙酯 *n*-Propyl acetate	109-60-4	712.2	172.382	1.47922	
30	顺-2-戊烯-1-醇(*Z*)-2-Penten-1-ol	1576-95-0	766.6	196.533	1.43469	
31	乙酸异丙酯 Isopropyl acetate(M)	108-21-4	638	147.831	1.1612	单体
32	乙酸乙酯 Acetic acid ethyl ester(M)	141-78-6	588.4	134.457	1.09124	单体
33	乙酸乙酯 Acetic acid ethyl ester(D)	141-78-6	591.5	135.256	1.32784	二聚体
34	乙酸异丙酯 Isopropyl acetate(D)	108-21-4	645.7	150.026	1.47794	二聚体
35	乙酸甲酯 Methyl acetate(M)	79-20-9	517	117.291	1.02891	单体
36	丙醛 Propanal	123-38-6	459.7	105.132	1.14847	
37	乙酸甲酯 Methyl acetate(D)	79-20-9	492.6	111.964	1.18853	二聚体
38	乙酸己酯 Acetic acid,hexyl ester(M)	142-92-7	1017.3	375.38	1.38876	单体
39	异戊酸丁酯 Butanoic acid, 3-methylbutyl ester(D)	109-19-3	1036.1	399.811	1.88834	二聚体
40	正己醛 Hexanal(D)	66-25-1	802.2	213.641	1.56476	二聚体

注：M、D、T 分别代表同一种化合物的单体、二聚体和三聚体；迁移时间是对 RIP 峰进行了归一化处理后的，归一化的方法是将实际的迁移时间除以 RIP 的出峰时间。

绘制三种草莓鲜果样品的挥发性指纹图谱，结果如图 2-2 所示(彩图见二维码 2-2)，平行组的检测结果有高度的一致性。指纹图谱可以对不同草莓中挥发性成分之间的差异进行可视化处理，图中颜色的深浅对应着挥发性风味物质含量的多少。行代表在同一个样品中测得的所有挥发性风味化合物，列代表在不同样品中的同一挥发性化合物。其中标注序号的是未能定性的化合物。部分物质后面的M、D和T分别指同一物质的单体、二聚体和三聚体，Y轴为样品代号。初步对比可以看出不同品种的果实有各自的特征性风味成分，同时也有共同的风味物质。

二维码2-2 ‘九九’草莓、‘哈尼’草莓和‘蒙特瑞’草莓挥发性物质的指纹图谱彩图

区域A标出的物质在3个品种草莓样品中均有检出，其含量相对较高，是3个草莓品种中的共性香气成分。其中乙酸乙酯(水果香)、2,5-二甲基-4-甲氧基-3(2H)-呋喃酮(甜香、焦糖香、草莓香)、二甲基丁醇(青草香)等多为具有水果香、青草香的化合物，还包括丙醛、异戊酸丁酯、正己酸乙酯。

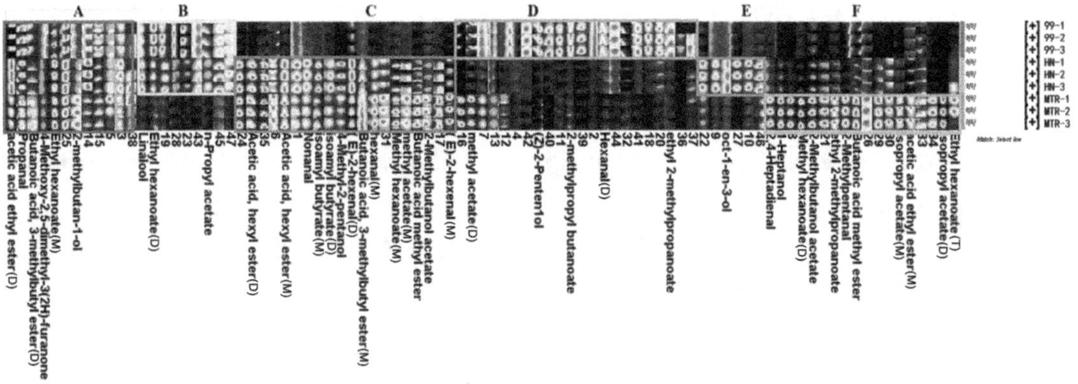

图2-2 ‘九九’草莓、‘哈尼’草莓和‘蒙特瑞’草莓挥发性物质的指纹图谱

注：Ethyl hexanoate(T)为己酸乙酯(T)；Isopropyl acetate(D)为乙酸异丙酯(D)；Acetic acid ethyl ester(M)为乙酸乙酯(M)；Isopropyl acetate(M)为乙酸异丙酯(M)；Butanoic acid methyl ester为丁酸甲酯；2-Methylpentanal为2-甲基戊醛；Ethyl-2-methylpropanoate为2-甲基丙酸乙酯；2-Methylbutyl acetate为2-甲基丁基乙酸酯；Methyl hexanoate(D)为己酸甲酯(D)；Heptanol为庚醇；2,4-Heptadienal为2,4-庚二烯醛；Oct-1-en-3-ol为1-辛烯-3-醇；Ethyl 2-methylpropanoate为2-甲基丙酸乙酯；Hexanal(D)为己醛(D)；2-Methylpropyl butanoate为2-甲基丁酸丙酯；(*Z*)-2-Penten1ol为(*Z*)-2-戊烯醇；Methyl acetate(D)为乙酸甲酯(D)；(*E*)-2-Hexenal(M)为(*E*)-2-己烯醛(M)；2-Methylbutyl acetate为2-甲基丁基乙酸酯；Butanoic acid methyl ester为丁酸甲酯；Methyl acetate(M)为乙酸甲酯(M)；Methyl hexanoate(M)为己酸乙酯(M)；Hexanal(M)为己醛(M)；Butanoic acid 3-methylbutyl ester(M)为丁酸-3-甲基丁酯(M)；(*E*)-2-Hexenal(D)为(*E*)-2-己烷醛(D)；4-Methyl-2-pentanol为4-甲基-2-戊酮；Isoamyl butyrate(D)为丁酸异戊酯(D)；Isoamyl butyrate(M)为丁酸异戊酯(M)；Nonanal为壬醛；Acetic, acid, hexyl ester(M)为乙酸己酯(M)；Acetic, acid, hexyl ester(D)为乙酸己酯(D)；*n*-Propyl acetate为乙酸正丙酯；Ethyl hexanoate(D)为己酸乙酯(D)；Linalool为里那醇；3-Methylbutan-1-ol为3-甲基丁醇；Ethyl hexanoate(M)为己酸乙酯(M)；4-Methoxy-2,5-dimethyl-3(2H)-furanone为4-甲氧基-2,5-二甲基-3(2H)-呋喃酮；Butanoic acid, 3-methylbutyl ester(D)为丁酸,3-甲基丁酯(D)；Propanal为丙醛；Acetic acid ethyl ester(D)为乙酸乙酯(D)。

区域B中标出的物质为‘九九’草莓、‘哈尼’草莓样品中共有的香气化合物，以芳樟醇、正己酸乙酯和乙酸丙酯为主，均呈现浓郁的果香。

区域C中标出的物质为‘哈尼’草莓及‘蒙特瑞’草莓样品中共有的含量较高的可挥发性成分，包括乙酸乙酯(D)、壬醛、丁酸异戊酯(D)、丁酸异戊酯(M)、4-甲基-2-戊醇、异戊酸丁

酯、己酸甲酯(M)、乙酸甲酯(M)、丁酸甲酯(M)、2-甲基丁基乙酸酯(D)等以酯类为主的挥发性成分，但仍伴有壬醛、(*E*)-2-己烯醛、正己醛等青草香。

区域D中标出的化合物是‘九九’草莓样品中特征香气化合物，除乙酸甲酯、丁酸异丁酯等酯类外，顺-2-戊烯-1-醇(青草香)、丁酸苯乙酯(果香)、正己醛(D)(青草香)反映了‘九九’草莓样品浓郁的青草香及果香的特点。

区域E中标出的物质为‘哈尼’草莓样品中含量较高的物质，其中1-辛烯-3-醇是具有泥土气息的化合物。

区域F中标出的物质为‘蒙特瑞’草莓样品中含量较高的物质，以酯类物质为主，包括己酸甲酯(D)、2-甲基丁基乙酸酯(D)、丁酸甲酯(M)、乙酸异丙酯(M)、乙酸乙酯(M)、乙酸异丙酯(D)、正己酸乙酯(T)，具有浓郁的水果香，同时还伴有庚醇(柑橘香)、2,4-庚二烯醛(青草香)、2-甲基戊醛(坚果香)多种香气。

2.2.3.2 HS-SPME-GC-MS分析三种草莓的挥发性风味物质

采用高通量顶空固相微萃取和气相色谱-质谱联用技术对‘九九’‘哈尼’和‘蒙特瑞’3种草莓进行挥发性化合物成分分析(含量>0.02%计入)。3种草莓共鉴定出381种挥发性化合物，由表2-4可知，其中包括酯类74种(19.42%)、萜烯类66种(17.32%)、呋喃类18种(4.72%)、醛类22种(5.77%)、酮类48种(12.60%)、醇类51种(13.39%)、酸类16种(4.20%)、烃类39种(10.24%)，此外还有47种(12.34%)其他类挥发性化合物组分。

表2-4 不同草莓品种挥发性风味物质种类及相对含量比较

风味物质分类	相对含量及种类/%			
	‘九九’草莓	‘哈尼’草莓	‘蒙特瑞’草莓	合计
酯类	12.34(55)	14.50(57)	14.24(55)	19.42(74)
萜烯	18.55(58)	20.14(64)	17.11(51)	17.32(66)
呋喃	10.33(15)	8.40(16)	12.88(12)	4.72(18)
醛类	7.84(18)	7.79(21)	7.22(16)	5.77(22)
酮类	13.31(37)	10.96(42)	10.70(32)	12.60(48)
醇类	14.83(41)	17.01(44)	16.32(36)	13.39(51)
酸类	3.42(11)	4.89(13)	3.44(11)	4.20(16)
烃类	9.27(32)	6.44(30)	7.10(30)	10.24(39)
合计	89.88(305)	91.13(327)	89.01(281)	87.66(334)

注：括号里的数字表示挥发性风味物质的种类。

‘九九’草莓的挥发性化合物鉴定物质种类为305种，‘哈尼’草莓的挥发性化合物鉴定物质数量有327种，‘蒙特瑞’的挥发性化合物鉴定物质数量有281种。在3种草莓的挥发性化合物中(图2-3)，酯类(12.34%～14.50%)和萜烯类(17.11%～20.14%)是主要的挥发物，图2-3表示每种草莓挥发性风味物质分布。由图2-3(a)可见3种草莓含有的挥发性风味物质总含量不同；图2-3(b)表示3种草莓含有的挥发性风味物质种类。所含总酯类(果香型物质)种类最多，萜烯类、酮类、醇类物质次之。‘哈尼’草莓的挥发性风味物质中酯类物质的种类高于‘九九’和‘蒙特瑞’。

在‘九九’‘哈尼’和‘蒙特瑞’这3个不同品种的草莓中，酯类、萜烯类、呋喃类、醛类、酮类、醇类和酸类属于主要香气成分类别，其中酯类成分的相对含量分别为12.34%、14.50%和

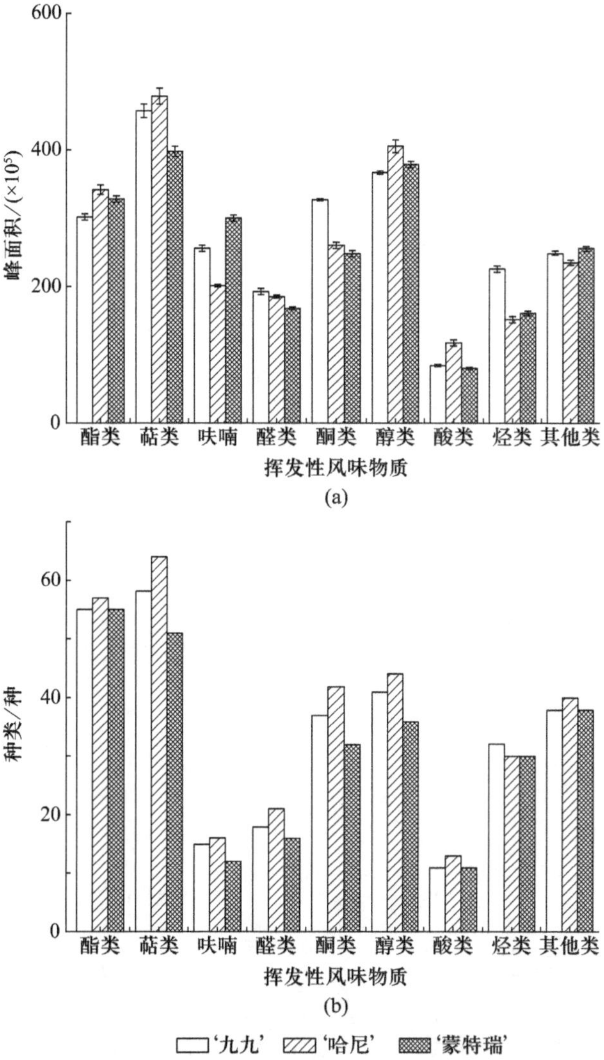

图 2-3　HS-SPME-GC-MS 检测'九九''哈尼''蒙特瑞'3 种草莓中挥发性风味物质的含量和种类

14.24%；萜烯类成分的相对含量分别为 18.55%、20.14%和 17.11%；呋喃类成分的相对含量分别为 10.33%、8.40%和 12.88%；醛类成分的相对含量分别为 7.84%、7.79%和 7.22%；酮类成分的相对含量分别为 13.31%、10.96%和 10.70%；醇类成分的相对含量分别为 14.83%、17.01%和 16.32%；酸类成分的相对含量分别为 3.42%、4.89%和 3.44%。在'九九'草莓中各物质的含量，萜烯类>醇类>酮类>酯类>呋喃类>醛类>酸类，在'哈尼'草莓中，萜烯类>醇类>酯类>酮类>呋喃类>醛类>酸类；在'蒙特瑞'草莓中，萜烯类>醇类>酯类>呋喃类>酮类>醛类>酸类。虽然 3 个品种间的各类挥发性风味物质的含量有较大的差距，但 3 种品种的草莓鲜果中主要挥发性风味物质均为萜烯类。

定量分析结果如表 2-5 所示，列出了 3 种草莓鲜果中主要的挥发性物质及其相对百分含量，能够看出它们之间种类和含量存在较为明显的差异。整体而言，'哈尼'草莓挥发性风味物质种类比'九九'和'蒙特瑞'草莓多。'九九'草莓中挥发性风味物质含量最高，'哈尼'草莓和'蒙特瑞'草莓中挥发性风味物质含量较低。

表 2-5 HS-SPME-GC-MS 鉴定出 3 种草莓鲜果中的挥发性有机物及其相对百分含量 %

类别	英文名称	中文名称	CAS	相对含量		
				‘九九’	‘哈尼’	‘蒙特瑞’
酯类	*S*-sec-Butyl thioisovalerate	3-甲硫基丁酸仲丁酯	2432-91-9	1.70±0.00	1.41±0.01	1.89±0.00
	(*S*)-3,3,6-Trimethylhepta-1,5-dien-4-yl acetate	乙酸青蒿素酯	3465-88-1	1.00±0.00	0.81±0.00	1.10±0.00
	(*Z*)-3-Hexenyl valerate	戊酸叶醇酯	35852-46-1	0.85±0.00	0.73±0.00	0.91±0.00
	(*E*)-Butanoic acid 3,7-dimethyl-2,6-octadienyl ester	丁酸香叶酯	106-29-6	0.62±0.01	2.12±0.04	—
	2-Butenoic acid 2-methyl-2-methylpropyl ester	异丁烯酸异丁酯	66917-61-1	0.62±0.00	0.63±0.00	0.49±0.00
	3-Metylbutyric acid hexyl ester	3-甲基丁酸己酯	10032-13-0	0.58±0.00	0.50±0.00	0.62±0.00
	Isobutyl acetate	乙酸异丁酯	110-19-0	0.56±0.01	0.56±0.00	0.61±0.00
	Citronellyl isobutyrate	异丁酸香茅酯	97-89-2	0.54±0.00	0.38±0.00	0.53±0.00
	Methyl hexanoate	己酸甲酯	106-70-7	0.38±0.00	0.06±0.00	3.03±0.02
	(*E*)-2-Propenoic acid 3-phenyl-ethyl ester	(*E*)-肉桂酸乙酯	4192-77-2	0.33±0.00	0.53±0.01	—
	Acetic acid 2-phenylethyl ester	*β*-苯乙酸乙酯	103-45-7	0.06±0.00	0.76±0.00	0.30±0.00
	Ethyl mandelate	扁桃酸乙酯	774-40-3	0.23±0.00	0.34±0.00	0.01±0.00
	1,5-Dimethyl-1-vinyl-4-hexenyl butyrate	丁酸芳樟酯	78-36-4	0.22±0.00	0.31±0.00	0.01±0.00
	Octanoic acid methyl ester	辛酸甲酯	111-11-5	0.19±0.00	0.01±0.00	0.36±0.00
	1-Octyl trifluoroacetate	1-辛基三氟乙酸酯	2561-21-9	0.12±0.00	0.07±0	0.40±0.00
	Benzoic acid hexyl ester	苯甲酸己酯	6789-88-4	0.11±0.00	0.36±0.01	—
	Benzoic acid ethyl ester	苯甲酸乙酯	93-89-0	0.44±0.00	0.04±0.00	0.02±0.00
	Acetic acid hexyl ester	乙酸己酯	142-92-7	0.05±0.00	0.33±0.00	0.07±0.00

续表 2-5

类别	英文名称	中文名称	CAS	相对含量		
				‘九九’	‘哈尼’	‘蒙特瑞’
萜烯类	(+)-Epi-beta-santalen	(+)-表-β-檀香烯	25532-78-9	1.66±0.02	1.08±0.02	1.33±0.02
	Linalool	芳樟醇	78-70-6	1.44±0.00	1.96±0.01	1.02±0.00
	Levomenthol	薄荷醇	2216-51-5	1.27±0.00	1.04±0.01	1.41±0.00
	Eremophilene	佛术烯	10219-75-7	1.03±0.00	0.72±0.01	1.02±0.00
	(4*R*, 4a*S*, 6*S*)-4, 4a-Dimethyl-6-(prop-1-en-2-yl)-1,2,3,4,4a,5,6,7-octahydronaphthalene	(4*R*,4a*S*,6*S*)-4,4a-二甲基-6-(丙-1-烯-2-基)-1,2,3,4,4a,5,6,7-八氢萘	823810-22-6	1.02±0.00	0.72±0.01	1.02±0.00
	(*R*)-5-methyl-2-(1-methylethenyl)-4-Hexen-1-ol	薰衣草醇	498-16-8	1.00±0.00	0.82±0.00	1.10±0.00
	(+)-Bicyclogermacrene	(+)-双环大根香叶烯	24703-35-3	0.92±0.00	0.64±0.01	0.92±0.00
	3-(4-Methyl-3-pentenyl)-furan	紫苏烯	539-52-6	0.81±0.00	0.93±0.01	0.61±0.00
	2-Methylisoborneol	甲基异冰片	2371-42-8	0.62±0.00	0.68±0.00	0.78±0.00
	Humulene	α-石竹烯	6753-98-6	0.60±0.01	0.69±0.01	0.42±0.01
	β-Vetispirene	β-岩兰绣线烯	28908-27-2	0.56±0.00	0.38±0.00	0.55±0.00
	(+)-β-Cedrene	(+)-β-柏木烯	546-28-1	0.52±0.01	0.76±0.00	0.03±0.00
	Pinocarvone	(R)-(−)-香芹酮	30460-92-5	0.34±0.00	1.21±0.01	0.21±0.00
	L-α-Terpineol	α-松油醇	10482-56-1	0.23±0.00	0.54±0.00	0.65±0.00
	2-Methyl-5-(1-methylethenyl)-cyclohexanol	二氢香芹醇	619-01-2	0.22±0.00	0.57±0.00	0.59±0.00
	3-Methyl-4-methylene-bicyclo[3.2.1]oct-2-ene	3-甲基-4-亚甲基双环[3.2.1]辛-2-烯	49826-53-1	0.15±0.00	0.53±0.00	0.10±0.00
	β-Caryophyllene alcohol	石竹烯醇	4586-22-5	0.15±0.00	0.53±0.01	—

续表 2-5

类别	英文名称	中文名称	CAS	相对含量		
				‘九九’	‘哈尼’	‘蒙特瑞’
	2,7,7-Trimethyl-3-oxatricyclo [4.1.1.0 (2,4)]octane	α-氧化蒎烯	1686-14-2	0.39±0.00	0.48±0.00	0.29±0.00
	β-Ionone	β-紫罗兰酮	14901-07-6	0.37±0.00	0.27±0.00	0.38±0.00
	(+)-β-Selinene	β-瑟林烯	17066-67-0	0.37±0.00	0.27±0.00	0.38±0.00
	3,3,6-Trimethyl-1,5-heptadien-4-one	蒿酮	546-49-6	0.34±0.00	0.31±0.00	0.45±0.00
	α-Pinene	α-蒎烯	80-56-8	0.30±0.01	0.37±0.01	0.05±0.00
	(Z)-Dihydrocarvone	(Z)-二氢香芹酮	3792-53-8	0.27±0.00	0.32±0.00	0.37±0.00
	(Z)-α-Bergamotene	(Z)-α-佛手柑	18252-46-5	0.21±0.00	0.31±0.00	0.01±0.00
	p-Mentha-1,5,8-triene	对-薄荷-1,5,8-三烯	21195-59-5	0.22±0.00	0.3±0.00	0.14±0.00
呋喃类	2-Hexanoylfuran	2-己酰基呋喃	14360-50-0	4.38±0.01	3.74±0.02	4.72±0.01
	5-Ethyl-3-hydroxy-4-methyl-2 (5H)-furanone	5-乙基-3-羟基-4-甲基-2(5H)-呋喃酮	698-10-2	1.45±0.00	1.30±0.01	1.58±0.01
	4-Methoxy-2,5-dimethyl-3(2H)-furanone	2,5-二甲基-4-甲氧基-3(2H)-呋喃酮	4077-47-8	1.03±0.00	0.57±0.00	3.61±0.02
	7-Hydroxy-6-methyl-furo[3,4-c]pyridin-1 (3H)-one	7-羟基-6-甲基-呋喃[3,4-c]吡啶-1 (3H)-酮	4753-19-9	0.93±0.01	0.63±0.01	0.92±0.00
	linalool oxide	氧化芳樟醇	14049-11-7	0.89±0.00	0.73±0.00	0.98±0.00
	2-Butyltetrahydrofuran	2-丁基四氢呋喃	1004-29-1	0.78±0.00	0.41±0.00	0.10±0.00
	1-(2-furanyl)-1-Pentanone	2-戊酰呋喃	3194-17-0	0.39±0.00	0.35±0.00	0.43±0.00
	2-Furanpropanoic acid ethyl ester	2-呋喃丙酸乙酯	10031-90-0	0.12±0.00	0.3±0.00	0.33±0.00
醛类	2,6-Dimethyl-5-heptenal	2,6-二甲基-5-庚烯醛	106-72-9	4.28±0.02	4.01±0.03	4.64±0.02
	(E)-2-Nonenal	(E)-2-壬烯醛	18829-56-6	1.03±0.00	0.93±0.01	1.13±0.00

续表 2-5

类别	英文名称	中文名称	CAS	相对含量		
				‘九九’	‘哈尼’	‘蒙特瑞’
	(*E*)-2-Hexenal	(*E*)-2-己烯醛	6728-26-3	0.94±0.02	0.49±0.01	0.08±0.00
	3-Methoxy-benzAldehyde	3-甲氧基-苯甲醛	591-31-1	0.19±0.00	0.51±0.00	0.53±0.00
	(*E*)-2-dodecenal	反-2-十二烯醛	20407-84-5	—	0.55±0.01	—
	Hexanal	己醛	66-25-1	0.48±0.02	0.20±0.00	0.03±0.00
酮类	1-(1H-pyrazol-4-yl)-Ethanone	1-(1H-吡唑-4-基)-乙酮	25016-16-4	3.41±0.01	3.06±0.02	3.73±0.01
	5-Methyl-2-(1-methylethyl)-cyclohexanone	5-甲基-2-(1-甲基乙基)-环已酮	10458-14-7	1.7±0.01	1.52±0.01	1.87±0.01
	4-Hexen-3-one	4-己烯-3-酮	2497-21-4	1.44±0.04	0.83±0.01	0.08±0.00
	Dihydro-2-methyl-3(2H)-thiophenone	二氢-2-甲基-3(2H)-噻吩酮	13679-85-1	1.34±0.01	0.70±0.01	0.16±0.00
	Isopinocamphone	异松樟酮	15358-88-0	0.66±0.00	0.55±0.00	0.72±0.00
	3-Ethyl-4-methyl-1H-Pyrrole-2,5-dione	3-乙基-4-甲基吡咯-2,5-二酮	20189-42-8	0.49±0.00	0.42±0.00	0.53±0.00
	2,2,3-Trimethyl-cyclobutanone	2,2,3-三甲基环丁酮	1449-49-6	0.49±0.01	0.29±0.00	0.03±0.00
	2(1H)-Pyridinone	2(1H)-吡啶酮	142-08-5	0.42±0.00	0.35±0.00	0.35±0.00
	(2*R*,3*R*,6*S*)-6-Isopropyl-3-methyl-2-(prop-1-en-2-yl)-3-vinylcyclohexanone	表水菖蒲酮	39020-72-9	0.41±0.00	0.28±0.00	0.41±0.00
	6-Ethyl-5,6-dihydro-2H-pyran-2-one	6-乙基-5,6-二氢-2H-吡喃-2-酮	19895-35-3	0.40±0.00	0.36±0.00	0.44±0.00
	Fenchone	葑酮	1195-79-5	0.27±0.00	0.34±0.00	0.20±0.00
醇类	α-2-propenyl-Benzenemethanol	4-苯基-1-丁烯-4-醇	936-58-3	1.97±0.00	1.68±0.01	2.12±0.00
	2-(4-Methylidenecyclohexyl)propan-2-ol	α,α-二甲基-4-亚甲基环已烷甲醇	7299-42-5	1.85±0.00	1.52±0.01	2.05±0.00
	7-Methyl-3-methylene-6-octen-1-ol	7-甲基-3-亚甲基-6-辛基-1-醇	13066-51-8	1.38±0.00	1.25±0.01	1.50±0.01
	2-Methyl-3-furanthiol	甲基呋喃硫醇	28588-74-1	1.37±0.01	1.33±0.01	1.5±0.01

续表 2-5

类别	英文名称	中文名称	CAS	相对含量		
				‘九九’	‘哈尼’	‘蒙特瑞’
	(*Z*)-1-Methyl-2-(1-methylethenyl)-cyclobutaneethanol	顺-2-异丙烯基-1-甲基环丁基乙醇	30820-22-5	1.11±0.00	1.08±0.01	1.29±0.00
	1-Nonanol	壬醇	143-08-8	1.01±0.00	0.84±0.00	1.12±0.00
	(*E*)-2,6-Dimethylocta-5,7-dien-2-ol	(*E*)-2,6-二甲基辛基-5,7-二烯-2-醇	7643-60-9	0.78±0.00	0.71±0.01	0.87±0.00
	(*R*)-2-Hexanol	(*R*)-2-己醇	26549-24-6	0.61±0.01	0.60±0.00	0.65±0.00
	3,3,6-Trimethyl-1,5-heptadien-4-ol	3,3,6-三甲基-1,5-庚二烯-4-醇	27644-04-8	0.58±0.00	0.56±0.00	0.65±0.00
	trans,cis-2,6-Nonadien-1-ol	反-2,顺-6-壬二烯醇	28069-72-9	0.49±0.00	0.41±0.00	0.53±0.00
	Ledol	喇叭茶醇	577-27-5	0.28±0.01	1.04±0.02	—
	(2*E*,4*S*,7*E*)-4-Isopropyl-1,7-dimethylcyclodeca-2,7-dienol	(2*E*,4*S*,7*E*)-4-异丙基-1,7-二甲基环癸-2,7-二烯醇	198991-79-6	0.26±0.00	0.91±0.02	—
	3,7,11-trimethyl-1,6,10-Dodecatrien-3-ol	3,7,11-三甲基-1,6,10-十二碳三烯-3-醇	7212-44-4	0.19±0.00	0.63±0.01	—
	3-Penten-2-ol	3-戊烯-2-醇	1569-50-2	0.03±0.00	0.01±0.00	1.22±0.02
	1-Dodecanol	月桂醇	112-53-8	—	0.97±0.01	—
	6,10-Dimethyl-5,9-undecadien-2-ol	6,10-二甲基-5,9-十一碳二烯-2-醇	53837-34-6	0.39±0.00	0.28±0.00	0.31±0.00
	(*S*)-2-Methyl-6-methylene-7-octen-4-ol	(*S*)-(—)-2-甲基-6-次甲基-7-辛烯-4-醇	35628-05-8	0.24±0.00	0.31±0.00	0.18±0.00
	2-(4-Ethylphenoxy)-ethanol	2-(4-乙基苯氧基)-乙醇	54411-10-8	0.23±0.00	0.34±0.00	0.01±0.00
	trans-2-Dodecen-1-ol	反-2-十二烯-1-醇	69064-37-5	—	0.49±0.01	—
酸类	2-Octenoicacid	2-辛烯酸	1470-50-4	1.86±0.00	1.52±0.01	2.06±0.00
	4-Hydroxy-benzeneacetic acid	4-羟基-苯乙酸	156-38-7	0.40±0.01	1.41±0.03	—
	Hexanoicacid	己酸	142-62-1	0.19±0.00	0.81±0.01	0.52±0.01
	(*E*)-2-Hexenoicacid	(*E*)-2-己酸	13419-69-7	0.10±0.00	0.43±0.00	0.27±0.01

续表 2-5

类别	英文名称	中文名称	CAS	相对含量		
				‘九九’	‘哈尼’	‘蒙特瑞’
烃类	(5-Bromopentyl)-benzene	(5-溴戊基)-苯	14469-83-1	1.45±0.01	1.02±0.01	1.44±0.01
	8,8-Dimethyl-9-methylene-1,5-cycloundecadiene	8,8-二甲基-9-亚甲基-1,5-环癸二烯	62338-54-9	1.42±0.01	1.00±0.01	1.40±0.01
	Octane	辛烷	111-65-9	1.28±0.01	0.28±0.00	0.32±0.00
	3-Ethyl-2-methyl-hexane	3-乙基-2-甲基己烷	16789-46-1	1.11±0.02	0.40±0.00	0.12±0.00
	1,2-Dimethoxy-4-(1-propenyl)-benzene	1,2-二甲氧基-4-(1-丙烯基)-苯	93-16-3	0.65±0.00	0.44±0.00	0.67±0.00
	1,10-Undecadiene	1,10-十一碳二烯	13688-67-0	0.50±0.00	0.58±0.00	0.38±0.00
	(1-Methoxypropyl)-benzene	(1-甲氧基丙基)-苯	59588-12-4	0.44±0.00	0.65±0.00	0.30±0.00
	18-Nor-4(19),7,15-isopimaratriene	去甲异胡椒三烯	26549-04-2	0.39±0.00	0.34±0.00	0.42±0.00
其他类	4,5-Dimethyl-1,3-benzenediol	4,5-二甲基-1,3-苯二酚	527-55-9	1.94±0.01	1.32±0.01	1.91±0.01
	Phenol	苯酚	108-95-2	1.11±0.00	1.10±0.01	1.25±0.00
	3,5-Dimethyl-1H-pyrazole-1-carboximidamide	3,5-二甲基吡唑-1-羧胺	22906-75-8	1.10±0.00	0.92±0.01	0.90±0.00
	2-Piperidinimine	2-哌啶亚胺	504-24-5	0.74±0.00	0.66±0.00	0.81±0.00
	Imidodicarbonic diamide	缩二脲	22780-54-7	0.4±0.00	0.44±0.00	0.5±0.00
	2-Propyl-1H-imidazole	2-丙基-1H-咪唑	108-19-0	0.39±0.00	0.34±0.00	0.42±0.00
	3-Ethyl-thiophene	3-乙基噻吩	50995-95-4	0.38±0.00	0.35±0.00	0.31±0.00
	1,3,5-Trimethyl-1H-pyrazole	1,3,5-三甲基-1H-吡唑	1795-01-3	0.37±0.00	0.36±0.00	0.4±0.00
	Pentylenetetrazol	戊四唑	1072-91-9	0.31±0.00	0.32±0.00	0.38±0.00
	2-Heptyl-1,3-dioxepane	2-庚基-1,3-二氧戊环	54-95-5	0.15±0.00	0.49±0.01	—
	2-Piperidinimine	2-哌啶亚胺	61732-92-1	—	0.31±0.01	—
	trans-1-Nitro-1-propene	反式-1-硝基-1-丙烯	17082-05-2	0.01±0.00	—	0.59±0.01

从表 2-5 可以看出,'九九'草莓挥发物含量大于 1%的成分共有 31 种,其中酯类 2 种、萜烯类 6 种、呋喃类 3 种、醛类 2 种、酮类 4 种、醇类 6 种、酸类 1 种、烃类 4 种、其他类 3 种。3-甲硫基丁酸仲丁酯(1.71%,青草香)、乙酸青蒿素酯(1.00%)、(+)-表-β-檀香烯(1.66%)、芳樟醇(1.44%,柑橘香、甜香)、薄荷醇(1.27%,薄荷香)、佛术烯(1.03%)、(4R,4aS,6S)-4,4a-二甲基-6-(丙-1-烯-2-基)-1,2,3,4,4a,5,6,7-八氢萘(1.02%)、薰衣草醇(1.00%,草香)、2-己酰基呋喃(4.38%,甜香、水果香)、5-乙基-3-羟基-4-甲基-2(5H)-呋喃酮(1.45%,未成熟的水果香气)、2,5-二甲基-4-甲氧基-3(2H)-呋喃酮(1.03%,甜香、焦糖香)、2,6-二甲基-5-庚烯醛(4.28%,青草香)、(*E*)-2-壬烯醛(1.03%,青草香)、1-(1H-吡唑-4-基)-乙酮(3.41%)、5-甲基-2-(1-甲基乙基)-环己酮(1.70%,薄荷香)、4-己烯-3-酮(1.43%,青草香、热带水果味)、二氢-2-甲基-3(2H)-噻吩酮(1.34%,果香)、4-苯基-1-丁烯-4-醇(1.97%)、α,α-二甲基-4-亚甲基-环己烷甲醇(1.85%)、7-甲基-3-亚甲基-6-辛基-1-醇(1.38%)、甲基呋喃硫醇(1.37%,坚果香)、顺-2-异丙烯基-1-甲基环丁基乙醇(1.11%)、壬醇(1.01%,玫瑰香、果香、甜橙香)、2-辛烯酸(1.86%)是构成'九九'草莓特征香气的主要成分。

'哈尼'草莓挥发物含量大于 1%的成分共有 23 种,其中酯类 2 种、萜烯类 4 种、呋喃类 2 种、醛类 1 种、酮类 2 种、醇类 6 种、酸类 2 种、烃类 2 种、其他类 2 种。3-甲硫基丁酸仲丁酯(1.41%,青草香)、丁酸香叶酯(2.13%,甜香、水果、青草香)、(+)-表-β-檀香烯(1.09%)、芳樟醇(1.95%,柑橘香、甜香)、薄荷醇(1.03%,薄荷香)、(R)-(一)-香芹酮(1.21%,薄荷香)、2-己酰基呋喃(3.73%,甜香、水果香)、5-乙基-3-羟基-4-甲基-2(5H)-呋喃酮(1.30%,甜香、焦糖香、未成熟的水果香气)、2,6-二甲基-5-庚烯醛(4.01%,青草香)、1-(1H-吡唑-4-基)-乙酮(3.06%)、5-甲基-2-(1-甲基乙基)-环己酮(1.52%,薄荷香)、4-苯基-1-丁烯-4-醇(1.68%)、α,α-二甲基-4-亚甲基-环己烷甲醇(1.52%)、7-甲基-3-亚甲基-6-辛基-1-醇(1.25%)、甲基呋喃硫醇(1.32%,坚果香)、顺-2-异丙烯基-1-甲基环丁基乙醇(1.08%)、喇叭茶醇(1.05%)、2-辛烯酸(1.52%)、4-羟基-苯乙酸(1.42%,薄荷香)是构成'哈尼'草莓特征香气的主要成分。

'蒙特瑞'草莓挥发物含量大于 1%的成分共有 28 种,其中酯类 3 种、萜烯类 6 种、呋喃类 3 种、醛类 2 种、酮类 2 种、醇类 7 种、酸类 1 种、烃类 2 种、其他类 2 种。3-甲硫基丁酸仲丁酯(1.89%,青草香)、乙酸青蒿素酯(1.10%)、己酸甲酯(3.03%,甜香、水果香)、(+)-表-β-檀香烯(1.33%)、芳樟醇(1.02%,柑橘香、甜香)、薄荷醇(1.41%,薄荷香)、佛术烯(1.02%)、(4*R*,4a*S*,6*S*)-4,4a-二甲基-6-(丙-1-烯-2-基)-1,2,3,4,4a,5,6,7-八氢萘(1.02%)、薰衣草醇(1.10%,青草香)、2-己酰基呋喃(4.72%,甜香、水果香)、5-乙基-3-羟基-4-甲基-2(5H)-呋喃酮(1.58%,甜香、焦糖香、未成熟的水果香气)、2,5-二甲基-4-甲氧基-3(2H)-呋喃酮(3.61%,甜香、焦糖香、草莓味)、2,6-二甲基-5-庚烯醛(4.64%,青草香)、(*E*)-2-壬烯醛(1.13%,青草香)、1-(1H-吡唑-4-基)-乙酮(3.73%)、5-甲基-2-(1-甲基乙基)-环己酮(1.87%,薄荷香)、4-己烯-3-酮(2.12%,青草香、热带水果香)、二氢-2-甲基-3(2H)-噻吩酮(2.04%,果香)、4-苯基-1-丁烯-4-醇(2.12%)、α,α-二甲基-4-亚甲基-环己烷甲醇(2.04%)、7-甲基-3-亚甲基-6-辛基-1-醇(1.50%)、甲基呋喃硫醇(1.50%,坚果香)、顺-2-异丙烯基-1-甲基环丁基乙醇(1.29%)、壬醇(1.11%,玫瑰香、果香、甜橙香)、3-戊烯-2-醇(1.23%,坚果香)、2-辛烯酸(2.06%)是构成'蒙特瑞'草莓特征香气的主要成分。

2.2.3.3 不同草莓品种挥发性风味物质的主成分分析

1. 不同草莓品种中挥发性风味物质的相似性

根据 GC-MS 检测的 381 种草莓挥发性化合物,从中选取各品种中相对含量大于 1%的 26 种主要挥发性风味成分，以不同草莓品种主要的挥发性风味物质及相对含量为数据源，使用数据分析软件 SPSS 26.0 对其进行主成分分析。如图 2-4 可知，第一主成分的贡献率为 83.65%，第二主成分的贡献率为 13.3%，两者的累计贡献率达到 96.95%，表明主成分 1 和主成分 2 可以较好地解释 3 种草莓中挥发性风味物质的信息，显示出气味数据的完整性。在主成分分析中，样品间的距离越大表示样品的气味区分度越大，3 种草莓品种在主成分分析图中得到了较为清晰的区分，根据距离远近被分在不同的区域里，左上区域仅有'蒙特瑞'品种，右侧中部区域为'哈尼'草莓品种，'九九'草莓品种在左下区域，说明 3 个样品之间均存在着明显的差异。在主成分 1 坐标轴上，左侧区域是'九九'草莓品种和'蒙特瑞'草莓品种，而右侧是'哈尼'草莓品种，说明在主成分 1 上，'九九'草莓与'蒙特瑞'草莓 2 个品种较为相似，与'哈尼'草莓品种相似性较小；而在主成分 2 坐标轴上，'蒙特瑞'草莓与'哈尼'草莓都在上方，而'九九'草莓在下方，说明在主成分 2 上，'蒙特瑞'草莓和'哈尼'草莓 2 个品种较为相似，与'九九'草莓品种相似性较小。

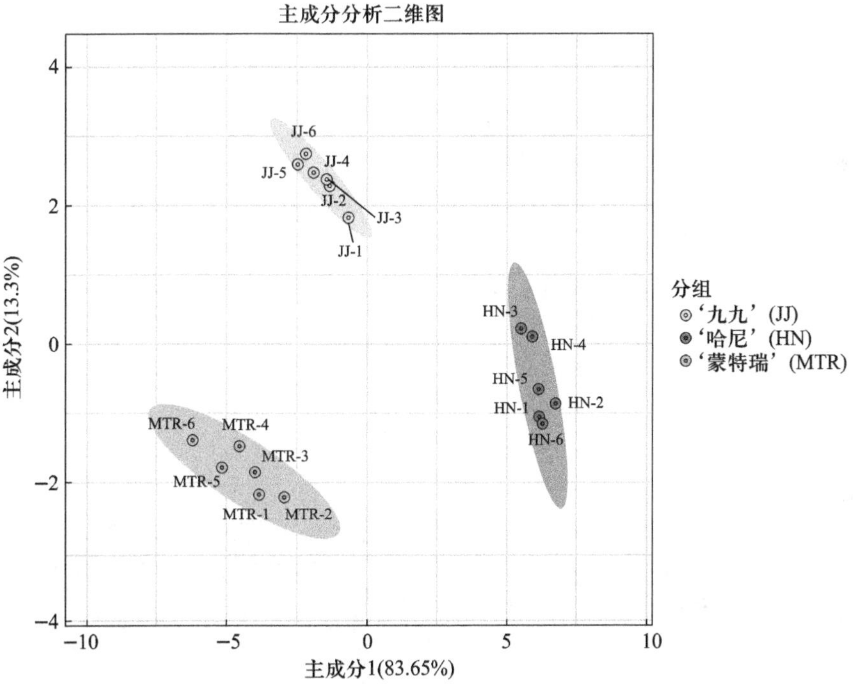

图 2-4　3 种草莓鲜果主要的挥发性风味物质主成分分析图

2. 不同草莓品种的共有挥发性风味物质

通过 GC-MS 分析，3 种草莓品种共检测出 381 种挥发性化合物，其中共有的挥发性化合物 234 种，从中选出 180 种共有挥发性风味物质进行主成分分析，分析结果如表 2-4、表 2-5 所示，得到的 3 种草莓鲜果的共有挥发性成分主成分分析图如图 2-5 所示。

成分的特征值和贡献率是选择主成分的依据，将 3 个草莓品种的 180 种挥发性风味物质转化为 18 个主成分。由表 2-6 看出，前 3 个主成分的累积方差贡献率为 96.06%，表明前 3 个主成分已经把 3 个草莓品种的共有挥发性风味物质的 96.06%的信息反映出来，因此在共有挥发性风味物质的基础上，选取前 3 个主成分作为 3 个草莓品种香气品质的综合评价指标。其选取结果列于表 2-7，即主成分载荷矩阵。

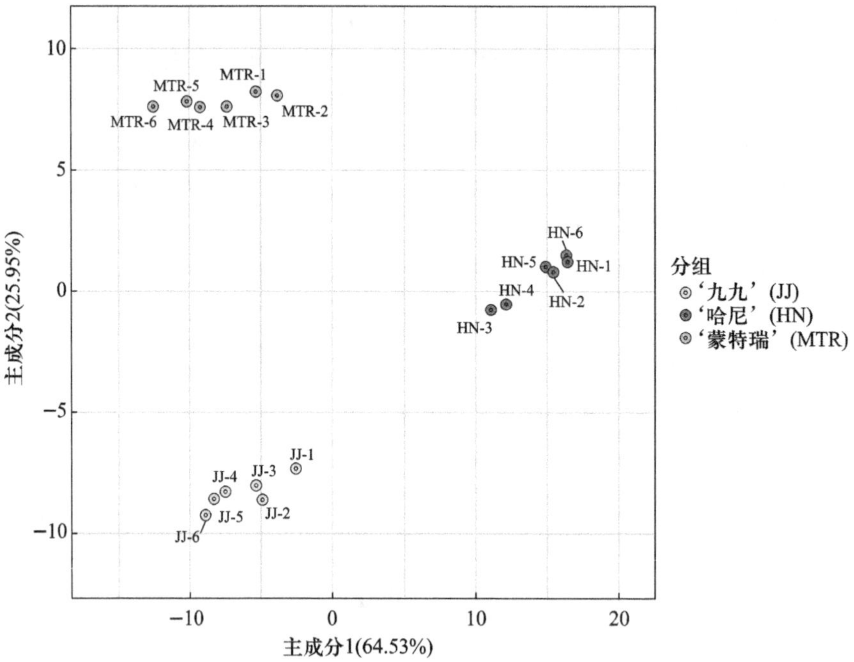

图 2-5　3 种草莓鲜果的共有挥发性风味物质主成分分析图

表 2-6　3 个主成分的方差解释

主成分	特征值	贡献率/%	累计贡献率/%
成分 1	116.16	64.53	64.53
成分 2	46.71	25.95	90.48
成分 3	10.04	5.58	96.06

表 2-7　主成分载荷矩阵

化合物	主成分		
	成分 1	成分 2	成分 3
3-甲硫基丁酸仲丁酯	0.991	−0.108	−0.052
乙酸青蒿素酯	0.992	−0.096	−0.037
戊酸叶醇酯	0.998	−0.005	−0.014
3-甲基丁酸己酯	0.998	0.017	−0.016
异丁酸庚酯	0.998	0.011	0.002
2-甲基丁基己酸酯	0.995	−0.088	0.002
己二酸二甲酯	0.987	0.114	−0.057
苯乙酸乙酯	0.997	0.032	−0.012
(*E*)-2-甲基丙烯酸-2-甲基丁-2-烯-1-基酯	−0.398	0.443	0.631
反式-2-己烯基乙酸酯	0.224	−0.97	0.063
(+)-反式乙酸菊酯	0.994	−0.009	−0.036
薄荷醇	0.992	−0.101	−0.043
薰衣草醇	0.994	−0.079	−0.042

续表 2-7

化合物	主成分		
	成分 1	成分 2	成分 3
α-石竹烯	−0.529	0.641	0.529
顺式-柠檬醛	0.996	0.053	−0.035
ε-依兰油烯	−0.487	0.630	0.572
玫瑰醚	−0.157	0.977	0.064
阿斯利多	0.997	−0.018	−0.018
乙酸芳樟酯	−0.405	−0.711	0.562
(+)-柠檬烯	0.235	−0.963	0.115
2-己酰基呋喃	0.998	−0.001	−0.018
5-乙基-3-羟基-4-甲基-2(5H)-呋喃酮	0.989	−0.100	−0.075
氧化芳樟醇	0.992	−0.088	−0.037
2-丁基四氢呋喃	0.007	0.995	−0.025
2-戊酰呋喃	0.982	−0.118	−0.101
(*E*)-2-壬烯醛	0.981	−0.114	−0.100
(*E*)-2-己烯醛	−0.041	0.975	−0.160
1-(1H-吡唑-4-基)-乙酮	0.982	−0.127	−0.095
4-己烯-3-酮	−0.127	0.964	−0.158
二氢-2-甲基-3(2H)-噻吩酮	0.003	0.995	−0.026
异松樟酮	0.995	−0.066	−0.046
2,2,3-三甲基环丁酮	−0.146	0.965	−0.146
3-乙基-4-甲基吡咯-2,5-二酮	0.997	−0.023	−0.018
(*E*)-罗勒烯酮	0.998	−0.034	−0.015
4-苯基-1-丁烯-4-醇	0.997	−0.003	−0.021
α,α-二甲基-4-亚甲基-环己烷甲醇	0.993	−0.087	−0.053
7-甲基-3-亚甲基-6-辛基-1-醇	0.988	−0.095	−0.067
壬醇	0.994	−0.082	−0.051
反-2,顺 6-壬二烯醇	0.995	−0.065	−0.048
2-辛醇	−0.003	0.995	−0.026
4-己烯-1-醇,乙酸	0.222	−0.971	0.062
辛烯-3-醇	−0.972	−0.09	0.202
2-辛烯酸	0.994	−0.087	−0.037

由表 2-6、表 2-7 看出，第一主成分特征值为 116.16，贡献率为 64.53%，对应较大的特征向量有戊酸叶醇酯、3-甲基丁酸己酯、异丁酸庚酯、2-己酰基呋喃、(*E*)-罗勒烯酮、苯乙酸乙酯、阿斯利多、3-乙基-4-甲基吡咯-2,5-二酮、4-苯基-1-丁烯-4-醇、顺式-柠檬醛、2-甲基丁基己酸酯、异松樟酮、反-2,顺 6-壬二烯醇、(+)-反式乙酸菊酯、薰衣草醇、壬醇、2-辛烯酸、α,α-二甲基-4-亚甲基-环己烷甲醇、乙酸青蒿素酯、薄荷醇、氧化芳樟醇、3-甲硫基丁酸仲丁酯、5-乙基-3-羟基-4-甲基-2(5H)-呋喃酮、7-甲基-3-亚甲基-6-辛基-1-醇、己二酸二甲酯、2-戊酰呋喃、1-(1H-吡唑-4-基)-乙酮、(*E*)-2-壬烯醛、辛烯-3-醇等 29 种酯类，34 种萜烯，8 种呋喃类，7 种醛类，21 种酮类，19 种醇类，7 种酸类。其中戊酸叶醇酯、3-甲基丁酸己酯、异丁酸庚酯、2-己酰基呋喃的载

荷值较大，故为第一主成分因子。

第二主成分特征值为46.71，贡献率为25.95%，对应较大的特征向量有2-丁基四氢呋喃、二氢-2-甲基-3(2H)-噻吩酮、2-辛醇、玫瑰醚、(*E*)-2-己烯醛、2，2，3-三甲基环丁酮、4-己烯-3-酮、4-己烯-1-醇，乙酸、反式-2-己烯基乙酸酯、(+)-柠檬烯等7种酯类，10种萜烯，4种呋喃类，6种醛类，6种酮类，8种醇类，1种酸类。其中2-丁基四氢呋喃、二氢-2-甲基-3(2H)-噻吩酮、2-辛醇的载荷值较大，故为第二主成分因子。

第三主成分特征值为10.04，贡献率为5.58%，对应较大的特征向量有(*E*)-2-甲基丙烯酸-2-甲基丁-2-烯-1-基酯、ε-依兰油烯、乙酸芳樟酯、α-石竹烯。其中(*E*)-2-甲基丙烯酸-2-甲基丁-2-烯-1-基酯的载荷值较大，故为第三主成分因子。

综上可知，戊酸叶醇酯、3-甲基丁酸己酯、异丁酸庚酯、2-己酰基呋喃、2-丁基四氢呋喃、二氢-2-甲基-3(2H)-噻吩酮、2-辛醇、(*E*)-2-甲基丙烯酸-2-甲基丁-2-烯-1-基酯为3大主成分因子，是影响3个草莓品种香气的主要特征挥发性风味物质，且以酯类为主。

2.2.4 讨论与小结

香气是评价新鲜水果和水果加工品品质的重要指标之一。水果香气的产生受许多因素的影响，如品种、成熟度和贮存条件。风味物质组分复杂，类别众多。风味物质具有不同的化学性质和感官性质，微量也可以产生显著的效果。迄今为止，在新鲜草莓果实中已观察到360多种挥发性化学物质(Le-sme et al.，2020)。这些化合物包括酯、醇、酮、呋喃、萜烯、醛和硫化合物，其中酯是最重要的化合物。酯类是草莓中水果和花香的主要来源，在草莓中种类与含量都比较高(U-lrich et al.，1997；Peng et al.，2020)，酯类的含量可能是对草莓风味物质进行分类的基础。Schwieterman等(2014)研究发现醇与酯类、呋喃酮和醛类是决定草莓风味的主要化合物。草莓的挥发性化合物种类和浓度因其品种和成熟度的不同存在显著差异。

由于IMS数据库还不够完善，利用GC-IMS检测出的草莓鲜榨汁风味物质种类比HS-SPME-GC-MS少，但GC-IMS可以检测出以单体和二聚体形式存在的挥发性风味物质及HS-SPME-GC-MS未能检出的物质。综合分析2种检测方式的结果，可以全面表征3种草莓挥发性物质的差异。因此本试验采用GC-IMS与HS-SPME-GC-MS相结合对‘九九’‘哈尼’和‘蒙特瑞’3种草莓鲜果中的挥发性有机物成分进行测定分析，并得出以下结果。

(1)GC-IMS鉴定出的挥发性有机物共有40种，3种草莓中主要的香气成分是酯类、醛类和醇类化合物，其中酯类是最主要的。另外共性香气2，5-二甲基-4-甲氧基-3(2H)-呋喃酮是一种香气阈值很低的化合物，表现为甜香、草莓香，在草莓的香气组成中非常重要，是草莓的特征香气成分。草莓中挥发性呋喃酮的含量非常低。然而，与它们的阈值相比，呋喃酮作为一小组香气挥发物对整体草莓香气有显著贡献。指纹图谱可以直观地反映出不同草莓中风味成分的组成差异，发现‘九九’草莓的香气成分以酯类为主，甜香型为主；‘哈尼’与‘蒙特瑞’两种草莓中醛类较多，增加了青草香；‘哈尼’中1-辛烯-3-醇是具有泥土气息的化合物；‘蒙特瑞’中还测出庚醇(柑橘香)、2，4-庚二烯醛(青草香)、2-甲基戊醛(坚果香)，香气组成更加丰富。

(2)HS-SPME-GC-MS共鉴定出381种挥发性有机物，‘九九’草莓的挥发性有机物为305种，‘哈尼’草莓的挥发性有机物为327种，‘蒙特瑞’的挥发性有机物为281种。在3种草莓的挥发性有机物中，酯类(12.34%～14.50%)和萜烯类(17.11%～20.14%)是主要的挥发物。整体而言，‘哈尼’草莓挥发性风味物质种类比‘九九’草莓和‘蒙特瑞’草莓多。‘九九’草莓中挥发性风味物质含量最高，'哈尼'草莓和'蒙特瑞'草莓中挥发性风味物质含量较低。

(3)对 3 种草莓中含量较高的香气成分进行主成分分析得知，在 PCA 图上得到了较为清晰的区分，说明 3 种草莓中的香气成分差异较明显，但相对的，在挥发性风味物质的相似程度上'九九'草莓与'蒙特瑞'更为相似。对三种草莓中 234 种共有挥发性风味物质进行主成分分析发现，戊酸叶醇酯、3-甲基丁酸己酯、异丁酸庚酯、(*E*)-2-甲基丙烯酸-2-甲基丁-2-烯-1-基酯、2-己酰基呋喃、二氢-2-甲基-3(2H)-噻吩酮、2,5-二甲基-4-甲氧基-3(2H)-呋喃酮、2-辛醇和 2-丁基四氢呋喃为三大主成分因子，是影响 3 个品种草莓香气的主要特征挥发性物质，以酯类为主。

2.3　基于 GC-IMS 和 HS-SPME-GC-MS 对草莓冻藏过程中香气成分的变化规律研究

草莓因其香气独特深受广大消费者喜欢，随着草莓产量的逐年递增，在满足鲜食市场需求的同时，草莓的冷冻加工也在寻求新的解决途径。由于草莓的结构高度脆弱，其采后寿命相对较短。水果的易腐烂性和固有的短寿命会导致挥发性有机物分布的快速变化。然而，挥发性有机化合物是挥发性品质属性和吸引顾客的原因，它们与草莓受欢迎程度密切相关。挥发性有机物是草莓风味的重要成分，轻微的变化可能会显著改变其口味。

但是草莓香气物质不稳定，导致深加工产品普遍存在典型性香气缺失，风味下降，这也成为制约我国草莓深加工行业发展的行业共性难题。草莓风味损失主要发生在冻藏过程及加工过程中，而冻藏过程作为草莓从鲜果采摘到加工的必要环节，对草莓风味的影响起到了关键作用。前期研究发现，随着冻藏时间的延长，草莓香气存在显著变化。本节利用 GC-MS 技术，探究冻藏时间对草莓挥发性有机化合物影响的规律以及不同品种草莓在冻藏过程中香气变化差异。本节内容将从原料方面为草莓深加工品质提升提供重要的理论基础。

2.3.1　材料与设备

2.3.1.1　材料与试剂

同 2.2.1.1。

2.3.1.2　仪器设备

同 2.2.1.2。

2.3.2　试验方法

2.3.2.1　样品提取流程

3 个品种草莓通过液氮速冻的方式在 −18 ℃下冻藏 90 d，从 0 d 起，每 15 d 取样一次，共取 7 次样。每次取样后将样品放入 −80 ℃冰箱中等待测定。每个样品设置 6 个平行组。测试前将所需样品从 −80 ℃冰箱中取出，在研钵内加入液氮进行研磨，研磨充分后进行涡旋混匀，每个样品称取 500 mg 放入顶空瓶，加入饱和 NaCl 溶液与 10 μL(50 μg/mL)的内标溶液，等待萃取测定。

2.3.2.2 色谱质谱采集条件

同 2.2.2.2。

2.3.2.3 数据处理

通过 HS-SPME-GC-MS 测定得到的数据通过 MetWare 数据库和 NIST library 数据库比对，根据确定的 RT 以及定性定量离子进行选择离子检测模式进行精准扫描，进行定性定量分析。

2.3.2.4 统计分析

GC-MS 的数据为 6 个平行组试验结果的平均值。主成分分析(PCA)使用 SPSS 26.0 软件对挥发性化合物含量数据进行数据处理，统计图使用 Origin 2019 绘制。

2.3.3 结果与分析

2.3.3.1 不同冻藏时间下草莓的香气组成成分

对分别冻藏 0 d、15 d、30 d、45 d、60 d、75 d、90 d 的'九九''哈尼''蒙特瑞'3 种加工常用的草莓进行 HS-SPME-GC-MS 测定分析，共鉴定出 500 种挥发性化合物，包括 102 种酯类、89 种萜烯类、66 种醇类、61 种酮类、59 种烃类、28 种醛类、21 种呋喃类、17 种酸类、57 种其他类。将冻藏 0～90 d 的 3 种草莓样品质控 QC 样本的总离子流图进行叠加，以判断挥发性提取和检测的可重复性。仪器的高稳定性保证了数据的可重复性和可靠性，如图 2-6 所示，反映了 21 组样品的整体信息，纵坐标表示收集存储的电流总强度，横坐标表示检测保留时间。

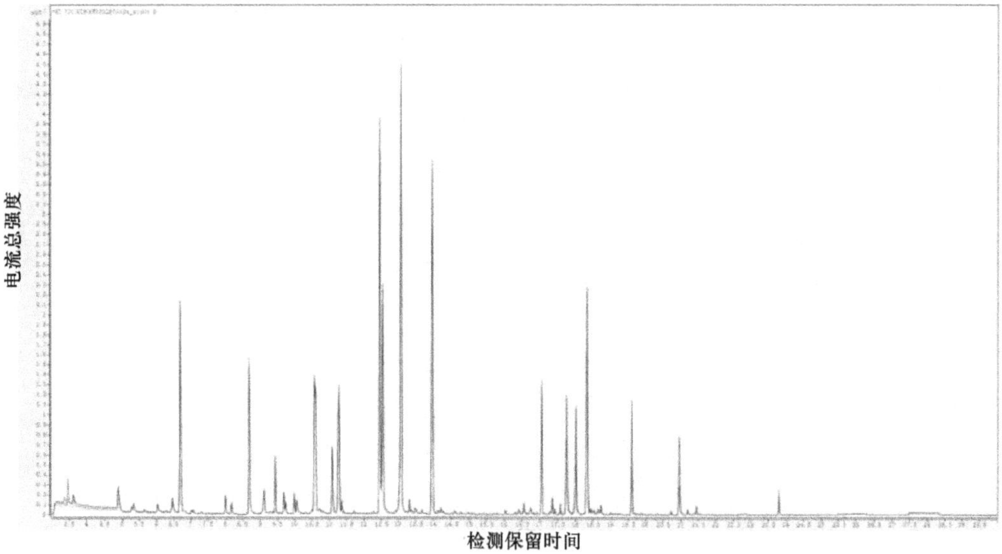

图 2-6 3 种草莓在不同冻藏时间下的挥发性化合物总离子流图

草莓中存在的挥发性化合物中的酯类、萜烯类、醛类、醇类和呋喃酮类物质被认为是新鲜水果最重要的香气指标。从图 2-7 整体看，不同品种不同冻藏时间草莓中的挥发性成分种类变化不同。随着冻藏时间增加，一些挥发性物质种类变化呈增加趋势。'九九'草莓在冻藏 0 d、15 d、30 d、45 d、60 d、75 d、90 d 时被检测出的香气种类分别为 235 种、228 种、241 种、216 种、218 种、228 种、203 种，相对百分含量分别为 80.61%、81.48%、82.25%、81.63%、

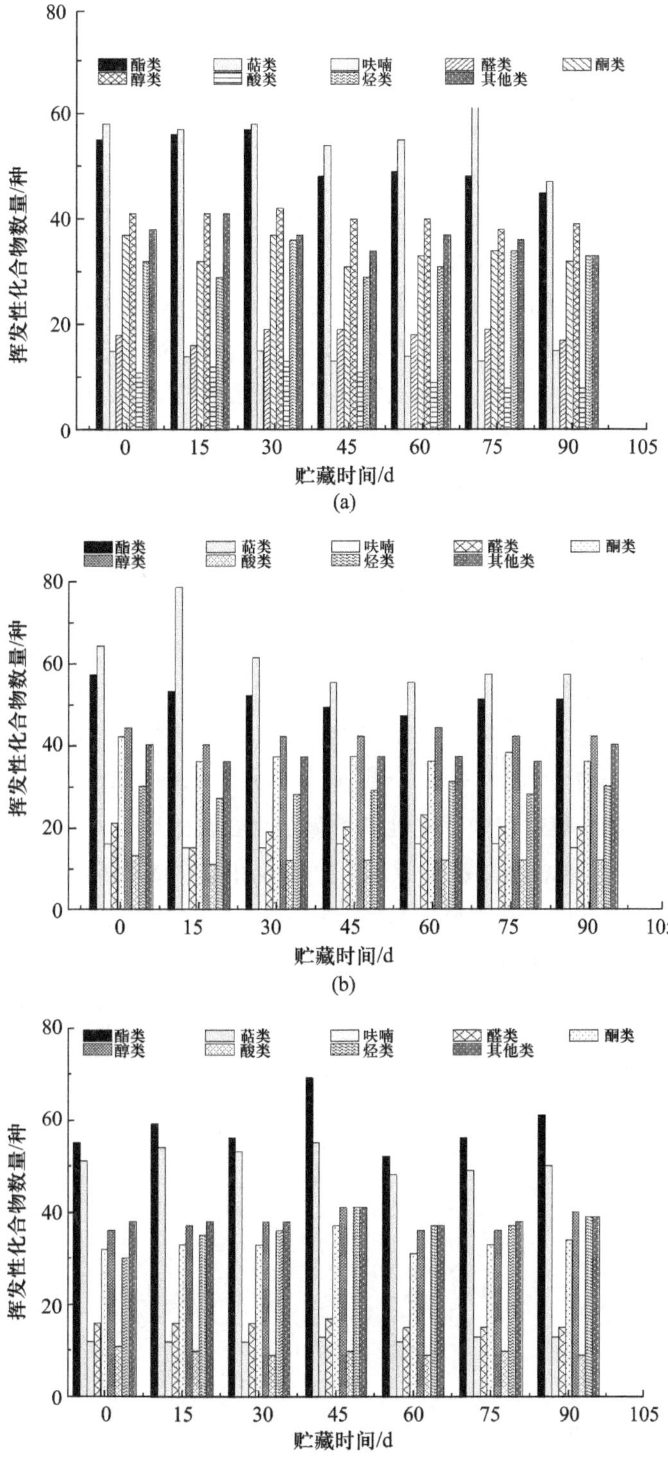

(c)

图 2-7　3 种草莓在不同冻藏时间挥发性化合物种类变化
[(a)'九九'草莓,(b)'哈尼'草莓,(c)'蒙特瑞'草莓]

81.59%、81.71%、80.96%;'哈尼'草莓在冻藏 0 d、15 d、30 d、45 d、60 d、75 d、90 d 时被检测出的香气种类分别为 257 种、248 种、238 种、231 种、233 种、236 种、233 种,相对百分含量分别为 83.69%、84.52%、82.88%、82.19%、76.14%、83.63%、80.06%;'蒙特瑞'草莓在冻藏 0 d、15 d、30 d、45 d、60 d、75 d、90 d 时被检测出的香气种类分别为 213 种、221 种、217 种、242 种、203 种、213 种、222 种,相对百分含量分别为 81.91%、83.12%、82.98%、82.38%、82.43%、82.89%、82.91%。其中冻藏 0 d 时的'哈尼'草莓中香气种类最多,有 257 种,而在冻藏 15 d 时挥发性风味物质相对含量最高为 84.52%。

不同品种的草莓在 7 组冻藏时间下,共有的香气成分包括:3-甲硫基丁酸仲丁酯、乙酸青蒿素酯、戊酸叶醇酯、异丁烯酸异丁酯、3-甲基丁酸己酯、乙酸异丁酯、异丁酸香茅酯、2-苯氧乙基异丁酸酯、异丁酸庚酯、乙酸二甲基庚酯、2-甲基丁基己酸酯等 26 种酯类物质;(+)-表-β-檀香烯、芳樟醇、薄荷醇、佛术烯、(4R,4aS,6S)-4,4a-二甲基-6-(丙-1-烯-2-基)-1,2,3,4,4a,5,6,7-八氢萘、薰衣草醇、双环吉马烯、紫苏烯、甲基异冰片、α-石竹烯、β-岩兰绣线烯、α-氧化蒎烯、β-瑟林烯等 44 种萜烯类物质;2-已酰基呋喃、5-乙基-3-羟基-4-甲基-2(5H)-呋喃酮、2,5-二甲基-4-甲氧基-3(2H)-呋喃酮、氧化芳樟醇、2-戊酰呋喃、2-呋喃丙酸乙酯等 10 种呋喃类物质;2,6-二甲基-5-庚-烯醛、(E)-2-壬烯醛、(E)-2-己烯醛、己醛、3,4-二甲氧基苯甲醛等 11 种醛类物质;1-(1H-吡唑-4-基)-乙酮、3-乙基-4-甲基吡咯-2,5-二酮、2(1H)-吡啶酮、表水菖蒲酮、6-乙基-5,6-2H-吡喃-2-酮等 21 种酮类物质;4-苯基-1-丁烯-4-醇、α,α-二甲基-4-亚甲基-环己烷甲醇、7-甲基-3-亚甲基-6-辛基-1-醇、甲基呋喃硫醇、(R)-2-已醇等 22 种醇类物质,以及 2-辛烯酸、10-十一烯酸、己酸、(E)-2-已酸、4-羟基-苯丙酸、9-氧代壬酸 6 种酸类物质。

2.3.3.2 不同品种草莓冻藏过程中挥发性有机化合物变化规律

在不同冻藏时间下 3 个品种草莓中总挥发性有机化合物含量的变化如图 2-8 所示,随着贮藏时间的增加,三种草莓中的挥发性有机物呈现不规律的变动,说明随着时间增加,不仅消耗了一部分挥发性成分,还新生成了一些成分。'九九'草莓在冻藏 90 d 达到最低值;'哈尼'

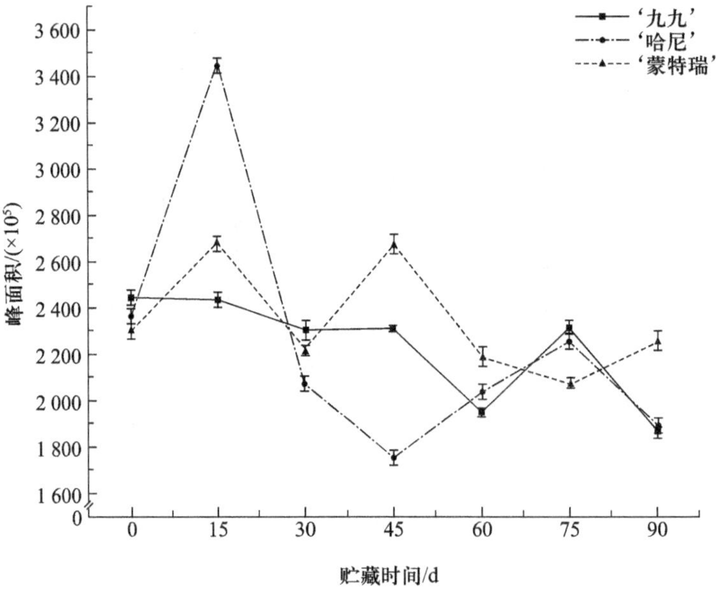

图 2-8 三种草莓不同冻藏时间下总挥发性有机化合物含量的变化

草莓在 15 d 时挥发性化合物的含量达到了一个最大值，45 d 时达到最低值；'蒙特瑞'草莓的挥发性化合物总量呈持续波动，在第 15 天和第 45 天都有所增加，总量的峰值出现在第 15 天。'哈尼'和'九九'草莓总挥发性有机物含量呈下降趋势，'蒙特瑞'草莓总挥发性有机物含量保持在一定水平。这可能是由于冻藏过程中草莓不同种类挥发性有机物代谢所引起的。而不同冻藏时间节点总挥发性有机物含量的波动则可能是由于草莓代谢阶段的改变引起的，这表明草莓在冻藏过程中总挥发性有机物的变化是复杂的。

如图 2-9 所示，三个品种草莓中总挥发性酯类化合物含量随着冻藏时间的延长呈波动变化趋势，其变化趋势与总挥发性有机物含量变化趋势相同，这表明了挥发性酯类物质在草莓冻藏过程中对总挥发性有机物含量变化起到了重要作用，挥发性酯类物质是草莓冻藏过程中挥发性成分代谢过程中主要的一类物质。

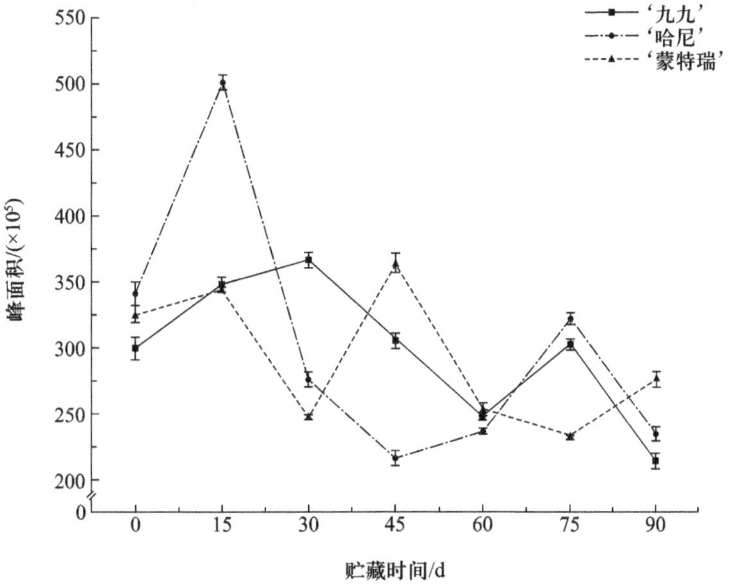

图 2-9　三种草莓不同冻藏时间下总挥发性酯类化合物含量的变化

如图 2-10 所示，三种草莓总挥发性萜烯类化合物含量随着冻藏时间的延长呈波动趋势，'哈尼'草莓在冻藏过程中总挥发性萜烯类化合物含量变化极大，这表明了'哈尼'草莓在冻藏过程中总挥发性有机物含量的变化主要是由挥发性萜烯类化合物变化所引起的；而对于'九九'草莓和'蒙特瑞'草莓，总挥发性萜烯类化合物变化并不剧烈。这表明'哈尼'草莓冻藏过程中挥发性有机物的代谢途径与'九九'草莓和'蒙特瑞'草莓可能是不同的。

如图 2-11 所示，'哈尼'草莓和'九九'草莓挥发性呋喃类化合物含量在冻藏过程中整体呈下降趋势，但总体含量变化不显著；而'蒙特瑞'草莓总挥发性呋喃类化合物含量先快速升高，然后随着冻藏时间的延长，在较高水平上呈在一定水平内的波动变化。从三种草莓总挥发性化合物与总挥发性呋喃类化合物变化趋势和含量表明，对于'九九'草莓和'哈尼'草莓呋喃类化合物并不是冻藏过程中代谢主要物质，而'蒙特瑞'草莓的挥发性呋喃类化合物代谢过程对冻藏过程中总挥发性有机化合物含量变化起到了重要的上调作用。这代表相比于'九九'草莓和'哈尼'草莓，'蒙特瑞'草莓冻藏过程的挥发性化合物代谢途径是有差异的。

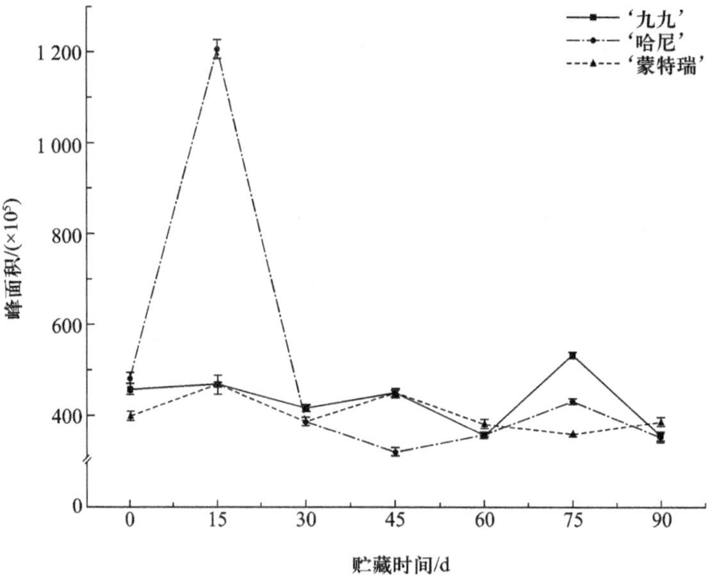

图 2-10　三种草莓不同冻藏时间下总挥发性萜烯类化合物含量的变化

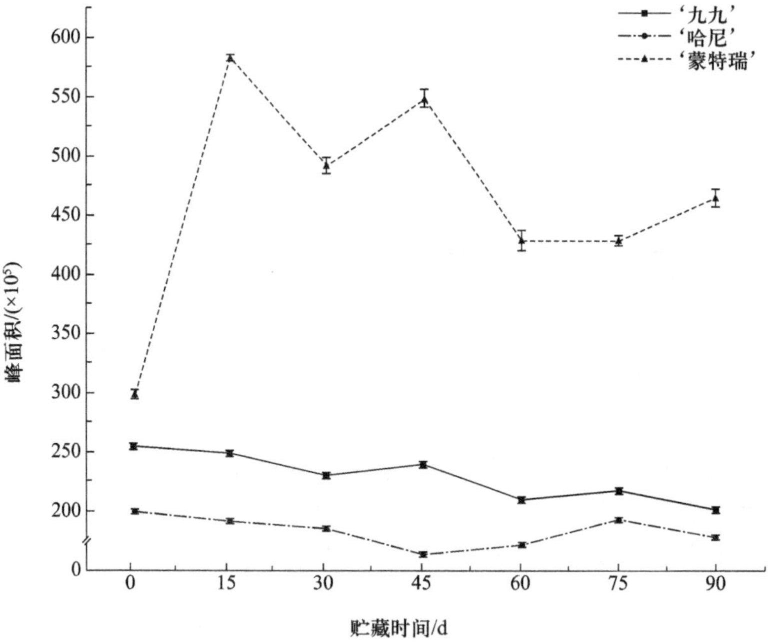

图 2-11　三种草莓不同冻藏时间下总挥发性呋喃类化合物含量的变化

如图 2-12 所示，三种草莓冻藏过程中的总挥发性醛类化合物含量呈波动下降趋势，与'哈尼'草莓相比，'九九'草莓和'蒙特瑞'草莓波动水平较为平缓，而'哈尼'草莓在冻藏后期变化幅度较大，这代表了'哈尼'草莓的挥发性醛类化合物代谢过程与'蒙特瑞'草莓和'九九'草莓存在差异。三种草莓总挥发性醛类化合物变化量表明，虽然变化显著，但相比于总挥发性化合物含量，这种变化不起决定性作用。

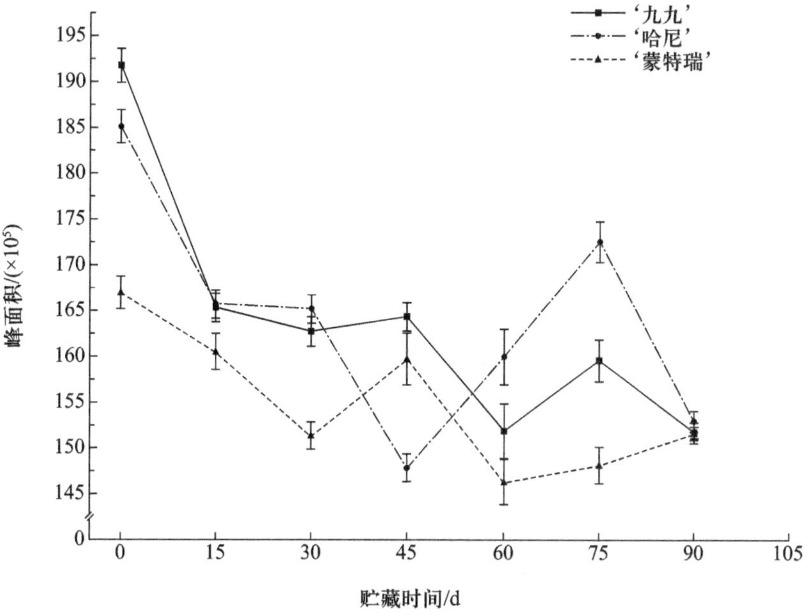

图 2-12　三种草莓不同冻藏时间下总挥发性醛类化合物含量的变化

如图 2-13 所示,‘九九’草莓和‘哈尼’草莓冻藏过程中总挥发性酮类化合物含量呈波动下降趋势,‘蒙特瑞’草莓冻藏过程中总挥发性酮类化合物含量在一定水平上呈波动变化趋势。‘哈尼’和‘蒙特瑞’草莓总挥发性酮类化合物变化趋势与含量和总挥发性有机化合物相近,这表明‘哈尼’草莓冻藏过程中总挥发性酮类化合物对总挥发性有机化合物的变化起到了重要的作用。而‘九九’草莓总挥发性有机化合物含量变化主要是由总挥发性酮类化合物引起的,这表明‘九九’草莓冻藏过程中挥发性酮类化合物代谢对挥发性有机化合物变化起到了重要的作用。

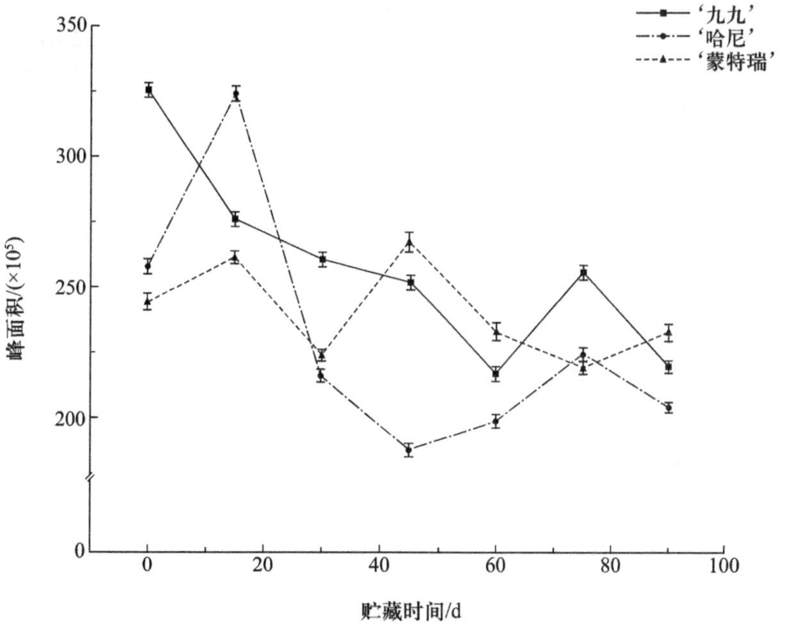

图 2-13　三种草莓不同冻藏时间下总挥发性酮类化合物含量的变化

如图 2-14 所示,三种草莓冻藏过程中总挥发性醇类化合物含量变化趋势与总挥发性有机化合物相近,'九九'草莓和'蒙特瑞'草莓的总挥发性醇类化合物对总挥发性有机化合物变化起到重要作用,而'哈尼'草莓挥发性醇类化合物含量变化对总挥发性有机化合物含量变化不具有重要影响。

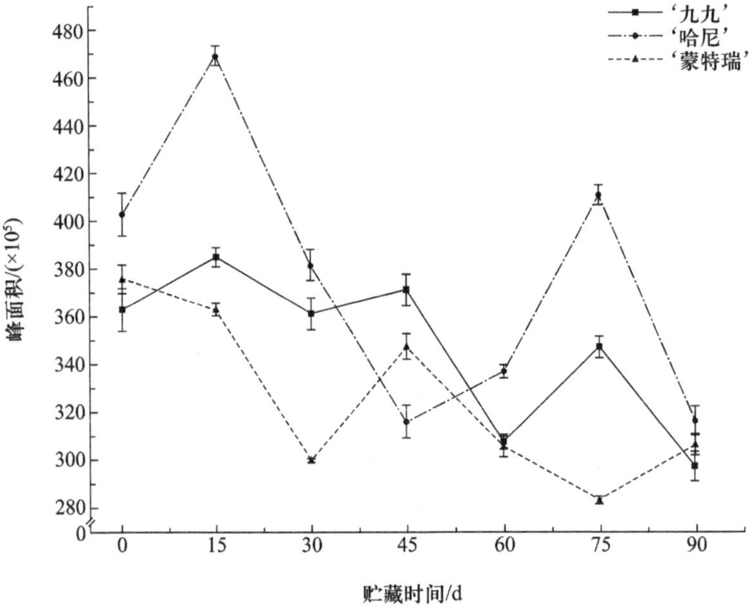

图 2-14　三种草莓不同冻藏时间下总挥发性醇类化合物含量的变化

如图 2-15 所示,'九九'草莓冻藏过程中总挥发性酸类化合物含量随着时间的延长呈先增加后减少的趋势,而'蒙特瑞'草莓和'哈尼'草莓总挥发性酸类化合物呈波动减少的趋势。三种草莓变化趋势与总挥发性有机化合物相反,这可能是其参与了代谢过程作为阶段性底物或产物所导致。

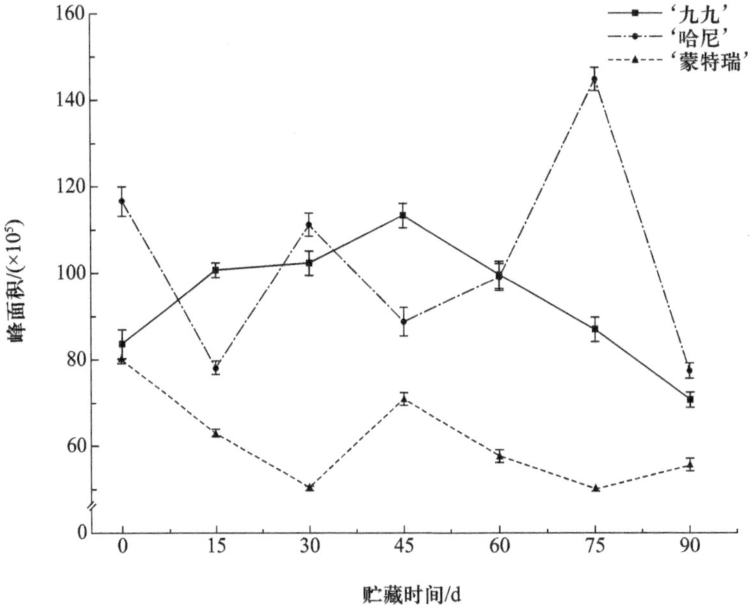

图 2-15　三种草莓不同冻藏时间下总挥发性酸类化合物含量的变化

2.3.3.3　不同品种草莓冻藏过程中特征性风味成分的变化规律

草莓果实香气是其风味的重要组成部分，是衡量草莓品质的指标之一。在草莓产生的数百种挥发性有机物中(Bood and Zabetakis, 2002; Bram et al., 2014)，只有一小部分对草莓的香气和风味有贡献(Forney et al., 2000)。并且草莓中有效的挥发性有机物也是由多种挥发性有机物混合而成的，草莓的香气并不能被某一种化合物来描述。没有一种单一的化合物能产生草莓的香气。而化合物对香气的贡献取决于其气味阈值和在水果中的浓度。气味活性值(OAV)，即浓度与气味阈值的比率，在早期的研究中被用来识别草莓中有效的挥发性有机物。根据前人的一些研究(Sanz　et al., 1995; Siegmund et al., 2001; Nuzzi et al., 2008; Skrovankova et al., 2015；曾祥国等，2014；付磊等，2021；吕浩，2021；梁正鲜等，2021；王爱华，等，2021)确定了影响三种草莓香气的主要特征挥发性风味物质，包括己酸甲酯、2-甲基丁基己酸酯、芳樟醇、2,5-二甲基-4-羟基-3(2H)-呋喃酮(DMMF)、(*E*)-2-己烯醛。综上所述，明确 3 个品种草莓中特征性香气成分的变化规律将能更好地解释草莓冻藏过程对风味损失的作用。

己酸甲酯是一种天然物质，主要是通过己酸和甲醇经酯酶催化酯化反应形成的，香精和提取物制造商协会(Flavor and Extract Manufacturers Association, FEMA)对己酸甲酯的风味描述为新鲜的水果香气和菠萝香气。己酸甲酯在果实内可以通过氧化代谢或者水解代谢途径被分解为甲醇和己酸。

三种草莓冻藏过程中己酸甲酯的含量变化如图 2-16 所示，相较于鲜果含量，‘蒙特瑞’草莓己酸甲酯含量在冻藏前期快速下降，‘九九’草莓呈先增加后减少的趋势，‘哈尼’草莓则保持在一定水平内。

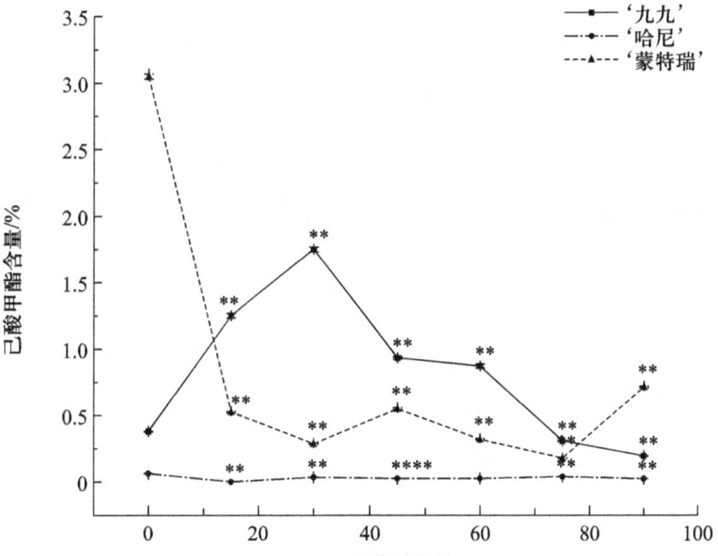

图 2-16　三种草莓不同冻藏时间下己酸甲酯含量的变化

己酸甲酯的 OAV 值尚未被确定，但从其含量变化可以得知，‘蒙特瑞’草莓随着冻藏时间的延长，其水果风味特征是减少的，而‘九九’草莓在冻藏前期清新的果香会变得更加浓郁，但是随着时间的延长，这种清新的果香又会逐渐变淡。

2-甲基丁基己酸酯是一种对草莓独特香气具有重要贡献的天然挥发性化合物，其风味特征被描述为水果香、焙烤的苹果香或梨的香气。在草莓果实内，2-甲基丁基己酸酯可以通过水解途径分解成为2-甲基丁醇和丁酸。然后，这些代谢产物可以进一步被代谢为二氧化碳和水。

三种草莓在冻藏过程中2-甲基丁基己酸酯含量变化如图2-17所示，'蒙特瑞'与'哈尼'草莓在冻藏前期，2-甲基丁基己酸酯含量迅速减少，随着冻藏时间的延长，'哈尼'草莓中2-甲基丁基己酸酯的含量迅速增加，且高于鲜果含量。'蒙特瑞'2-甲基丁基己酸酯含量随着冻藏时间的延长逐渐增加，但始终低于鲜果水平。'九九'草莓2-甲基丁基己酸酯含量随冻藏时间的延长呈波动上升趋势，且始终高于鲜果水平。

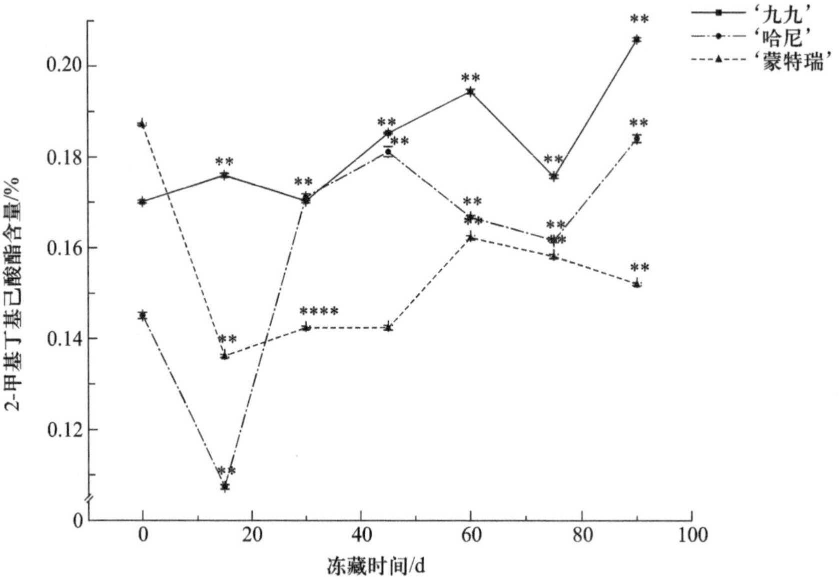

图2-17　三种草莓不同冻藏时间下2-甲基丁基己酸酯含量的变化

2-甲基丁基己酸酯OAV较大，但其在草莓中的合成途径还未有明确报道，通过文献总结推测，草莓果实中的2-甲基丁基己酸酯来源途径可能是由醛类化合物被果实内的酯酶催化反应生成相应的醇和酸，同时释放出来的甲酸与丁醇结合生成2-甲基丁酸，然后与果实内的醇通过酯化反应形成的。

芳樟醇是一种具有强烈香气的挥发性有机化合物，常被用于香料和精油的制作，其香气特征被描述为具有强烈花香与木香，风味描述为具有植物的甜香与刺激的热带水果香。在草莓果实中，芳樟醇可以通过氧化、水解和乙酸酯酶解等途径分解，还可以作为碳源被细菌与真菌代谢分解为二氧化碳和水。

三种草莓冻藏过程中芳樟醇含量的变化如图2-18所示，'哈尼'草莓中芳樟醇含量在冻藏前期迅速下降，随后又迅速上升，而后随着时间的延长缓慢下降。'九九'草莓中芳樟醇含量随着贮藏时间的延长呈波动下降趋势。'蒙特瑞'草莓中芳樟醇含量变化较为剧烈，呈波动上升趋势。

芳樟醇的香气阈值为1 mg/kg，其含量的变化对草莓风味具有重要影响，三种草莓中，'蒙特瑞'草莓随着贮藏时间的延长其花香和木香更加浓郁，而'九九'草莓和'哈尼'草莓则随着冻

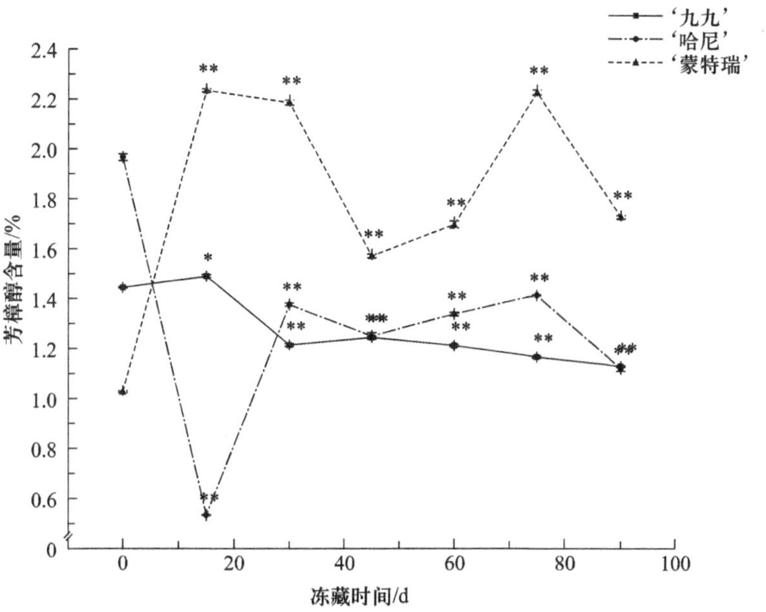

图 2-18　三种草莓不同冻藏时间下芳樟醇含量的变化

藏时间的延长，其花香和木香逐渐变淡。综上所述，三种草莓冻藏过程中芳樟醇含量的变化表明冻藏过程对'九九'草莓和'哈尼'草莓的花香和木香特征香气具有影响，这种变化可能是草莓果实代谢所引起的，但是目前草莓果实中芳樟醇的合成机制尚未有明确报道。根据文献总结推测，草莓中芳樟醇的来源可能与香叶醇代谢途径相关，因此，明确草莓中芳樟醇代谢途径和调控手段将为提高冻藏草莓品质起到重要作用。

2,5-二甲基-4-羟基-3(2H)-呋喃酮(DMMF)又称草莓酮，是草莓中最具代表性的挥发性有机化合物，其香气特征被直接描述为类似草莓的香气。DMMF 来自 5-羟甲基糠醛的代谢途径。首先，5-羟甲基糠醛通过酵素催化发生氧化反应，生成 4-羟基-5-甲氧基-2,3-二甲基呋喃(HMMF)。随后，HMMF 经过酵素催化和脱羧反应，生成 DMMF。

三种草莓冻藏过程中 DMMF 含量的变化如图 2-19 所示，'蒙特瑞'草莓在冻藏前期 DMMF 含量快速增加，然后随着时间的延长，含量逐渐下降，但始终高于鲜果水平。'哈尼'和'九九'草莓 DMMF 含量随着冻藏时间的延长逐渐下降。

DMMF 被认为是草莓中最具有代表性的香气成分之一，是组成草莓典型性香气的重要物质，其香气阈值极低，为 0.1 μg/kg，因此 DMMF 含量的变化对草莓典型性香气具有重大影响。综上所述，蒙特瑞草莓随着冻藏时间的延长，其草莓典型性香气反而是更加浓郁的，但'九九'草莓和'哈尼'草莓随着 DMMF 含量的下降，其典型性香气逐渐变淡，这也是'九九'草莓和'哈尼'草莓冻藏过程中典型性香气损失的主要原因。因此，基于 DMMF 含量变化的结果认为，'蒙特瑞'草莓冻果的典型性香气优于'九九'草莓和'哈尼'草莓冻果，更适宜作为深加工原料。而开发调控'九九'草莓和'哈尼'草莓冻藏过程中 DMMF 的代谢途径从而提高 DMMF 含量的技术，将有助于改善这 2 种草莓冻果的深加工产品香气。

(E)-2-己烯醛作为一种天然挥发性有机化合物，对草莓特征性香气的组成同样起到了重要的作用，(E)-2-己烯醛的香气被描述为类似于成熟的草莓、蜜糖和花香的混合香气，可以使

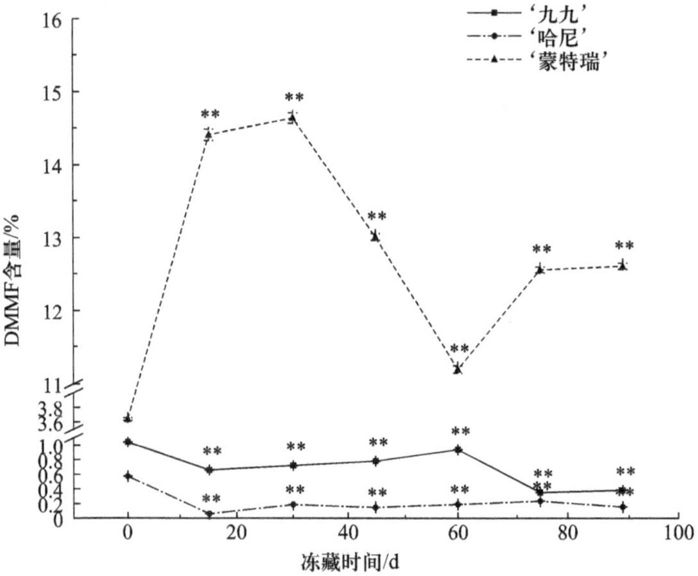

图 2-19　三种草莓不同冻藏时间下 DMMF 含量的变化

草莓果实的香气更加柔和与复杂。(*E*)-2-己烯醛在草莓果实中的代谢途径尚未有明确报道，根据文献推测可能与草莓中的酶代谢相关，从而通过氧化反应或者还原反应生成酮类、酸类或者醇类等挥发性有机化合物。

三种草莓冻藏过程中(*E*)-2-己烯醛的含量变化如图 2-20 所示。随着冻藏时间的延长三种草莓中(*E*)-2-己烯醛都呈显著下降趋势，且在冻藏前期含量下降极快。与鲜果含量相比，(*E*)-2-己烯醛含量变化对果实特征性香气影响较大的为'九九'草莓和'哈尼'草莓，而'蒙特瑞'草莓本身(*E*)-2-己烯醛含量较少，虽然含量变化显著，但是对其草莓特征性香气的影响不

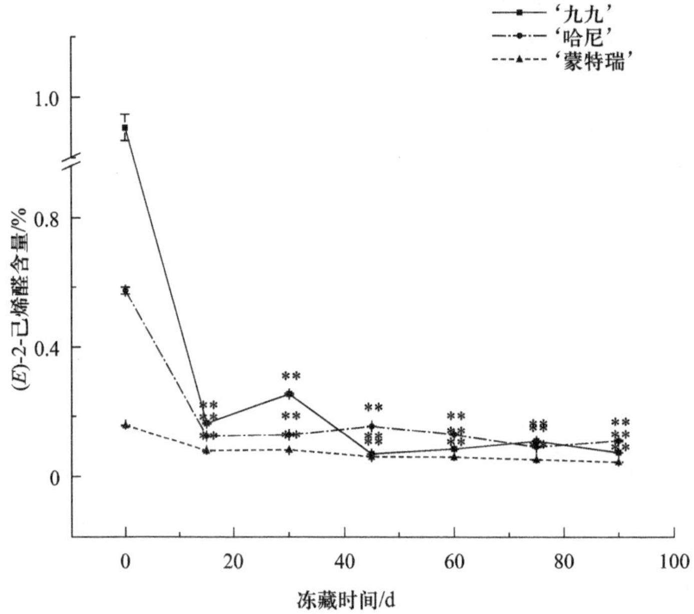

图 2-20　三种草莓不同冻藏时间下(*E*)-2-己烯醛含量的变化

如‘九九’草莓和‘哈尼’草莓大。

(*E*)-2-己烯醛的香气阈值非常低，约为 0.2 μg/kg，这表明(*E*)-2-己烯醛含量的变化对草莓特征性香气是具有重要影响的。草莓果实中(*E*)-2-己烯醛的合成途径尚未有明确报道，但是有研究推测其可能是以脂肪酸代谢途径产生的(*E*)-2-己烯酸为前体合成，或者是通过(*E*)-2-己烯醇经氧化反应产生的。综上所述，‘九九’和‘哈尼’草莓冻藏过程中(*E*)-2-己烯醛含量的减少可能是其特征性风味损失的主要原因之一，而‘蒙特瑞’草莓冻藏过程中(*E*)-2-己烯醛含量的变化对果实特征性风味的影响还有待进一步研究。因此，基于以上结果认为，明确(*E*)-2-己烯醛的代谢途径，开发调控技术手段对推动‘九九’草莓和‘哈尼’草莓深加工产业具有重大作用。

2.3.4　讨论与小结

草莓在速冻过程以及冻藏过程中营养物质以及香气成分都会发生一系列的变化，其中香气成分虽然在草莓中所占比例很小，但对草莓果实的风味品质有着极大的影响。Modise(2008)发现速冻不会使果实香气产生显著差异，但不同的贮藏温度和解冻方式会导致果实挥发性物质组分含量产生变化。本节采用 GC-MS 技术对‘九九’‘哈尼’‘蒙特瑞’三种加工常用的草莓品种冻藏 0～90 d 的挥发性有机物和特征性香气组分进行了定性定量分析，并根据其含量的变化分析 3 种草莓冻藏过程中总挥发性有机化合物和香气典型性的变化规律，得到以下结论：

(1)3 种草莓冻藏过程中共鉴定出 500 种挥发性有机物，其中酯类(102 种)、萜烯类(89 种)、醇类(66 种)、醛类(28 种)和呋喃类(21 种)，是 3 种草莓样品中最具代表性的化合物类别。

(2)3 种草莓冻藏过程中总挥发性有机化合物含量变化表明，随着冻藏时间的延长，‘哈尼’草莓和‘九九’草莓总挥发性有机化合物含量呈波动下降趋势，而‘蒙特瑞’草莓总挥发性有机化合物含量呈波动趋势保持在一定水平内。3 种草莓果实中，‘哈尼’草莓总挥发性有机化合物含量的下降主要是由挥发性萜烯类和酯类化合物下降引起的，‘九九’草莓总挥发性有机化合物含量的下降主要是由挥发性酮类、醇类和酯类化合物下降引起的，‘蒙特瑞’草莓总挥发性有机化合物含量的稳定主要是由挥发性酯类及醇类化合物含量的下降、挥发性呋喃类化合物含量的上升共同引起的。

(3)由 3 种草莓中 5 种特征性挥发性风味物质主要为己酸甲酯、2-甲基丁基己酸酯、芳樟醇、2,5-二甲基-4-羟基-3(2H)-呋喃酮、(*E*)-2-己烯醛含量变化的分析得出，蒙特瑞草莓中己酸甲酯、2-甲基丁基己酸酯含量下降，芳樟醇含量、DMMF 含量大幅上升；‘九九’草莓中己酸甲酯、芳樟醇、2,5-二甲基-4-羟基-3(2H)-呋喃酮和(*E*)-2-己烯醛含量下降，2-甲基丁基己酸酯含量上升；‘哈尼’草莓中芳樟醇、2,5-二甲基-4-羟基-3(2H)-呋喃酮和(*E*)-2-己烯醛含量下降，2-甲基丁基己酸酯含量上升。

综上所述，根据特征性香气总含量显示，‘九九’草莓和‘哈尼’草莓随着冻藏时间的延长，草莓的典型性香气逐渐变淡，而‘蒙特瑞’草莓则随着冻藏时间的延长，典型性香气更加浓郁，更适宜以香气品质为前提的深加工产品。而 3 种草莓中，特征性香气成分的合成途径及代谢途径尚未有明确报道，因此揭示其风味来源将有助于开发其冻藏过程中特征性香气调控技术手段，从而为提高以草莓冻果为原料的深加工制品香气品质提供重要的理论支持和实践指导。

2.4 基于GC-IMS和HS-SPME-GC-MS对草莓冻藏过程中挥发性差异代谢物的筛选及代谢通路研究

近年来,市场上草莓需求量一直不断增加,培育出的草莓品种也越来越多。由于草莓所含有的挥发性成分组成多样,传统的研究方法往往忽略了草莓中挥发性代谢物的整体特征,无法实现对其所含成分的高通量捕获和各品种间差异代谢物的鉴别。代谢组学是研究植物化学类型差异的一种有用的工具,重点是研究不同物种和不同条件下的物质组成和含量间的差异。挥发性有机化合物(VOCs)是处于常压下,沸点在50~260 ℃范围内的各类有机化合物。通过VOCs代谢组学分析手段可以利用KEGG数据库将不同条件或种类样品内部代谢物的差异映射到代谢通路中,为进一步理解研究样品中挥发性成分差异提供一个更加清晰、系统且全面的视角。

本研究以冻藏0~90 d的'九九''哈尼''蒙特瑞'三种加工常用品种草莓为试验材料,利用VOCs代谢组学方法,并结合多元统计分析方法,对差异代谢物进行主成分分析、正交偏最小二乘法判别分析、层次聚类分析等,筛选在冻藏过程中可能影响草莓果实香气变化的潜在差异代谢物,并且从KEGG代谢通路的角度探索冻藏期间草莓风味差异的成因,丰富草莓种质资源数据库,进一步为草莓贮藏和深加工的调整优化提供理论基础。

2.4.1 材料与设备

2.4.1.1 材料与试剂

同2.2.1.1。

2.4.1.2 仪器设备

同2.2.1.2。

2.4.2 试验方法

2.4.2.1 样品提取流程

同2.2.2.1。

2.4.2.2 色谱质谱采集条件

同2.2.2.2。

2.4.2.3 数据处理与分析

所有代谢物都可参照MetWare数据库和NIST library数据库进行定性定量分析。用Mass Hunter定量软件进行积分和校正工作,并使用(多重反应监测,MRM)进行量化,使用Analyst 1.6.1软件进行代谢物数据分析。通过峰面积进行主成分分析(PCA)和正交偏最小二乘判别分析(OPLS-DA),选取VIP值大于1且$p < 0.05$的物质作为差异代谢产物进行深入分析。代谢物含量数据采用UV处理,通过R软件ComplexHeatmap包绘制热图,利用KEGG数据库对代谢物进行注释。

2.4.3 结果与分析

2.4.3.1 挥发性成分测定结果

通过 MassHunter 软件处理质谱检测的原始数据进行定性定量分析。图 2-21、图 2-22、图 2-23 分别为'九九'草莓、'哈尼'草莓、'蒙特瑞'草莓在 7 个冻藏时间下挥发性成分的总离子流(TIC)叠放图。冻藏时间不同得到的总离子流图中峰的数量与面积略有不同。

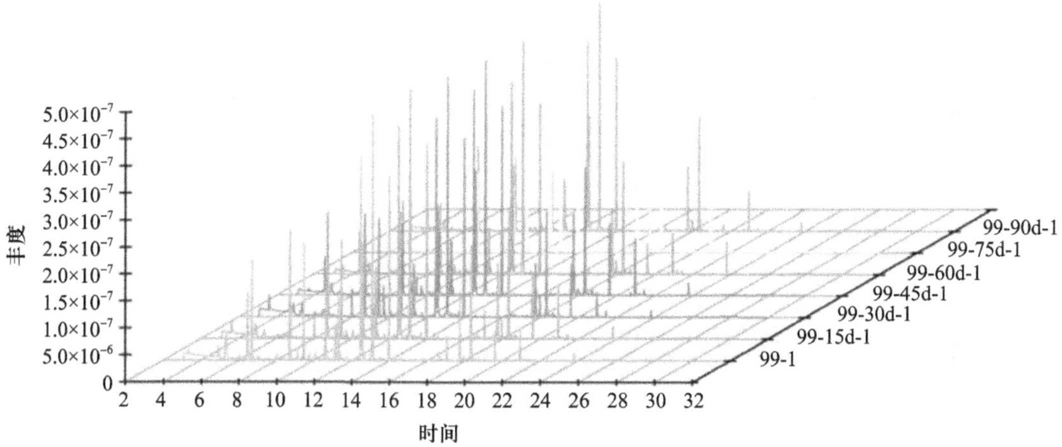

图 2-21　不同冻藏时间下'九九'草莓样品的总离子流叠放图

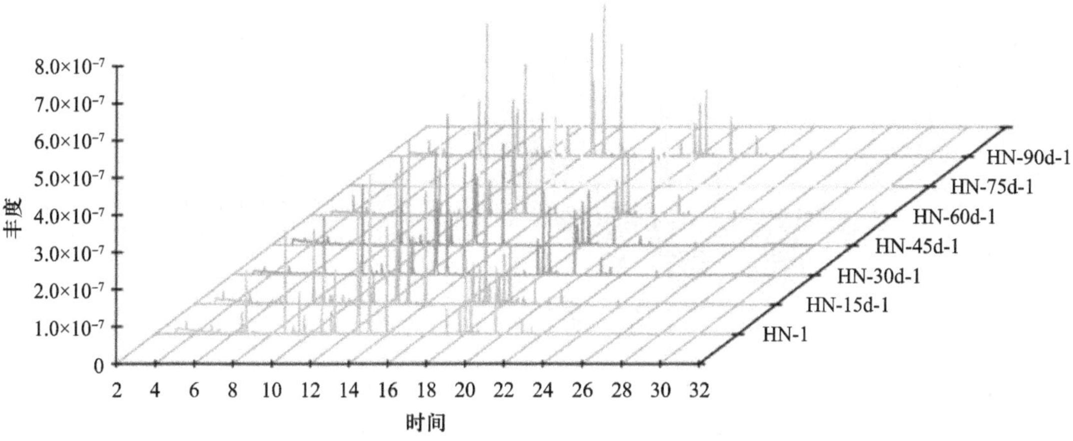

图 2-22　不同冻藏时间下的'哈尼'草莓样品的总离子流叠放图

2.4.3.2 总代谢物种类分析

在 21 组不同冻藏时间的 3 种草莓样品中，共检测到 664 种挥发性代谢物(图 2-24，彩图见二维码 2-3)，其中的香气成分包括 136 种酯类物质、137 种萜类物质、57 种醇类物质、47 种酮类物质、101 种杂环化合物、37 种醛类物质、20 种酸类物质、38 种芳烃类物质、11 种胺类物质、11 种酚类物质、2 种含硫化合物和 1 种醚类物质。其中酯类物质占总代谢物

二维码 2-3　代谢物类别组成环形图

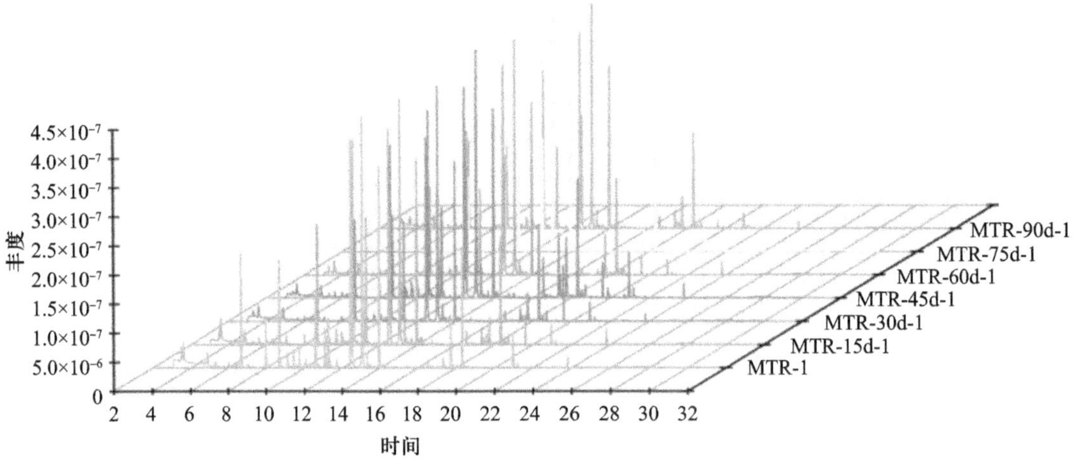

图 2-23 不同冻藏时间下的‘蒙特瑞’草莓样品的总离子流叠放图

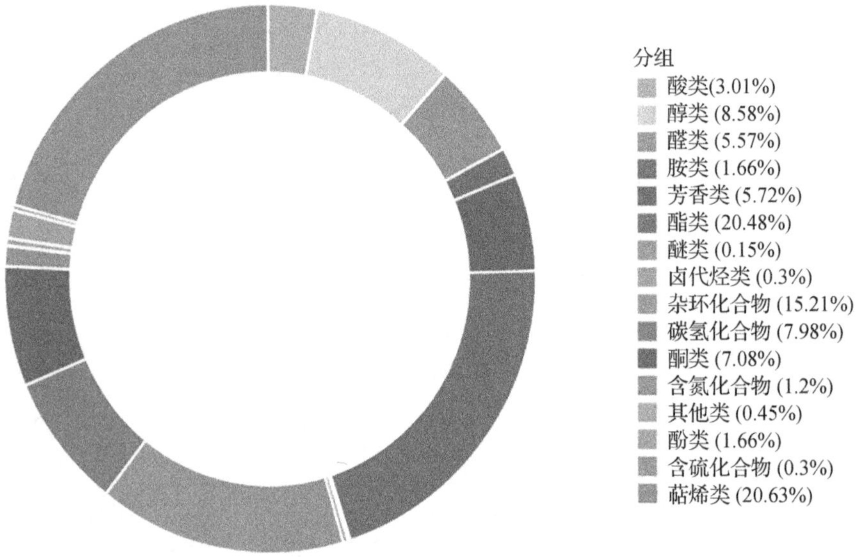

图 2-24 代谢物类别组成环形图

的 20.48%，萜类物质占 20.63%，杂环化合物占 15.21%，醇类物质占 8.58%，酮类物质、醛类物质和芳烃物质分别占 7.08%、5.57%和 5.72%。在‘九九’草莓样品中，共检测到 659 种挥发性代谢物；‘哈尼’草莓与‘蒙特瑞’草莓样品中均检测到 656 种挥发性代谢物。

2.4.3.3 多元统计分析

首先对不同冻藏时间下的不同品种草莓建立 PCA 模型，通过其相应的得分图来初步观察各组样本间的总体分布及分析是否存在差异样本。主成分分析也是代谢组学中最常用的分析方法。

‘九九’草莓样本的 PCA 分析结果如图 2-25 所示。第一主成分的累积贡献率为 29.04%，第二主成分的累计贡献率为 22.36%，第三主成分的累计贡献率为 17.50%，第四主成分的累计贡献率为 11.26%，即前 3 个主成分能够概括所有变量 68.90%，前 4 个主成分能概括

80.16%的信息。冻藏0 d、15 d和30 d三组主要分布在主成分1左侧,60 d和90 d两组主要分布在主成分1右侧,冻藏30 d组主要分布在主成分2下方,冻藏75 d组分布在主成分2上方,7个不同冻藏时间草莓的主成分分析模型中不存在离散样本,各组组间的差异较大,而组内的差异较小,因此样本数据质量较高,分析模型比较稳健可靠。

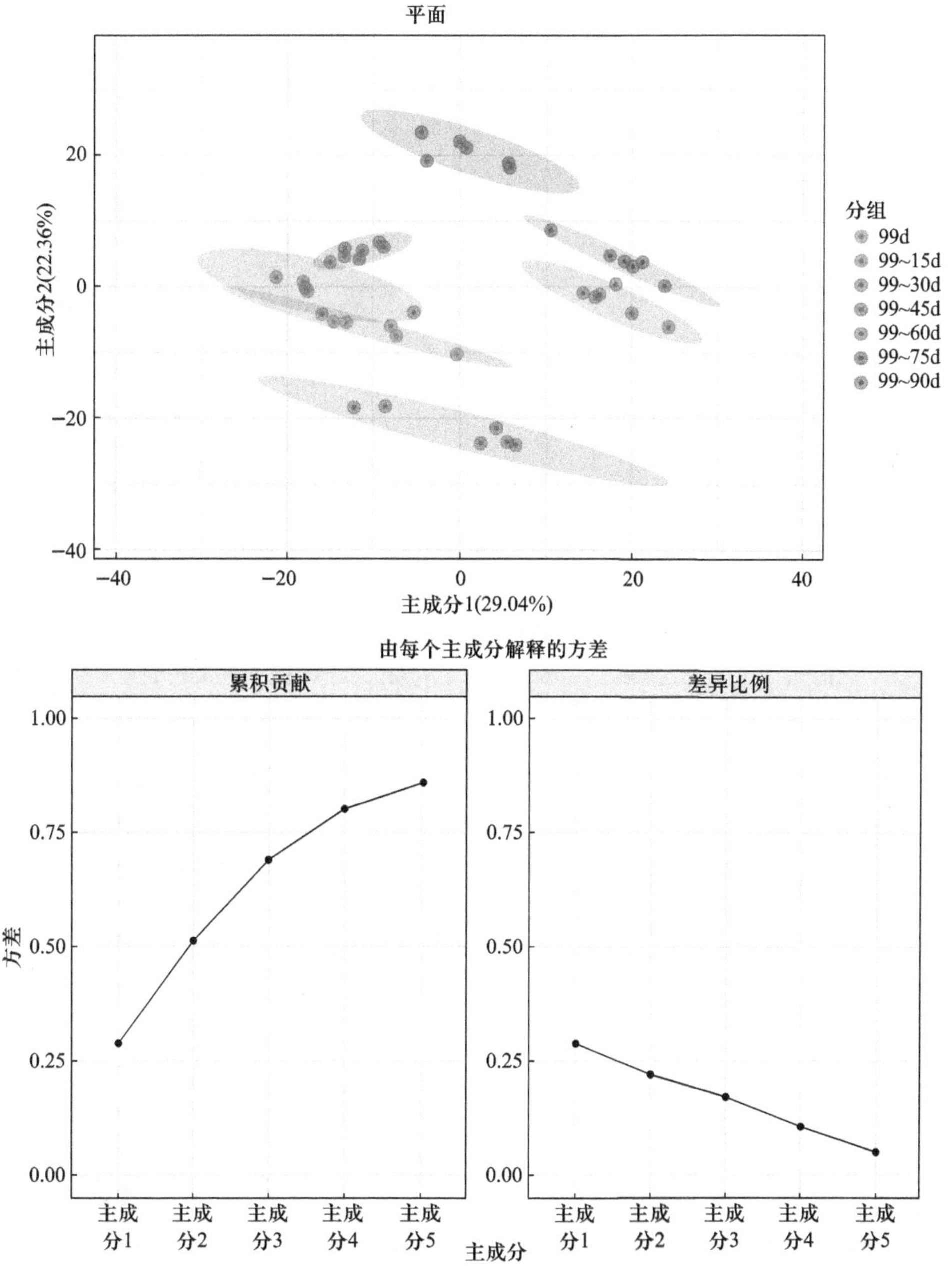

图2-25 ‘九九’草莓样品的主成分分析得分图和主成分分析解释率图

‘哈尼’草莓样本的主成分分析结果如图2-26所示。第一主成分的累计贡献率为28.74%,第二主成分的累计贡献率为25.21%,第三主成分的累计贡献率为18.24%,第四主成分的累计贡献率为 11.26%，即前 3 个主成分能够概括所有变量 72.19%，前 4 个主成分能概括 83.45%的信息。冻藏 0 d 和 15 d 分布在主成分 1 左右两侧相隔最远，两组间差距最大，另外 5 组集中在中间，组间差异较小。主成分分析模型中不存在离散样本，分析模型比较稳健可靠。

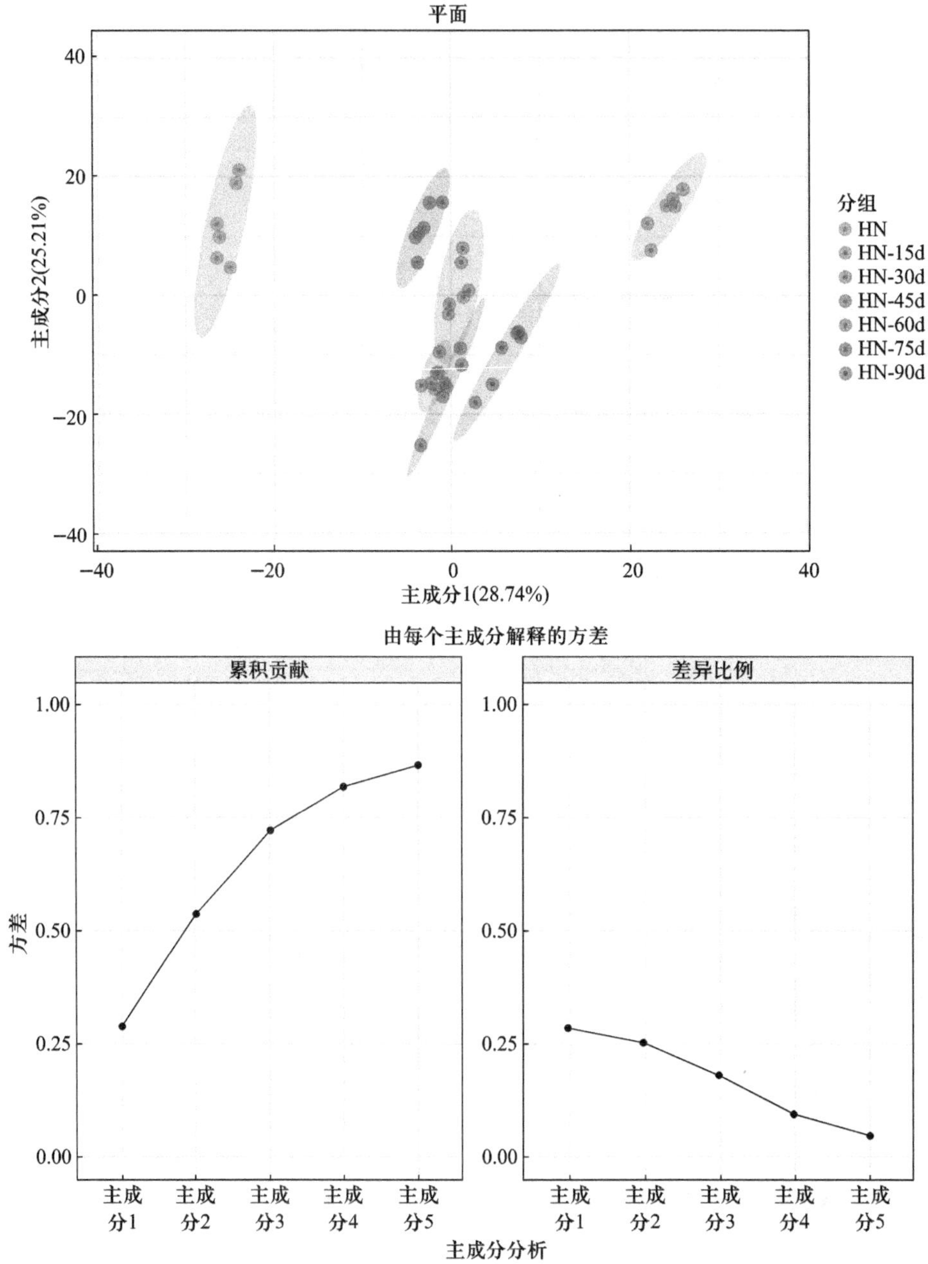

图 2-26 ‘哈尼’草莓样品的主成分分析得分图和主成分分析解释率图

‘蒙特瑞’草莓样本的主成分分析结果如图 2-27 所示。第一主成分的累计贡献率为 41.18%，第二主成分的累计贡献率为 25.74%，第三主成分的累计贡献率为 10.83%，第四主成分的累计贡献率为 6.31%，即前 3 个主成分能够概括所有变量 77.75%，前 4 个变量能概括 84.06%的信息。冻藏 15 d、30 d、45 d、75 d 四组分布偏右上组间距离较近，差异较小，与分布在左下方的冻藏 0 d 组组间差异较大。冻藏 60 d 和 90 d 两组组间差异不明显。PCA 模型中不存在离散样本，分析模型比较稳健可靠。

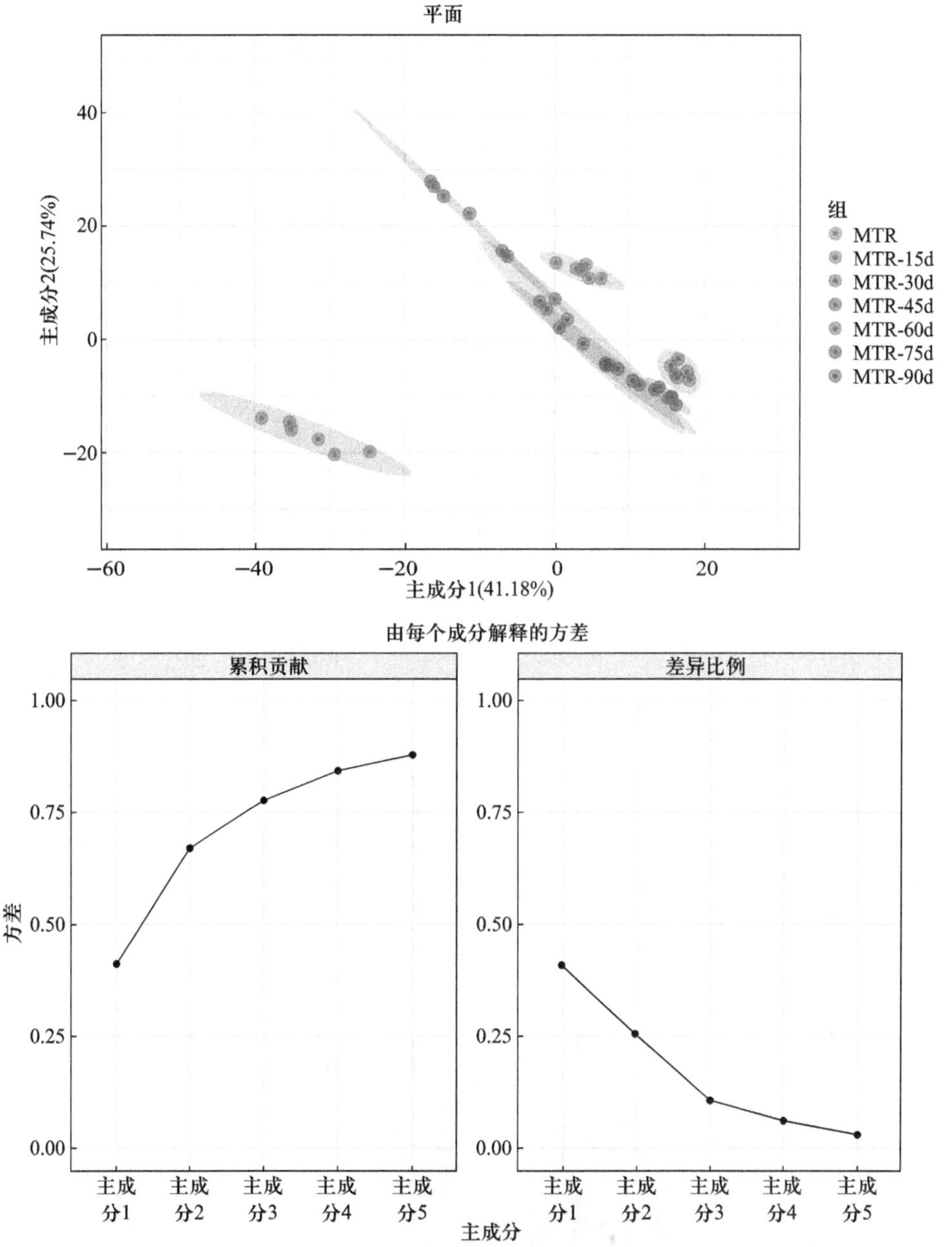

图 2-27　'蒙特瑞'草莓样品的主成分分析得分图和主成分分析解释率图

主成分分析是用于观察样本的整体分布状况以及是否存在异常点，而正交偏最小二乘判别方法(OPLS-DA)是为了寻找不同品种间潜在差异代谢物。由三种草莓主成分分析所得的得分图可见，除'蒙特瑞'草莓冻藏 60 d 和 90 d 这两组并未完全分开以外，其他组的分离度均较为良好，故相应数据可以用于进一步的 OPLS-DA 分析。

为了筛选出不同冻藏时间下草莓中的差异代谢物，在进行主成分分析的基础上，建立 OPLS-DA 分析模型。不同冻藏时间下的‘九九’‘哈尼’‘蒙特瑞’三种草莓的 OPLS-DA 的得分图与验证图如图 2-28、图 2-29 和图 2-30 所示。在‘九九’草莓的得分图中发现冻藏 15 d 和 30 d

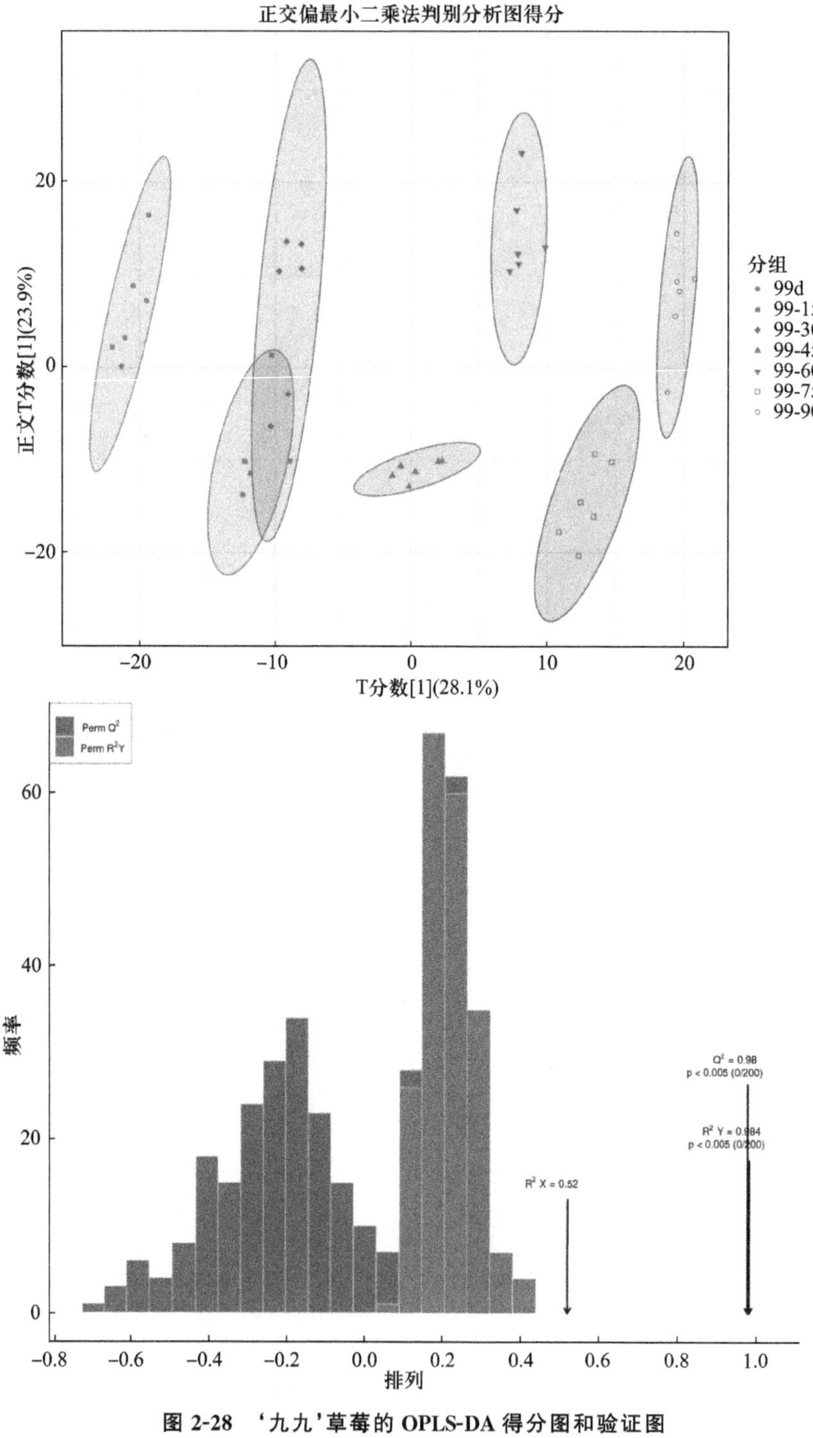

图 2-28 ‘九九’草莓的 OPLS-DA 得分图和验证图

两组分离度稍差一点，而其余组别均有着较好的分离度。OPLS-DA 验证图是在对数据进行 200 次随机排列组合试验后得到的几个重要的模型预测参数，'九九'草莓的模型参数 R2Y＝0.984，Q2＝0.98，Q2 大于 0.9，说明模型较为出色并且有很好的稳定性、可靠性和预测性。

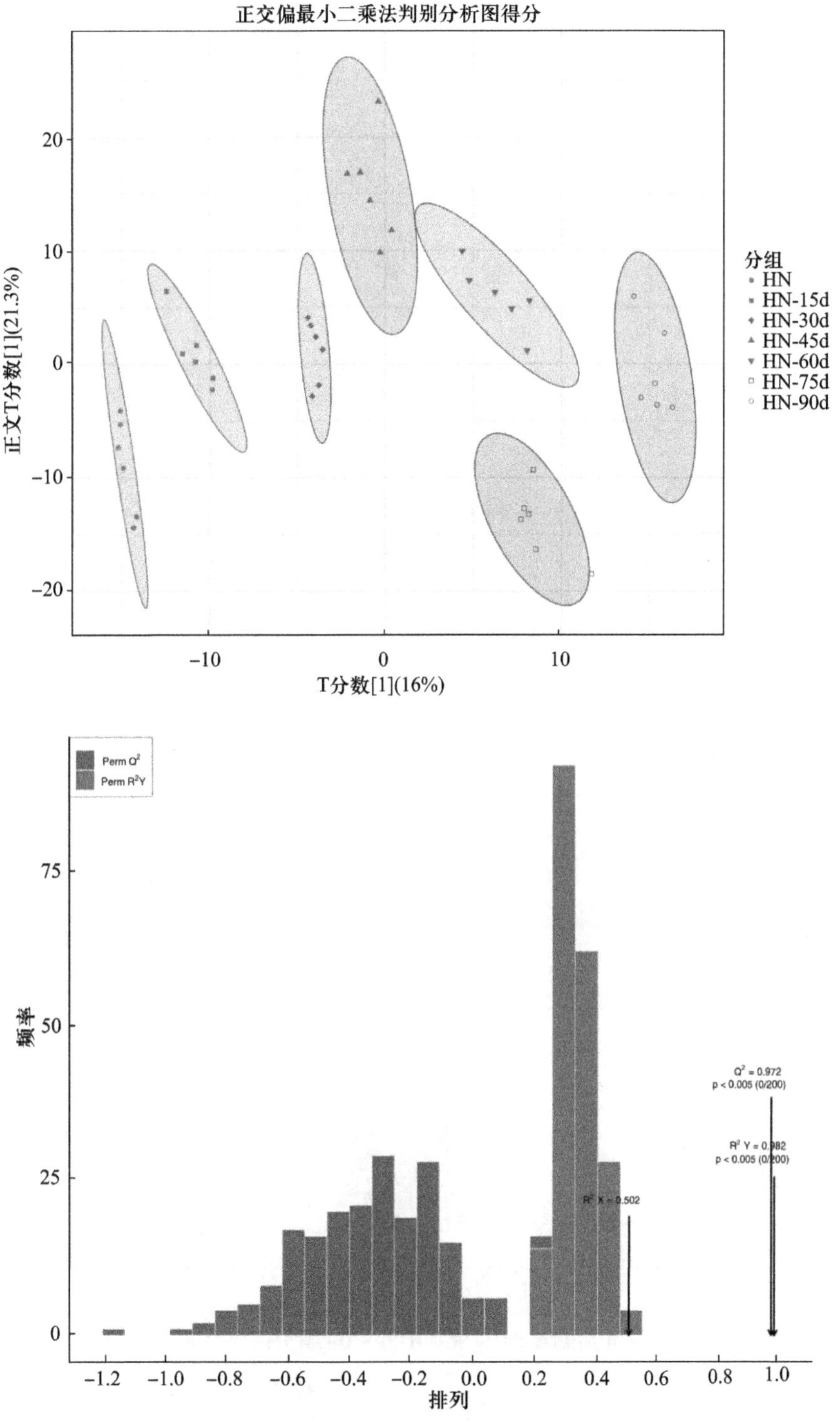

图 2-29　'哈尼'草莓的 OPLS-DA 得分图和验证图

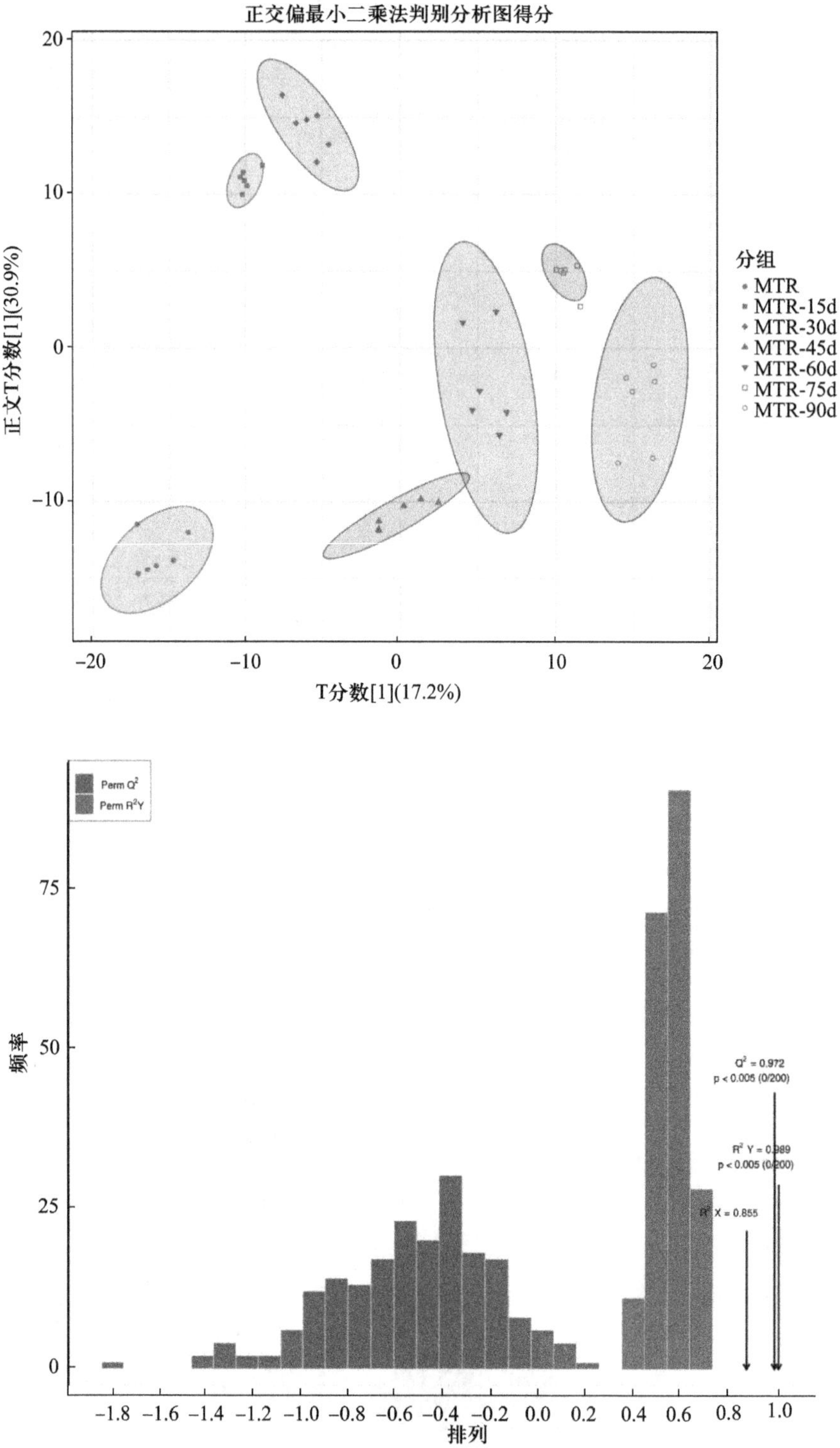

图 2-30 ‘蒙特瑞’草莓的 OPLS-DA 得分图和验证图

在‘哈尼’草莓的得分图中，可以清楚看到各组间均有较好的分离度；而 OPLS-DA 验证模型参数 R2Y＝0.982，Q2＝0.972，Q2 也大于 0.9，模型较为出色并且有很好的稳定性、可靠性和预测性。

在‘蒙特瑞’草莓的得分图中，只有 75 d 组内存在一个离散样品，而各组间能较好地分离；而 OPLS-DA 验证模型参数 R2Y＝0.989，Q2＝0.972，Q2 也大于 0.9，模型较为出色并且有很好的稳定性、可靠性和预测性。

通过对 3 个 OPLS-DA 模型进行计算，得到所有挥发性代谢物 VIP 值，VIP 值越大，则对模型的贡献度越高。筛选出 VIP 值＞1 的挥发性成分进行排序。

OPLS-DA 的 S-plot 图用来挑选与主成分相关性较强的挥发性差异代谢物，三种草莓在不同冻藏时间下的 S-plot 图如图 2-31 所示，依次为‘九九’‘哈尼’和‘蒙特瑞’草莓的。图中红色的点表示对应的挥发性代谢物的 VIP 值大于 1，为挥发性差异代谢物，越接近左下与右上两个角，差异性就越大；绿点对应的代谢物的 VIP 值小于等于 1，说明代谢物差异性较小。最终在‘九九’草莓中检测出挥发性差异代谢物共 257 种，包括 58 种酯类、42 种萜类、44 种杂环化合物、21 种醇类、21 种烃类、20 种酮类、17 种醛类、12 种芳烃、8 种胺类、7 种酸类、4 种含氮化合物、1 种酚类、1 种卤代烃、1 种其他类；在‘哈尼’草莓中检测出挥发性差异代谢物共 248 种，包括 43 种酯类、56 种萜类、31 种杂环化合物、24 种醇类、21 种烃类、22 种酮类、12 种醛类、17 种芳烃、7 种胺类、7 种酸类、2 种含氮化合物、1 种含硫化合物、5 种酚类；在‘蒙特瑞’草莓中检测出挥发性差异代谢物共 275 种，包括 53 种酯类、56 种萜类、31 种杂环化合物、31 种醇类、17 种烃类、25 种酮类、20 种醛类、21 种芳烃、5 种胺类、6 种酸类、7 种含氮化合物、3 种酚类。

2.4.3.4　挥发性差异代谢物层次聚类分析

为了方便观察差异代谢物变化规律，对差异显著的代谢物进行归一化处理并进行层次聚类分析，绘制热图，结果如图 2-32、图 2-33、图 2-34 所示。从图中可以看出不同草莓品种间的差异代谢物含量的差异较大，随着冻藏时间的增加，草莓中的差异代谢物也有一定差异。

对三种草莓代谢物进行聚类分析的聚类热图中可以看出，三种草莓在冻藏初期的挥发性差异代谢物含量均明显高于冻藏末期的含量，冻藏 0 d 的含量最高。随着冻藏时间的增加，挥发性差异代谢物含量整体呈减少趋势。从三种草莓按代谢物类别聚类的聚类热图中可以看出三种草莓中各类差异代谢物在不同冻藏时间存在差别。

其中，如图 2-32(a)，‘九九’草莓在冻藏前 30 d 的挥发性差异代谢物含量较高，45 d 后显著降低，有少量代谢物含量在冻藏过程中逐渐增加，在 75～90 d 时达到最大值；如图 2-33(b)，‘九九’草莓中酯类、杂环化合物类、醇类和烃类代谢物在冻藏 0～45 d 时含量较高，明显高于冻藏 60～90 d；萜类代谢物在冻藏 0～60 d 时含量相对较高；酮类、醛类、酚类与其他类代谢物在冻藏 0 d 时含量超过 50%，其次是在冻藏 45 d，明显多于其他冻藏组；胺类代谢物在冻藏 0 d 时含量最多，超过 70%，冻藏 15 d 时超过 50%，其余组含量随着冻藏时间不断减少；酸类代谢物在冻藏 45 d 时含量最高，随冻藏时间增加，酸类也逐渐减少；含氮化合物和卤代烃类代谢物在冻藏 15 d 和 30 d 两组中含量超过 50%，其余组含量都较少；芳烃类代谢物在冻藏 0 d、30 d、75 d、90 d 四组中含量较高，与另外三组差异较明显。

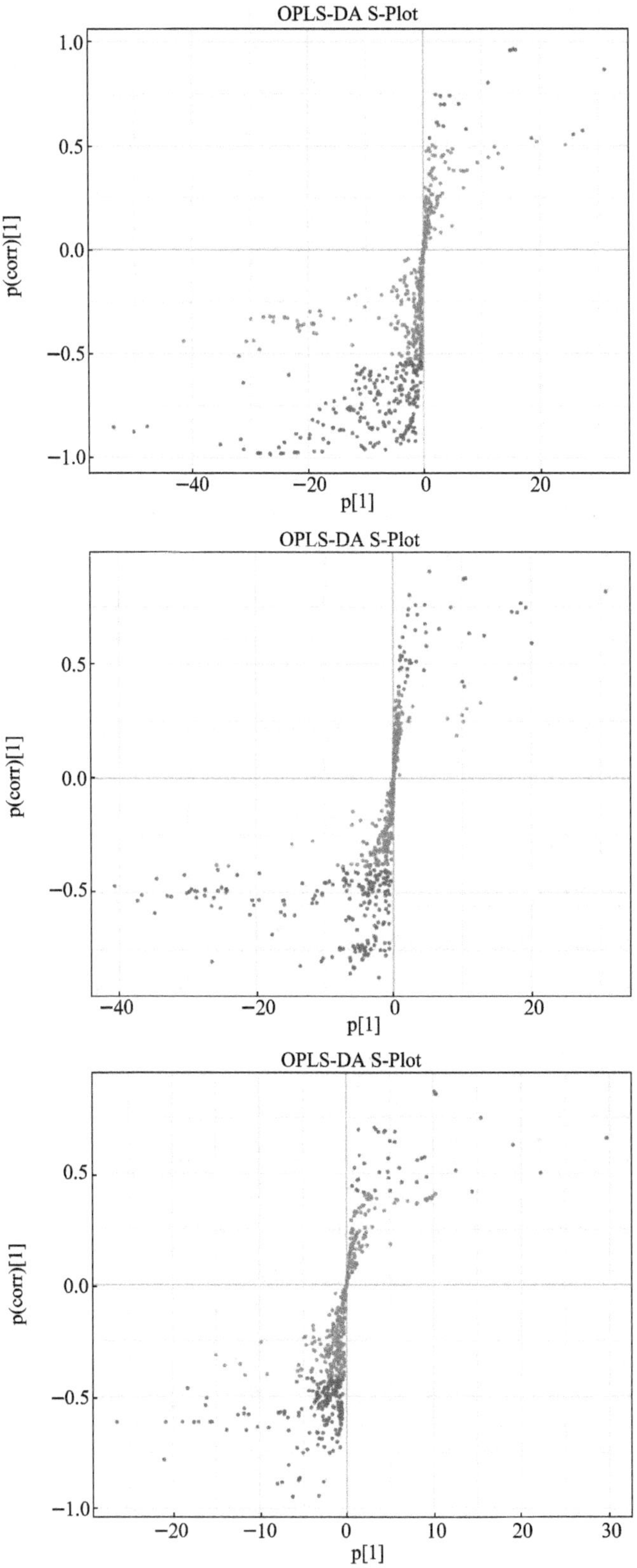

图 2-31 ‘九九’‘哈尼’‘蒙特瑞’三种草莓的 OPLS-DA S-plot 图

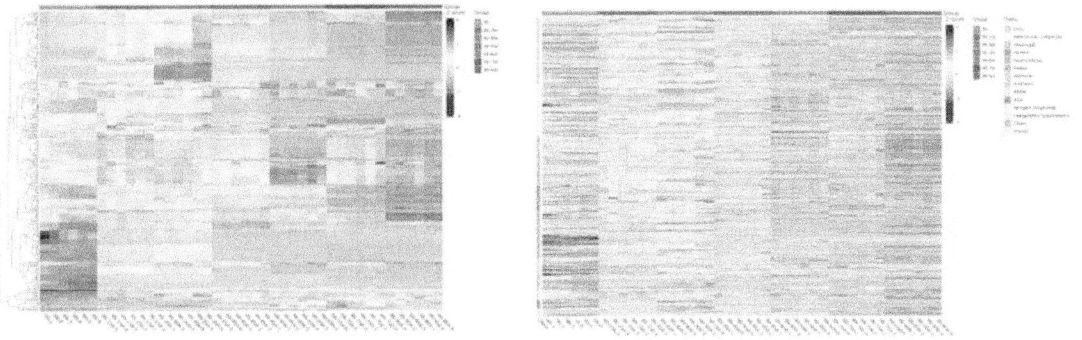

(a)　　(b)

图 2-32　'九九'草莓差异代谢物聚类热图

(a)对代谢物聚类处理　(b)按代谢物类别聚类

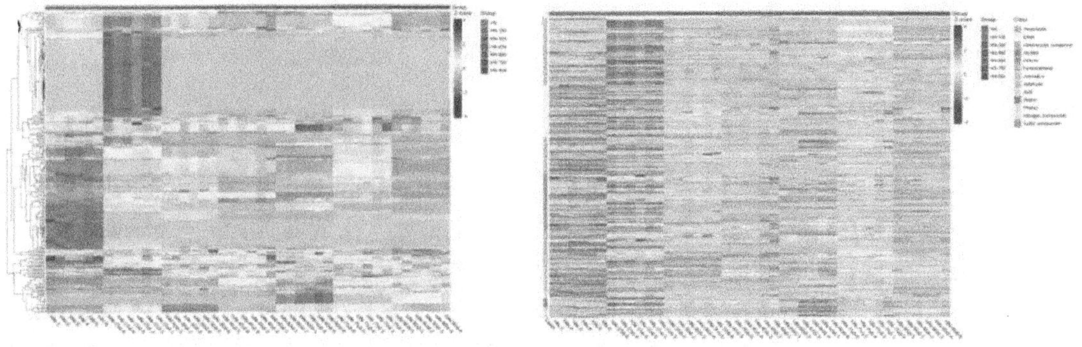

(a)　　(b)

图 2-33　'哈尼'草莓差异代谢物聚类热图

(a)对代谢物聚类处理　(b)按代谢物类别聚类

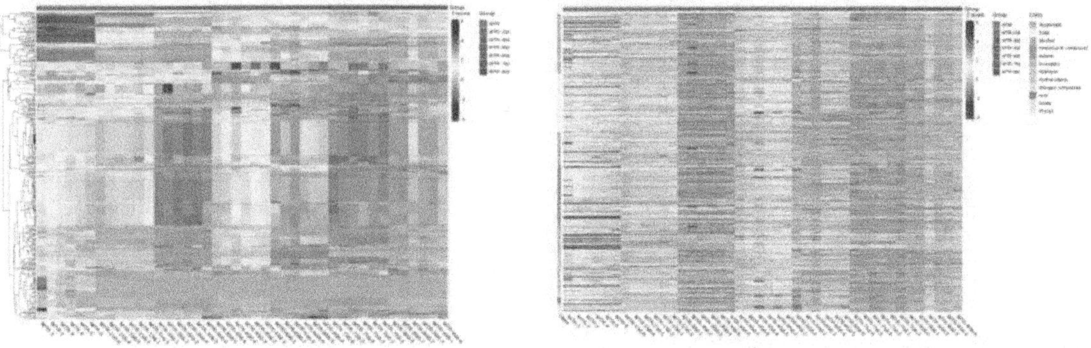

(a)　　(b)

图 2-34　'蒙特瑞'草莓差异代谢物聚类热图

(a)对代谢物聚类处理　(b)按代谢物类别聚类

如图 2-33(a),‘哈尼’草莓冻藏 15 d 内挥发性差异代谢物含量最高,从 30 d 开始显著降低,有一些代谢物含量随冻藏时间增加而显著增加,在冻藏 60 d 达到最大值;如图 2-33(b),‘哈尼’草莓中萜类代谢物在冻藏 15 d 时含量最高,其次是冻藏 0 d;酯类、醇类、酮类和胺类代谢物在冻藏 0 d 和 15 d 时含量差异不明显,但明显多于其他冻藏时间;醛类、酸类、杂环化合物、含氮化合物、含硫化合物和烃类代谢物冻藏 0 d 时含量最高,其次是冻藏 15 d;芳烃类代谢物在冻藏 15 d 时含量最高,冻藏 60 d 时含量显著增加,冻藏 75 d 和 90 d 的含量略有减少但也显著高于冻藏 30 d 和 45 d;酚类代谢物在冻藏 60 d 时含量显著增加,明显高于其他冻藏时间,其次在冻藏 15 d 时含量较高。

如图 2-34(a),蒙特瑞草莓只有冻藏 0 d 时挥发性差异代谢物最高,冻藏 15 d 起含量就显著降低,但冻藏 45 d 时挥发性代谢物含量有较显著的增加;如图 2-34(b),‘蒙特瑞’草莓中萜类、酯类、醛类、酸类、胺类、酚类、杂环化合物、含氮化合物和烃类代谢物在冻藏 0 d 时含量最高,在冻藏 45 d 时较显著升高,略高于冻藏 15 d 含量;醇类、酮类在冻藏 0 d 含量最高,其次在冻藏 15 d 和 45 d 时;芳烃代谢物含量在冻藏 0 d、45 d 最高,但差异不显著。

2.4.3.5 挥发性差异代谢物 KEGG 分类及富集分析

将冻藏 0～90 d 的三种草莓中的差异代谢物与 KEGG 数据库比对,按照 KEGG 中类型进行分类,其结果如下。

在‘九九’草莓中一共得到 13 条差异代谢物通路,共有 30 种挥发性代谢物注释到通路上,包括 11 种萜类、7 种芳烃类代谢物、3 种醛类、3 种杂环化合物、2 种酸类、2 种醇类、1 种酮类、1 种含氮化合物。如图 2-35 所示,图中纵坐标左侧标注的是通路的名称,而横坐标表示的是注释到各个通路上差异代谢物的个数以及它们所占总数的对应比例。

其中,代谢途径通路(metabolic pathway)共注释到代谢物 18 种(图 2-35),占注释代谢物总数 60%;次生代谢产物的生物合成通路(biosynthesis of secondary metabolites)共注释到代谢物 12 种,占注释代谢物总数 40%;倍半萜类和三萜类的生物合成通路(sesquiterpenoid and triterpenoid biosynthesis)注释的代谢物占总数的 13.33%,共 4 种;柠檬烯和蒎烯的降解通路(limonene and pinene degradation)和单萜类化合物的生物合成通路(monoterpenoid biosynthesis)

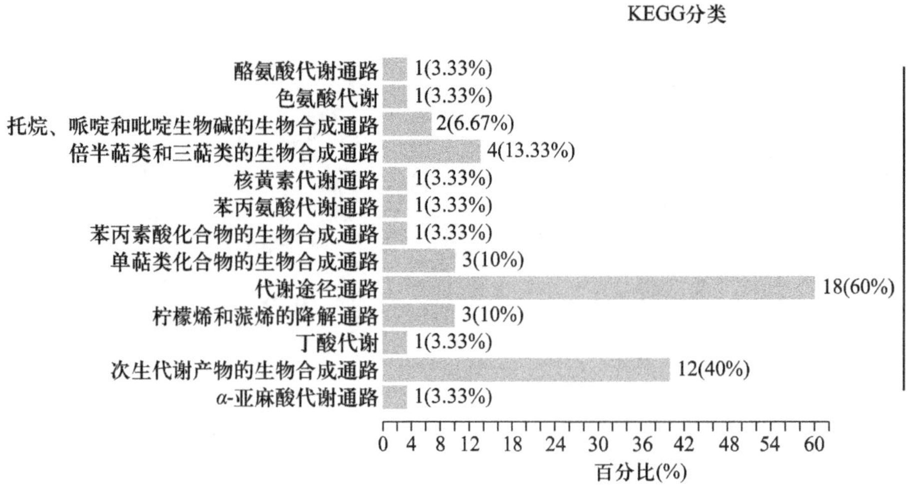

图 2-35 ‘九九’草莓差异代谢物 KEGG 通路分类图

2 条代谢途径均注释到代谢物 3 种，各占 10%；托烷、哌啶和吡啶生物碱的生物合成通路(tropane, piperidine and pyridine alkaloid biosynthesis)一共注释到占 6.67%的 2 种代谢物；丁酸代谢(butanoate metabolism)、核黄素代谢通路(riboflavin metabolism)、色氨酸代谢(tryptophan metabolism)、苯丙素酸化合物的生物合成通路(phenylpropanoid biosynthesis)、α-亚麻酸代谢通路(alpha-linolenic acid metabolism)、酪氨酸代谢通路(tyrosine metabolism)和苯丙氨酸代谢通路(phenylalanine metabolism)7 条代谢途径均注释到代谢物 1 种，各占 3.33%。

在'哈尼'草莓中一共得到 16 条差异代谢物通路(图 2-36)，共有 34 种挥发性代谢物被注释到通路上，包括 11 种萜类、8 种芳烃类代谢物、3 种醛类、1 种杂环化合物、3 种酸类、3 种醇类、1 种酮类、2 种胺类。其中，代谢途径(metabolic pathways)共注释到代谢物 21 种，占注释到的代谢物总数的 61.76%；植物次生代谢的生物合成(biosynthesis of various plant secondary metabolites)共注释到代谢物 13 种，占注释到的代谢物总数 38.24%；单萜类化合物的生物合成(monoterpenoid biosynthesis)与柠檬烯和蒎烯的降解(limonene and pinene degradation)分别注释到代谢物 4 种，占注释到的代谢物总数 11.76%。

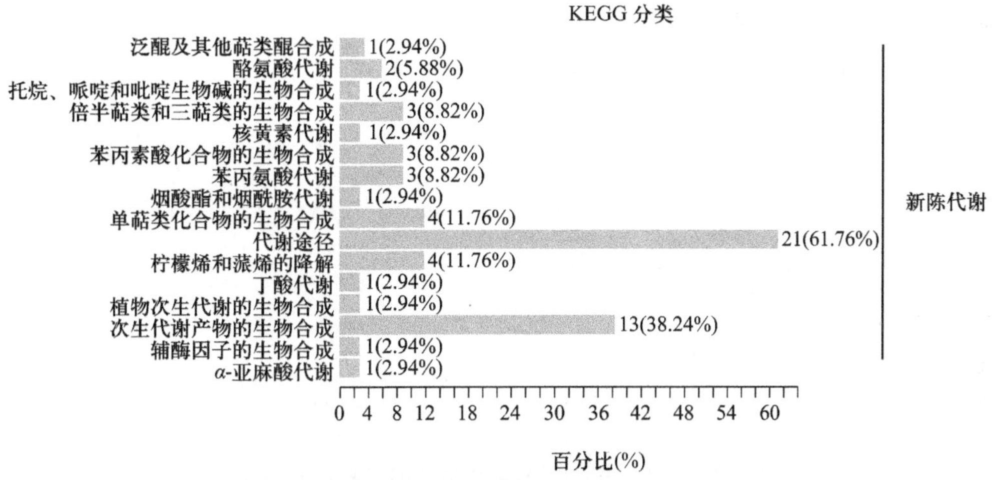

图 2-36　'哈尼'草莓差异代谢物 KEGG 通路分类图

倍半萜类和三萜类的生物合成(sesquiterpenoid and triterpenoid biosynthesis)、苯丙氨酸代谢(phenylalanine metabolism)与苯丙素酸化合物的生物合成(phenylpropanoid biosynthesis)均注释到代谢物 3 种，各占 8.82%；泛醌及其他萜类醌的生物合成(ubiquinone and other terpenoid-quinone biosynthesis)、丁酸代谢(butanoate metabolism)、托烷、哌啶和吡啶类生物碱的生物合成(tropane, piperidine and pyridine alkaloid biosynthesis)、次生代谢产物的生物合成(biosynthesis of secondary metabolites)、核黄素代谢(riboflavin metabolism)、酪氨酸代谢(tyrosine metabolism)、烟酸酯和烟酰胺代谢(nicotinate and nicotinamide metabolism)、辅酶因子的生物合成(biosynthesis of cofactors)与 α-亚麻酸代谢(alpha-linolenic acid metabolism)均注释到代谢物 1 种，各占 2.94%。

在'蒙特瑞'草莓中一共得到 14 条差异代谢物通路(图 2-37)，共有 30 种挥发性代谢物注释到通路上，包括 11 种萜类、9 种芳烃类、2 种醛类、3 种杂环化合物、2 种酸类、1 种醇类、1 种含氮类化合物、1 种胺类。其中，次生代谢产物的生物合成(biosynthesis of secondary metabolites)共注释到代谢物 15 种，占注释代谢物总数的 50%；代谢途径(metabolic pathways)共注释到代谢物 14 种，占注释代谢物总数的 46.67%；苯丙素酸化合物的生物合成(phenylpropanoid biosynthesis)、单萜类化合物的生物合成(monoterpenoid biosynthesis)与柠檬烯和蒎烯的降解(limonene and pinene degradation)均注释到代谢物 4 种，各占 13.33%；苯丙氨酸代谢(phenylalanine metabolism)与植物次生代谢的生物合成(biosynthesis of various plant secondary metabolites)注释到代谢物 2 种，各占 6.67%；倍半萜类和三萜类的生物合成(sesquiterpenoid and triterpenoid biosynthesis)、核黄素代谢(riboflavin metabolism)、泛醌及其他萜类醌的生物合成(ubiquinone and other terpenoid-quinone biosynthesis)、托烷、哌啶和吡啶生物碱的生物合成(tropane, piperidine and pyridine alkaloid biosynthesis)、二萜类生物合成(diterpenoid biosynthesis)、α-亚麻酸代谢(alpha-linolenic acid metabolism)与维生素 B_6 代谢(vitamin B6 metabolism)均注释到代谢物 1 种，各占 3.33%。

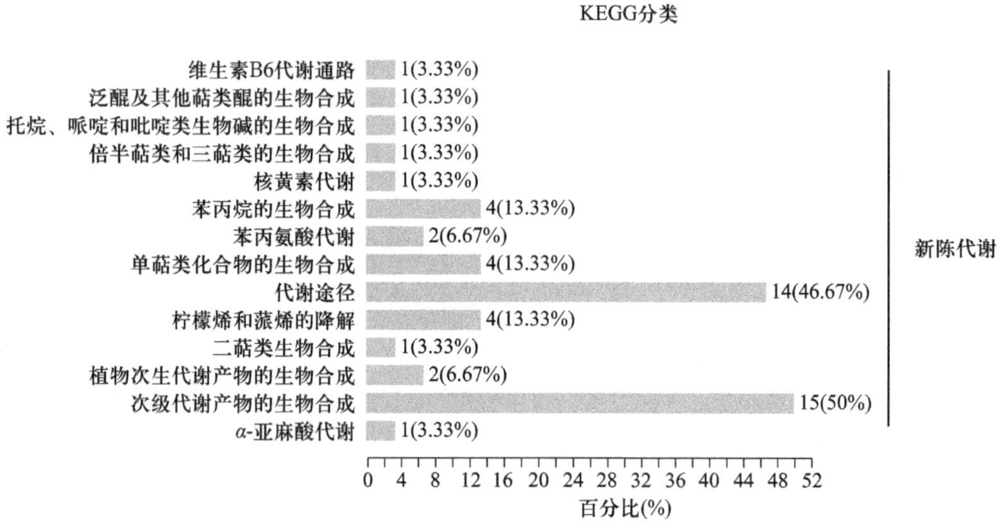

图 2-37 ‘蒙特瑞’草莓差异代谢物 KEGG 通路分类图

‘九九’‘哈尼’‘蒙特瑞’三种草莓的 KEGG 通路富集分析结果如图 2-38、图 2-39、图 2-40 所示，其中横坐标 Rich Factor 指的是对应通路中差异代谢物个数与该通路注释到的代谢物总数的比值，对应的是富集程度。纵坐标的通路按照 P-value 进行排序反应富集的显著情况，对应点的颜色也反映其大小，越接近红色表示富集情况越显著。富集的差异性代谢物越多图中点就越大。其中在‘九九’草莓中(图 2-38)代谢途径最为显著且注释到最多的差异代谢物，托烷、哌啶和吡啶生物碱的生物合成通路第二显著，而次生代谢产物的生物合成注释到的差异代谢物第二多，单萜类化合物的生物合成通路显著性最低且注释到的差异代谢物最少。

在‘哈尼’草莓中(图 2-39)代谢途径通路最为显著且注释到最多的差异代谢物，苯丙氨酸代谢通路第二显著，而次生代谢产物的生物合成注释到的差异代谢物第二多但不太显著，倍半萜类和三萜类的生物合成通路显著性最低。

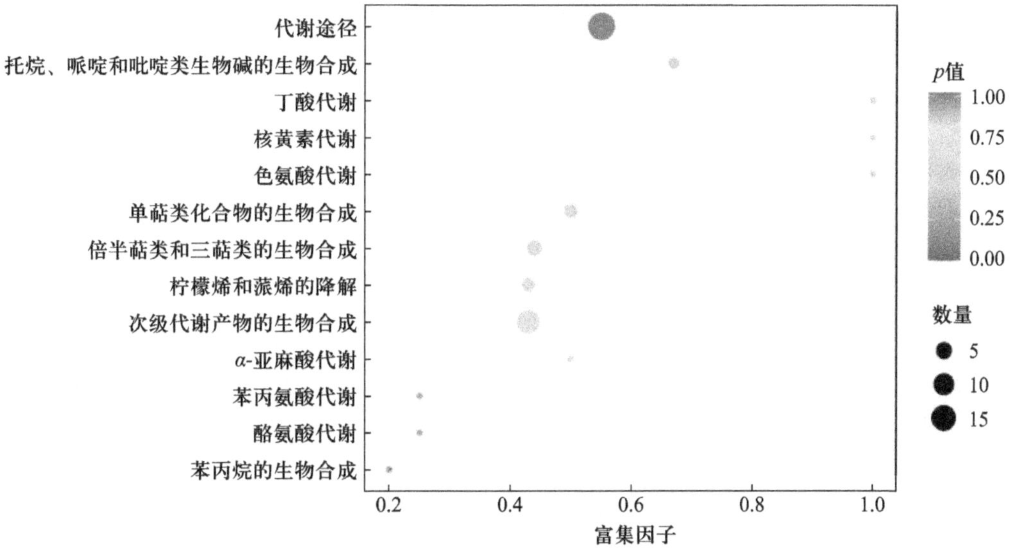

图 2-38　‘九九’草莓冻藏过程中差异代谢物 KEGG 富集图

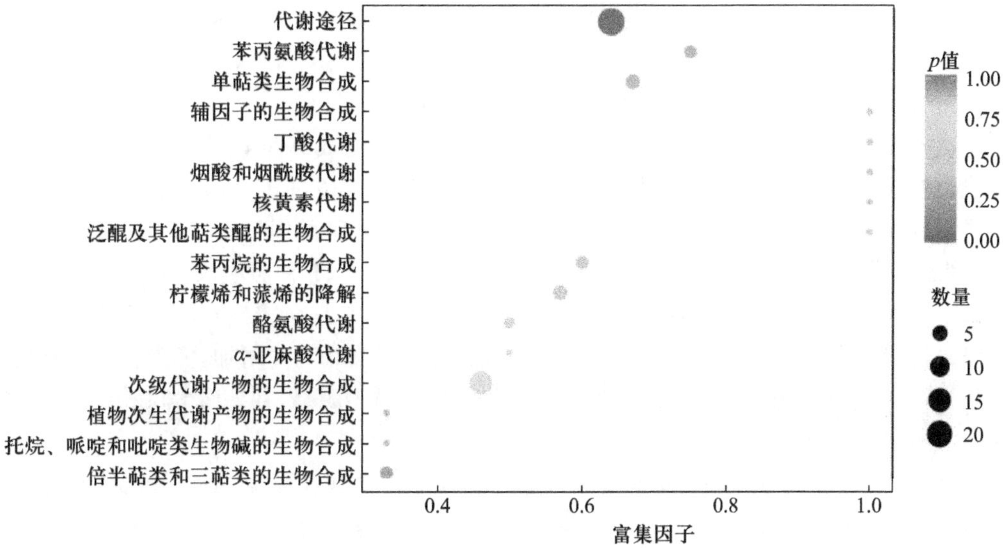

图 2-39　‘哈尼’草莓冻藏过程中差异代谢物 KEGG 富集图

在‘蒙特瑞’草莓中(图 2-40)苯丙素酸化合物的生物合成通路最为显著,次生代谢产物的生物合成通路第二显著且注释到的差异代谢物最多,单萜类化合物的生物合成通路第三显著,而代谢途径注释到的差异代谢物第二多,显著性低,倍半萜类和三萜类的生物合成通路显著性最低。

2.4.4　讨论与小结

为了能够进一步明确草莓在冻藏过程中风味物质的变化情况与差异构成,结合 VOCs 代谢组学分析去探究不同冻藏时间下不同品种草莓果实中相关代谢通路间以及挥发性代谢物间

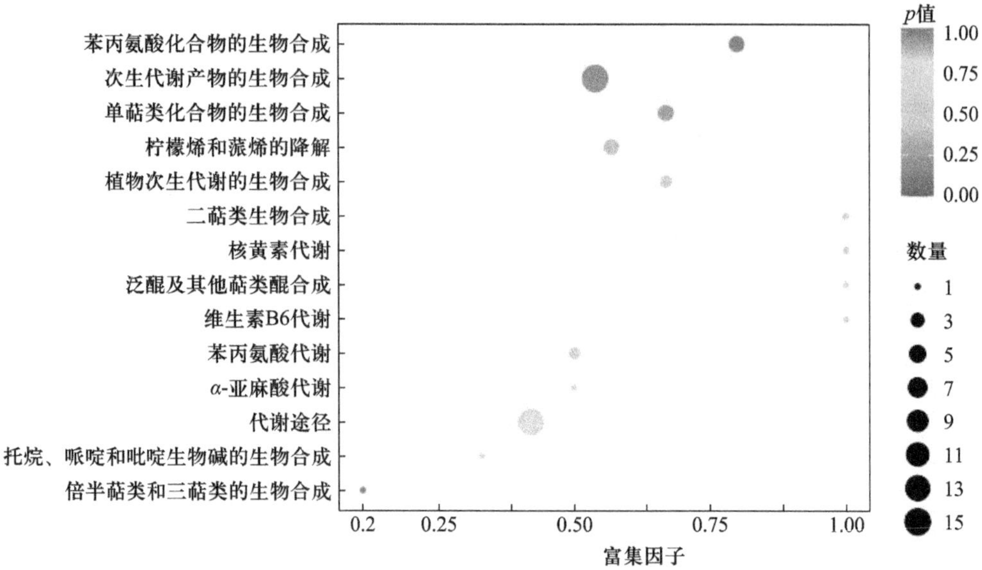

图 2-40 ‘蒙特瑞’草莓冻藏过程中差异代谢物 KEGG 富集图

的差异，对冻藏 0～90 d 的‘九九’‘哈尼’‘蒙特瑞’三种草莓中挥发性成分分别进行快速鉴定及全面表征，为草莓代谢物研究提供基础经验与理论。在 7 组不同冻藏时间的‘九九’草莓样品中，共检测到 664 种挥发性代谢物。

主成分分析结果表明，7 组样品间差异较明显，前 4 个主成分能够概括所有变量 80%以上的信息。7 组不同冻藏时间下的‘九九’草莓中差异代谢物质通过正交偏最小二乘法判别分析模型进行筛选，共筛选出 257 种挥发性差异代谢物，包括 58 种酯类、42 种萜类、44 种杂环化合物、21 种醇类、21 种烃类、20 种酮类、17 种醛类、12 种芳烃类、8 种胺类、7 种酸类、4 种含氮化合物、1 种酚类、1 种卤代烃、1 种其他类。聚类分析‘九九’草莓在冻藏 0 d 的挥发性差异代谢物含量最高，冻藏初期总含量明显高于冻藏末期。随着冻藏时间的增加，挥发性差异代谢物含量整体呈减少趋势。冻藏 15 d 和 30 d 两组间总含量差异不明显，在冻藏 60 d、75 d 和 90 d 三组间也没有明显差异性。

从整体看，‘九九’草莓中在冻藏 0 d 时总挥发性代谢物含量最高，酯类、醇类、杂环化合物和烃类化合物含量随冻藏时间增加呈下降趋势；萜类、含氮化合物和卤代烃含量在冻藏 15 d 时显著增加，后逐渐减少；酮类、醛类、酚类、胺类、芳烃类和其他类代谢物含量在冻藏 15 d 时显著减少；因此‘九九’草莓在冻藏 15 d 和 30 d 时差异代谢物含量较高且差异不明显。另外酸类在冻藏 45 d 时显著增加，芳烃类在冻藏 30 d 和 75 d 显著增加，是冻藏过程中增加的少量代谢物；‘哈尼’草莓中酯类、醇类、醛类、胺类、酸类、烃类、杂环类、含氮化合物和含硫化合物类代谢物含量均随冻藏时间增加呈下降趋势，而萜类、酚类和芳烃类代谢物在冻藏 15 d 时含量显著增加，因此‘哈尼’草莓冻藏 15 d 内挥发性差异代谢物含量最高。酚类和芳烃类代谢物在冻藏 60 d 时显著增加，是随冻藏时间增加含量显著增加的一些代谢物；‘蒙特瑞’草莓中酯类、萜类、醇类、酮类、醛类、酚类、酸类、胺类、含氮化合物和杂环类差异代谢物随冻藏时间增加而减少，但在冻藏 45 d 时含量有较显著增加。因此，‘蒙特瑞’草莓只有冻藏 0 d 时挥发性差异代谢物最高，随冻藏时间增加含量逐渐降低，而冻藏 45 d 时挥发性代谢物含量有较显著的增加。

通过 KEGG 代谢通路分类以及富集分析，在‘九九’草莓中共得到 13 条富集差异代谢物通路，30 种挥发性代谢物被注释到通路上，其中代谢途径通路（metabolic pathway）最显著，共注释到 18 种代谢物，占差异代谢物总数的 60%，托烷、哌啶和吡啶生物碱的生物合成通路第二显著；在‘哈尼’草莓中一共得到 16 条富集差异代谢物通路，34 种挥发性代谢物被注释到通路上，其中代谢途径通路最为显著，注释到最多的差异代谢物共 21 种，占 61.76%，苯丙氨酸代谢通路第二显著，而次生代谢产物的生物合成注释到的差异代谢物第二多但不太显著；在‘蒙特瑞’草莓中一共得到 14 条差异代谢物通路，30 种挥发性代谢物被注释到通路上，其中苯丙素酸化合物的生物合成通路最为显著，次生代谢产物的生物合成通路第二显著且注释到最多的 15 种差异代谢物，占注释到的代谢物总数 50%，单萜类化合物的生物合成通路第三显著，而代谢途径注释到的差异代谢物第二多，但显著性低。

参考文献

安莉，汪红，马婧玮，等，2020. 基于核磁共振代谢组学分析不同品种草莓的化学成分差异[J]. 食品安全质量检测学报，11(14)：4750-4756.

曾祥国，韩永超，向发云，等，2014. 草莓新品种“晶玉”及其亲本果实挥发性香气成分分析[J]. 果树学报，31(1)：72-77.

陈义挺，赖瑞联，冯新，等，2020. 不同贮藏条件下猕猴桃香气成分的变化规律研究[J]. 热带作物学报，41(6)：1251-1256.

程帅旗，王丽娟，高轶楠，2023. 草莓果实香气物质研究进展[J]. 山东农业科学，55(1)：157-164.

崔国庭，王缎，刘向丽，等，2018. 响应面法优化草莓酵素的发酵工艺及其生物活性初探[J]. 食品工业科技，39(9)：143-148.

付磊，冒德寿，洪鎏，等，2021. 不同品种草莓的特征香气成分[J]. 食品工业，42(1)：202-205.

郭建业，张艳红，张岚，等，2021. 草莓片真空冷冻干燥工艺研究[J]. 农产品加工，(7)：27-30,35.

何嘉伟，江汉美，黄振阳，等，2023. HS-SPME-GC-MS 结合化学计量法分析刺五加不同部位的挥发性成分[J]. 南京中医药大学学报，39(2)：146-156.

贺书珍，张彦军，徐飞，等，2015. 菠萝蜜果实成熟过程中香气成分组成及变化规律研究[J]. 热带作物学报，36(9)：1614-1619.

侯华铭，张翔九，于智慧，等，2022. 不同贮藏条件对草莓贮藏品质的影响[J]. 保鲜与加工，22(10)：17-22.

胡丽丽，2022. 草莓果脯加工及贮藏过程中品质变化研究[D]. 扬州：扬州大学.

胡宇薇，高梦祥，2022. 气相离子迁移色谱解析白砂糖和黄油对面包感官品质和风味物质的影响[J]. 食品科学，43(10)：66-72.

黄星奕，吴梦紫，马梅，等，2019. 采用气相色谱-离子迁移谱技术检测黄酒风味物质[J]. 现代食品科技，35(9)：226,271-276.

李春生，王悦齐，李来好，等，2018. 传统鱼露发酵过程中细菌群落演替及对其挥发性风味形成的影响分析[J]. 食品科学，39(24)：85-92.

李丽，2016. 速冻草莓品质评价体系的建立研究[D]. 沈阳：沈阳农业大学.

李涛，周颖，张军，等，2023. 基于顶空固相微萃取-气相色谱-质谱联用和主成分分析法研究不同发酵原料对草莓酒香气成分的影响[J]. 食品与发酵工业，49(5)：261-268.

李杨，2022. 不同采收期印度块菌子实体挥发性成分及代谢组学研究[D]. 北京：北京协和医学院.

梁叶星，王孝荣，熊家艳，等，2013. 草莓果酒的发酵规律和香气成分分析[J]. 食品工业科技，34(16)：182-187.
梁正鲜，黄强，张馨予，等，2021. “红颜”草莓茎尖组织培养及其果实芳香成分分析[J]. 大连民族大学学报，23(5)：393-398.
廖凤玲，汪志辉，熊博，等，2014. 爱甘水梨果实发育过程香气形成与代谢关键酶活性的关系[J]. 华北农学报，29(2)：152-155.
林秀贤，夏兰欣，寇德正，等，2022. 基于代谢组学的炕制马铃薯加工过程的挥发性成分变化[J]. 食品科学,44(12)：1-11.
吕汉清，况伟，安逸民，等，2022. 基于气相色谱-离子迁移谱法构建不同产地沙田柚挥发性物质指纹图谱[J]. 食品安全质量检测学报，13(21)：6836-6843.
吕浩，孙瑞，王桂霞，等，2020. 草莓优系及其亲本果实挥发性物质成分分析[J]. 北京农学院学报，35(1)：36-41.
马宁原，姚凌云，孙敏，等，2022. 基于 GC-IMS 和 HS-SPME-GC-MS 分析不同发酵方式对黄桃酒香气成分的影响[J]. 食品科学,44(12)：1-15.
孟祥春，耿星，黄泽鹏，等，2022. 基于 HS-GC-IMS 的无核黄皮果实挥发性风味物质分析[J]. 热带作物学报，43(8)：1686-1695.
倪溢楠，2021. 草莓果实品质评价及香气资源挖掘[D]. 扬州:扬州大学.
苏代发，童江云，杨俊誉，等，2018. 中国草莓属植物种质资源的研究、开发与利用进展[J]. 云南大学学报(自然科学版)，40(6)：1261-1276.
隋静，姜远茂，彭福田，等，2007. 草莓果实发育过程中芳香物质含量和醇酰基转移酶活性的变化[J]. 园艺学报，46(6)：1411-1417.
孙晓璐，王明跃，张源，2019. 响应面法优化草莓酒酿造工艺[J]. 阜阳师范学院学报(自然科学版)，36(3)：32-36.
王爱华，马红叶，李荣飞，等，2021. 凤梨草莓与黄毛草莓种间杂种果实香气成分的代谢谱分析[J]. 中国农业科学，54(5)：1043-1054.
王富强，2019. 不同草莓品种果实可溶性固形物、鞣花酸和香气物质对比及变化趋势[D]. 合肥:安徽农业大学.
王兢业，2019. 1-MCP 与壳聚糖/纳米 SiO_2 复合涂膜处理对草莓冷藏品质和生理代谢影响[D]. 扬州:扬州大学.
王静宇，赵薇，马孟雨，等，2021. 草莓采后生理变化及其保鲜技术研究进展[J]. 安徽农业科学，49(6)：39-42.
王娟，孙瑞，王桂霞，等，2018. 8 个草莓品种(系)果实特征香气成分比较分析[J]. 果树学报，35(8)：967-976.
王玲，尹克林，2018. “达赛莱克特”草莓果实发育成熟过程中香气物质的变化及其特征成分的确定[J]. 果树学报，35(4)：433-441.
王荣荣，陈龙，朱静，2019. 草莓果醋发酵动力学模型[J]. 食品工业，40(9)：192-195.
王孝荣，罗佳丽，潘年龙，等，2014. 草莓果酒酿造工艺的优化及其香气成分分析[J]. 食品科学，35(7)：196-201.
吴浩，可芮，宗亚丹，等，2013. 酿造草莓果酒的酵母菌株筛选及鉴定[J]. 中国农业信息，(21)：145-146.
武冲，姜莉莉，宗晓娟，等，2022. 中国草莓育种研究进展[J]. 落叶果树，54(2)：28-30.
谢玉波，2016. 浅析食品风味物质分离分析技术[J]. 科技展望，26(1)：140.
徐谦，罗天宽，裘波音，2017. 我国草莓种质资源研究进展[J]. 安徽农业科学，45(10)：45-47.
严聪文，苏代发，代庆忠，等，2022. 草莓病害的生物防治研究进展[J]. 生物技术通报，38(12)：73-87.
严嘉玮，2019. 层层自组装可食性膜对草莓代谢产物的调控研究[D]. 杭州:浙江大学.

张春生，赵文静，董良飞，等，2022. 基于代谢组学技术的不同白酒挥发性成分差异分析[J]. 现代食品，28(4)：178-184.

张敬文，潘磊庆，屠康，2023. 基于 E-nose、HS-SPME-GC-MS 和 GC-IMS 检测三种草莓鲜榨汁的香气[J]. 食品工业科技，44(3)：286-296.

张宽朝，陈杰，马伟，等，2019. 响应面法优化草莓总黄酮提取工艺[J]. 江苏农业学报，35(6)：1450-1458.

张丽萍，2013. 冷藏及 1-MCP 处理对南果梨挥发性香气物质代谢的影响及其调控[D]. 沈阳：沈阳农业大学.

张莉会，汪超，廖李，等，2020. 草莓干燥过程中酯类香气化合物及相关酶活性的变化[J]. 食品科学，41(4)：172-177.

张娜，赵恒，阎瑞香，2015. 不同草莓香气成分贮藏过程中变化的研究[J]. 食品科技，40(12)：286-290.

张雯丽，2012. 中国草莓产业发展现状与前景思考[J]. 农业展望，8(2)：30-33.

张阳阳，汪雅馨，王荣荣，等，2021. 不同酿酒酵母对草莓酒发酵特性影响的研究[J]. 发酵科技通讯，50(4)：212-217.

张源，兰伟，王明跃，等，2017. 草莓酒稀释降酸发酵技术研究[J]. 酿酒，44(6)：112-115.

张运涛，王桂霞，董静，等，2011. 33 个欧美草莓品种果实挥发性物质的分析[J]. 果树学报，28(3)：438-442.

赵静，王帅帅，张岩，等，2019. '红颜'草莓果实成熟过程中香气成分的变化[J]. 安徽农业大学学报，46(2)：330-336.

赵丽丽，史冠莹，蒋鹏飞，等，2022. 基于 OAV 和 GC-O-MS 法鉴定香椿中的关键香气成分[J]. 现代食品科技，38(11)：264-275.

赵娜，郭小鸥，王丽娟，2021. 6 个草莓品种果实香气成分分析[J]. 河北农业大学学报，44(1)：57-66.

郑璞帆，2022. 梨种质资源评价及果实代谢组学研究[D]. 天津：南开大学.

钟正丹，赵长青，赵兴秀，等，2015. 草莓深加工研究进展[J]. 农产品加工，14(11)：61-64.

周文化，周其中，郑仕宏，2008. 低温发酵草莓澄清汁酿制优质草莓酒[J]. 食品与机械，24(4)：29-32.

Aznar M，López R，Cacho J， et al.，2003. Prediction of aged red wine aroma properties from aroma chemical composition. Partial Least Squares Regression Models[J]. Journal of Agricultural and Food Chemistry，51(9)：2700.

Bram V，Vandendriessche T，Hertog M，et al.，2014. Detached ripening of non-climacteric strawberry impairs aroma profile and fruit quality[J]. Postharvest Biology and Technology，95(1)：70-80.

Bood K G，Zabetakis I，2002. The biosynthesis of strawberry flavor (II)：Biosynthetic and molecular biology studies [J]. Journal of Food Science，67(1)：2-8.

ChambersA H，Pillet J，Plotto A， et al.，2014. Identification of a strawberry flavor gene candidate using an integrated genetic-genomic-analytical chemistry approach[J]. Bmc Genomics，15(1)：217.

Costa P，Loureiro J M，Teixeira M A，et al.，2015. Extraction of aromatic volatiles by hydrodistillation and supercritical fluid extraction with CO_2 from helichrysum italicum subsp. picardii growing in portugal [J]. Industrial Crops and Products，77：680-683.

Diaconeasa Z，Iuhas C I，Ayvaz H，et al.，2019. Phytochemical Characterization of commercial processed blueberry，blackberry，blackcurrant，cranberry，and raspberry and their antioxidant activity [J]. Antioxidants，8(11)：540.

Du X，Plotto A，Baldwin E，et al.，2011. Evaluation of volatiles from two subtropical strawberry cultivars using GC-olfactometry，GC-MS odor activity values，and sensory analysis. [J]. Journal of Agricultural and Food Chemistry，59(23)：12569-12577.

Du X，Song M，Rouseff R，2011. Identification of new strawberry sulfur volatiles and changes during maturation. [J]. Journal of Agricultural and Food Chemistry，59(4)：1293-1300.

Forney C F, Kalt W, Jordan M A, 2000. The composition of strawberry aroma is influenced by cultivar, maturity, andstorage[J]. HortScience, 35(6): 1022-1025.

Francois IM, Wins H, Buysens S, et al., 2008. Predicting sensory attributes of different chicory hybrids using physico-chemical measurements and visible/near infrared spectroscopy [J]. Postharvest Biology and Technology, 49(3): 366-373.

Fu X, Cheng S, Zhang Y, et al., 2017. Differential responses of four biosynthetic pathways of aroma compounds in postharvest strawberry (*Fragaria* × *ananassa* Duch.) under interaction of light and temperature. [J]. Food Chemistry, 221: 356-364.

Gomes d S M D R, Chaves d N H J, 1999. Complementary use of hyphenated purge-and-trap gas chromatography techniques and sensory analysis in the aroma profiling of strawberries (Fragaria ananassa). [J]. Journal of Agricultural and Food Chemistry, 47(11): 4568-4573.

Ikegaya A, Toyoizumi T, Ohba S, et al., 2019. Effects of distribution of sugars and organic acids on the taste of strawberries[J]. Food ence and Nutrition, 7(7): 2419-2426.

Jeong H J, Choi H G, Moon B Y, et al., 2016. Comparative analysis of the fruit characteristics of four strawberry cultivars commonly grown in south korea[J]. Korean Journal of Horticultural Science and Technology, 34(3): 396-404.

Keutgen A J, Pawelzik E, 2008. Contribution of amino acids to strawberry fruit quality and their relevance as stress indicators under NaCl salinity[J]. Food Chemistry, 111(3): 642-647.

Kreutzmann S, Svensson V T, Thybo A K, et al., 2008. Prediction of sensory quality in raw carrots (*Daucus carota* L.) using multi-block LS-ParPLS[J]. Food Quality and Preference, 19(7):609-617.

Larsen M, Poll L, 1992. Odour thresholds of some important aroma compounds in strawberries[J]. Zeitschrift Fuer Lebensmittel Untersuchung Und Forschung, 195(2): 120-123.

Lesme H, Alleaume C, Bouhallab S, et al., 2020. Aroma-retention capacities of functional whey protein aggregates: study of a strawberry aroma in solutions and in fat-free yogurts[J]. Food Research International, 136: 109491.

Li H, Brouwer B, Oud N, et al., 2021. Sensory, GC-MS and PTR-ToF-MS profiling of strawberries varying in maturity at harvest with subsequent cold storage[J]. Postharvest Biology and Technology, 182: 111719.

Liu Q, Weng P, Wu Z, 2020. Quality and aroma characteristics of honey peach wines as influenced by differentmaturity[J]. International Journal of Food Properties, 23(1): 445-458.

Malaman F S, Moraes L, West C, et al., 2010. Supercritical fluid extracts from the brazilian cherry (eugenia uniflora l): Relationship between the extracted compounds and the characteristic flavour intensity of the fruit[J]. Food Chemistry, 124(1): 85-92.

Maria G, Veldhuizen, Timothy G, et al., 2010. Coactivation of gustatory and olfactory signals in flavor perception[J]. Chemical Senses, 35(2): 121-133.

María Urrutia a d, José L. Rambla b, C K G A A, et al., 2017. Genetic analysis of the wild strawberry (Fragaria vesca) volatile composition[J]. Plant Physiology and Biochemistry, 121: 99-117.

Ma YK, Li XB, Jiang JK, 2009. Determination of representative aroma components of natural apple essence by GC-MS combined with GC-olfactory[J]. Food Science, 30(8): 231-234.

Mesias M, Olombrada E, L González-Mulero, et al., 2021. Investigation on heat-induced chemical indexes in traditional and reformulated biscuits[J]. Journal of Food Composition and Analysis, 101: 103963.

Miszczak A, Forney C F, Prange R K, 1995. Development of aroma volatiles and color during postharvest ripening of 'Kent'strawberries[J]. Journal of the American Society for Horticultural Science, 120(4): 650-

655.

Modise D M, 2008. Does freezing and thawing affect the volatile profile of strawberry fruit (Fragaria × ananassa Duch.)[J]. Postharvest Biology and Technology, 50(1): 25-30.

Moing A, Renaud C, Gaudillère M, et al., 2001. Biochemical changes during fruit development of four strawberry cultivars[J]. Journal of the American Society for Horticultural Science, 126(4):394-403.

Moir M, 1992. The 1990 Laurence Bishop silver medal lecture: The desideratum for flavour control[J]. Journal of the Institute of Brewing, 98(3): 215-220.

NegriA S, Allegra D, Simoni L, et al., 2015. Comparative analysis of fruit aroma patterns in the domesticated wild strawberries "Profumata di Tortona" (F. moschata) and "Regina delle Valli" (F. vesca) [J]. Frontiers in Plant Science, 6: 56.

Nuzzi M, Scalzo R L, Testoni A, et al., 2008. Evaluation of fruit aroma quality: comparison between gas chromatography-olfactometry (GC-O) and odour activity value (OAV) aroma patterns of strawberries. [J]. Food Analytical Methods, 1(4): 270-282.

SM Padilla-Jiménez, MV Angoa-Pérez, Mena-Violante H G, et al., 2021. Identification of organic volatile markers associated with aroma during maturation of strawberry fruits[J]. Molecules, 26(2): 504.

Pelayo C, Ebeler S E, Kader A A, 2003. Postharvest life and flavor quality of three strawberry cultivars kept at 5 ℃ in air or air^{+20} kPa CO_2[J]. Postharvest Biology and Technology, 27(2): 171-183.

Pelayo-Zaldívar C, Ebeler S E, Kader A A, 2005 Cultivar and harvest date effects on flavor and other quality attributes of California strawberries[J]. Journal of Food Quality, 28(1): 78-97.

Peng X, Wang B, Wang X, et al., 2020. Variations in aroma and specific flavor in strawberry under different colored light-quality selective plastic film[J]. Flavour and Fragrance Journal, 35(3): 350-359.

Piggott J R, Paterson A, Clyne J, 2010. Prediction of flavour intensity of blackcurrant (*Ribes nigrum* L.) drinks from compositional data on fruit concentrates by partial least squares regression[J]. International Journal of Food Science and Technology, 28(6): 629-637.

Azodanlou R, Darbellay C, Luisier J L, et al., 2004. Changes in flavour and texture during the ripening of strawberries[J]. European Food Research and Technology, 218(2): 167-172.

Sadowska A, Widerski F, Hallmann E, 2020. Bioactive, physicochemical and sensory properties as well as microstructure of organic strawberry powders obtained by various drying methods[J]. Applied Sciences, 10 (14): 4706.

Sanz C, Richardson D G, Ana G Pérez, 1995. 2,5-dimethyl-4-hydroxy-3(2H)-furanone and derivatives in strawberries during ripening. [M]. Fruit Flavors: 268-275.

Schwieterman M L, Colquhoun T A, Jaworski E A, et al., 2014. Strawberry flavor: diverse chemical compositions, a seasonal influence, and effects on sensory perception[J]. Plos One, 9(2): 88446.

Schieberle P, Hofmann T, 1997. Evaluation of the character impact odorants in fresh strawberry juice by quantitative measurements and sensory studies on model mixtures[J]. Journal of Agricultural and Food Chemistry, 45(1): 227-232.

Sellami I H, Wannes W A, Bettaieb I, et al., 2011. Qualitative and quantitative changes in the essential oil of Laurus nobilis L. leaves as affected by different drying methods[J]. Food Chemistry, 126(2): 691-697.

Siegmund B, Derler K, Pfannhauser W, 2001. Changes in the aroma of a strawberry drink during storage [J]. Journal of Agricultural and Food Chemistry, 49(7): 3244.

Skrovankova S, Sumczynski D, Mlcek J, et al., 2015. Bioactive compounds and antioxidant activity in different types of berries. IJMS, 16(10): 24673-24706.

Stefano B, Maarten H, Roberta T, et al., 2018. Metabolic responses to low temperature of three peach fruit cultivars differently sensitive to cold storage[J]. Frontiers in Plant Science, 9: 706.

Tejedor-Calvo E, S García-Barreda, S Sánchez, et al., 2021. Supercritical CO_2 extraction method of aromatic compounds from truffles[J]. LWT- Food Science and Technology, 150(1-2): 111954.

Trygg J, Holmes E, Lundstedt T, 2007. Chemometrics in metabonomics [J]. Journal of Proteome Research, 6(2): 469-479.

Ulrich D, Hoberg E, Rapp A, et al., 1997. Analysis of strawberry flavour-discrimination of aroma types by quantification of volatile compounds[J]. Zeitschrift fuer Lebensmittel-Untersuchung und-Forschung A, 205 (3): 218-223.

Ulrich D, Kecke S, Olbricht K, 2018. What do we know about the chemistry of strawberry aroma? [J]. Journal of Agricultural and Food Chemistry, 66(13): 3291-3301.

Wang C, Li J, Wu X , et al., 2022. Pu-erh tea unique aroma: volatile components, evaluation methods and metabolic mechanism of key odor-active compounds[J]. Trends in Food Science and Technology, 124: 25-37.

Wojdylo A, Figiel A, Lech K, et al., 2014. Effect of convective and vacuum-microwave drying on the bioactive compounds, color, and antioxidant capacity of sour cherries[J]. Food and Bioprocess Technology, 7: 829-841.

Xu B G, Feng M, Bimal C, et al., 2023. Multi-frequency power thermosonication treatments of clear strawberry juice: impact on color, bioactive compounds, flavor volatiles, microbial and polyphenol oxidase inactivation[J]. Innovative Food Science and Emerging Technologies, 84: 103295.

Yang W, Liu S, Marsol-Vall A, et al., 2021. Chemical composition, sensory profile and antioxidant capacity of low-alcohol strawberry beverages fermented with Saccharomyces cerevisiae and Torulaspora delbrueckii [J]. LWT-Food Science and Technology, (149): 111910.

Zhang J, Xin W, Yu O, et al., 2011. Metabolic profiling of strawberry (Fragaria × ananassa Duch.) during fruit development and maturation[J]. Journal of Experimental Botany, 62(3): 1103-1118.

Zhao J, Liu J, Wang F, et al., 2020. Volatile constituents and ellagic acid formation in strawberry fruits of selected cultivars-ScienceDirect[J]. Food Research International, 138: 109767.

第 3 章

草莓酒发酵过程中香气物质的变化

3.1 概述

由于草莓不耐贮藏，生产中常常将草莓进行深加工处理，近年来草莓深加工产品越来越受到市场的重视。草莓深加工产品如今有很多的类别，例如草莓酱、草莓醋、草莓果酒、草莓果脯等，特别是草莓果酒深受消费者喜爱。酵母的发酵使得果酒香气层次更加丰富，得到更多市场的青睐，草莓果酒是近年果酒市场的热销种类之一。酿酒酵母由于发酵力强，酒精转化率高，耐受高浓度的糖、乙醇、SO_2 等，而在酒精发酵中占据主导地位(Beltran et al.，2002)。酿酒酵母是影响果酒香气最重要的因素之一。根据酿酒酵母对葡萄酒风味的研究可知，酿酒酵母产生的次级代谢产物能够影响葡萄酒风味(Romano et al.，2003)，且不同的菌株会有不同的影响(Liang et al.，2013)；不同酿酒酵母单独发酵的赤霞珠葡萄酒的主要香气成分相同，但含量有显著差异(李景明等，2009；李艳等，2010)。

3.2 安琪SY酵母、安琪RW酵母、拉曼德L酵母单一酵母发酵过程中‘九九’草莓酒的香气分析研究

3.2.1 试验材料与试剂

试验材料与试剂详见表3-1。

表3-1 试验材料与试剂

原料/试剂名称	级别	原料/试剂公司
‘九九’草莓	成熟度95%	丹东益农食品有限公司
安琪SY酵母(SY)	果酒通用酵母	安琪酵母股份有限公司
安琪RW酵母(RW)	果酒通用酵母	安琪酵母股份有限公司
拉曼德酵母(L)	果酒通用酵母	Lamothe Abiet公司
果胶酶	食品级	天津富宇精细化工有限公司
焦亚硫酸钾	食品级	国药集团化学试剂有限公司
白砂糖	食品级	市售
无水乙醇	分析纯	国药集团化学试剂有限公司
氢氧化钠	分析纯	国药集团化学试剂有限公司
盐酸	分析纯	国药集团化学试剂有限公司
硫酸	分析纯	国药集团化学试剂有限公司
无水硫酸铜	分析纯	国药集团化学试剂有限公司
酒石酸甲钠	分析纯	国药集团化学试剂有限公司
酚酞	分析纯	国药集团化学试剂有限公司
碘	分析纯	国药集团化学试剂有限公司
2-辛醇	分析纯	北京索莱宝科技有限公司

3.2.2 试验仪器与设备

试验仪器与设备见表3-2。

表3-2 试验仪器与设备

仪器名称	生产厂家
HUZK24WNM榨汁机	上海韩惠人爱家电科技有限公司
SL202N电子天平	上海民桥精密科学仪器有限公司
S220-K pH计	美国梅特勒-托利多仪器有限公司
Centrifuge 5804 R高速冷冻离心机	德国Eppendorf公司
GZY-P10-B超纯水器	湖南科尔顿水务有限公司
Agilent7890-5975气相色谱-质谱联用仪	北京安捷伦科技(中国)有限公司
MS-H-Pro+数显加热型磁力搅拌器	美国Scilogex公司

续表3-2

仪器名称	生产厂家
JP-040S 超声波清洗机	深圳市洁盟清洗设备有限公司
DVB/CAR/PDSM 固相微萃取头	美国 Supelco 公司
手动 SPME 手柄	美国 Supelco 公司

3.2.3　试验方法

3.2.3.1　草莓酒工艺流程

将冷冻的草莓果实解冻，加入 0.5 g/kg 果胶酶进行酶解，酶解 4 h 后加入焦亚硫酸钾进行杀菌，调整成分至糖的质量分数为 20%，在静置 4 h 后加入活化好的 0.5 g/kg 酵母(使用 10 倍酵母量的 5%的糖溶液进行活化，活化温度为 32 ℃)开始发酵，在发酵 7 d 后进行过滤，继续发酵 15 d 后过滤、倒罐，装入已经杀菌完成的密闭容器内进行陈酿。取三份酒样用于后续试验检测。

3.2.3.2　理化指标测定

1. 乙醇浓度的测定

根据 GB 5009.225—2023《食品安全国家标准　酒和食用酒精中乙醇浓度的测定》中的密度瓶法测得，用蒸馏法将样品果酒易挥发的物质蒸馏出来，得到酒精水溶液，再用密度瓶测得馏出液的密度，根据对照馏出液的密度得到酒精的度数，结果用%体积分数表示。公式为：

$$\rho_{20}=\frac{m_2-m_0+A}{m_1-m_0+A}\times 998.20$$

$$A=\rho_u\times\frac{m_1-m_0}{997.0}$$

式中：ρ_{20} 为样品在 20 ℃时的密度(g/L)；ρ_0 为 20 ℃时蒸馏水的密度(g/L)；m_1 为 20 ℃时密度瓶与水的质量(g)；ρ_u 为干燥空气的密度值，约为 1.2 g/L；m_0 为密度瓶的质量(g)；A 为空气浮力校正值；m_2 为 20 ℃时密度瓶与样品的质量(g)。

2. 残糖的测定

根据 GB/T 15038—2006《葡萄酒、果酒通用分析方法》中直接滴定法测得，原理是利用费林溶液和还原糖共沸产生氧化亚铜沉淀，加入次甲基蓝指示液，用样品进行滴定，等到次甲基蓝蓝色褪去变为无色，记录消耗的样品的体积，再根据样品的消耗量算出总糖的含量。公式为：

$$X=\frac{F-c\times V}{(V_1/V_2)\times V_3}\times 1\,000$$

式中：X 为果酒总糖的含量(g/L)；F 为费林溶液Ⅰ、Ⅱ各 5 mL 相当于葡萄糖的克数(g)；c 为葡萄糖标准溶液的浓度(g/mL)；V 为消耗葡萄糖标准溶液的体积(mL)；V_1 为吸取样品的体积(mL)；V_2 为样品稀释后的体积(mL)；V_3 为消耗试样的体积(mL)。

3. 总酸含量的测定

根据 GB/T 15038—2006《葡萄酒、果酒通用分析方法》中酸碱滴定法测得，利用酸碱滴定法，以酚酞作为指示剂，用氢氧化钠标准溶液进行滴定，根据氢氧化钠的消耗量得出总酸的含量。公式为：

$$X=\frac{c\times(V_1-V_0)\times 75}{V_2}$$

式中：X 为样品中总酸的含量(g/L)；c 为氢氧化钠标准溶液的浓度(mol/L)；V_0 为空白试验消耗氢氧化钠标准液的体积(mL)；V_1 为滴定样品消耗氢氧化钠的体积(mL)；V_2 为吸取样品的体积(mL)。

4. 干浸出物的测定

根据 GB/T 15038—2006《葡萄酒、果酒通用分析方法》中密度瓶测得，在用密度瓶测得酒精水溶液馏出液的密度后，对照标准附表得到总浸出物的含量，干浸出物的含量就是总浸出物的含量减去总糖的含量。

5. 总 SO_2 的测定

根据 GB/T 15038—2006《葡萄酒、果酒通用分析方法》中直接碘量法测得，在碱性条件下结合态二氧化硫被解离出来，然后再用碘标准溶液滴定，得到样品中总 SO_2 的含量。

$$X=\frac{c\times(V-V_0)\times 32}{25}\times 1\,000$$

式中：X 为样品中总 SO_2 的含量(mg/L)；c 为碘标准滴定溶液的浓度(mol/L)；V 为测定样品消耗碘标准滴定溶液的体积(mL)；V_0 为空白试验消耗碘标准滴定溶液的体积(mL)；32 为 SO_2 的摩尔质量数(g/mol)；25 为吸取样品的体积(mL)。

6. 可溶性固形的测定

利用阿贝折射仪直接测定读数。

7. pH 的测定

利用 pH 计直接测定读数。

3.2.3.3 感官评定

参考 GB/T 15038—2006 所要求的条件，并依据该标准制定草莓酒的感官评分标准(见表 3-3)对草莓酒进行感官评分，取平均值作为评分结果。

3.2.3.4 GC-MS 分析

草莓酒香气成分测定参照时宽芹等(2020)的顶空固相微萃取-气质联用方法，并稍作修改。

草莓酒香气成分萃取方法：使用前，先将 SPME 萃取纤维(DVB/CAR/PDMS)在 GC 进样口 250 ℃老化 30 min。用移液枪取 10 mL 的酒样放入顶空瓶中，加入 2 g 氯化钠促进香气挥发，再加入 10 μL 浓度为 500 μg/L 的 2-辛醇标准溶液立即密封瓶口，并在 40 ℃下预热 10 min 使香气充分挥发，然后将老化后的萃取头插入顶空瓶中，在加热的条件下继续提取 40 min。每个样品设置 3 组重复试验。自动进样器条件：将纤维立即在 GC 注射器中解吸 10 min。GC 条件：DB-WAX 石英毛细管柱(30 mm×0.25 mm×0.25 μm)；载气为流速为 1 mL/min 的高纯度氦；进样口：温度 250 ℃放置 10 min 进行进样。升温程序：GC 温度最初保持在 40 ℃ 1 min，然后以 3 ℃/min 的速率上升到 200 ℃，不保持，上升到 220 ℃，最后保持在 220 ℃ 3 min，分流比为 10∶1。MS 条件：离子源 EI 能量为 70 eV，测量范围为 20～450 m/z，质谱仪在自动调谐条件下以自动调谐选择全扫操作，溶剂不延迟。

表 3-3　草莓酒感官评分标准

项目	感官描述	评分
外观(20 分)	澄清、透明、有光泽、色泽诱人	16～20
	澄清、无杂物、色泽较好	11～15
	有杂物、色泽不自然	≤10
香气(30 分)	果香、酒香浓郁优雅	26～30
	果香、酒香良好	21～25
	果香、酒香较淡果香酒香不足	16～20
	果香、酒香不足	≤15
滋味(40 分)	酒味醇厚、柔和，让人回味无穷	36～40
	酒质柔和、不涩不苦、酸甜度适中	31～35
	调和适当、纯正无杂	26～30
	略苦、涩、酸，酒质较淡	21～25
	苦、涩、酸明显，带有异味	≤20
典型性(10 分)	典型完美，独具一格	9～10
	典型明确，风格良好	7～8
	有典型性，但不够明显	5～6
	失去典型性	≤4

定性分析：通过 NIST 17. L 标准谱库进行检索检出的香气成分，优先选择匹配度 80%以上的检索结果，通过正构烷烃保留时间(RT)计算各色谱峰的 RT，并结合文献中的 RT 鉴定香气成分。

定量分析：采用相对定量法计算各挥发性香气成分的含量，最终结果以每升草莓酒相对 2-辛醇的含量(μg/L)来表示。

3.2.3.5　气味活力值分析

人们把开始闻到香气时香料物质的最小浓度作为香气强度的单位，叫作阈值。阈值越小的物质香气越强，反之阈值越大的物质香气越弱。香气活力值(OAV)为香气成分含量与阈值的比值，OAV 越大的物质对草莓酒香气的贡献值越大，为关键香气成分。

$$\mathrm{OAV}=\frac{C}{T}$$

式中：OAV 为香气活力值；C 为香气物质的质量浓度(μg/L)；T 为香气阈值(μg/L)。

3.2.3.6　数据统计分析

本试验所有理化指标试验、感官评鉴、香气成分鉴定等均进行 3 次平行检测，结果以平均值表示。试验数据结果均采用 Excel 2019 软件录入处理，Origin 2021 软件进行作图，SPSS 26.0 软件进行方差分析。香气成分鉴定结果采用 Qualitative Workflows B. 08. 00 软件进行处理分析。

3.2.4 结果与分析

3.2.4.1 三种不同单酵母发酵草莓酒理化品质分析

果酒的乙醇浓度一般为10%~12%体积分数，本研究三种不同酵母采用相同工艺进行发酵，获得的草莓酒乙醇浓度都在10%体积分数左右。《绿色食品 果酒》(NY/T 1508—2017)要求果酒成品酒乙醇浓度为7%~18%体积分数。结果表明(表3-4)此发酵工艺适用于草莓酒发酵，乙醇浓度符合一般要求。高兆建等(2008)研制出的乙醇浓度10%体积分数的草莓酒酒香四溢、颜色艳丽、果香怡人。干浸出物会影响果酒的厚度与口感，是总浸出物和总糖含量的差值。三种草莓酒的干浸出物含量为19.3~21.77 g/L，其中SY酵母发酵的草莓酒的干浸出物含量较高。三种草莓酒的干浸出物含量均超过农业农村部推荐标准中干浸出物含量≥12 g/L的要求，符合果酒要求。残糖量是果酒干型、甜型分类的依据。本研究中三种草莓成品酒残糖含量为5.43~6.27 g/L，依据农业农村部推荐标准，均属于半干型果酒(4.1~12.0 g/L)。可滴定酸是影响酒类口感的一个重要指标，可滴定酸就是指果酒的总酸，适量的酸会使果酒香气宜人，但过量的酸会使果酒尖酸，降低口感，三种草莓酒中，SY酵母发酵的草莓酒的总酸含量最低，为7.23 g/L，RW酵母发酵草莓酒的可滴定酸最高为7.56 g/L，符合农业农村部推荐标准中可滴定酸在4.0~9.0 g/L的要求。

表3-4 三种不同单酵母发酵草莓酒理化指标

酵母种类	残糖/(g/L)	乙醇浓度/%体积分数	总酸/(g/L)	总 SO_2 含量/(g/L)	干浸出物/(g/L)	可溶性固形物/°Bx	pH	感官品评/分
SY	5.43±0.12[c]	10.75±0.01[a]	7.23±0.11[c]	0.22±0.014[a]	21.77±0.26[a]	6.03±0.14[a]	3.48±0.02[a]	81
RW	6.27±0.15[a]	10.27±0.05[c]	7.56±0.12[b]	0.19±0.012[b]	21.4±0.25[b]	5.52±0.11[b]	3.42±0.01[b]	86
L	5.6±0.11[b]	10.42±0.04[b]	7.82±0.15[a]	0.23±0.015[a]	19.3±0.17[c]	5.51±0.17[a]	3.36±0.01[c]	89

注：不同字母表示数据间有显著性差异。

适量的 SO_2 具有抑菌作用，可以抑制果酒中的一些微生物的活动，还可以阻止酒体因氧化活动而发生颜色褐变以及酒体浑浊。但过量的 SO_2 会让酒体产生刺激性硫味并对人体造成伤害，所以果酒 SO_2 的检测一直是比较严格与谨慎的。农业农村部推荐标准要求成品酒中总 SO_2 含量≤0.25 g/L，本研究三种草莓酒总 SO_2 含量均低于0.23 g/L，符合果酒要求。

此外，三种草莓酒的可溶性固形物含量差异不明显，含量最高的SY发酵的草莓酒为6.03 °Bx与含量最低的L酵母发酵的5.51 °Bx仅差了0.52 °Bx。三种草莓酒pH为3.36~3.48，差异幅度也不大。三种草莓酒虽然都是同一方法工艺发酵制得，但是不同酵母发酵的品质有一定差异，故酿制的成品酒的理化指标之间存在差异。三种酵母酿制的草莓酒均符合农业农村部推荐标准。

3.2.4.2 三种单酵母发酵草莓酒的香气成分分析

1. 三种酵母发酵草莓酒的主发酵阶段香气物质分析

三种单酵母发酵草莓酒主发酵阶段香气物质种类含量如图3-1和图3-2所示。L、RW、SY酵母发酵的草莓酒挥发性化合物的含量都为醇类>酯类>萜烯类>酸类>其他类。其中

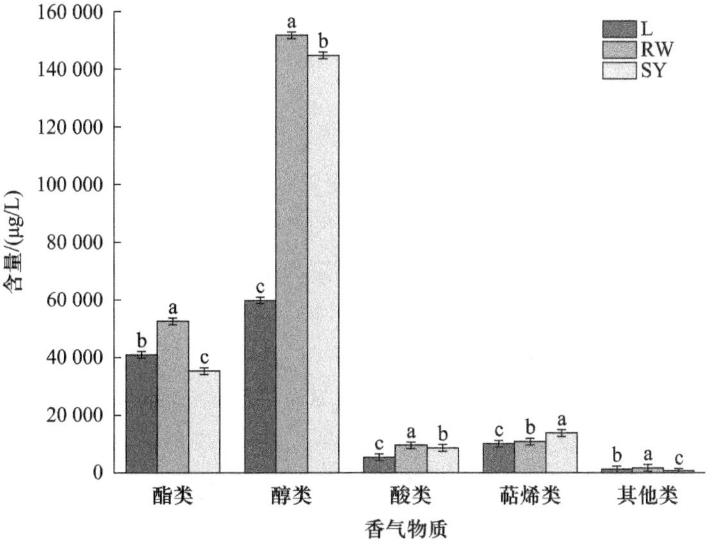

图 3-1　三种酵母主发酵阶段香气物质含量对比

注：不同字母表示数据间有显著性差异。

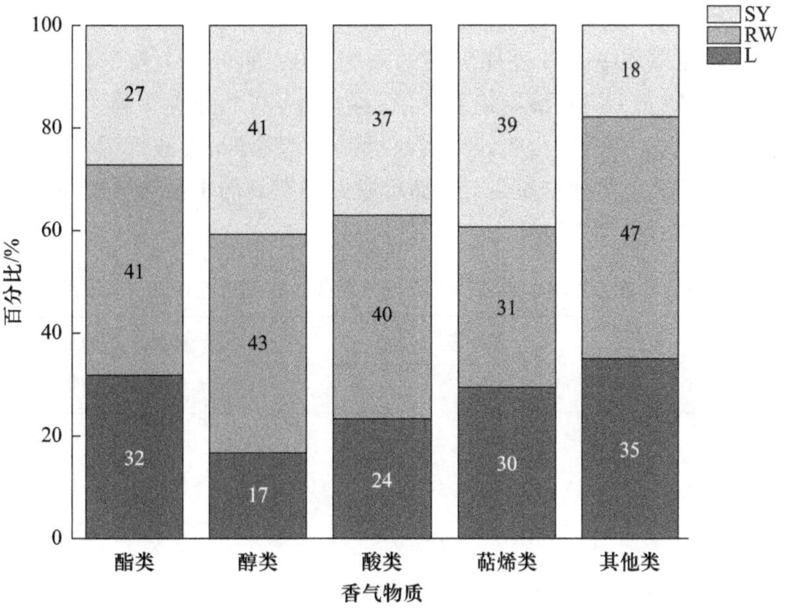

图 3-2　三种酵母主发酵阶段香气物质百分比

RW 酵母发酵的草莓酒酯类、醇类、酸类、其他类挥发性化合物含量显著高于另外两个酵母。酯类物质对于果酒的香气特征具有重要的作用，其主要是由酵母在代谢过程中，酸和醇酯化产生的，酯类物多数赋予果酒果香和花香。醇类物质主要是发酵过程中由酮酸合成和氨基酸降解产生，醇类物质含量的多少会直接影响果酒的风味，醇类物质含量高则会产生白兰地等烈酒风味，醇类物质含量低则会表现出水果、青草等香气。萜烯类物质虽然含量通常没有酯类和醇类物质高，但由于其阈值普遍比较低，气味活度比较大，对果酒香气特征往往都有重要影响。果酒中影响香气的酸类主要是脂肪酸，一部分脂肪酸来源于果实本身，可以为果酒带来清透感，并且对酯类物质的形成具有促进作用；另一部分脂肪酸则是由酵母代谢产生，含量比较高时表现出酸臭等异味，较低时表现出奶油香气。其他类香气物质主要包括一些醛酮类和酚类香气化合物，与萜烯类物质表现相同，虽然其含量不高，但由于其阈值比较低，香气活度比较大，对果酒的香气往往有不同的影响，草莓酒特征香气物质 4-甲氧基-2,5-二甲基-3(2H)-呋喃酮就属于此类。

三种酵母单独发酵草莓酒的主发酵阶段其挥发性化合物的成分和含量如表 3-5 所示，L 酵母在主发酵阶段共检测到挥发性物质 34 种，包括酯类物质 15 种、醇类物质 9 种、酸类物质 4 种、萜烯类物质 2 种、其他类物质 4 种。其中包括了草莓酒共有的香气成分异戊醇、乙酸异戊酯、己酸乙酯、辛酸乙酯、癸酸乙酯等。其中苏合香醇含量超过了 10 000 μg/L，乙酸异戊酯、己酸乙酯、辛酸乙酯、癸酸乙酯、月桂酸乙酯、异戊醇、正戊醇、2,3-丁二醇、苯乙烯含量超过了 5 000 μg/L，这 10 种物质为 L 酵母主发酵期间的主要挥发性香气成分。其中苏合香醇含量最大，赋予果酒花香味，香气似栀子花、玫瑰、紫丁香。RW 酵母在主发酵阶段共检测到挥发性物质 34 种，包括酯类物质 16 种、醇类物质 8 种、酸类物质 3 种、萜烯类物质 2 种、其他类物质 5 种。其中乙酸异戊酯、癸酸乙酯、异戊醇、苏合香醇、苯乙烯含量超过了 10 000 μg/L，己酸乙酯、辛酸乙酯、正戊醇、苯基丁二酸含量超过了 5 000 μg/L，这 9 种物质为 RW 酵母主发酵期间的主要香气成分。其中异戊醇和苏合香醇含量最大，赋予果酒花香味与白兰地酒味，异戊醇本身不提供果香，但在果酒中起着香气协调的作用。SY 酵母在主发酵阶段共检测到挥发性物质 30 种，包括酯类物质 11 种、醇类物质 8 种、酸类 4 种、萜烯类 4 种、其他类 3 种。其中异戊醇、正戊醇含量超过了 10 000 μg/L，乙酸异戊酯、辛酸乙酯、癸酸乙酯、苯基丁二酸、苯乙烯含量超过了 5 000 μg/L，这 7 种物质为 SY 酵母主发酵期间的主要香气成分，其中异戊醇含量较高，使果酒具有强烈的白兰地风味。

表 3-5　三种酵母单独发酵草莓酒的主发酵阶段挥发性化合物的成分和含量(GC-MS)

化学式	化合物	RT	含量/(μg/L)			香气阈值/(μg/kg)	L 香气活力值	RW 香气活力值	SY 香气活力值
			L	RW	SY				
酯类									
$C_4H_8O_2$	甲酸异丙酯	3.11	238.88	693.80	819.21	—	—	—	—
$C_6H_{12}O_2$	乙酸异丁酯	5.18	—	508.93	—	300	—	1.69	—
$C_6H_{12}O_2$	丁酸乙酯	5.79	964.06	—	358.10	20	48.2	—	17.9
$C_7H_{14}O_2$	甲酸己酯	7.73	—	819.23	—	—	—	—	—
$C_7H_{14}O_2$	乙酸异戊酯	7.91	8 991.27	13 364.60	6 224.36	30	299.709	445.486	207.478
$C_8H_{16}O_2$	己酸乙酯	11.37	5 452.31	8 653.39	3 445.78	5	1 090.462	1 730.678	689.156
$C_8H_{16}O_2$	乙酸己酯	11.73	315.26	2 567.87	1 865.31	670	0.47	3.832	2.784
$C_9H_{10}O_2$	苯甲酸乙酯	15.82	296.41	—	—	575	0.51	—	—
$C_{10}H_{20}O_2$	辛酸乙酯	16.44	7 648.09	8 425.33	7 423.48	580	13.186	14.526	12.799

续表3-5

化学式	化合物	RT	含量/(μg/L)			香气阈值/(μg/kg)	L 香气活力值	RW 香气活力值	SY 香气活力值
			L	RW	SY				
$C_{10}H_{20}O_2$	乙酸辛酯	16.78	—	583.59	—	800	—	0.729	—
$C_{11}H_{22}O_2$	己酸异戊酯	17.69	62.93	—	—	1 300	0.048	—	—
$C_{11}H_{22}O_2$	壬酸乙酯	18.76	139.73	757.62	—	850	0.164	0.891	—
$C_{11}H_{14}O_2$	3-苯丙酸乙酯	19.98	159.27	1 065.76	—	1 600	0.099 5	0.666	—
$C_{12}H_{24}O_2$	癸酸乙酯	20.91	8 657.08	10 031.5	8 292.02	510	16.974	19.669	16.258
$C_{13}H_{26}O_2$	辛酸戊酯	22.08	—	640.44	—	—	—	—	—
$C_{11}H_{12}O_2$	肉桂酸乙酯	22.56	228.7	152.28	782.06	50	4.574	3.045	15.641
$C_{14}H_{28}O_2$	月桂酸乙酯	25.07	6 795.33	3 785.54	3 089.42	3 500	1.941	1.081	0.882
$C_{16}H_{32}O_2$	肉豆蔻酸乙酯	27.76	655.42	382.60	513.27	—	—	—	—
$C_{18}H_{36}O_2$	棕榈酸乙酯	29.72	458.30	363.84	2 244.88	1 500	0.3	0.24	1.49
醇类									
$C_5H_{12}O$	异戊醇	4.34	9 830.58	105 693.04	17 966.77	30 000	0.032	0.352	0.059
$C_5H_{12}O$	正戊醇	4.58	6 305.74	8 665.28	118 255.97	4 500 000	0.001	0.002	0.026
$C_5H_{12}O$	旋性戊醇	4.73	2 594.77	2 863.01	2 656.31	—	—	—	—
$C_4H_{10}O_2$	2,3-丁二醇	5.37	5 136.85	—	—	1 000 000	0.001	—	—
$C_8H_{18}O$	2-辛醇	10.98	500	500	500	110 000	0.005	0.005	0.005
$C_9H_{12}O$	3,4-二甲基苯甲醇	13.46	—	—	731.77	—	—	—	—
$C_{10}H_{18}O$	里那醇	14.01	80.19	3 080.20	—	15	5.34	205.34	—
$C_8H_{10}O$	苯乙醇	14.33	75.76	—	703.34	10 000	0.007	—	0.07
$C_8H_{10}O$	苏合香醇	14.44	35 350.66	30 643.83	3 251.58	—	—	—	—
$C_{10}H_{18}O$	松油醇	16.24	137.75	144.27	—	300	0.45	0.48	—
$C_{15}H_{26}O$	橙花叔醇	24.34	—	26.18	691.16	826	—	0.03	0.83
酸类									
$C_2H_4O_2$	乙酸	3.53	1 545.75	1 040.68	427.36	22 000	0.07	0.04	0.02
$C_{10}H_{10}O_4$	苯基丁二酸	8.20	2 220.27	6 900.86	6 267.18	—	—	—	—
$C_8H_{16}O_2$	辛酸	16.13	1 656.97	1 731.62	1 870.07	500	3.31	3.46	3.74
$C_{10}H_{20}O_2$	癸酸	20.46	303.19	—	383.26	1 000	0.3	—	0.38

续表3-5

化学式	化合物	RT	含量/(μg/L)			香气阈值/(μg/kg)	L香气活力值	RW香气活力值	SY香气活力值
			L	RW	SY				
萜烯类									
C_8H_8	苯乙烯	8.20	9 048.21	11 038.96	9 348.22	730	19.24	24.71	16.91
$C_{12}H_{16}O_3$	榄香素	10.18	—	—	1 347.82	22 000	—	—	0.15
$C_{10}H_{16}$	*D*-柠檬烯	12.08	—	41.29	1 884.47	15	—	2.752	125.631
$C_{15}H_{24}$	*α*-蒎烯	26.01	1 523.98	—	1 390.24	—	—	—	—
其他类									
$C_6H_{14}O_2$	乙缩醛	4.13	—	—	525.41	150 000	—	—	0.01
$C_9H_{12}O_2$	辛基苯酚	12.65	56.99	100.50	292.60	—	—	—	—
$C_7H_{10}O_3$	4-甲氧基-2,5-二甲基-3(2H)-呋喃酮	12.99	974.50	953.67	—	25	38.98	38.15	—
C_8H_8O	苯乙酮	13.17	146.23	130.23	346.23	65	2.25	2	5.32
$C_9H_{18}O$	壬醛	14.11	—	416.59	—	10	—	41.66	—
$C_{14}H_{22}O$	辛基酚	14.24	—	45.19	—	—	—	—	—
$C_{10}H_{16}O$	2-(4-甲基-3-环己烯基)丙醛	16.90	59.95	—	—	—	—	—	—

注:所有样本均为一式三份,表中的数据均为平均值。

L酵母发酵草莓酒主发酵阶段OAV大于1的香气物质为丁酸乙酯、乙酸异戊酯、己酸乙酯、辛酸乙酯、癸酸乙酯、肉桂酸乙酯、月桂酸乙酯、里那醇、辛酸、苯乙烯、4-甲氧基-2,5-二甲基-3(2H)-呋喃酮、苯乙酮。这12种物质为L酵母主发酵的关键香气成分,其中OAV最大(1 090.462)的物质为己酸乙酯,是乙酸异戊酯的5倍多,它赋予果酒苹果、梨等香气,并且己酸乙酯是浓香型白酒主要的呈香组分,是评判酒质优劣的重要指标之一。

RW酵母发酵草莓酒主发酵阶段OAV大于1的香气物质为乙酸异丁酯、乙酸异戊酯、己酸乙酯、乙酸己酯、辛酸乙酯、癸酸乙酯、肉桂酸乙酯、月桂酸乙酯、里那醇、辛酸、苯乙烯、*D*-柠檬烯、4-甲氧基-2,5-二甲基-3(2H)-呋喃酮、苯乙酮、壬醛。这15种物质为RW酵母主发酵的关键香气成分,其中,己酸乙酯的OAV最大,为1 730.678,是第2位的乙酸异戊酯的4倍多,其带来的果香较L酵母更明显。在RW发酵的果酒的关键香气成分中还发现了*D*-柠檬烯、里那醇、壬醛,这3种物质虽然含量比较低,但其对果酒香气贡献比较大。*D*-柠檬烯和壬醛是L酵母主发酵阶段不含有的香气物质,里那醇和壬醛是SY酵母主发酵中没有的香气物质,其中里那醇的含量是3种果酒中最高的,里那醇可以赋予果酒铃兰香气,并可以使果酒香气明亮持续,减少闷重感。

SY酵母主发酵阶段OAV大于1的香气物质为丁酸乙酯、乙酸异戊酯、己酸乙酯、乙酸己酯、辛酸乙酯、癸酸乙酯、肉桂酸乙酯、棕榈酸乙酯、辛酸、苯乙烯、*D*-柠檬烯、苯乙酮,这12种物质为SY酵母的关键香气成分。其中OAV贡献最大的为己酸乙酯,其值为689.156,是三种酵母中OAV最小的,其果香贡献较低,并且SY酵母中*D*-柠檬烯的含量是三种酵母中最多的,*D*-柠檬烯可以赋予果酒柠檬、柑橘的风味,并且可以抑制果酒中的一些腐败菌的生长。

酯类物质被视为果酒香气的主体成分，可赋予果酒果香和花香属性，它们主要来源于酵母的生物合成或在脂肪酶作用下催化酸和醇发生酯化反应生成。从百分比图中可以看出 RW 酵母发酵的草莓酒主发酵阶段其酯类物质含量占比为 41%，远远大于其他两种酵母发酵的含量。总体来看，其香气含量 RW 占比最多，其次为 L 酵母，最少的是 SY 酵母，说明在主发酵阶段，SY 酵母、L 酵母、RW 酵母三种酵母产香的能力为 RW＞L＞SY。在所检测出的物质当中，可以看到虽然有一些物质其含量很高，香气阈值很大，但其气味活力值 OAV 却很小，如月桂酸乙酯、异戊醇、苯乙烯等，他们对于草莓酒的香气贡献很低，相反有一些物质其含量不高，香气阈值也不大，如里那醇、*D*-柠檬烯、4-甲氧基-2，5-二甲基-3(2H)-呋喃酮、壬醛等，但其气味活力值却很大，成为草莓酒的关键香气成分。还有一些香气阈值查不到或者不清楚的物质，也许会是将来草莓酒香气领域的又一个突破，有待我们一一去考证、试验。4-甲氧基-2，5-二甲基-3(2H)-呋喃酮已被证实是草莓果实的特征香气，具有草莓果实的原香，在 L 酵母和 RW 酵母发酵的果酒中都检测到了该香气物质，说明其整个主发酵阶段都伴随着草莓的原香，SY 酵母中没有检测到该种香气物质，可能是试验误差导致。

2. 三种不同单酵母发酵草莓酒的后发酵阶段香气变化影响

三种单酵母发酵草莓酒后发酵阶段香气物质含量如图 3-3 和图 3-4 所示。L 酵母发酵的草莓酒挥发性化合物含量为醇类＞酯类＞萜烯类＞酸类＞其他类。RW 酵母发酵的草莓酒挥发性化合物的含量为醇类＞酯类＞萜烯类＞酸类＞其他类，SY 酵母发酵的草莓酒挥发性化合物的含量为醇类＞酯类＞酸类＞萜烯类＞其他类。其中 L 酵母、SY 酵母发酵的草莓酒醇类、酸类挥发性化合物含量远远高于 RW 酵母，RW 酵母发酵的草莓酒酯类香气化合物含量最高，达到了 38%，而醇类、酸类物质含量显著低于 L 酵母和 SY 酵母发酵。推测 RW 酵母中醇类物质一方面是通过微生物发生了降解，另一方面与酸类物质发生了酯化反应产生了酯类，导致其含量降低的比较多。三种酵母萜烯类和其他类的含量差别不大。三种草莓酒中，萜烯类、酸类香气物质占比相近，酯类和醇类香气物质在三种草莓酒后发酵阶段含量较多，萜烯类

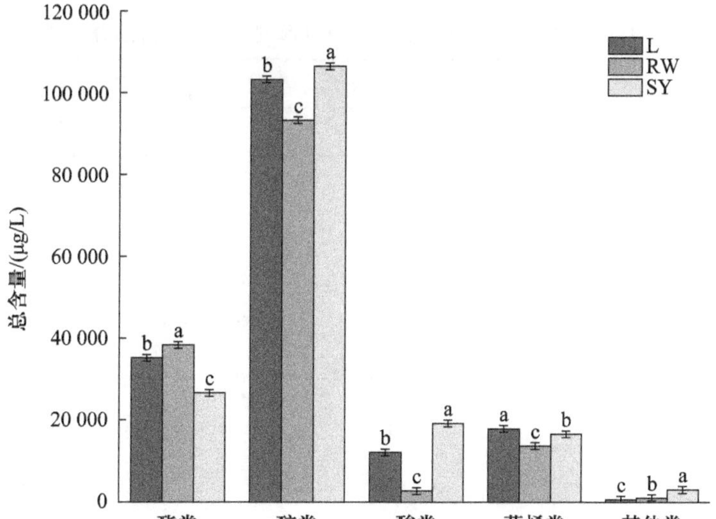

图 3-3　三种酵母后发酵阶段香气物质含量对比

注：不同字母表示数据间有显著性差异。

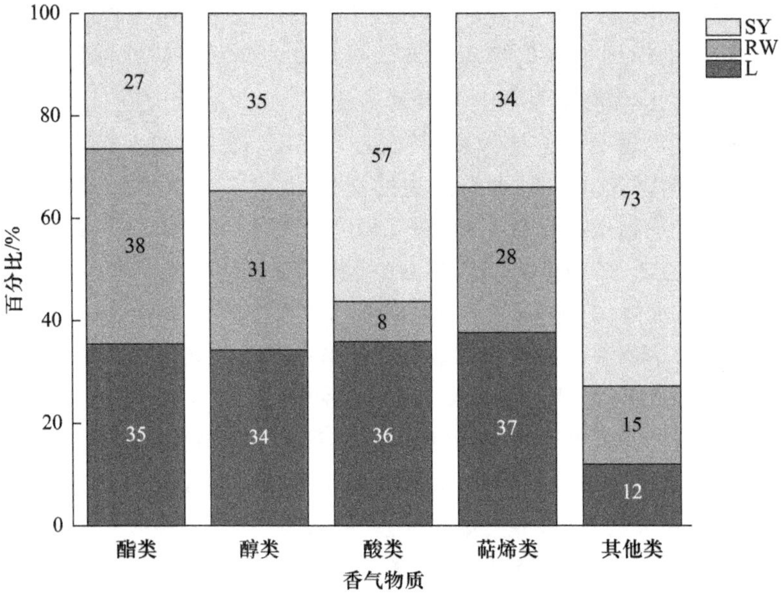

图 3-4　三种酵母后发酵阶段香气物质百分比

和其他类在草莓酒后发酵阶段种类比较丰富，其他类在草莓酒后发酵阶段占比和种类最少。与主发酵相比，酯类含量整体都呈现下降趋势。

使用 GC-MS 检测 3 种酵母单独发酵草莓酒的后发酵阶段挥发性化合物的成分和含量如表 3-6 所示，L 酵母在后发酵阶段共检测到挥发性物质 37 种，包括酯类物质 20 种、醇类物质 8 种、酸类物质 3 种、萜烯类物质 5 种、其他类物质 1 种。苯乙烯含量超过了 10 000 μg/L，乙酸异戊酯、己酸乙酯、辛酸乙酯、癸酸乙酯含量超过了 5 000 μg/L，这 5 种物质为 L 酵母后发酵期间的主要挥发性香气成分。其中，苯乙烯有刺激性气味。

表 3-6　三种酵母单独发酵草莓酒的后发酵阶段挥发性化合物的成分和含量(GC-MS)

化学式	化合物	RT	含量/(μg/L)			阈值/(μg/kg)	L 香气活力值	RW 香气活力值	SY 香气活力值
			L	RW	SY				
酯类									
$C_6H_{12}O_2$	乙酸异丁酯	5.252	—	377.54	—	300	—	1.26	—
$C_6H_{12}O_2$	丁酸乙酯	5.663	—	100.03	205.65	20	—	5	10.28
$C_6H_{12}O_2$	异丁酸乙酯	5.695	—	112.49	145.56	20	—	5.62	7.28
$C_6H_{12}O_2$	丁酸异丙酯	5.711	—	—	245.10	—	—	—	—
$C_5H_{10}O_3$	乳酸乙酯	6.121	—	91.82	—	150 000	—	0.001	—
$C_7H_{14}O_3$	乳酸丁酯	6.130	—	105.27	—	—	—	—	—
$C_6H_8O_4$	丙交酯	6.798	—	—	142.96	—	—	—	—
$C_7H_{14}O_2$	2-甲基丁酸乙酯	7.002	—	—	123.80	300	—	—	0.412
$C_7H_{14}O_2$	乙酸异戊酯	7.674	8 564.2	7 902.47	4 850.32	30	285.47	263.411	15.011

续表3-6

化学式	化合物	RT	含量/(μg/L)			阈值/(μg/kg)	L 香气活力值	RW 香气活力值	SY 香气活力值
			L	RW	SY				
$C_7H_{14}O_2$	乙酸异戊酯	7.725	646.30	—	—	—	—	—	—
$C_7H_{14}O_2$	乙酸戊酯	7.783	—	1 559.94	—	180	—	8.666 33	—
$C_7H_{14}O_2$	乙酸 2-甲基丁酯	7.800	28.76	—	—	—	—	—	—
$C_{11}H_{14}O_2$	对乙基苯甲酸甲酯	9.373	843.24	—	—	—	—	—	—
$C_9H_{20}O_2$	乳酸异戊酯	10.421	—	—	313.64	—	—	—	—
$C_8H_{16}O_2$	己酸乙酯	11.163	5 515.70	10 995.65	5 548.35	5	3 103.1	2 199.131	1 109.67
$C_8H_{16}O_2$	乙酸己酯	11.524	—	—	659.65	670	—	—	0.984
$C_{10}H_{18}O_2$	4-辛烯酸乙酯	16.034	—	—	204.01	—	—	—	—
$C_{10}H_{20}O_2$	辛酸乙酯	16.220	5 886.60	5 806.85	7 499.30	580	11.873	10.012	12.929
$C_{11}H_{22}O_2$	己酸异戊酯	17.486	373.55	—	155.51	1 300	0.287	—	0.12
$C_{10}H_{12}O_2$	乙酸苯乙酯	17.653	711.55	604.60	471.56	250	2.846	2.418	1.886
$C_{12}H_{16}O_2$	异丁酸苯乙酯	17.675	—	818.91	—	—	—	—	—
$C_{11}H_{22}O_2$	壬酸乙酯	18.558	320.43	616.26	213.58	850	0.376	0.725	0.251
$C_{11}H_{22}O_2$	癸酸甲酯	19.182	275.16	—	—	—	—	—	—
$C_{11}H_{14}O_2$	3-苯丙酸乙酯	19.777	167.32	1 028.54	607.64	1 600	0.104	0.642	0.379
$C_{12}H_{24}O_2$	癸酸乙酯	20.752	5 609.60	6 252.93	5 220.50	510	14.921	12.261	10.236
$C_{13}H_{26}O_2$	辛酸 3-甲基丁酯	21.820	1 032.27	103.91	75.09	—	—	—	—
$C_{13}H_{26}O_2$	辛酸戊酯	21.867	138.58	—	—	—	—	—	—
$C_{11}H_{12}O_2$	肉桂酸乙酯	22.425	—	13.68	—	50	—	0.273 6	—
$C_{13}H_{26}O_2$	癸酸正丙酯	22.757	36.08	—	—	—	—	—	—
$C_{14}H_{28}O_2$	癸酸异丁酯	23.964	93.15	—	—	—	—	—	—
$C_{14}H_{28}O_2$	月桂酸乙酯	24.865	1 557.15	1 516.23	909.71	3 500	0.445	0.433	0.259
$C_{15}H_{30}O_2$	癸酸 3-甲基丁酯	25.670	261.35	—	—	—	—	—	—
$C_{13}H_{18}O_2$	异戊酸苯乙酯	25.900	—	127.89	—	378 000	—	0.001	—
$C_{16}H_{32}O_2$	肉豆蔻酸乙酯	27.588	879.81	—	—	—	—	—	—
$C_3H_4O_2$	甲酸乙烯酯	28.258	—	—	2.65	—	—	—	—
$C_{18}H_{36}O_2$	棕榈酸乙酯	29.572	744.66	1 019.81	—	1 500	0.5	0.68	—
醇类									
$C_5H_{12}O$	异戊醇	4.361	9 741	83 874.5	80 851.28	30 000	4.913	2.795	4.361

续表3-6

化学式	化合物	RT	含量/(μg/L)			阈值/(μg/kg)	L香气活力值	RW香气活力值	SY香气活力值
			L	RW	SY				
$C_5H_{12}O$	正戊醇	4.419	—	—	6 344.17	4 500 000	—	—	0.001
$C_5H_{12}O$	旋性戊醇	4.534	—	—	16 002.20	—	—	—	—
$C_5H_{12}O$	2-甲基丁醇	4.761	—	658.91	—	—	—	—	—
$C_4H_{10}O_2$	2,3-丁二醇	5.889	1 265.08	2 272.10	270.40	1 000 000	0.01	0	0.001
$C_8H_{18}O$	2-辛醇	10.983	500.00	500.00	500.00	110 000	0.005	0.005	0.005
$C_{10}H_{18}O$	里那醇	13.797	1 661.90	—	1 056.36	15	110.79	—	70.421
$C_8H_{10}O$	苏合香醇	14.194	102.36	95.32	1 208.25	—	—	—	—
$C_8H_{10}O$	甲基苯甲醇	14.216	2 090.50	5 870.92	—	—	—	—	—
$C_8H_{10}O$	苯乙醇	14.435	125.43	—	304.15	10 000	0.012	—	0.03
$C_{15}H_{26}O$	橙花叔醇	24.341	162.47	146.28	—	826	0.2	0.18	—
酸类									
$C_2H_4O_2$	乙酸	3.933	3 219.10	493.01	1 028.22	22 000	0.15	0.02	0.05
$C_{10}H_{10}O_4$	苯基丁二酸	8.276	7 942.70	2 153.34	18 322.10	—	—	—	—
$C_8H_{16}O_2$	辛酸	15.886	792.12	—	—	500	1.58	—	—
萜烯类									
C_8H_8	苯乙烯	8.155	10 085.30	6 385.76	13 905.29	730	13.82	8.75	19.048
C_8H_8	环辛四烯	8.290	4 796.47	3 660.47	1 843.76	—	—	—	—
$C_{12}H_{16}O_3$	榄香素	10.132	2 324.83	1 954.13	—	22 000	0.11	0.09	—
$C_{10}H_{16}$	*D*-柠檬烯	11.906	749.98	964.69	672.07	15	49.998	64.312	44.804
$C_{12}H_{14}$	4-苯基-1-环己烯	17.566	—	617.03	—	—	—	—	—
$C_{15}H_{24}$	金合欢烯	22.037	29.72	54.24	—	—	—	—	—
其他类									
$C_6H_{14}O_2$	乙缩醛	4.012	—	—	42.51	150 000	—	—	−0.01
$C_4H_8O_2$	乙偶姻	5.833	—	—	310.67	10 000	—	—	0.31
$C_7H_{10}O_3$	4-甲氧基-2,5-二甲基-3(2H)-呋喃酮	12.868	499.86	220.77	218.09	25	19.99	8.83	8.72
$C_{10}H_{14}O$	4-(1-甲基乙烯基)-1-环己烯-1-甲醛	23.257	—	460.93	—	—	—	—	—

注:所有样本均为一式三份,表中的数据均为平均值。

RW酵母在后发酵阶段共检测到挥发性物质36种,包括酯类物质19种、醇类物质7种、酸类物质2种、萜烯类物质6种、其他类物质2种。其中己酸乙酯、异戊醇含量超过了10 000 μg/L,乙酸异戊酯、辛酸乙酯、癸酸乙酯、甲基苯甲醇、苯乙烯含量超过了5 000 μg/L,这7种物质为RW酵母后发酵期间的主要香气成分,其中己酸乙酯赋予果酒苹果、梨等香气。

SY 酵母在后发酵阶段共检测到挥发性物质 35 种，包括酯类物质 19 种、醇类物质 8 种、酸类 2 种、萜烯类 3 种、其他类 3 种。其中异戊醇、旋性戊醇、苯基丁二酸、苯乙烯含量超过了 10 000 μg/L，乙酸异戊酯、己酸乙酯、辛酸乙酯、癸酸乙酯、正戊醇含量超过了 5 000 μg/L，这 9 种物质为 SY 酵母后发酵期间的主要香气成分。其中，乙酸异戊酯赋予果酒香蕉香味，辛酸乙酯、癸酸乙酯赋予果酒菠萝香味，RW 果酒后发酵阶段酯类、醇类物质含量与 L 酵母发酵的果酒相差不大，但其酸类物质与萜烯类物质含量却不如 L 酵母含量高，酯类物质主要赋予果酒水果香气，所以这两种酵母其呈香效果都以水果香气为主，萜烯类物质在整体草莓酒香气中虽然含量比较低，但其阈值也比较低，是能嗅闻到的关键香气物质，丰富了草莓酒的香气层次，适量的酸类物质可使酒体丰满、醇厚、回味悠长，但如果酸类物质过多则会影响草莓酒口感，使人不适。在这三种酵母的后发酵阶段，酸性物质含量占总香气物质的含量都很低，所以相对酸性含量高的 L 酵母更加显现出其独特的风味。SY 酵母由于其酯类、醇类、萜烯类香气物质含量都比较低，但其酸类和其他类物质含量都比较高，故其风味与其他两种酵母不同，主要的水果香气不如其他两种酵母。

L 酵母发酵草莓酒后发酵阶段 OAV 大于 1 的香气物质为乙酸异戊酯、己酸乙酯、辛酸乙酯、乙酸苯乙酯、癸酸乙酯、异戊醇、里那醇、辛酸、苯乙烯、*D*-柠檬烯、4-甲氧基-2，5-二甲基-3(2H)-呋喃酮，这 11 种物质为 L 酵母后发酵的关键香气成分，其中，OAV 较大的香气物质是己酸乙酯(3 103.14)、乙酸异戊酯(285.473)，赋予了果酒香蕉、苹果和梨的香味。相比于主发酵阶段，其肉桂酸乙酯没有检测到，可能是已经被发酵分解成其他物质，但其在主发酵阶段没有检测到的 *D*-柠檬烯在后发酵阶段被检测到了，并且其 OAV 大于 1，主发酵阶段含量最高的苏合香醇在后发酵阶段含量也很低，可能是被转化为酯类物质。

RW 酵母发酵草莓酒后发酵阶段 OAV 大于 1 的香气物质为乙酸异丁酯、丁酸乙酯、异丁酸乙酯、乙酸异戊酯、乙酸戊酯、己酸乙酯、辛酸乙酯、乙酸苯乙酯、癸酸乙酯、异戊醇、苯乙烯、*D*-柠檬烯、4-甲氧基-2，5-二甲基-3(2H)-呋喃酮，这 13 种物质为 RW 酵母后发酵的关键香气成分。其中 OAV 最大的香气物质为己酸乙酯(2 199.131)、乙酸异戊酯(263.411)，同 L 酵母一样，赋予了果酒香蕉、苹果和梨的香气，但关键香气物质含量较低，呈香效果不如 L 酵母。

SY 酵母后发酵阶段 OAV 大于 1 的香气物质为丁酸乙酯、异丁酸乙酯、乙酸异戊酯、己酸乙酯、辛酸乙酯、乙酸苯乙酯、癸酸乙酯、异戊醇、里那醇、苯乙烯、*D*-柠檬烯、4-甲氧基-2，5-二甲基-3(2H)-呋喃酮，这 12 种物质为 SY 酵母后发酵的关键香气成分。其中 OAV 最大的香气物质为己酸乙酯(1 109.67)、里那醇(70.421)，相比于其他两种酵母后发酵阶段的香气物质，乙酸异戊酯的香气活度低了 20 倍，香气活力值呈现有较大差异，主要香气呈现出苹果、梨的香气，辅以铃兰花的花香。

SY 酵母在主发酵阶段其 *D*-柠檬烯的含量是最大的，但在后发酵阶段其含量却是最低的，从图 3-6 也可以看出其酯类、醇类物质占比很低。金合欢烯是在后发酵阶段出现的 3 种酵母都含有的萜烯类物质，其可以赋予果酒清甜的花香，不过由于其阈值未知，导致其香气强度无法判断。综合以上分析可以确定，在后发酵阶段，3 种酵母其呈香能力为 L 酵母＞RW 酵母＞SY 酵母。并且在后发酵的 3 个阶段也都检测到了 4-甲氧基-2，5-二甲基-3(2H)-呋喃酮，虽然含量降低，但其香气活力值依然很大，在整个后发酵过程中都伴随着草莓原果的香气。

3. 三种不同酵母发酵草莓酒的陈酿阶段香气变化影响

三个单酵母发酵草莓酒陈酿阶段香气物质含量如图 3-5、图 3-6 所示。L 酵母发酵的草莓酒挥发性化合物含量为醇类>酯类>萜烯类>其他类>酸类。RW 酵母发酵的草莓酒挥发性化合物的含量为醇类>酯类>萜烯类>酸类>其他类，SY 酵母发酵的草莓酒挥发性化合物的含量为醇类>酯类>其他类>萜烯类>酸类。SY 酵母发酵其醇类物质含量最大，酯类、酸类物质含量低，但对比后发酵阶段其酯类和醇类物质含量呈现增加趋势，但增加的含量不明显，这是因为主发酵阶段是酵母发酵最快速的一个阶段，酵母中的糖分转化为乙醇，通过酯化反应等使酯类物质含量剧增，通过酮酸反应又生成醇类物质。在后发酵阶段，酵母发酵速率已经变慢，主发酵阶段没发酵完的残糖继续发酵，醇类物质继续累积增加，最终陈酿阶段发酵反应结束，酒中物质不再变化趋于稳定。其中 RW 酵母发酵的草莓酒醇类挥发性化合物含量最低，证明其酸类消耗比较大，这也与表 3-7 中 RW 酵母陈酿阶段乙醇浓度最低相联系，高级醇一部分发生了降解，另一部分生成了酯类，这也解释了陈酿阶段整体酯类和醇类含量较高，其他类和酸类香气物质含量占比都比较少的原因。在果酒酿造过程中，果实的萜烯类物质会发生一系列的变化：糖苷态萜烯在酸和酶的作用下发生水解，部分萜烯成分在酸催化下发生分子重排，最终导致酒中萜烯种类和含量的变化。随着发酵时间的增加，萜烯类物质含量越来越多，虽然整体含量变化不大，但其种类却有着很大的变化，如表 3-7 所示。L 酵母发酵的草莓酒在陈酿阶段酯类、酸类、萜烯类香气物质都达到了三种酵母中的最高，且醇类物质含量也不低，与后发酵阶段呈香贡献保持一致，可以推断为三种酵母中最适合酿造草莓酒的单酵母品种。RW 酵母发酵的草莓酒虽然不如 L 酵母酯类含量多，酸类与萜烯类物质含量也高于 SY 酵母，说明其香气丰富度优于 SY 酵母发酵，SY 酵母醇类物质含量在主发酵阶段就很高，后发酵阶段酮酸反应又生成了高级醇，在陈酿阶段其醇类物质含量也占比很大，其乙醇味浓但果香味以及一些特殊香味比较寡淡，是三种单酵母中香气呈现最低的一种。故在陈酿阶段，三种果酒呈香能力为 L 酵母>RW 酵母>SY 酵母，与其理化感官评分结果一致。

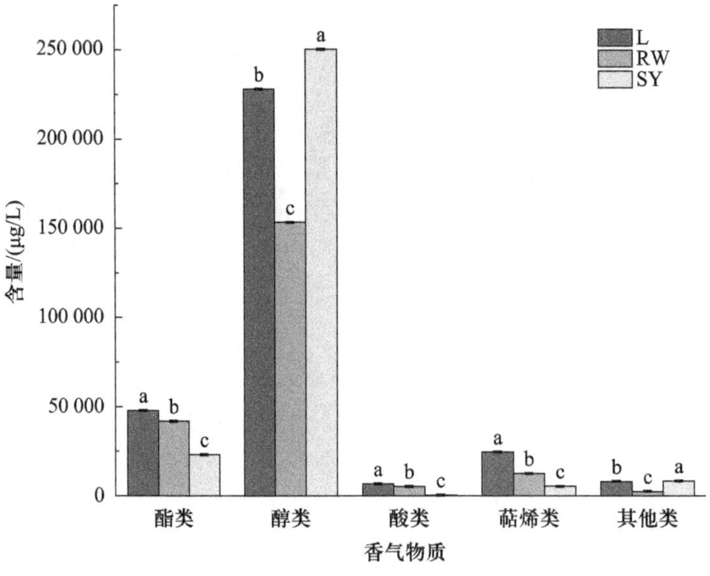

图 3-5　三种酵母陈酿阶段香气物质含量对比

注：不同字母表示数据间有显著性差异。

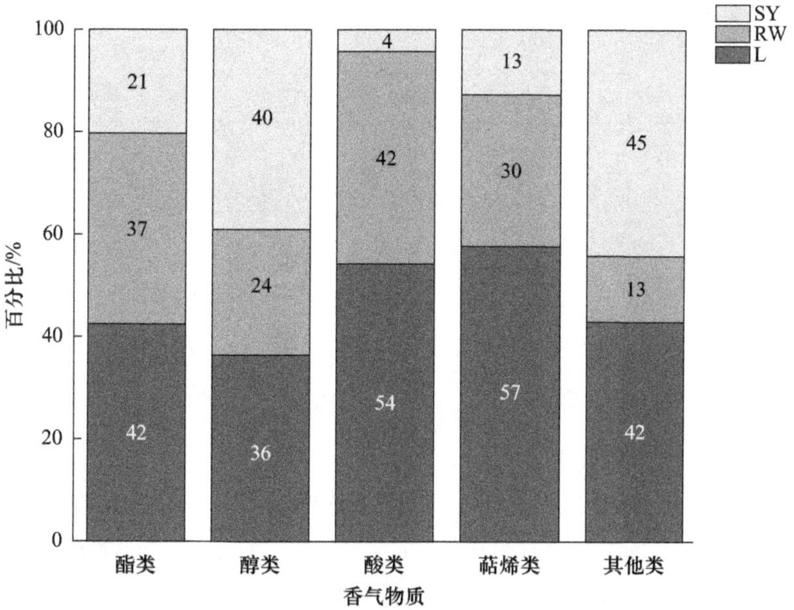

图 3-6　三种酵母陈酿阶段香气物质百分比

表 3-7　三种酵母单独发酵草莓酒陈酿阶段挥发性化合物的成分和含量(GC-MS)

化学式	化合物	RT	含量/(μg/L)			香气阈值/(μg/kg)	L 香气活力值	RW 香气活力值	SY 香气活力值
			L	RW	SY				
酯类									
$C_4H_8O_2$	甲酸异丙酯	3.114	—	309.59	—	—	—	—	—
$C_3H_4O_3$	乙酸甲酰酯	3.145	416.30	—	—	—	—	—	—
$C_6H_{12}O_2$	甲酸异戊酯	4.296	—	—	1 216.99	—	—	—	—
$C_5H_{10}O_3$	乳酸乙酯	6.065	263.88	—	1 764.1	150 000	0.001		0.011
$C_5H_{10}O_3$	*L*(—)-乳酸乙酯	6.072	—	4 881.17	—	60 000	—	0.08	—
$C_7H_{14}O_2$	乙酸异戊酯	7.858	5 491.75	2 521.40	4 586.77	30	183.059	84.047	152.89
$C_5H_{10}O_3$	3-甲氧基丙酸甲酯	8.241	—	—	893.98	—	—	—	—
$C_8H_{16}O_2$	己酸乙酯	11.282	4 084.43	2 536.62	—	5	816.886	507.324	—
$C_7H_8O_3$	2-糠酸乙酯	12.754	242.61	495.68	—	—	—	—	—
$C_9H_{10}O_2$	苯甲酸乙酯	15.742	—	2 271.86	—	575	—	3.95	—
$C_8H_{14}O_4$	丁二酸二乙酯	15.846	—	—	4 491.46	353 193	—	—	0.01
$C_8H_8O_3$	水杨酸甲酯	16.230	—	—	731.56	60 000	—	—	0.012
$C_{10}H_{20}O_2$	辛酸乙酯	16.356	8 749.26	5 680.79	—	580	9.794	27.035	—
$C_{10}H_{12}O_2$	乙酸苯乙酯	17.794	920.29	2 970.98	1 538.11	250	3.681	11.884	6.152

续表3-7

化学式	化合物	RT	含量/(μg/L)			香气阈值/(μg/kg)	L香气活力值	RW香气活力值	SY香气活力值
			L	RW	SY				
$C_{14}H_{24}O_2$	丁酸香叶酯	18.487	—	2 445.70	—	—	—	—	—
$C_{11}H_{14}O_2$	3-苯丙酸乙酯	19.745	3 169.88	141.99	—	1 600	1.981	0.088	—
$C_{12}H_{24}O_2$	癸酸乙酯	20.873	12 823.33	12 319.11	512.32	510	25.143	24.155	1.004
$C_{13}H_{26}O_2$	辛酸异戊酯	22.089	162.31	—	—	125	1.3	—	—
$C_{14}H_{18}O_4$	苄基丙二酸二乙酯	22.347	—	—	715.68	—	—	—	—
$C_{11}H_{12}O_2$	肉桂酸乙酯	22.432	305.08	305.08	271.34	50	6.101	6.101	5.426
$C_{13}H_{20}O_2$	乙酸诺卜酯	23.538	—	297.99	—	—	—	—	—
$C_{14}H_{28}O_2$	月桂酸乙酯	24.987	4 044.25	3 256.59	1 072.20	3 500	1.155	0.93	0.31
$C_{15}H_{30}O_2$	癸酸异戊酯	25.787	333.71	—	—	3 000	0.11	—	—
$C_{16}H_{32}O_2$	肉豆蔻酸乙酯	27.690	1 505.85	656.06	582.13	—	—	—	—
$C_{18}H_{36}O_2$	棕榈酸乙酯	29.667	4 613.86	1 223.52	4 709.93	1 500	3.08	0.82	3.14
醇类									
$C_5H_{12}O$	正戊醇	4.458	193 707.45	12 682.35	—	4 500 000	0.043	0.002	—
$C_7H_{14}O_3$	异戊醇	4.510	21 934.20	127 894.30	190 001.90	30 000	0.731	4.261	6.334
$C_4H_{10}O_2$	2,3-丁二醇	5.942	560.32	—	—	1 000 000	0.01	—	—
$C_8H_{18}O$	2-辛醇	10.980	497.34	497.34	497.34	110 000	0.005	0.005	0.005
C_2H_6O	异丙醇	11.868	—	—	702.90	70 000	—	—	0.01
$C_8H_{10}O$	苯乙醇	14.333	5 795.43	6 948.83	52.63	10 000	0.579	0.694 8	0.005
$C_8H_{10}O$	苏合香醇	14.396	1 320.68	535.04	57 314.36	—	—	—	—
$C_9H_{12}O$	3,4-二甲基苯甲醇	14.979	627.89	—	—	—	—	—	—
$C_{10}H_{18}O$	松油醇	16.093	2 400.19	4 068.35	—	300	8	13.56	—
$C_9H_{12}O$	3-苯丙醇	17.090	—	—	900.36	—	—	—	—
$C_{15}H_{26}O$	橙花叔醇	25.560	—	291.36	—	826	—	0.35	—
$C_{15}H_{26}O$	红没药醇	26.432	798.57	41.47	—	—	—	—	—
酸类									
$C_2H_4O_2$	乙酸	3.588	1 130.56	2 341.65	520.25	22 000	0.05	0.11	0.02
$C_{10}H_{10}O_4$	苯基丁二酸	8.119	363.48	575.34	—	—	—	—	—
$C_2H_2O_4$	草酸	9.884	—	—	42.72	45 000	—	—	0.01
$C_3H_6O_3$	乳酸	10.594	—	—	9.19	1 400 000	—	—	0.01

续表3-7

化学式	化合物	RT	含量/(μg/L)			香气阈值/(μg/kg)	L香气活力值	RW香气活力值	SY香气活力值
			L	RW	SY				
$C_5H_{10}O_2$	正戊酸	11.205	139.06	—	—	—	—	—	—
$C_8H_{16}O_2$	辛酸	15.998	417.89	2 571.74	—	500	0.84	5.14	—
$C_7H_{14}O_2$	庚酸	16.137	2 698.53	—	—	100	26.99	—	—
$C_{10}H_{20}O_2$	癸酸	20.434	2 075.22	—	—	1 000	2.08	—	—
萜烯类									
C_8H_8	苯乙烯	8.106	7 473.24	1 122.17	5 435.32	730	10.24	1.54	7.45
$C_{10}H_{16}$	月桂烯	10.991	—	1 094.98	—	42	—	26.07	—
$C_{10}H_{16}$	松油烯	11.654	620.92	—	—	2 140	0.29	—	—
$C_{10}H_{16}$	*D*-柠檬烯	11.987	3 692.83	4 196.91	—	15	246.19	279.8	—
$C_{10}H_{16}$	罗勒烯	12.544	3 034.12	—	—	—	—	—	—
$C_{10}H_{16}$	3-蒈烯	12.551	—	3 231.24	—	—	—	—	—
$C_{10}H_{16}$	萜品烯	12.810	240.18	—	135.85	—	—	—	—
$C_{15}H_{24}$	α-蒎烯	26.014	9 473.36	3 153.62	—	—	—	—	—
其他类									
$C_6H_{14}O_2$	乙缩醛	4.010	—	—	18 016.25	150 000	—	—	0.12
C_7H_6O	苯甲醛	10.054	—	—	237.65	—	—	—	—
$C_7H_{10}O_3$	4-甲氧基-2,5-二甲基-3(2H)-呋喃酮	12.971	414.96	493.29	456.33	25	16.598	19.731	18.254
$C_{14}H_{22}O$	α-鸢尾酮	13.604	5 379.13	—	—	—	—	—	—
C_8H_8O	2,3-二氢苯并呋喃	17.108	1 587.90	—	—	—	—	—	—
$C_{10}H_{14}O$	2,3,5,6-四甲基苯酚	19.181	365.86	—	45.79	55	6.65	—	0.83
$C_{13}H_{18}O$	大马酮	20.689	—	483.74	—	420	—	1.142	—
$C_{14}H_{22}O$	异甲基紫罗兰酮	21.609	606.76	1 534.85	—	—	—	—	—

注:所有样本均为一式三份,表中的数据均为平均值。

使用 GC-MS 检测三种酵母单独发酵草莓酒在陈酿阶段的挥发性化合物的成分和含量,如表 3-7 所示。使用 L 酵母时在陈酿阶段共检测到挥发性物质 41 种,包括酯类物质 15 种、醇类物质 9 种、酸类物质 6 种、萜烯类物质 6 种、其他类物质 5 种。其中癸酸乙酯、正戊醇、异戊醇含量超过了 10 000 μg/L,乙酸异戊酯、辛酸乙酯、苯乙醇、苯乙烯、α-蒎烯、α-鸢尾酮含量超过了 5 000 μg/L,这 9 种物质为 L 酵母陈酿期间的主要挥发性香气成分。苯乙醇赋予紫丁香的香气；α-蒎烯具有松萜特有的香气；α-鸢尾酮具有一种柔和的甜香，类似紫罗兰的甜香。RW 酵母在陈酿阶段共检测到挥发性物质 35 种，包括酯类物质 16 种、醇类物质 8 种、酸类物质 3 种、萜烯类物质 5 种、其他类物质 3 种。癸酸乙酯、正戊醇、异戊醇含量超过了 10 000 μg/L，辛酸乙酯、苯乙醇含量超过了 5 000 μg/L，这 5 种物质为 RW 酵母陈酿期间的主要香气成分，呈香效果与 L 酵母类似，但主要香气种类却少于 L 酵母。SY 酵母在陈酿阶段共检测到挥发性物质 28 种，包括酯类物质 13 种、醇类物质 6 种、酸类 3 种、萜烯类 2 种、其他类 4 种。其中异戊醇、苏合香醇、乙缩醛含量超过了 10 000 μg/L，苯乙烯含量超过了 5 000 μg/L，这 4 种物质为 SY 酵母发酵果酒陈酿期间的主要香气成分。其中苏合香醇在主发酵中 SY 酵母发酵的果酒中含量最低，但在陈酿过程中 SY 酵母发酵果酒苏合香醇含量却达到了最大，赋予了果酒栀子花香，乙缩醛具有较强的刺激性味道，赋予果酒干爽的口感特征，并且在 3 种发酵的草莓酒中均检测到了野生草莓独有的特征挥发性成分 4-甲氧基-2,5-二甲基-3(2H)-呋喃酮，赋予了草莓酒独有的野草莓香味。*D*-柠檬烯带有淡淡的柑橘清香，被认为是柑橘风味的主要来源之一，赋予果酒柑橘的甜香，相关文献证实松油醇的含量与发酵过程中 *D*-柠檬烯的降解或糖苷挥发性前体的水解有关，L 酵母与 RW 酵母发酵果酒中松油醇的减少证明了这一点。

L 酵母发酵草莓酒陈酿阶段 OAV 大于 1 的香气物质为乙酸异戊酯、己酸乙酯、辛酸乙酯、乙酸苯乙酯、3-苯丙酸乙酯、癸酸乙酯、辛酸异戊酯、肉桂酸乙酯、月桂酸乙酯、棕榈酸乙酯、松油醇、庚酸、癸酸、苯乙烯、*D*-柠檬烯、2,3,5,6-四甲基苯酚、4-甲氧基-2,5-二甲基-3(2H)-呋喃酮，这 17 种物质为 L 酵母陈酿的关键香气成分。其中 OAV 最大的香气物质为己酸乙酯、*D*-柠檬烯，赋予果酒苹果、柠檬等水果香味，其中由于鸢尾酮与罗靳烯是 L 酵母陈酿阶段所独有的香气物质，但其香气阈值没有查到，不能确定其香气活度，对试验结果会有一些影响。

RW 酵母发酵草莓酒陈酿阶段 OAV 大于 1 的香气物质为乙酸异戊酯、己酸乙酯、苯甲酸乙酯、辛酸乙酯、乙酸苯乙酯、癸酸乙酯、肉桂酸乙酯、异戊醇、松油醇、辛酸、苯乙烯、月桂烯、*D*-柠檬烯、大马酮、4-甲氧基-2,5-二甲基-3(2H)-呋喃酮，这 15 种物质为 RW 酵母陈酿的关键香气成分，其中 OAV 较大的香气物质为己酸乙酯、*D*-柠檬烯。与 L 酵母呈香效果相差不大，其所独有的大马士酮具有强烈的玫瑰芳香，赋予了其玫瑰香味的效果。

SY 酵母陈酿阶段 OAV 大于 1 的香气物质为乙酸异戊酯、乙酸苯乙酯、癸酸乙酯、肉桂酸乙酯、棕榈酸乙酯、异戊醇、苯乙烯、4-甲氧基-2,5-二甲基-3(2H)-呋喃酮，这 8 种物质为 SY 酵母的关键香气成分。其中 OAV 最大的香气物质为乙酸异戊酯，赋予果酒香蕉等水果香味，其己酸乙酯与癸酸乙酯含量低于前两种酵母，但其醇类含量高于其两种酵母，这也解释了其呈香效果不如其他两种酵母。在陈酿阶段，3 种酵母都检测到了 4-甲氧基-2,5-二甲基-3(2H)-呋喃酮，并且其 OAV 不小，说明在陈酿阶段所有香气都伴随着草莓果实的原香。这些物质一起构成了 3 种酵母陈酿期间的香气。一些萜烯类和其他物质也丰富了草莓酒的香气种类，使其更加独特。

3.2.5 小结

三种草莓酒虽然采用同一工艺发酵制得，但是不同酵母发酵的品质有一定差异，故酿制的成品酒的理化指标与香气成分也存在差异。其中综合感官评分最高的 L 酵母，其酯类含量占比由主发酵的 32%增长到陈酿的 42%，醇类由 17%增长到 42%，萜烯类由 30%增长到 57%。虽然其在主发酵阶段可能由于发酵启动较慢等酯类、醇类、酸类等物质含量都低于其他两种酵母，但在陈酿阶段 L 酵母赋予了果酒香气更好的表现。

L 酵母在主发酵阶段整体呈苹果、梨以及紫丁花的香气，到了后发酵阶段香气酯类物质增多，以乙酸异戊酯含量居多，整体呈现香蕉、苹果的水果香，到了陈酿阶段，酯类物质含量稳定，整体香味变为苹果、柠檬的甜香。

RW 酵母与 L 酵母不同，在主发酵阶段其香气物质含量最多，达到了 41%，香气种类是最丰富的，呈现浓烈的苹果、梨的果香味，但在后发酵阶段其酯类含量却呈现了减少的趋势，这可能是由于一些酯类物质发生了氧化反应进行了转化，整体呈现香蕉以及苹果的水果甜香，到了陈酿阶段其酯类物质与醇类、酸类物质含量都稳定增加，整体呈现苹果、柠檬的甜香。

SY 酵母是 3 种酵母发酵中香气含量最缺乏的一种，SY 酵母在陈酿阶段共检测到挥发性物质 28 种，包括酯类物质 13 种、醇类物质 6 种、酸类物质 3 种、萜烯类物质 2 种、其他类物质 4 种。整体都呈现出强烈的白兰地的酒香味，并且里那醇、金合欢烯是三种酵母在主、后发酵阶段都检测到的特殊香气成分，但在陈酿阶段都没有检测到，推测可能是被氧化分解或者转化为了其他的挥发性物质。乙缩醛是 SY 酵母的主要香气成分，并且在陈酿阶段含量很高，但由于其阈值比较大，香气活度比较小，故不是其关键香气，但只在 SY 酵母的发酵过程中检测到了乙缩醛，可以推断其是 SY 酵母的特征香气成分。综合以上分析，得出三种酵母在整个发酵过程中呈香能力为 L 酵母＞RW 酵母＞SY 酵母。

3.3　安琪 SY 酵母和安琪 RW 酵母混合发酵过程中‘九九’草莓酒的香气分析研究

为了使果酒市场种类更加多元化，单独酵母发酵的酒类由于其香气种类单一，香气丰富程度不高，如今更多的是使用混合酵母发酵酒类，混合菌种发酵不仅能最大限度增加果酒的风味，还能增加一些果酒的营养物质，使果酒营养与风味都得到了极大的增强。混菌发酵对比单菌发酵产品具有明显优势，在外观、香气、口感等方面均显著优于单菌种发酵。安莉等利用分段接种的方法，先接种嗜酸乳杆菌再接种保加利亚乳杆菌和嗜热链球菌，使乳中的活菌数提高了一个数量级（安莉等，2010）。曾智娟等以不同酵母菌发酵梨和生姜果酒发现安琪果酒酵母和 Pichia anomala 复合发酵得到的醇类、酯类和萜烯类物质种类最丰富，风味品质相比单菌种发酵更佳（曾智娟等，2020）。

3.3.1　试验材料与试剂

同 3.2.1。

3.3.2　试验仪器与设备

同 3.2.2。

3.3.3 试验方法

3.3.3.1 混合菌种发酵草莓酒工艺流程

将冷冻的草莓果实解冻，加入0.5 g/kg果胶酶进行酶解，酶解4 h后加入焦亚硫酸钾进行杀菌，调整成分至糖的质量分数为20%，在静置4 h后加入活化好的0.25 g/kg酵母(酵母量10倍的5%的糖溶液进行活化，活化温度为32 ℃)开始发酵，在发酵48 h后用同样的方法活化并加入另一种0.25 g/kg酵母继续发酵，7 d后进行过滤，再发酵15 d后过滤倒罐装入已经杀菌完成的密闭容器内进行陈酿。一式三份酒样用于后续试验检测，混合发酵的酵母按照1∶1的比例接入草莓酒中。本试验中RW＋SY为RW酵母与SY酵母混合同时接种发酵；RW－SY则为先接入RW酵母，48 h后接入SY酵母的混合顺序接种发酵；SY－RW则为先接入SY酵母，48 h后接入RW酵母的混合顺序发酵。

3.3.3.2 理化指标测定

同3.2.3.2。

3.3.3.3 感官评定

同3.2.3.3。

3.3.3.4 GC-MS分析

同3.2.3.4。

3.3.3.5 气味活力值分析

同3.2.3.5。

3.3.3.6 数据统计分析

同3.2.3.6。

3.3.4 结果与分析

3.3.4.1 SY酵母与RW酵母混合发酵草莓酒理化品质分析

由表3-8可知，本研究采用三种不同发酵方式，获得的草莓酒理化指标均符合农业农村部的标准要求。其中SY＋RW发酵方式发酵的草莓酒陈酿后的乙醇浓度最高，为10.15%体积分数，但较与SY酵母和RW酵母的单酵母发酵，其乙醇浓度偏低，可能是由于双酵母混合发酵酵母之间产醇的能力发生了抑制，导致了乙醇浓度偏低，发酵速率偏慢。可溶性固形物含量对比单酵母发酵的果酒略微偏低，最低的为SY－RW发酵方式(4.61 °Bx)，对比最低的单酵母L少了0.90 °Bx。三种发酵方式的总酸值相差不大但都小于单酵母发酵，这也与混合发酵消耗了更多的酸类物质与醇类物质产生酯类物质相一致。三种草莓酒虽然都是使用相同的酵母菌种发酵制得，但是不同的发酵顺序有一定差异，故酿制的成品酒的理化指标之间存在差异。

表 3-8　RW 酵母与 SY 酵母混合发酵草莓酒理化指标

发酵顺序	残糖/(g/L)	乙醇浓度/%体积分数	总酸/(g/L)	总 SO_2 含量/(g/L)	干浸出物/(g/L)	可溶性固形物/°Bx	pH	感官评分
SY+RW	7.33±0.13[a]	10.15±0.01[a]	6.1±0.11[c]	0.21±0.02[a]	17.07±0.23[b]	5.44±0.02[b]	3.97±0.02[a]	85
SY−RW	6.7±0.25[c]	9.76±0.02[b]	6.65±0.12[a]	0.17±0.01[b]	18.32±0.2[a]	4.61±0.04[c]	3.84±0.01[b]	86
RW−SY	7.07±0.12[b]	9.62±0.02[c]	6.58±0.18[b]	0.22±0.01[a]	18.33±0.19[a]	5.48±0.02[a]	3.81±0.02[c]	83

注:不同字母表示数据间有显著性差异。

3.3.4.2　SY 酵母与 RW 酵母混合发酵草莓酒不同发酵阶段香气差异

1. SY 酵母与 RW 酵母混合发酵草莓酒主发酵阶段的香气差异

SY 和 RW 混合酵母发酵草莓酒主发酵阶段香气化合物种类和含量如图 3-7、图 3-8 所示。SY−RW 发酵方式的草莓酒香气化合物含量为酯类>醇类>萜烯类>酸类>其他类，SY+RW 发酵的草莓酒香气化合物的含量为酯类>醇类>萜烯类>其他类>酸类，RW−SY 发酵的草莓酒香气化合物的含量为醇类>酯类>萜烯类>酸类>其他类。其中 RW−SY 发酵的草莓酒醇类香气化合物含量远远高于其他 4 种发酵，占总体醇类的 41%，而 SY+RW 发酵方式的草莓酒中酯类、酸类、萜烯类、其他类物质香气化合物含量远远高于其他发酵方式的草莓酒，混合发酵在酯类、酸类、萜烯类、其他类含量普遍大于单酵母发酵，特别是酯类、萜烯类和其他类香气物质含量明显增多。醇类物质除了 RW−SY 方式外，单酵母主发酵阶段醇类物质含量是优于混合发酵的，可能是由于两种酵母相互排斥，影响了其发酵速率与产乙醇的能力，导致其高级醇的含量不如单酵母，但是其酯类物质的含量和种类却远远高于单酵母。

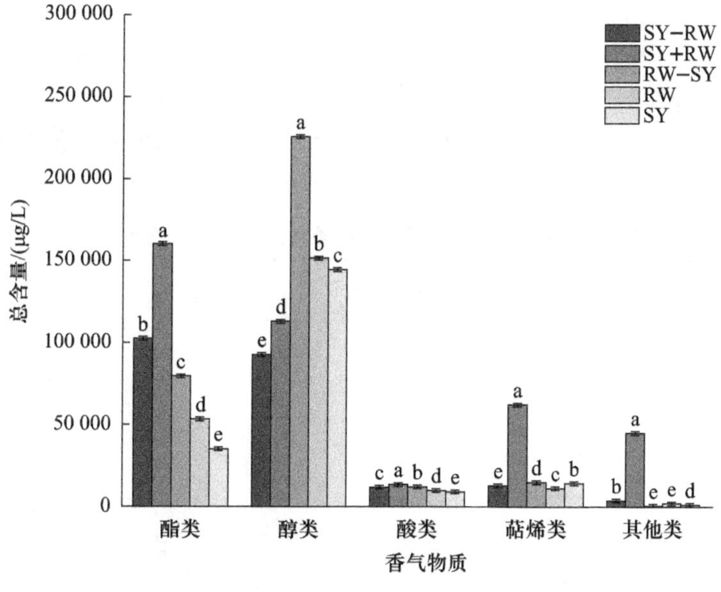

图 3-7　SY 与 RW 酵母不同方式发酵草莓酒主发酵阶段香气物质含量
注:不同字母表示数据间有显著性差异。

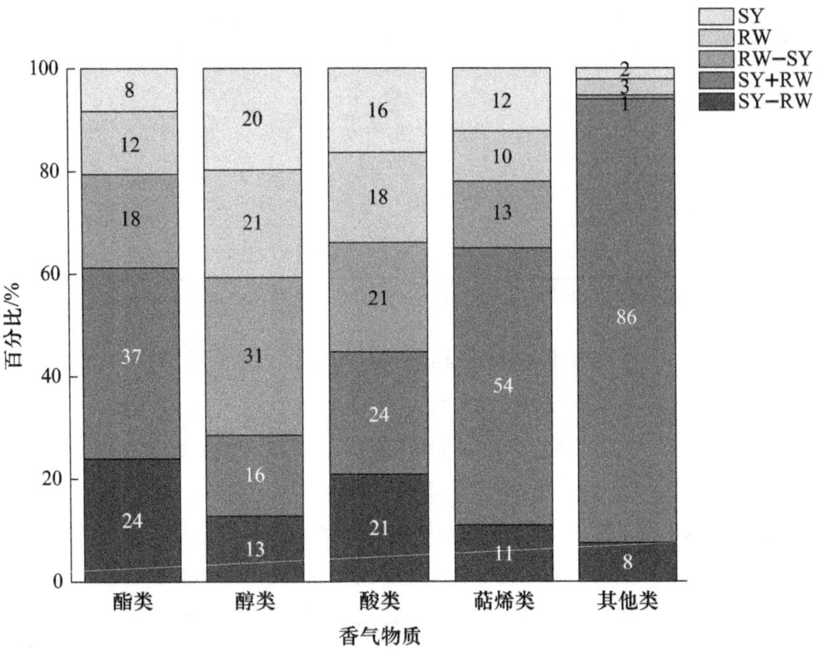

图 3-8　SY 与 RW 酵母不同方式发酵草莓酒主发酵阶段香气物质百分比

使用 GC-MS 检测 2 种不同酵母混合发酵草莓酒的主发酵阶段，其挥发性化合物的成分和含量如表 3-9 所示，SY－RW 发酵方式在主发酵阶段共检测到挥发性物质 31 种，包括酯类物质 12 种、醇类物质 4 种、酸类物质 8 种、萜烯类物质 4 种、其他类物质 3 种。其中辛酸乙酯、癸酸乙酯、月桂酸乙酯、异戊醇含量超过了 10 000 μg/L，乙酸异戊酯、肉豆蔻酸乙酯、亚油酸乙酯、苯乙醇含量超过了 5 000 μg/L，这 8 种物质为 SY－RW 发酵方式主发酵期间的主要香气成分，OAV 大于 1 的香气物质为乙酸异戊酯、辛酸乙酯、乙酸苯乙酯、癸酸乙酯、肉桂酸乙酯、月桂酸乙酯、亚油酸乙酯、异戊醇、辛酸、癸酸、苯乙烯、4-甲氧基-2，5-二甲基-3(2H)-呋喃酮，这 12 种香气物质为 SY－RW 主发酵阶段关键香气物质，其中乙酸异戊酯 OAV 最大，使酒体在主发酵阶段整体呈现浓郁的香蕉的香韵。

表 3-9　SY 与 RW 酵母混合发酵草莓酒主发酵阶段挥发性化合物的成分和含量(GC-MS)

化学式	化合物	RT	含量/(μg/L)			香气阈值/(μg/kg)	SY－RW 香气活力值	SY＋RW 香气活力值	RW－SY 香气活力值
			SY－RW	SY＋RW	RW－SY				
酯类									
$C_4H_8O_2$	甲酸异丙酯	3.11	—	28 160.16	—	—	—	—	—
$C_6H_{12}O_2$	甲酸异戊酯	4.30	—	1 585.50	—	—	—	—	—
$C_6H_{12}O_2$	丁酸乙酯	5.79	—	91.59	—	20	—	4.58	—
$C_7H_{14}O_2$	2-甲基丁基乙酸酯	7.83	703.61	—	—	—	—	—	—
$C_7H_{14}O_2$	乙酸仲戊酯	7.84	—	10 549.71	—	—	—	—	—
$C_7H_{14}O_2$	乙酸异戊酯	7.91	5 725.98	19 157.81	2 278.12	30	190.866	638.594	75.938

续表3-9

化学式	化合物	RT	含量/(μg/L)			香气阈值/(μg/kg)	SY−RW 香气活力值	SY+RW 香气活力值	RW−SY 香气活力值
			SY−RW	SY+RW	RW−SY				
$C_8H_{16}O_2$	己酸乙酯	11.37	—	30 443.54	—	5	—	6 088.70	—
$C_7H_8O_3$	3-呋喃甲酸乙酯	12.76	—	885.80	—	—	—	—	—
$C_8H_{14}O_4$	琥珀酸二乙酯	16.06	—	1 346.95	—	6 000	—	0.22	—
$C_{10}H_{20}O_2$	辛酸乙酯	16.44	14 500.70	25 005.01	8 194.01	580	25.001	43.112	14.127
$C_{11}H_{22}O_2$	己酸异戊酯	17.69	—	105.51	—	130	—	0.81	—
$C_{10}H_{12}O_2$	乙酸苯乙酯	17.88	250.04	1 313.16	581.65	250	1.250	6.566	2.908
$C_{12}H_{24}O_2$	壬酸乙酯	18.76	—	167.68	—	850	—	0.197	—
$C_{11}H_{14}O_2$	3-苯丙酸乙酯	19.98	69.96	2 850.69	1 441.78	1 600	0.043	1.781	0.901
$C_{12}H_{24}O_2$	癸酸乙酯	20.91	31 663.03	29 486.17	35 811.02	510	62.084	57.816	70.217
$C_{13}H_{26}O_2$	辛酸 3-甲基丁酯	22.02	254.98	—	363.73	—	—	—	—
$C_{13}H_{26}O_2$	辛酸异戊酯	22.09	—	189.57	—	125	—	1.52	—
$C_{11}H_{12}O_2$	肉桂酸乙酯	22.56	845.01	—	84.81	50	16.900	—	1.696
$C_{14}H_{28}O_2$	月桂酸乙酯	25.07	31 872.50	5 534.98	25 318.46	3 500	9.11	1.58	7.23
$C_{15}H_{30}O_2$	癸酸 3-甲基丁酯	25.67	—	—	999.42	—	—	—	—
$C_{15}H_{30}O_2$	癸酸异戊酯	25.85	—	269.55	—	3 000	—	0.09	—
$C_{16}H_{32}O_2$	肉豆蔻酸乙酯	27.76	5 310.20	439.30	3 627.90	—	—	—	—
$C_{13}H_{24}O_2$	十一碳烯酸乙酯	29.45	2 433.94	—	—	—	—	—	—
$C_{20}H_{40}O_2$	硬脂酸乙酯	29.71	—	268.57	—	6 000	—	0.04	—
$C_{18}H_{36}O_2$	棕榈酸乙酯	29.72	—	2 642.96	—	1 500	—	1.76	—
$C_{20}H_{36}O_2$	亚油酸乙酯	31.27	9 067.92	—	—	4 000	2.27	—	—
醇类									
$C_5H_{12}O$	异戊醇	4.34	86 903.36	87 119.63	165 553.60	30 000	2.898	2.9	5.514
$C_5H_{12}O$	活性戊醇	4.66	—	6 443.26	—	5 500	—	1.17	—
$C_5H_{12}O$	旋性戊醇	4.73	—	—	51 585.57	—	—	—	—
$C_4H_{10}O_2$	2,3-丁二醇	5.37	259.81	—	2 666.83	1 000 000	0.01	—	0.01
$C_3H_8O_2$	(S)-1,2-丙二醇	5.97	—	—	649.84	3 360 000	—	—	0.01
$C_3H_8O_2$	1,2-丙二醇	7.26	—	964.30	—	—	—	—	—
$C_8H_{18}O$	2-辛醇	10.98	500.00	500.00	500.00	110 000	0.005	0.005	0.005
C_3H_8O	异丙醇	11.87	—	7 872.32	—	70 000	—	0.11	—

续表3-9

化学式	化合物	RT	含量/(μg/L)			香气阈值/(μg/kg)	SY−RW 香气活力值	SY+RW 香气活力值	RW−SY 香气活力值
			SY−RW	SY+RW	RW−SY				
$C_8H_{10}O$	甲基苯甲醇	14.22	—	—	3 784.98	—	—	—	—
$C_8H_{10}O$	苯乙醇	14.33	6 208.31	177.29	1 073.19	7 230	0.86	0.02	0.15
$C_8H_{10}O$	苏合香醇	14.44	—	9 041.01	—	—	—	—	—
$C_{15}H_{26}O$	橙花叔醇	24.34	—	623.50	184.63	826	—	0.75	0.22
$C_{15}H_{26}O$	红没药醇	26.43	—	—	502.58	—	—	—	—
酸类									
$C_2H_4O_2$	乙酸	3.53	2 532.11	206.28	6 576.29	22 000	0.12	0.01	0.3
$C_{10}H_{10}O_4$	苯基丁二酸	8.20	2 020.52	12 673.48	1 975.12	—	—	—	—
$C_2H_2O_4$	草酸	9.88	—	27.89	—	45 000	—	0.01	—
$C_3H_6O_3$	乳酸	10.59	665.50	—	894.26	1 400 000	0.01	—	0.01
$C_6H_{12}O_2$	己酸	11.21	429.40	—	—	500	0.86	—	—
$C_{18}H_{32}O_2$	亚麻酸	11.44	—	205.47	—	1 000 000	—	0.01	—
$C_8H_{16}O_2$	辛酸	16.13	2 471.42	—	1 350.87	500	4.94	—	2.7
$C_8H_{16}O_2$	2-甲基庚酸	19.30	214.92	—	—	—	—	—	—
$C_{10}H_{20}O_2$	癸酸	20.46	2 776.60	—	664.03	1 000	2.78	—	0.66
$C_9H_{18}O_2$	壬酸	20.53	160.06	—	—	500	0.32	—	—
$C_{11}H_{22}O_2$	2-甲基癸酸	23.67	—	—	170.06	—	—	—	—
萜烯类									
C_8H_8	苯乙烯	8.20	3 461.14	33 873.51	6 241.82	730	4.74	46.4	8.55
C_8H_8	环辛四烯	8.27	3 576.52	8 203.32	2 838.37	—	—	—	—
C_8H_8	苯并环丁烯	8.33	4 902.57	3 194.81	2 550.26	—	—	—	—
$C_{10}H_{16}$	松油烯	11.65	—	4 651.57	—	2 140	—	2.17	—
$C_{10}H_{16}$	双戊烯	11.97	556.46	—	—	—	—	—	—
$C_{10}H_{16}$	右旋萜二烯	12.08	—	2 538.69	—	—	—	—	—
$C_{10}H_{14}$	1,1-二环戊烯	12.26	—	529.37	—	—	—	—	—
$C_{10}H_{16}$	罗勒烯	12.54	—	—	708.00	—	—	—	—
$C_{10}H_{16}$	萜品烯	12.81	—	2 769.28	—	—	—	—	—
$C_{10}H_{16}$	黏蒿三烯	13.10	—	292.56	—	—	—	—	—
$C_{10}H_{12}$	2-甲基-1-苯丙烯	13.61	—	746.04	—	—	—	—	—
$C_{15}H_{24}$	金合欢烯	22.04	—	—	305.30	—	—	—	—
$C_{15}H_{22}$	A-姜黄烯	22.48	—	—	101.51	—	—	—	—
$C_{15}H_{24}$	α-法尼烯	23.37	—	259.53	—	—	—	—	—

续表3-9

化学式	化合物	RT	含量/(μg/L)			香气阈值/(μg/kg)	SY－RW 香气活力值	SY＋RW 香气活力值	RW－SY 香气活力值
			SY－RW	SY＋RW	RW－SY				
$C_{15}H_{24}$	α-石竹烯	24.10	—	68.34	—	—	—	—	—
$C_{15}H_{24}$	α-蒎烯	26.01	—	4 302.81	2 023.23	—	—	—	—
其他类									
$C_6H_{14}O_2$	乙缩醛	4.13	818.24	—	—	150 000	0.01	—	—
$C_4H_8O_2$	乙偶姻	5.83	—	806.66	—	10 000	—	0.08	—
$C_5H_4O_2$	3-呋喃甲醛	6.82	—	30 251.20	—	—	—	—	—
$C_8H_{18}O_2$	丁醛二乙缩醛	7.36	—	11 807.02	—	1 000	—	11.81	—
$C_9H_{14}O$	2-戊基呋喃	10.99	—	45.67	—	6	—	7.61	—
$C_7H_{10}O_3$	4-甲氧基-2,5-二甲基-3(2H)-呋喃酮	12.87	276.367	925.12	385.33	25	11.054	69.563	15.413
$C_{14}H_{22}O$	α-异甲基紫罗兰酮	20.55	—	1 092.47	—	—	—	—	—
$C_{12}H_{16}O$	1-苯基-3-己酮	21.60	—	—	291.60	—	—	—	—
$C_{14}H_{22}O_2$	2,5-二特丁基对苯二酚	25.76	3 097.46	—	—	—	—	—	—

注：所有样本均为一式三份，表中的数据均为平均值。

SY＋RW 发酵方式在主发酵阶段共检测到香气物质 50 种，包括酯类物质 20 种、醇类物质 8 种、酸类物质 4 种、萜烯类物质 12 种、其他类物质 6 种。其中甲酸异丙酯、乙酸仲戊酯、乙酸异戊酯、己酸乙酯、辛酸乙酯、癸酸乙酯、异戊醇、苯基丁二酸、苯乙烯、3-呋喃甲醛、丁醛二乙缩醛含量超过了 10 000 μg/L，月桂酸乙酯、活性戊醇、异丙醇、苏合香醇、环辛四烯含量超过了 5 000 μg/L，这 16 种物质为 RW＋SY 发酵方式在主发酵期间的主要香气成分。其中甲酸异丙酯呈现果香，3-呋喃甲醛是酱香型白酒特征物质之一，乙醛与乙醇缩合形成乙缩醛，呈现清香味，厚实口感。OAV 大于 1 的香气物质有丁酸乙酯、乙酸异戊酯、己酸乙酯、辛酸乙酯、乙酸苯乙酯、3-苯丙酸乙酯、癸酸乙酯、辛酸异戊酯、月桂酸乙酯、棕榈酸乙酯、异戊醇、活性戊醇、苯乙烯、松油烯、丁醛二乙缩醛、2-戊基呋喃、4-甲氧基-2,5-二甲基-3(2H)-呋喃酮，这 17 种香气物质为该酒的关键香气物质。其中己酸乙酯 OAV 最大，是其闻到的主要香气味道，使酒体整体呈现苹果、梨的果香，回味悠长。在其他两种发酵方式中都没有检测到己酸乙酯，说明在主发酵阶段己酸乙酯是混合同时发酵的特征香气。

RW－SY 发酵方式在主发酵阶段共检测到挥发性物质 34 种，包括酯类物质 10 种、醇类物质 9 种、酸类物质 6 种、萜烯类物质 7 种、其他类物质 2 种。其中包括了草莓酒共有的香气成分乙酸异戊酯、辛酸乙酯、乙酸苯乙酯、3-苯丙酸乙酯、癸酸乙酯、月桂酸乙酯、肉豆蔻酸乙酯、异戊醇等。其中癸酸乙酯、月桂酸乙酯、异戊醇、旋性戊醇含量超过了 10 000 μg/L，辛酸乙酯、乙酸、苯乙烯含量超过了 5 000 μg/L，这 7 种物质为 RW－SY 发酵方式主发酵期间的主要香气成分。OAV 大于 1 的香气物质有乙酸异戊酯、辛酸乙酯、乙酸苯乙酯、癸酸乙酯、肉桂酸乙酯、月桂酸乙酯、异戊醇、辛酸、苯乙烯、4-甲氧基-2,5-二甲基-3(2H)-呋喃酮。这 10 种物质为 RW－SY 发酵方式主发酵阶段关键香气物质。其中癸酸乙酯、乙酸异戊酯 OAV 较大，赋予酒体主发酵阶段浓郁的菠萝、香蕉的香气。

混合同时发酵主发酵阶段 OAV 较大的香气物质为己酸乙酯，具有浓烈的苹果香和梨香，味甜且爽口，但在其顺序发酵中却没有检测到己酸乙酯，且混合同时发酵中酯类、萜烯类、其他类物质种类和含量也高于混合顺序发酵与单酵母发酵，SY－RW 发酵的草莓酒挥发性成分含量与 RW－SY 相差不大，但其酯类物质含量为 102 697.9 μg/L，大于 RW－SY 的酯类含量，且 OAV 较大的乙酸异戊酯的含量也高于 RW－SY 的两种关键香气成分，故其呈香表现略好于 RW－SY，所以在主发酵阶段其呈香能力为 RW＋SY＞SY－RW＞RW－SY＞RW＞SY。

2. SY 酵母与 RW 酵母混合发酵草莓酒后发酵阶段的香气差异

SY 和 RW 混合酵母发酵草莓酒后发酵阶段香气化合物种类和含量如图 3-9、图 3-10 所示。SY－RW 顺序发酵的草莓酒香气化合物含量为酯类＞醇类＞酸类＞其他类＞萜烯类。SY＋RW 发酵的草莓酒香气化合物的含量为酯类＞醇类＞萜烯类＞酸类＞其他类，RW－SY 发酵的草莓酒香气化合物的含量为醇类＞酯类＞酸类＞萜烯类＞其他类。其中 SY－RW 发酵的草莓酒酯类、醇类香气物质相对含量都高于其他四种发酵方式，由于其他类香气物质是由一些醛类和呋喃类香气物质构成，虽然含量不高，但其香气阈值低，容易被闻到，丰富了酒类香气的复杂性，赋予果酒更优雅和独特的香气。SY 和 RW 单酵母发酵的草莓酒醇类、萜烯类香气化合物在后发酵阶段相对含量都高于 RW－SY 和 SY＋RW 混合发酵，但酯类含量不如 SY－RW 与 SY＋RW，说明其果香强度不如混合发酵。SY－RW 酯类物质含量由 102 697.9 μg/L 上升到 175 281.1 μg/L，醇类物质由 93 371.48 μg/L 增加到 142 447.9 μg/L，酸类、萜烯类物质含量有所降低，这可能是因为酿酒酵母生成高级醇的能力比较强，双酿酒酵母混合发酵生成了更多的高级醇，醇类和酸类通过酯化反应又生成了酯，这不仅增加了酯类的含量，又同时消耗了酸的含量，从而致使酸类物质含量降低。草莓酒中存在的酸类物质主要为乙酸和辛酸，这些酸少量存在时可以赋予果酒乳酪、脂肪香味，但含量过高则会对酒体的香气和品质带来负面影响。因此，混合发酵在减少酸类物质产生不良影响方面具有一定作用。

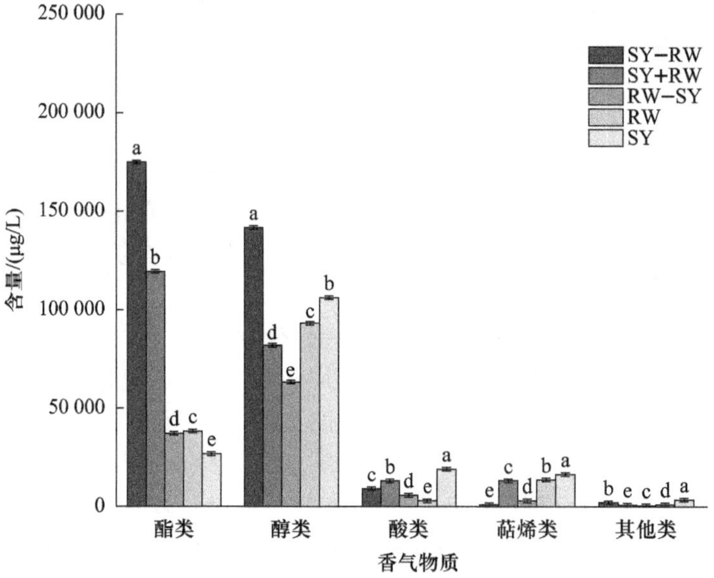

图 3-9　SY 酵母与 RW 酵母不同方式发酵草莓酒后发酵阶段香气物质含量

注：不同字母表示数据间有显著性差异。

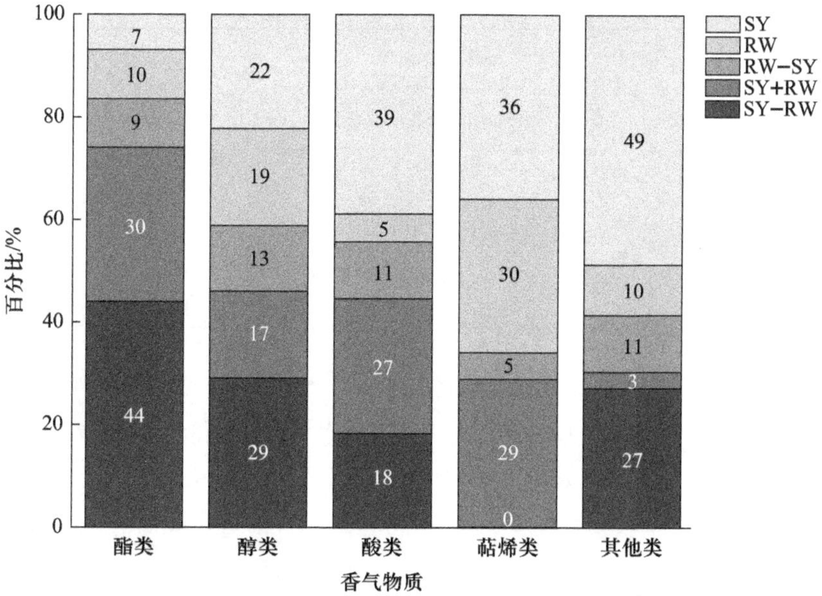

图 3-10　SY 酵母与 RW 酵母不同方式发酵草莓酒后发酵阶段香气物质百分比

使用 GC-MS 检测 2 种不同酵母混合发酵草莓酒的后发酵阶段其挥发性化合物的成分和含量如表 3-10 所示，SY－RW 发酵方式在后发酵阶段共检测到挥发性物质 36 种，包括酯类物质 17 种、醇类物质 7 种、酸类物质 7 种、萜烯类物质 1 种、其他类物质 4 种。其中辛酸乙酯、癸酸乙酯、月桂酸乙酯、肉豆蔻酸乙酯、异戊醇、正戊醇、2,3-丁二醇含量超过了 10 000 μg/L，亚油酸乙酯、戊酸含量超过了 5 000 μg/L，这 9 种物质为 SY－RW 发酵方式主发酵期间的主要香气成分，其中 2,3-丁二醇无香气，味甜、香醇、较浓，给人舒爽感。OVA 大于 1 的香气物质为乙酸异戊酯、辛酸乙酯、乙酸苯乙酯、壬酸乙酯、3-苯丙酸乙酯、癸酸乙酯、月桂酸乙酯、亚油酸乙酯、异戊醇、苯乙醇、戊酸、3-羟基-2-丁酮、4-甲氧基-2,5-二甲基-3(2H)-呋喃酮，这 13 种香气物质为 SY－RW 后发酵阶段关键香气物质，其中癸酸乙酯、乙酸异戊酯 OAV 较大，使酒体后发酵阶段整体呈现浓郁的菠萝、香蕉的香气。

表 3-10　SY 与 RW 酵母混合发酵草莓酒的后发酵阶段挥发性化合物的成分和含量(GC-MS)

化学式	化合物	RT	含量/(μg/L)			香气阈值/(μg/kg)	SY－RW 香气活力值	SY＋RW 香气活力值	RW－SY 香气活力值
			SY－RW	SY＋RW	RW－SY				
酯类									
$C_4H_8O_2$	甲酸异丙酯	3.11	164.54	—	—	—	—	—	—
$C_6H_{12}O_2$	丁酸乙酯	5.79	—	307.53	—	20	—	15.38	—
$C_5H_{10}O_3$	乳酸乙酯	6.12	2 674.85	—	294.79	150 000	0.017	—	1.97
$C_7H_{14}O_2$	乙酸异戊酯	7.73	—	17 560.67	—	—	—	—	—
$C_7H_{14}O_2$	乙酸异戊酯	7.91	2 979.83	—	—	30	99.328	—	—
$C_8H_{16}O_2$	己酸乙酯	11.37	—	45 138.25	—	5	—	9 027.651	—

续表3-10

化学式	化合物	RT	含量/(μg/L)			香气阈值/(μg/kg)	SY－RW香气活力值	SY+RW香气活力值	RW－SY香气活力值
			SY－RW	SY+RW	RW－SY				
$C_7H_8O_3$	2-糠酸乙酯	12.75	147.32	1 785.97	223.16	—	—	—	—
$C_9H_{18}O_2$	辛酸甲酯	14.63	—	545.96	—	200	—	2.73	—
$C_8H_{14}O_4$	琥珀酸二乙酯	16.06	—	267.43	—	6 000	—	0.04	—
$C_{10}H_{20}O_2$	辛酸乙酯	16.44	10 699.11	8 364.52	5 477.74	580	18.446	14.421	9.444
$C_{10}H_{12}O_2$	乙酸苯乙酯	17.88	839.27	—	384.57	250	4.196	—	1.923
$C_{11}H_{22}O_2$	壬酸乙酯	18.76	1 936.24	—	—	850	2.277	—	—
$C_{12}H_{24}O_2$	正辛酸异丁酯	19.91	—	58.12	—	—	—	—	—
$C_{11}H_{14}O_2$	3-苯丙酸乙酯	19.98	2 682.64	—	2 564.14	1 600	1.676	—	1.602
$C_{12}H_{24}O_2$	癸酸乙酯	20.91	38 551.35	40 203.63	7 962.12	510	75.59	78.83	15.612
$C_{13}H_{26}O_2$	辛酸 3-甲基丁酯	22.02	727.23	394.61	—	—	—	—	—
$C_{11}H_{12}O_2$	肉桂酸乙酯	22.56	—	—	430.81	50	—	—	8.616
$C_{13}H_{26}O_2$	月桂酸甲酯	23.77	543.82	—	—	—	—	—	—
$C_{14}H_{28}O_2$	月桂酸乙酯	25.07	84 143.05	5 441.76	7 573.20	3 500	24.04	1.55	2.16
$C_{13}H_{26}O_2$	十一酸乙酯	25.13	488.32	—	10 819.18	1 000	0.49	—	10.81
$C_{15}H_{30}O_2$	癸酸 3-甲基丁酯	25.67	2 476.05	—	63.02	—	—	—	—
$C_{16}H_{32}O_2$	肉豆蔻酸乙酯	27.76	15 660.36	—	1 274.42	—	—	—	—
$C_{17}H_{34}O_2$	十二烷基异戊酯	28.21	1 879.17	—	—	—	—	—	—
$C_{20}H_{36}O_2$	亚油酸乙酯	31.27	8 458.02	—	—	4 000	2.11	—	—
醇类									
$C_5H_{12}O$	异戊醇	4.34	71 823.05	58 543.32	53 871.54	30 000	2.394	1.954	1.797
$C_5H_{12}O$	正戊醇	4.58	40 735.32	—	—	4 500 000	0.009	—	—
$C_5H_{12}O$	旋性戊醇	4.73	—	13 415.22	—	—	—	—	—
$C_5H_{12}O$	(R)-(－)-2-戊醇	5.32	—	104.02	—	45 000	—	0.01	—
$C_4H_{10}O_2$	2,3-丁二醇	5.37	25 509.86	2 314.64	8 041.58	1 000 000	0.03	0.01	0.01
$C_5H_{12}O_2$	3-乙氧基丙醇	7.43	846.99	—	—	—	—	—	—
$C_5H_{12}O$	仲戊醇	7.91	—	—	30.94	—	—	—	—
$C_8H_{10}O$	甲基苯甲醇	14.22	1 857.5	5 058.02	—	—	—	—	—
$C_8H_{10}O$	苯乙醇	14.33	428.86	1 080.84	366.55	50	8.58	21.62	7.33
$C_{10}H_{18}O$	松油醇	16.24	—	1 588.34	—	300	—	5.29	—

续表3-10

化学式	化合物	RT	含量/(μg/L)			香气阈值/(μg/kg)	SY−RW 香气活力值	SY+RW 香气活力值	RW−SY 香气活力值
			SY−RW	SY+RW	RW−SY				
$C_{10}H_{16}O$	马鞭烯醇	26.39	1 246.32	—	—	—	—	—	—
$C_{15}H_{26}O$	红没药醇	26.43	—	—	980.12	—	—	—	—
酸类									
$C_3H_6O_3$	L-乳酸	3.47	132.09	—	—	1 260 000	0	—	—
$C_3H_6O_3$	甲氧基乙酸	3.53	740.71	—	—	5 000	0.15	—	—
$C_2H_4O_2$	乙酸	3.53	256.84	379.34	1 616.55	22 000	0.01	0.02	0.07
$C_{10}H_{10}O_4$	苯基丁二酸	8.20	297.73	12 837.55	2 000.63	—	—	—	—
$C_5H_{10}O_2$	戊酸	11.12	7 256.94	—	—	389	18.66	—	—
$C_6H_{12}O_2$	己酸	11.21	148.14	—	—	500	0.3	—	—
$C_8H_{16}O_2$	辛酸	16.13	184.63	—	1 793.42	500	0.37	—	3.59
萜烯类									
C_8H_8	苯乙烯	8.20	66.05	—	1 501.53	730	0.09	—	2.06
$C_{10}H_{16}$	萜品油烯	11.63	—	1 067.12	—	—	—	—	—
$C_{10}H_{16}$	*D*-柠檬烯	12.08	—	5 803.52	940.95	15	—	386.901	62.73
$C_{10}H_{16}$	罗勒烯	12.54	—	5 271.05	—	—	—	—	—
$C_{10}H_{16}$	3-蒈烯	12.55	—	304.26	—	—	—	—	—
$C_{15}H_{24}$	金合欢烯	22.04	—	831.87	—	—	—	—	—
其他类									
$C_4H_8O_2$	3-羟基-2-丁酮	3.93	629.54	—	—	150	4.2	—	—
$C_6H_{14}O_2$	乙缩醛	4.13	627.53	—	760.42	150 000	0.01	—	0.01
$C_7H_{10}O_3$	4-甲氧基-2,5-二甲基-3(2H)-呋喃酮	12.99	157.86	225.36	107.336	25	6.31	9.01	4.293
C_8H_8O	2,3-二氢苯并呋喃	17.11	428.01	—	—	—	—	—	—

注:所有样本均为一式三份,表中的数据均为平均值。

SY+RW 发酵方式在后发酵阶段共检测到香气物质 26 种,包括酯类物质 11 种、醇类物质 7 种、酸类物质 2 种、萜烯类物质 5 种、其他类物质 1 种。其中乙酸异戊酯、己酸乙酯、癸酸乙酯、异戊醇、旋性戊醇、苯基丁二酸含量超过了 10 000 μg/L,辛酸乙酯、月桂酸乙酯、甲基苯甲醇、*D*-柠檬酸、罗勒烯含量超过了 5 000 μg/L,这 11 种物质为 RW+SY 顺序发酵后发酵期间的主要香气成分。其中,罗勒烯具有草香、花香并伴有橙花油气息。OAV 大于 1 的香气物质有丁酸乙酯、己酸乙酯、辛酸甲酯、辛酸乙酯、癸酸乙酯、月桂酸乙酯、异戊醇、苯乙醇、松油醇、4-甲氧基-2,5-二甲基-3(2H)-呋喃酮、D-柠檬酸,这 11 种香气物质为该酒后发酵阶段的关键香气物质。其中己酸乙酯 OAV 最大,是其嗅闻到的主要香气味道,使酒体整体呈现苹果、梨等水果香味。

RW－SY 发酵方式在后发酵阶段共检测到挥发性物质 23 种,包括酯类物质 11 种、醇类物质 5 种、酸类物质 3 种、萜烯类物质 2 种、其他类物质 2 种。其中十一酸乙酯、异戊醇含量超过了 10 000 μg/L,辛酸乙酯、癸酸乙酯、月桂酸乙酯、2,3-丁二醇含量超过了 5 000 μg/L,这 6 种物质为 RW－SY 顺序发酵后发酵阶段的主要香气成分。其中是十一酸乙酯具有椰子的香气。OAV 大于 1 的香气物质有乳酸乙酯、辛酸乙酯、乙酸苯乙酯、3-苯丙酸乙酯、癸酸乙酯、肉桂酸乙酯、月桂酸乙酯、十一酸乙酯、异戊醇、苯乙醇、辛酸、苯乙烯、4-甲氧基-2,5-二甲基-3(2H)-呋喃酮、D-柠檬酸。这 14 种物质为 RW－SY 发酵方式后发酵阶段关键香气物质,其中 OAV 最大的香气物质为癸酸乙酯、D-柠檬烯,使酒体后发酵阶段整体呈现浓郁的菠萝、柠檬的香韵,这与 SY－RW 顺序发酵和 SY＋RW 同时发酵的草莓酒后发酵阶段香气呈现不同。3 种发酵方式在后发酵阶段都呈现了不同的香气,已酸乙酯只有在 SY＋RW 中存在,SY、RW 单酵母在后发酵阶段都产生的香气物质里那醇在混合发酵中也没有检测到,D-柠檬烯的含量混合发酵略高于单酵母发酵,可能是与混合发酵会影响脂肪酸形成一些酯类有关,并且由于混合发酵会影响高级醇的含量,进而也会影响到醇类合成酯化反应。综上所述,再次确定了混合酵母不同发酵方式会影响其香气物质的种类与含量。

3. SY 酵母与 RW 酵母混合发酵草莓酒陈酿阶段的香气差异

SY 和 RW 混合酵母发酵草莓酒陈酿阶段香气化合物种类含量如图 3-11、图 3-12 所示。SY－RW 发酵方式的草莓酒香气化合物含量为酯类＞醇类＞酸类＞其他类＞萜烯类。SY＋RW 发酵的草莓酒香气化合物的含量为酯类＞醇类＞萜烯类＞酸类＞其他类,RW－SY 发酵的草莓酒香气化合物的含量为醇类＞酯类＞萜烯类＞其他类＞酸类。其中 SY 发酵的草莓酒醇类香气化合物含量为 249 469.5 μg/L,远远高于其他四种发酵,SY－RW 的酯类香气物质相对含量高于其他四种发酵方式,RW－SY 发酵方式其他类香气物质含量高于其他

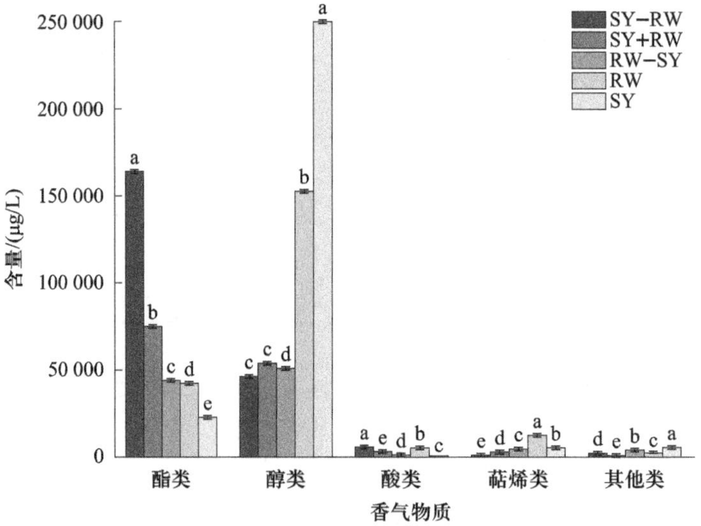

图 3-11　SY 与 RW 混合发酵草莓酒陈酿阶段香气物质种类含量

注:不同字母表示数据间有显著性差异。

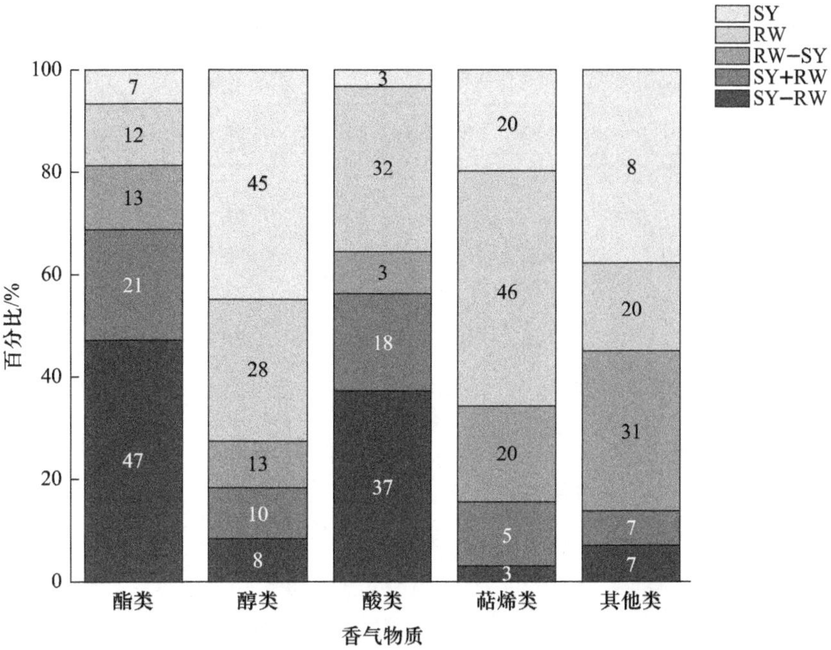

图 3-12　SY 与 RW 混合发酵草莓酒陈酿阶段香气物质含量百分比

4 组，由此可以初步判断两种酵母混合接入，确实改变了草莓酒单酵母发酵的香气含量，特别是酯类和醇类香气物质含量明显变化。三种混菌发酵草莓酒中，醇类物质含量相差较小，都在 46 637.19 μg/L 与 55 715.49 μg/L 之间，但都小于单酵母发酵，说明混合发酵虽然提高了酯类的含量，但产生高级醇的能力却不如单酵母发酵，SY－RW 发酵产生的酯类物质与自身后发酵相比含量变化较小，但醇类、酸类、萜烯类物质却有所减少，SY＋RW 其酯类含量主发酵最多为 160 494.2 μg/L，之后一直呈现下降趋势，陈酿阶段达到了最低，为 74 701.78 μg/L。萜烯类物质在混合发酵主发酵阶段种类比较丰富，在陈酿阶段含量有所下降，酸类和其他类在草莓酒陈酿阶段占比和种类最少，这与 SY 酵母和 RW 酵母单独发酵陈酿阶段香气物质变化结果一致。

使用 GC-MS 检测 SY 酵母和 RW 酵母混合发酵草莓酒的陈酿阶段其挥发性化合物的成分和含量如表 3-11 所示，SY－RW 发酵方式在陈酿阶段共检测到挥发性物质 31 种，包括酯类物质 17 种、醇类物质 4 种、酸类物质 5 种、萜烯类物质 2 种、其他类物质 3 种。其中甲酸异戊酯、2-甲基丁基乙酸酯、苯乙醇含量超过了 10 000 μg/L，癸酸乙酯含量超过了 5 000 μg/L，这 4 种物质为 SY－RW 顺序发酵陈酿期间的主要香气成分，其中甲酸异戊酯具有桑葚香味，2-甲基丁基乙酸酯具有浓烈的水果味，苯乙醇具有花香。OAV 大于 1 的香气物质为乙酸异戊酯、苯乙酸甲酯、辛酸乙酯、苯乙酸乙酯、癸酸乙酯、肉桂酸乙酯、正辛醇、苯乙醇、松油醇、己酸、4-甲氧基-2，5-二甲基-3(2H)-呋喃酮、苯乙酮，这 12 种香气物质为 SY－RW 陈酿阶段关键香气物质，其中肉桂酸乙酯、苯乙醇 OAV 较大，其中苯乙醇可以赋予果酒玫瑰花的香气，还可以与其他香气成分配合，起协调作用。肉桂酸乙酯赋予果酒甜的琥珀膏香，以及甜橙和葡萄底蕴，使酒体陈酿阶段整体呈现浓郁的玫瑰花香，并且伴随着草莓果香。

表 3-11　SY 酵母与 RW 酵母混合发酵草莓酒的陈酿阶段挥发性化合物的成分和含量(GC-MS)

化学式	化合物	RT	含量/(μg/L)			香气阈值/(μg/kg)	SY−RW 香气活力值	SY+RW 香气活力值	RW−SY 香气活力值
			SY−RW	SY+RW	RW−SY				
酯类									
$C_8H_{16}O_2$	乙酸-2-乙基丁酯	3.16	—	—	188.29	—	—	—	—
$C_7H_{14}O_3$	甲酸异戊酯	4.30	122 279.17	33 235.53	—	—	—	—	—
$C_5H_{10}O_3$	乳酸乙酯	6.12	1 553.99	—	—	150 000	0.010	—	—
$C_7H_{14}O_2$	2-甲基丁基乙酸酯	7.83	25 649.89	160.42	—	—	—	—	—
$C_7H_{14}O_2$	乙酸异戊酯	7.91	2 431.67	—	321.91	30.00	81.056	—	10.730
$C_{11}H_{22}O_6$	3-甲氧基丙酸甲酯	8.24	553.61	—	—	—	—	—	—
$C_8H_{16}O_2$	己酸乙酯	11.55	—	20 255.71	—	5	—	4 051.142	—
$C_9H_{18}O_2$	甲酸辛酯	13.29	—	688.93	1 547.28	—	—	—	—
$C_9H_{10}O_2$	苯乙酸甲酯	15.13	261.73	—	—	100.00	2.62	—	—
$C_8H_{14}O_4$	丁二酸二乙酯	15.85	129.30	—	—	353 193.00	0.001	—	—
$C_8H_{14}O_4$	琥珀酸二乙酯	16.06	—	—	1 755.46	6 000.00	—	—	0.29
$C_{10}H_{18}O$	辛酸乙酯	16.44	1 190.30	3 822.19	10 822.83	580	2.052	6.589	18.660
$C_{18}H_{19}NO_2$	苯乙酸乙酯	17.87	358.65	288.62	275.17	250.00	1.43	1.15	1.10
$C_{12}H_{16}O_2$	丁酸苯乙酯	17.87	2 438.06	—	—	—	—	—	—
$C_{10}H_{12}O_2$	乙酸苯乙酯	17.88	—	2 167.20	5 594.64	20 000.00	—	0.108	0.279
$C_{14}H_{24}O_2$	丁酸香叶酯	18.49	267.95	—	—	—	—	—	—
$C_{11}H_{22}O_2$	壬酸乙酯	18.76	—	—	185.20	850	—	—	0.217
$C_{14}H_{24}O$	3-苯丙酸乙酯	19.98	198.18	1 413.26	2 533.58	1 600	0.123	0.883	1.583
$C_{12}H_{24}O_2$	癸酸乙酯	20.91	5 753.25	8 863.75	8 755.96	510	9.320	17.378	17.168
$C_{13}H_{26}O_2$	辛酸 3-甲基丁酯	22.02	—	42.26	129.15	—	—	—	—
$C_{13}H_{26}O_2$	辛酸戊酯	22.08	49.43	—	—	—	—	—	—
$C_{11}H_{12}O_2$	肉桂酸乙酯	22.56	224.23	294.51	—	50	448.459	589.019	—
$C_{13}H_{16}O_2$	肉桂酸异丁酯	22.76	353.58	—	—	—	—	—	—
$C_{14}H_{28}O_2$	月桂酸乙酯	25.07	—	2 067.21	7 459.94	3 500	—	0.59	2.13
$C_{15}H_{26}O_2$	癸酸 3-甲基丁酯	25.67	—	—	362.21	—	—	—	—
$C_{16}H_{32}O_2$	肉豆蔻酸乙酯	27.76	132.20	316.02	1 223.08	—	—	—	—
$C_{18}H_{34}O_2$	9-十六碳烯酸乙酯	29.53	—	465.25	955.50	—	—	—	—
$C_{18}H_{36}O_2$	棕榈酸乙酯	29.72	—	620.92	2 265.50	1 500	—	0.41	1.51

续表3-11

化学式	化合物	RT	含量/(μg/L)			香气阈值/(μg/kg)	SY−RW 香气活力值	SY+RW 香气活力值	RW−SY 香气活力值
			SY−RW	SY+RW	RW−SY				
醇类									
$C_4H_{10}O_2$	2,3-丁二醇	5.37	—	1 108.54	348.01	1 000 000	—	0	0
$C_9H_{20}O$	二异丁基甲醇	12.91	—	236.28	—	—	—	—	—
$C_{12}H_{18}O$	α-异丁基苯乙醇	12.91	—	—	622.29	—	—	—	—
$C_8H_{18}O$	正辛醇	13.28	900.69	—	—	40	22.52	—	—
$C_{10}H_{18}O$	里那醇	14.01	—	8 211.33	10 725.38	15	—	547.42	715.03
$C_{10}H_{18}O$	甲基苯甲醇	14.22	4 384.74	44 926.29	37 524.32	—	—	—	—
$C_8H_{10}O$	苯乙醇	14.33	38 713.51	—	—	50	774.27	—	—
$C_{10}H_{18}O$	松油醇	16.24	2 638.25	1 233.05	2 316.23	300	8.79	4.11	7.72
$C_{10}H_{20}O$	香茅醇	17.20	—	—	813.23	40	—	—	20.33
$C_4H_{10}O_2$	2,3-丁二醇	5.37	—	1 108.54	348.01	1 000 000	—	0	0
酸类									
$C_5H_{10}O_2$	异戊酸	3.17	1 393.27	—	—	—	—	—	—
$C_2H_4O_2$	乙酸	3.53	655.34	3 288.85	1 356.87	22 000	0.03	0.15	0.06
$C_6H_{12}O_2$	正戊酸	11.21	143.52	—	—	—	—	—	—
$C_9H_{20}O_2$	己酸	11.21	3 358.71	—	—	500	6.72	—	—
$C_{10}H_{20}O_2$	癸酸	20.46	307.73	—	—	1 000	0.31	—	—
萜烯类									
C_8H_8	苯乙烯	8.20	77.12	—	57.28	730	0.11	—	0.08
$C_{10}H_{16}$	左旋-β-蒎烯	12.07	—	—	2 924.30	—	—	—	—
$C_{10}H_{16}$	*D*-柠檬烯	12.08	—	1 675.31	—	—	—	—	—
$C_{10}H_{16}$	3-蒈烯	12.55	—	661.93	—	—	—	—	—
$C_{15}H_{24}$	金合欢烯	22.04	—	312.34	2 059.95	—	—	—	—
$C_{15}H_{24}$	α-法尼烯	23.37	780.30	—	—	—	—	—	—
$C_{15}H_{24}$	α-石竹烯	24.10	—	756.82	—	—	—	—	—
其他类									
$C_6H_{12}O_2$	丁醛二乙缩醛	7.36	252.11	—	—	1 000	0.25	—	—
$C_7H_{10}O_3$	4-甲氧基-2,5-二甲基-3(2H)-呋喃酮	12.99	377.31	920.84	813.73	25	15.09	36.83	32.55

续表3-11

化学式	化合物	RT	含量/(μg/L)			香气阈值/(μg/kg)	SY－RW香气活力值	SY＋RW香气活力值	RW－SY香气活力值
			SY－RW	SY＋RW	RW－SY				
$C_7H_{10}O_3$	苯乙酮	13.17	317.17	—	—	65	4.88	—	—
$C_9H_{18}O$	壬醛	14.11	—	—	202.05	10	—	—	20.21
$C_{13}H_{18}O$	大马酮	20.79	—	—	17.30	0.05	—	—	345.95
$C_{14}H_{22}O$	甲基紫罗兰酮	21.61	—	—	117.42	2.4	—	—	48.92
$C_{15}H_{24}O$	2,6-二叔丁基对甲酚	23.57	—	—	3 609.88	—	—	—	—

注:所有样本均为一式三份,表中的数据均为平均值。

SY＋RW 发酵方式在后发酵阶段共检测到香气物质 27 种,包括酯类物质 15 种、醇类物质 6 种、酸类物质 1 种、萜烯类物质 4 种、其他类物质 1 种。其中甲酸异戊酯、甲基苯甲醇、已酸乙酯含量超过了 10 000 μg/L,癸酸乙酯、里那醇含量超过了 5 000 μg/L,这 5 种物质为 RW＋SY 顺序发酵陈酿期间的主要香气成分。其中,芳樟醇具有铃兰香,甲基苯甲醇具有丁香花、茉莉花、银白金合欢花的香气。OAV 大于 1 的香气物质有己酸乙酯、辛酸乙酯、苯乙酸乙酯、癸酸乙酯、肉桂酸乙酯、里那醇、松油醇,这 7 种香气物质为该酒的关键香气物质。其中己酸乙酯 OAV 远远大于其他香气物质,是该酒的主要香气,使酒体整体呈现苹果、梨的水果香。并且在 SY 与 RW 混合发酵中,从主发酵到陈酿都只有在 SY＋RW 发酵果酒中检测到了已酸乙酯,其他两种发酵方式中没有检测到己酸乙酯的存在,说明已酸乙酯是 SY＋RW 发酵果酒的典型性香气成分,并且混合同时发酵可能对形成己酸乙酯有促进作用。但由于其含量过大,香调比较单一,没有了香气的多样性和复杂性。

RW－SY 发酵方式在陈酿阶段共检测到挥发性物质 32 种,包括酯类物质 16 种、醇类物质 7 种、酸类物质 1 种、萜烯类物质 3 种、其他类物质 5 种。其中辛酸乙酯、里那醇、甲基苯甲醇含量超过了 10 000 μg/L,乙酸苯乙酯、癸酸乙酯、月桂酸乙酯含量超过了 5 000 μg/L,这 6 种物质为 RW－SY 顺序发酵陈酿期间的主要香气成分。OAV 大于 1 的香气物质有乙酸异戊酯、辛酸乙酯、苯乙酸乙酯、3-苯丙酸乙酯、癸酸乙酯、月桂酸乙酯、棕榈酸乙酯、里那醇、松油醇、香茅醇、4-甲氧基-2,5-二甲基-3(2H)-呋喃酮、壬醛、大马酮、甲基紫罗兰酮。这 14 种物质为 RW－SY 发酵方式陈酿阶段关键香气物质,其中 OAV 最大的物质为里那醇,使酒体在陈酿阶段整体呈现令人愉悦的花香和柑橘香。里那醇在混合发酵的主发酵以及后发酵阶段都没有检测到,只有在 SY＋RW 发酵果酒和 RW－SY 发酵果酒的陈酿阶段检测到,这与单酵母发酵结果不同,单酵母只有在主发酵以及后发酵中检测到了里那醇,但在陈酿阶段都没有检测到,说明混合发酵确实改变了发酵产生的物质,导致其香气不同。SY－RW 陈酿阶段的酸类、酯类物质种类和含量比较多,酯类物质可以赋予果酒水果的香气,适量的酸类物质可以赋予果酒更好的口感与口味。萜烯类物质主要能带来树脂、迷迭香、干胡椒、玫瑰和薰衣草等气息,同时还具缓解酒精伤害、调节生理节奏等功效,其可以在酸的催化下发生分子重排,导致种类和含量发生变化。SY－RW 陈酿中酸类香气物质含量高,萜烯类物质含量最低,推断可能是由于催化反应导致其含量偏低。RW 与 SY 混合发酵萜烯类、醇类含量均低于单酵母发酵,可能是由于发生了某些反应阻碍了萜烯类物质的生成,这些问题都需要继续深入研究来解决。

3.3.5　小结

SY 酵母与 RW 酵母混合发酵，不同发酵方式其理化指标与香气成分却有很大的差异，三种发酵方式酿制的草莓酒均符合绿色食品果酒的农业标准。其中乙醇浓度最高的是 SY＋RW 酵母发酵，达到了 10.15％体积分数，其次是 SY－RW 发酵和 RW－SY 发酵，分别为 9.76％体积分数与 9.72％体积分数，说明混合同时发酵其产生乙醇的能力优于顺序发酵，但却不如其对应的单酵母发酵，可能是由于两种酵母混合发酵互相有一些排斥，导致了其产酒精的能力不如单酵母，但混合发酵其产酯类物质的能力却高于单酵母。

SY－RW 发酵的草莓酒中酯类香气物质相对含量高于所有的发酵方式，其酯类含量从主发酵阶段一直增加，从 24％增加到了 37％。其在主发酵中乙酸异戊酯 OAV 最大，使酒体主发酵阶段呈现浓郁的香蕉的香韵；在后发酵阶段中酯类的含量变多，其中癸酸乙酯、乙酸异戊酯 OAV 较大，赋予了酒体后发酵阶段浓郁的菠萝、香蕉的香韵；随着发酵的进行，肉桂酸乙酯、苯乙醇 OAV 达到了最高，赋予了酒体在陈酿阶段的玫瑰花香以及甜的琥珀膏香，并且伴随着草莓的原香。

SY＋RW 发酵的草莓酒中己酸乙酯含量一直占据着比较大的比例，使得 SY＋RW 发酵的草莓酒整个发酵过程呈香效果比较单一，表现为苹果、梨的香韵。其中 SY＋RW 其他类物质在主发酵和后发酵中含量都远远大于其余的发酵方式，但在陈酿过程中含量骤减，可能是醛酮类物质在陈酿过程中通过一系列代谢减少。

RW－SY 酯类含量从主发酵到陈酿一直低于其他两种，主发酵阶段癸酸乙酯、乙酸异戊酯 OAV 较大，赋予酒体主发酵阶段菠萝、香蕉的香韵。后发酵阶段 OAV 较大的香气物质为癸酸乙酯、*D*-柠檬烯，赋予酒体后发酵阶段菠萝、柠檬的香韵，陈酿阶段 OAV 最大的物质为里那醇，赋予酒体陈酿阶段令人愉悦的花香和柑橘香。综合以上分析，三种发酵方式在陈酿阶段的呈香能力为 SY－RW＞SY＋RW＞RW－SY。

3.4　安琪 RW 酵母和拉曼德 L 酵母混合发酵过程中‘九九’草莓酒的香气分析研究

果酒中的挥发性成分通常包括醇类、酯类、酸类、醛酮类、酚类、萜烯类、烃类及杂环类化合物（刘丽媛等，2011）。不同的香气物质一起累积、相互协调，赋予了果酒丰富而独特的风味（Ross　et al.，2011）。另外，香气成分浓度和贡献率并不一定成正比，还与其阈值有关。气味活力值（OAV）反映了香气成分挥发性的大小及难易程度，能较客观地体现香气成分对酒风味的影响。当 OAV 大于 1 时，其对香气的呈现有较大的贡献，为酒的关键香气成分，配合其对应香气描述，分析香气的变化。

3.4.1　试验材料与试剂

同 3.2.1。

试验仪器与设备

同 3.2.2。

3.4.2 试验方法

3.4.2.1 混合菌种发酵草莓酒工艺流程

发酵工艺流程同 3.3.3.1，其中 RW＋L 为安琪 RW 酵母与拉曼德 L 酵母同时接种；RW－L 为先接种安琪 RW 酵母，48 h 后再接种拉曼德 L 酵母；L－RW 为先接种拉曼德 L 酵母，48 h 后再接种安琪 RW 酵母。

3.4.2.2 理化指标测定

同 3.2.3.2。

3.4.2.3 感官评定

同 3.2.3.3。

3.4.2.4 GC-MS 分析

同 3.2.3.4。

3.4.2.5 气味活力值分析

同 3.2.3.5。

3.4.2.6 数据统计分析

同 3.2.3.6。

3.4.3 结果与分析

3.4.3.1 RW 酵母与 L 酵母混合发酵草莓酒理化品质分析

由表 3-12 可知，RW 酵母与 L 酵母混合发酵的草莓成品酒的理化指标全部符合《绿色食品　果酒》(NY/T 1508—2017)要求。其中 RW 酵母与 L 酵母同时接种发酵乙醇浓度最大，酸度最低，适量的酸度对于草莓酒的口感有积极作用。根据其残糖量判断属于半干型果酒(4.1～12.0 g/L)。可溶性固形物含量对比，单酵母和 SY 酵母与 RW 酵母混合发酵的果酒偏低，最高的为 L－RW 发酵方式，为 5.77 °Bx，对比最高的单酵母 SY 发酵少了 0.26 °Bx，3 种发酵方式的 pH 相差不大但都大于单酵母发酵，也都小于 SY 与 RW 混合发酵的草莓酒，可能是消耗了更少的酸。3 种草莓酒虽然都是使用相同的酵母菌种发酵制得，但是不同的发酵顺序有一定差异，故酿制的成品酒的理化指标之间存在差异。其中，RW＋L 发酵的果酒综合感官评分最高，为 86 分；其次是 L－RW 发酵的果酒，综合感官评分为 84 分；最低的是 RW－L 发酵的果酒，综合感官评分为 81 分。

表 3-12　RW 酵母与 L 酵母混合发酵草莓酒理化指标

发酵顺序	残糖/(g/L)	乙醇浓度/%体积分数	总酸/(g/L)	总 SO_2 含量/(g/L)	干浸出物/(g/L)	可溶性固形物/°Bx	pH	感官评分
RW＋L	7.18±0.12[c]	9.91±0.02[a]	7.48±0.02[c]	0.2±0.02[b]	18.36±0.12[a]	5.37±0.02[c]	3.41±0.02[a]	86
RW－L	7.51±0.08[b]	9.36±0.01[b]	8.44±0.02[b]	0.21±0.01[a]	16.25±0.14[b]	5.53±0.04[b]	3.13±0.01[c]	81
L－RW	7.96±0.17[a]	9.22±0.01[c]	7.98±0.01[a]	0.21±0.01[a]	16.17±0.04[c]	5.77±0.02[a]	3.39±0.01[b]	84

注：不同字母表示数据间有显著性差异。

3.4.3.2 RW 酵母与 L 酵母混合发酵草莓酒不同发酵阶段香气差异

1. RW 酵母与 L 酵母混合发酵草莓酒主发酵阶段的香气差异

RW 酵母和 L 酵母混合发酵草莓酒主发酵阶段香气化合物种类含量如图 3-13、图 3-14 所示。RW+L 顺序发酵的草莓酒香气化合物含量为酯类＞醇类＞酸类＞其他类＞萜烯类。RW－L 发酵的草莓酒香气化合物的含量为醇类＞酯类＞酸类＞萜烯类＞其他类，L－RW 发酵的草莓酒香气化合物的含量为酯类＞醇类＞酸类＞萜烯类＞其他类。RW 酵母与 L 酵母混合发酵草莓酒中，酯类和醇类挥发性化合物在三种草莓酒主发酵阶段占比和种类较多，萜烯

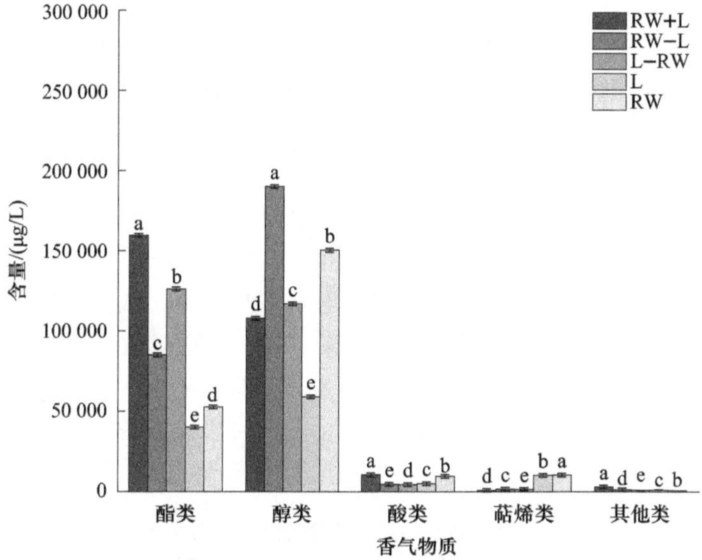

图 3-13　RW 和 L 不同发酵方式主发酵阶段香气物质含量

注：不同字母表示数据间有显著性差异。

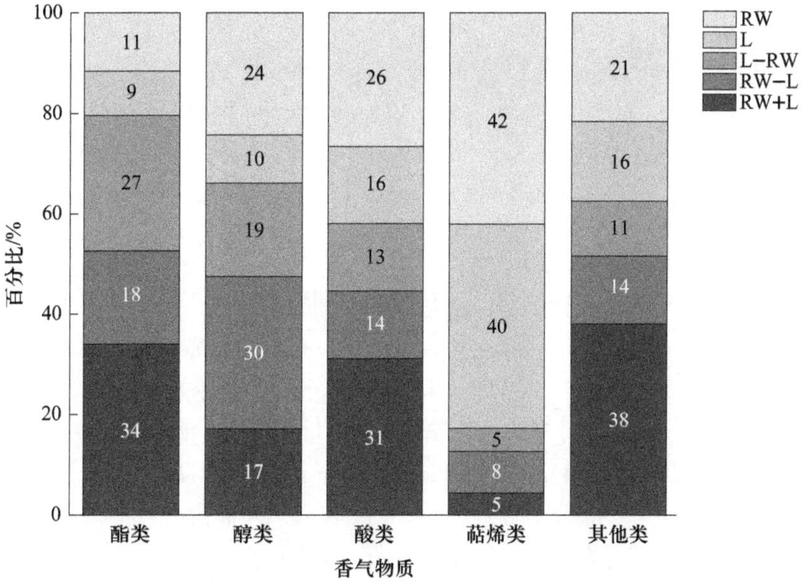

图 3-14　RW 和 L 不同发酵方式主发酵阶段香气物质相对含量百分比

类和其他类在草莓酒主发酵阶段种类比较丰富，酸类和其他类在草莓酒主发酵阶段占比和种类最少，这与 L 和 RW 单酵母主发酵阶段香气物质含量结果一致。其中 RW－L 发酵的草莓酒醇类香气化合物含量远远高于其他四种发酵方式，RW 和 L 单酵母发酵的草莓酒萜烯类和其他类香气化合物在主发酵阶段相对含量较高，但其他种类香气化合物相对含量却不如两种酵母混合接入发酵的草莓酒的相对含量高，混合顺序发酵的两种酒酯类含量高于其他的酒，而醇类含量却低于其他的酒，相反 RW＋L 发酵的草莓酒中酯类、酸类物质相对含量远远高于其他发酵方式的草莓酒，而醇类物质含量却低于混合顺序发酵的酒，由此可以初步判断两种酵母混合接入发酵，其香气成分和香气含量与接种顺序有关，并且混合接入也改变了草莓酒单酵母发酵的香气含量，特别是醇类、酯类香气物质含量明显变化。

使用 GC-MS 检测两种不同酵母混合发酵草莓酒的主发酵阶段其挥发性化合物的成分和含量如表 3-13 所示，RW＋L 发酵方式在主发酵阶段共检测到挥发性物质 42 种，包括酯类物质 14 种、醇类物质 12 种、酸类物质 10 种、萜烯类物质 2 种、其他类物质 4 种。其中癸酸乙酯、月桂酸乙酯、肉豆蔻酸乙酯、棕榈酸乙酯、亚油酸乙酯、异戊醇、正戊醇、2，3-丁二醇含量超过了 10 000 μg/L，辛酸乙酯、苏合香醇含量超过了 5 000 μg/L，这 10 种物质为 RW＋L 顺序发酵主发酵期间的主要香气成分，其中棕榈酸乙酯呈微弱蜡香和奶油香气，亚油酸乙酯呈现糟香味，OVA 大于 1 的香气物质为乙酸异戊酯、辛酸乙酯、癸酸乙酯、辛酸异戊酯、肉桂酸乙酯、月桂酸乙酯、棕榈酸乙酯、亚油酸乙酯、辛酸、癸酸、月桂酸、苯乙烯、*D*-柠檬烯、4-甲氧基-2，5-二甲基-3(2H)-呋喃酮，这 14 种香气物质为 RW＋L 主发酵阶段关键香气物质，其中乙酸异戊酯、癸酸乙酯 OAV 较大，赋予酒体主发酵阶段整体呈现梨、苹果、菠萝的香韵。

表 3-13　RW 酵母与 L 酵母混合发酵草莓酒主发酵阶段挥发性化合物的成分和含量(GC-MS)

化学式	化合物	RT	含量/(μg/L)			香气阈值/(μg/kg)	RW＋L 香气活力值	RW－L 香气活力值	L－RW 香气活力值
			RW＋L	RW－L	L－RW				
酯类									
$C_4H_8O_2$	甲酸异丙酯	3.11	797.99	—	—	—	—	—	—
$C_6H_{12}O_2$	丁酸乙酯	5.79	—	—	63.39	20.00	—	—	3.17
$C_5H_{10}O_3$	乳酸乙酯	6.12	917.90	—	—	154 636	0.006	—	—
$C_7H_{14}O_2$	异戊酸乙酯	7.29	—	—	599.10	200	—		2.995
$C_7H_{14}O_2$	甲酸己酯	7.73	—	—	37.82	—	—	—	—
$C_7H_{14}O_2$	乙酸异戊酯	7.91	1 627.32	1 431.93	11 702.90	30.00	54.24	47.70	390.97
$C_8H_{16}O_2$	己酸乙酯	11.37	—	—	17 186.51	5.00	—	—	3 437.30
$C_8H_{16}O_2$	乙酸己酯	11.73	—	—	536.93	670.00	—	—	0.80
$C_9H_{10}O_2$	苯甲酸乙酯	15.82	—	—	204.47	575.00	—	—	0.36
$C_{10}H_{20}O_2$	辛酸乙酯	16.44	8 401.19	8 142.57	41 694.51	580.00	14.48	14.04	71.89
$C_9H_{18}O_2$	乙酸庚酯	16.77	—	—	98.35	830.00	—	—	0.12
$C_{12}H_{16}O_2$	异丁酸苯乙酯	17.68	—	645.15	1 363.12	—	—	—	—
$C_{11}H_{22}O_2$	己酸异戊酯	17.69	—	—	200.94	130 000	—	—	0.001

续表3-13

化学式	化合物	RT	含量/(μg/L)			香气阈值/(μg/kg)	RW+L 香气活力值	RW−L 香气活力值	L−RW 香气活力值
			RW+L	RW−L	L−RW				
$C_{10}H_{12}O_2$	乙酸苯乙酯	17.88	200.28	142.49	—	250	0.801	0.569	—
$C_{11}H_{22}O_2$	壬酸乙酯	18.76	—	210.09	303.39	850	—	0.247	0.356
$C_{11}H_{22}O_2$	癸酸甲酯	19.40	—	—	618.51	—	—	—	—
$C_{11}H_{14}O_2$	3-苯丙酸乙酯	19.98	1 546.71	1 368.14	79.12	1 600	0.966	0.855	0.049
$C_{12}H_{24}O_2$	癸酸乙酯	20.91	23 472.35	23 765.04	46 562.81	510	46.024	46.598	91.299
$C_{13}H_{26}O_2$	辛酸 3-甲基丁酯	22.02	—	145.49	674.80	—	—	—	—
$C_{13}H_{26}O_2$	辛酸戊酯	22.08	—	—	174.06	—	—	—	—
$C_{13}H_{26}O_2$	辛酸异戊酯	22.09	256.17	—	—	125	2.05	—	—
$C_{11}H_{12}O_2$	肉桂酸乙酯	22.56	1 701.50	—	—	50	34.029	—	—
$C_{14}H_{28}O_2$	月桂酸乙酯	25.07	32 041.09	10 883.56	4 609.80	3 500	9.15	3.11	1.32
$C_{15}H_{30}O_2$	癸酸正戊酯	25.82	—	846.82	—	—	—	—	—
$C_{16}H_{32}O_2$	肉豆蔻酸乙酯	27.76	13 572.64	1 035.15	—	—	—	—	—
$C_{18}H_{34}O_2$	十六酸乙烯酯	29.56	2 202.45	—	—	—	—	—	—
$C_{18}H_{36}O_2$	棕榈酸乙酯	29.72	55 663.55	36 922.74	—	1 500	37.11	24.62	—
$C_{20}H_{36}O_2$	亚油酸乙酯	31.27	17 671.14	—	—	4 000	4.42	—	—
醇类									
$C_5H_{12}O$	2-戊醇	3.92	461.05	—	—	—	—	—	—
$C_5H_{12}O$	异戊醇	4.34	52 357.77	65 532.56	70 090.38	30 000	0.174	0.218	0.233
$C_5H_{12}O$	正戊醇	4.58	31 684.36	105 452.36	20 233.38	4 500 000	0.007	0.023	0.004
$C_5H_{12}O$	旋性戊醇	4.73	—	3 944.59	—	—	—	—	—
$C_4H_{10}O_2$	2,3-丁二醇	5.37	10 467.64	8 068.72	1 711.59	1 000 000	0.01	0.008	0.001
$C_3H_8O_2$	(*S*)-1,2-丙二醇	5.97	240.40	—	—	3 360 000	0.001	—	—
$C_8H_{18}O$	2-辛醇	10.98	500.00	500.00	500.00	110 000	0.005	0.005	0.005
C_3H_8O	异丙醇	11.87	445.13	—	—	70 000	0.01	—	—
$C_4H_{10}O_4$	*L*-苏丁醇	12.88	453.97	—	—	—	—	—	—
$C_{10}H_{18}O$	里那醇	14.01	—	—	747.32	15	—	—	49.821
$C_8H_{10}O$	甲基苯甲醇	14.22	—	6 714.17	24 179.91	—	—	—	—
$C_8H_{10}O$	苯乙醇	14.33	684.11	—	313.65	10 000	0.068	—	0.031
$C_8H_{10}O$	苏合香醇	14.44	9 787.08	—	—	—	—	—	—

续表3-13

化学式	化合物	RT	含量/(μg/L)			香气阈值/(μg/kg)	RW+L香气活力值	RW−L香气活力值	L−RW香气活力值
			RW+L	RW−L	L−RW				
$C_{10}H_{18}O$	松油醇	16.24	—	676.36	—	300	—	2.25	—
$C_{15}H_{26}O_2$	橙花叔醇	24.34	104.45	—	—	826	0.13	—	—
$C_{15}H_{26}O$	红没药醇	26.43	1 063.07	—	—	—	—	—	—
酸类									
$C_3H_6O_3$	*L*-乳酸	3.47	—	559.20	—	1 260 000	—	0	—
$C_3H_6O_3$	甲氧基乙酸	3.53	210.71	1 918.10	—	5 000	0.04	0.38	—
$C_2H_4O_2$	乙酸	3.53	316.00	513.65	984.23	22 000	0.01	0.02	0.04
$C_{10}H_{10}O_4$	苯基丁二酸	8.20	2 506.18	2 125.38	3 349.06	—	—	—	—
$C_2H_2O_4$	草酸	9.88	27.77	—	—	45 000	0.01	—	—
$C_3H_6O_3$	乳酸	10.59	28.78	182.04	—	1 400 000	0.01	0.01	—
$C_5H_{10}O_2$	戊酸	11.12	—	128.69	—	389	—	0.33	—
$C_7H_{14}O_2$	庚酸	16.02	—	—	40.72	100	—	—	0.41
$C_8H_{16}O_2$	辛酸	16.13	1 909.79	—	480.34	500	3.82	—	0.96
$C_{10}H_{20}O_2$	癸酸	20.46	3 786.63	92.72	—	1 000	3.79	0.09	—
$C_{10}H_{20}O_2$	壬酸	20.53	121.8	—	—	500	0.24	—	—
$C_{12}H_{24}O_2$	月桂酸	24.50	2 336.89	—	—	1 000	2.34	—	—
$C_{16}H_{32}O_2$	棕榈酸	29.37	170.46	—	—	5 000 000	0.001	—	—
萜烯类									
C_8H_8	苯乙烯	8.20	736.05	873.43	901.29	730	1.012	1.203	1.234
$C_{10}H_{16}$	*D*-柠檬烯	12.08	498.42	344.33	330.33	15	33.228	22.955	22.022
$C_{10}H_{16}$	罗勒烯	12.54	—	282.91	—	—	—	—	—
$C_{15}H_{24}$	金合欢烯	22.04	—	104.72	—	—	—	—	—
$C_{15}H_{24}$	*β*-红没药烯	23.36	—	201.65	—	—	—	—	—
$C_{15}H_{24}$	姜烯	24.08	—	321.26	—	—	—	—	—
其他类									
$C_4H_8O_2$	乙偶姻	5.83	28.26	171.62	—	10 000	0.001	0.023	—
$C_4H_8O_2$	4-羟基-2-丁酮	7.91	—	30.65	—	—	—	—	—
$C_7H_{10}O_3$	4-甲氧基-2,5-二甲基-3(2H)-呋喃酮	12.99	745.61	622.36	616.11	25	29.822	24.901	24.643

续表3-13

化学式	化合物	RT	含量/(μg/L)			香气阈值/(μg/kg)	RW+L 香气活力值	RW−L 香气活力值	L−RW 香气活力值
			RW+L	RW−L	L−RW				
$C_9H_{18}O$	壬醛	14.11	—	—	199.69	10	—	—	19.974
$C_{14}H_{22}O$	α-异甲基紫罗兰酮	20.55	356.66	—	—	—	—	—	—
$C_{13}H_{20}O$	乙位紫罗兰酮	21.59	—	223.84	—	—	—	—	—
$C_{14}H_{22}O_2$	2,5-二特丁基对苯二酚	25.76	2 546.65	—	—	—	—	—	—

注：所有样本均为一式三份，表中的数据均为平均值。

RW−L 发酵方式在主发酵阶段共检测到香气物质 36 种，包括酯类物质 12 种、醇类物质 7 种、酸类物质 7 种、萜烯类物质 6 种、其他类物质 4 种。其中癸酸乙酯、月桂酸乙酯、异戊醇、棕榈酸乙酯、正戊醇含量超过了 10 000 μg/L，辛酸乙酯、2，3-丁二醇、甲基苯甲醇含量超过了 5 000 μg/L，这 8 种物质为 RW−L 顺序发酵主发酵期间的主要香气成分。OAV 大于 1 的香气物质有乙酸异戊酯、辛酸乙酯、癸酸乙酯、月桂酸乙酯、棕榈酸乙酯、松油醇、苯乙烯、*D*-柠檬烯、4-甲氧基-2，5-二甲基-3(2H)-呋喃酮，这 9 种香气物质为该酒的关键香气物质，其中 OAV 较大的香气物质为乙酸异戊酯、癸酸乙酯，赋予酒体菠萝和梨的果香，味甜爽口。其香气效果与 RW+L 主发酵阶段相同。

L−RW 顺序发酵在主发酵阶段共检测到香气物质 33 种，包括酯类物质 18 种、醇类物质 7 种、酸类物质 4 种、萜烯类物质 2 种、其他类物质 2 种。其中乙酸异戊酯、己酸乙酯、辛酸乙酯、癸酸乙酯、异戊醇、正戊醇、甲基苯甲醇含量超过了 10 000 μg/L，这 7 种物质为 L−RW 发酵方式主发酵期间的主要香气成分。OAV 大于 1 的香气物质有丁酸乙酯、异戊酸乙酯、乙酸异戊酯、己酸乙酯、辛酸乙酯、癸酸乙酯、月桂酸乙酯、里那醇、苯乙烯、*D*-柠檬烯、4-甲氧基-2，5-二甲基-3(2H)-呋喃酮、壬醛。这 12 种物质为 L−RW 顺序发酵主发酵阶段关键香气物质。其中己酸乙酯 OAV 最大，使酒体在主发酵阶段整体呈现苹果、梨的香韵。

与 RW−L、RW+L 发酵相比，L−RW 发酵主发酵阶段 OVA 最大的香气物质为己酸乙酯，可以赋予果酒苹果、梨的香气，但在其余的两种发酵中却没有检测到己酸乙酯，说明 L−RW 特征香气物质为己酸乙酯。另外，混合同时发酵中酸类物质种类和含量也高于混合顺序发酵与单酵母发酵，酸类物质虽然种类多，但其含量不高，增添了酒中香气的复杂性。单酵母在主发酵中萜烯类物质依旧高于混合发酵，萜烯类物质可以赋予果酒独特的花香。综上分析，在主发酵阶段其呈香能力为 L−RW＞L+RW＞RW−L＞RW＞L。

2. RW 酵母与 L 酵母混合发酵的草莓酒后发酵阶段的香气差异

RW 酵母和 L 酵母混合发酵草莓酒后发酵阶段香气化合物种类含量如图 3-15、图 3-16 所示。L−RW 顺序发酵的草莓酒香气化合物含量为醇类＞酯类＞萜烯类＞其他类＞酸类。RW+L 发酵的草莓酒香气化合物的含量为酯类＞醇类＞酸类＞萜烯类＞其他类，RW−L 发酵的草莓酒香气化合物的含量为醇类＞酯类＞萜烯类＞其他类＞酸类。其中 RW−L 发酵的草莓酒所有物质含量均偏低，说明其挥发性物质含量较低，不如单酵母发酵，可能是由于发酵操作误差导致此结果。L−RW 发酵的草莓酒其酯类物质含量较高，醇类、酸类物质含量不如单酵母单独发酵，说明有较多的酸类物质和醇类物质参与了酯化反应，生成了较多的酯类。三种酵母混合发酵，其酯类、其他类物质含量普遍都高于单独酵母发酵，但醇类、萜烯类物质普遍低于单酵母发酵，其他类香气物质赋予了酒类香气的复杂性与典型性，使果酒呈现更优雅和独特的香气，而醇类、萜烯类赋予了果酒更多的酒香与花香。混合发酵酒中醇类物质低可能是由于发酵后期其中一种酵母衰亡变成养分，被另一种酵母吸收，并被转化为了酯类物质有关。羰基化合物主要包括醛和酮，其中大部分是由微生物活动产生的。这些化合物可以赋予草莓酒更丰富、更优雅和独特的香气。

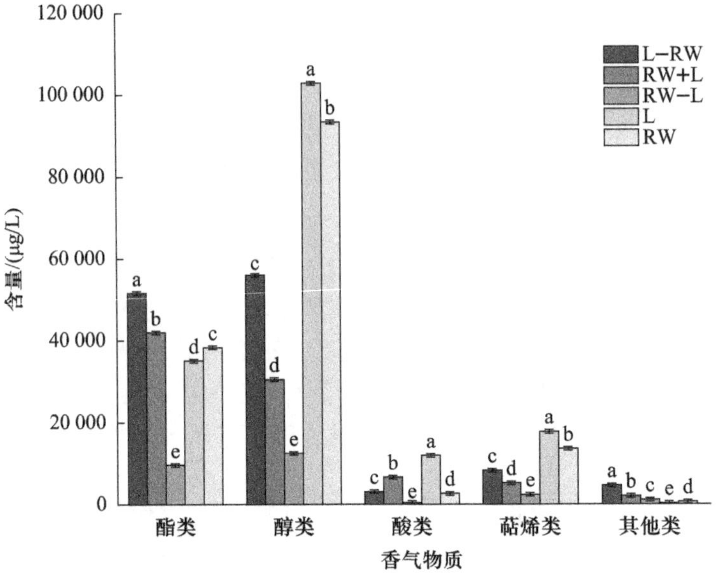

图 3-15　RW 酵母和 L 酵母不同发酵方式后发酵阶段香气物质含量

注：不同字母表示数据间有显著性差异。

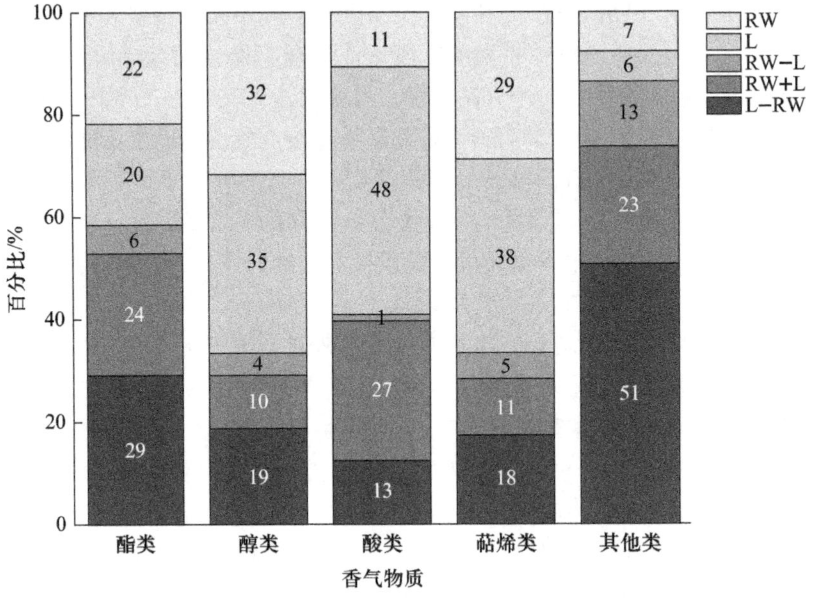

图 3-16　RW 酵母和 L 酵母不同发酵方式后发酵阶段香气物质百分比

使用 GC-MS 检测两种不同酵母混合发酵草莓酒的后发酵阶段其挥发性化合物的成分和含量如表 3-14 所示，L－RW 发酵方式在后发酵阶段共检测到挥发性物质 32 种，包括酯类物质 11 种、醇类物质 6 种、酸类物质 5 种、萜烯类物质 7 种、其他类物质 3 种。其中月桂酸乙酯、异戊醇、甲基苯甲醇含量超过了 10 000 μg/L，辛酸乙酯、癸酸乙酯、肉豆蔻酸乙酯含量超过了 5 000 μg/L，这 6 种物质为 L－RW 发酵方式后发酵期间的主要香气成分，其中甲基苯甲醇呈现栀子、紫丁香香气，并有些许玫瑰香韵。OVA 大于 1 的香气物质有乙酸异戊酯、水杨酸甲酯、辛酸乙酯、乙酸苯乙酯、癸酸乙酯、月桂酸乙酯、橙花叔醇、苯乙烯、*D*-柠檬烯、4-甲氧基-2，5-二甲基-3(2H)-呋喃酮，这 10 种香气物质为 L－RW 后发酵阶段关键香气物质，其中 OAV 最大的 *D*-柠檬烯(55.12)使酒体后发酵阶段整体呈现柠檬、柑橘香气。

表 3-14　RW 酵母与 L 酵母混合发酵草莓酒后发酵阶段挥发性化合物的成分和含量(GC-MS)

化学式	化合物	RT	含量/(μg/L)			香气阈值/(μg/kg)	L－RW 香气活力值	RW＋L 香气活力值	RW－L 香气活力值
			L－RW	RW＋L	RW－L				
酯类									
$C_{12}H_{16}O_2$	苯甲酸异戊酯	4.42	—	—	76.48	—	—	—	—
$C_7H_{14}O_2$	乙酸异戊酯	7.73	—	287.21	—	—	—	—	—
$C_7H_{14}O_2$	乙酸异戊酯	7.91	810.00	—	1 857.70	30.00	27.00	—	61.23
$C_8H_{16}O_3$	乳酸异戊酯	10.42	—	—	26.42	—	—	—	—
$C_7H_8O_3$	2-糠酸乙酯	12.75	894.74	—	—	—	—	—	—
$C_8H_8O_3$	水杨酸甲酯	16.23	198.73	—	—	60.00	3.31	—	—
$C_{10}H_{20}O_2$	辛酸乙酯	16.44	6 205.97	6 115.24	2 613.58	580	10.699	10.543	4.506
$C_{10}H_{10}O_4$	乙酰水杨酸甲酯	16.70	311.88	—	—	—	—	—	—
$C_{12}H_{16}O_2$	异丁酸苯乙酯	17.68	—	966.80	—	—	—	—	—
$C_{10}H_{12}O_2$	乙酸苯乙酯	17.88	1 249.67	—	—	250.00	4.996	—	—
$C_{16}H_{16}O_2$	苯乙酸苯乙酯	18.07	—	—	103.32	—	—	—	—
$C_{11}H_{22}O_2$	壬酸乙酯	18.76	—	—	88.99	850	—	—	0.104
$C_{11}H_{14}O_2$	3-苯丙酸乙酯	19.98	—	2 501.31	—	1 600	—	1.563	—
$C_{12}H_{24}O_2$	癸酸乙酯	20.91	7 283.62	15 625.72	5 090.94	510	14.281	30.638	9.982
$C_{13}H_{26}O_2$	辛酸 3-甲基丁酯	22.02	—	126.08	—	—	—	—	—
$C_{11}H_{12}O_2$	肉桂酸乙酯	22.56	—	87.61	—	50	—	1.752	—
$C_{14}H_{28}O_2$	月桂酸乙酯	25.07	21 881.42	14 032.68	35.57	3 500.00	6.25	4.01	0.001
$C_{13}H_{26}O_2$	十一酸乙酯	25.13	—	—	9.95	1 000.00	—	—	0.001
$C_{15}H_{30}O_2$	癸酸 3-甲基丁酯	25.67	—	365.61	—	—	—	—	—
$C_{16}H_{32}O_2$	肉豆蔻酸乙酯	27.76	9 093.51	2 178.66	—	—	—	—	—
$C_{17}H_{34}O_2$	十二烷基异戊酯	28.21	461.32	174.07	—	—	—	—	—
$C_{16}H_{22}O_4$	邻苯二甲酸二异丁酯	28.51	461.89	—	—	—	—	—	—

续表3-14

化学式	化合物	RT	含量/(μg/L)			香气阈值/(μg/kg)	L−RW 香气活力值	RW+L 香气活力值	RW−L 香气活力值
			L−RW	RW+L	RW−L				
醇类									
$C_5H_{12}O$	异戊醇	4.34	18 908.61	2 090.72	1 990.62	30 000	0.63	0.07	0.06
$C_5H_{12}O$	旋性戊醇	4.73	—	10 233.55	—	—	—	—	—
$C_4H_{10}O_2$	2,3-丁二醇	5.37	442.43	6 220.21	—	100 000	0.01	0.016	—
$C_8H_{18}O$	2-辛醇	10.98	500.00	500.00	500.00	110 000	0.005	0.005	0.005
$C_8H_{10}O$	甲基苯甲醇	14.22	33 729.68	13 678.68	10 553.33	—	—	—	—
$C_8H_{10}O$	苯乙醇	14.33	—	16.3	3.52	50	—	0.33	0.07
$C_{15}H_{26}O$	橙花叔醇	24.34	3 237.93	743.98	—	826	3.92	0.9	—
$C_{15}H_{26}O$	红没药醇	26.43	90.28	—	—	—	—	—	—
酸类									
$C_3H_6O_3$	甲氧基乙酸	3.53	224.77	—	—	5 000	0.04	—	—
$C_2H_4O_2$	乙酸	3.53	358.62	986.36	—	22 000	0.02	0.04	—
$C_{11}H_{10}O_6$	1,2,4-苯三羧酸	6.37	—	1 999.06	—	—	—	—	—
$C_{10}H_{10}O_4$	苯基丁二酸	8.2	—	1 177.89	221.54	—	—	—	—
$C_3H_6O_3$	乳酸	10.59	—	203.39	—	1 400 000	—	0.01	—
$C_{18}H_{32}O_2$	亚麻酸	11.44	1 409.44	—	—	1 000 000	0.01	—	—
$C_8H_{16}O_2$	辛酸	16.13	320.17	1 585.05	—	500	0.64	3.17	—
$C_{10}H_{20}O_2$	癸酸	20.46	863.18	—	—	1 000	0.86	—	—
$C_9H_{18}O_2$	壬酸	20.53	—	773.88	—	500	—	1.55	—
萜烯类									
C_8H_8	苯乙烯	8.2	1 900.38	1 736.28	1 100.58	730	2.6	2.38	1.5
$C_{10}H_{16}$	双戊烯	11.97	—	—	216.23	—	—	—	—
$C_{10}H_{16}$	*D*-柠檬烯	12.08	826.85	602.88	562.35	15	55.12	40.192	37.49
$C_{10}H_{16}$	蒎烯	12.28	549.6	—	—	—	—	—	—
$C_{10}H_{16}$	罗勒烯	12.54	—	349.82	—	—	—	—	—
$C_{10}H_{16}$	萜品烯	12.81	2 635.51	—	—	—	—	—	—
$C_{10}H_{12}$	2-甲基-1-苯丙烯	13.61	1 141.63	—	610.12	—	—	—	—
C_7H_8	螺[2.4]庚-4,6-二烯	14.39	—	2 258.65	—	—	—	—	—
$C_{15}H_{24}$	金合欢烯	22.04	1 006.96	265.52	—	—	—	—	—
$C_{15}H_{24}$	1-甲基环己烯	25.58	317.08	—	—	—	—	—	—
其他类									
$C_4H_8O_2$	4-羟基-2-丁酮	7.91	—	251.26	—	—	—	—	—

续表3-14

化学式	化合物	RT	含量/(μg/L)			香气阈值/(μg/kg)	L－RW 香气活力值	RW＋L 香气活力值	RW－L 香气活力值
			L－RW	RW＋L	RW－L				
$C_{12}H_{16}O_3$	橄香素	10.18	—	1 861.08	1 181.45	22 000	—	0.08	0.05
$C_7H_{10}O_3$	4-甲氧基-2,5-二甲基-3(2H)-呋喃酮	12.99	671.25	102.37	56.22	25	26.85	4.094	2.25
$C_{14}H_{22}O$	α-异甲基紫罗兰酮	20.55	3 334.29	—	—	—	—	—	—
$C_{14}H_{22}O_2$	2,5-二特丁基对苯二酚	25.76	716.66	—	—	—	—	—	—

注:所有样本均为一式三份,表中的数据均为平均值。

RW＋L 发酵方式在后发酵阶段共检测到香气物质 32 种,包括酯类物质 11 种、醇类物质 7 种、酸类物质 6 种、萜烯类物质 5 种、其他类物质 3 种。其中癸酸乙酯、月桂酸乙酯、旋性戊醇、甲基苯甲醇含量超过了 10 000 μg/L,辛酸乙酯、2,3-丁二醇含量超过了 5 000 μg/L,这 6 种物质为 RW＋L 顺序发酵后发酵期间的主要香气成分。OAV 大于 1 的香气物质有辛酸乙酯、癸酸乙酯、3-苯丙酸乙酯、肉桂酸乙酯、月桂酸乙酯、辛酸、壬酸、苯乙烯、*D*-柠檬烯、4-甲氧基-2,5-二甲基-3(2H)-呋喃酮,这 10 种香气物质为该酒的关键香气物质。其中癸酸乙酯(30.638)、*D*-柠檬烯(40.192)OAV 最大,是其嗅到的主要香气味道,使酒体呈现菠萝、椰子等水果香气。其中肉桂酸乙酯是 RW＋L 发酵草莓酒所独有的香气物质,只有在 RW 单酵母的后发酵与 RW－L 后发酵中同样能检测到,赋予果酒特有的肉桂香味。

RW－L 发酵方式在后发酵阶段共检测到挥发性物质 20 种,包括酯类物质 9 种、醇类物质 4 种、酸类物质 1 种、萜烯类物质 4 种、其他类物质 2 种。其中甲基苯甲醇含量超过了 10 000 μg/L,癸酸乙酯含量超过了 5 000 μg/L,这两种物质为 RW－L 顺序发酵后发酵期间的主要香气成分。甲基苯甲醇赋予果酒紫丁香的香气,癸酸乙酯具有椰子香气,它们主要用于配制食用香精,并且赋予果酒梨和白兰地似的香韵。OAV 大于 1 的香气物质有乙酸异戊酯、辛酸乙酯、癸酸乙酯、苯乙烯、*D*-柠檬烯、4-甲氧基-2,5-二甲基-3(2H)-呋喃酮。这 6 种物质为 RW－L 发酵方式后发酵阶段关键香气物质,其中 OAV 最大的是乙酸异戊酯(61.23),赋予酒体后发酵阶段香蕉的香韵,这与 L－RW 发酵和 RW＋L 发酵的草莓酒后发酵阶段香气不同。在同时发酵和顺序发酵的后发酵阶段都检测到了 4-甲氧基-2,5-二甲基-3(2H)-呋喃酮,它是草莓的香气成分,赋予草莓酒原果的香气。RW＋L 发酵草莓酒中癸酸乙酯在后发酵阶段的含量远远高于同阶段其他所有发酵中的癸酸乙酯含量,且同时发酵中酯类和酸类物质种类和含量远远高于 RW－L 发酵。综上所述,后发酵阶段呈香能力为 L－RW＞RW＋L＞RW＞L＞RW－L。

3. RW 酵母与 L 酵母混合发酵草莓酒陈酿阶段的香气差异

RW 和 L 混合酵母发酵的草莓酒陈酿阶段香气化合物种类含量如图 3-17、图 3-18 所示。L－RW 顺序发酵的草莓酒香气化合物含量为醇类＞酯类＞萜烯类＞酸类＞其他类。RW－L 发酵的草莓酒香气化合物的含量为醇类＞酯类＞其他类＞萜烯类＞酸类,RW＋L 发酵的草莓酒香气化合物的含量为醇类＞酯类＞酸类＞萜烯类＞其他类。其中 RW＋L 酯类物质含量最高,为 64 689.04 μg/L,较与后发酵阶段的 52 308.24 μg/L 提高了 12%,醇类物质含量仅次于 L 酵母单独发酵。RW－L 发酵的草莓酒在陈酿阶段所有成分物质含量都最低,与后发酵阶段结果一致，说明两种酵母不适合用此混合发酵方式发酵。RW 和 L 单酵母发酵的草莓酒酯类物质含量不如 L－RW 与 RW＋L 发酵，但醇类、酸类、萜烯类和其他类物质含量都较高，特别是醇类和萜烯类香气物质含量明显更多，说明单酵母陈酿阶段产果香的能力不如混合发酵，但是在酒香和花香能力上比混合酵母表现更好。

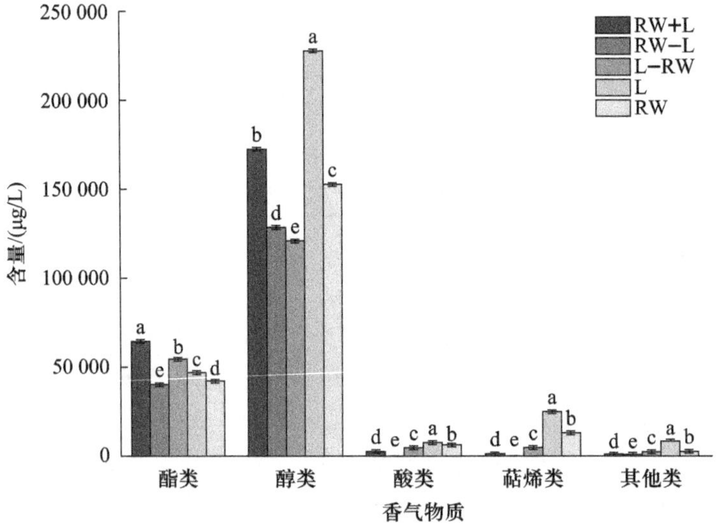

图 3-17　RW 酵母和 L 酵母不同发酵方式陈酿阶段香气物质含量

注：不同字母表示数据间有显著性差异。

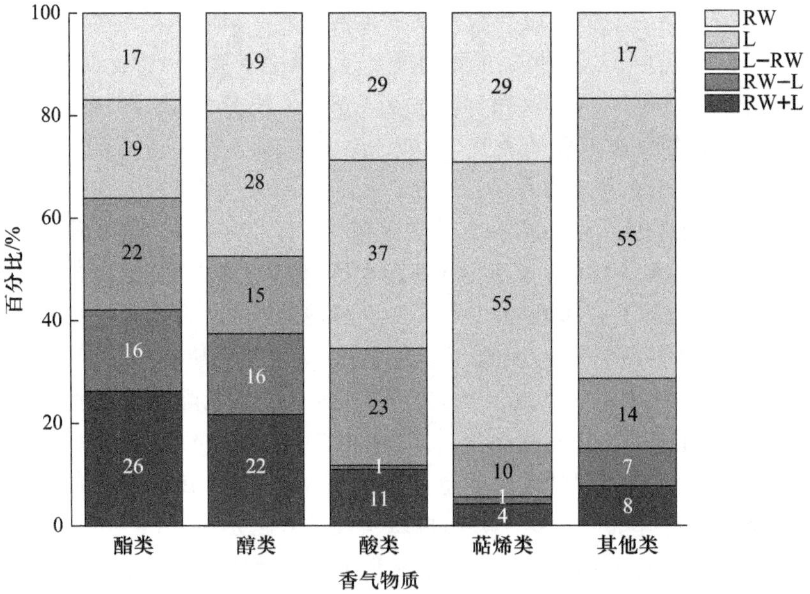

图 3-18　RW 酵母和 L 酵母不同发酵方式陈酿阶段香气物质百分比

使用 GC-MS 检测 RW 酵母与 L 酵母混合发酵草莓酒的陈酿阶段，其挥发性化合物的成分和含量如表 3-15 所示，RW＋L 在陈酿阶段共检测到挥发性物质 36 种，包括酯类物质 17 种、醇类物质 6 种、酸类物质 4 种、萜烯类物质 4 种、其他类物质 5 种。其中辛酸乙酯、癸酸乙酯、异戊醇含量超过了 10 000 μg/L，月桂酸乙酯含量超过了 5 000 μg/L，这 4 种物质为 RW+L 顺序发酵陈酿期间的主要香气成分，赋予果酒菠萝的香味，并有甜味以及白兰地的酒香，OVA 大于 1 的香气物质为乙酸异戊酯、苯甲酸乙酯、辛酸乙酯、癸酸乙酯、肉桂酸乙酯、月桂酸乙酯、棕榈酸乙酯、异戊醇、里那醇、苯乙醇、松油醇、*D*-柠檬烯、苯乙醛、4-甲氧基-2,5-二甲基-3(2H)-呋喃酮，这 14 种香气物质为 RW+L 陈酿阶段关键香气物质，其中癸酸乙酯、里那醇、*D*-柠檬烯 OAV 较大，在陈酿阶段赋予酒体菠萝、柠檬以及铃兰花香韵。而 *D*-柠檬烯只有在 RW+L 发酵的草莓酒中检测出来。

表 3-15 RW 酵母与 L 酵母混合发酵的草莓酒陈酿阶段挥发性化合物的成分和含量(GC-MS)

化学式	化合物	RT	含量/(μg/L)			香气阈值/(μg/kg)	RW+L 香气活力值	RW−L 香气活力值	L−RW 香气活力值
			RW+L	RW−L	L−RW				
酯类									
$C_6H_{12}O_2$	丁酸乙酯	5.79	—	205.11	—	20.00	—	10.26	—
$C_5H_{10}O_3$	乳酸乙酯	6.12	—	—	2 039.99	150 000	—	—	0.013
$C_7H_{14}O_2$	乙酸 2-甲基丁酯	7.80	—	—	294.10	—	—	—	—
$C_7H_{14}O_2$	乙酸异戊酯	7.91	260.87	104.33	335.97	30	8.695	3.477	11.199
$C_6H_{12}O_3$	3-羟基丁酸乙酯	9.78	255.77	81.01	—	—	—	—	—
$C_7H_8O_3$	2-糠酸乙酯	12.75	63.51	—	75.37	—	—	—	—
$C_9H_{18}O_2$	甲酸辛酯	13.29	—	1 092.48	890.23	—	—	—	—
$C_9H_{10}O_2$	苯甲酸乙酯	15.82	3 566.47	—	3 284.78	250	14.266	—	13.139
$C_8H_{14}O_4$	琥珀酸二乙酯	16.06	3 946.23	—	—	6 000.00	0.661	—	—
$C_{10}H_{20}O_2$	辛酸乙酯	16.44	15 147.99	10 698.65	11 961.07	580	26.117	18.445	20.622
$C_{12}H_{22}O_2$	乙酸香茅酯	17.21	422.06	—	—	—	—	—	—
$C_{10}H_{12}O_2$	苯乙酸乙酯	17.87	375.17	291.08	178.74	—	—	—	—
$C_{10}H_{12}O_2$	乙酸苯乙酯	17.88	2 165.53	1 866.68	—	250	—	—	—
$C_9H_{10}O_3$	水杨酸乙酯	18.22	—	—	331.12	—	—	—	—
$C_{16}H_28O_2$	己酸香叶酯	18.56	396.19	—	—	—	—	—	—
$C_{11}H_{22}O_2$	壬酸乙酯	18.76	—	99.35	85.09	850	—	0.116	0.100
$C_{11}H_{22}O_2$	癸酸甲酯	19.40	—	—	113.63	—	—	—	—
$C_{11}H_{14}O_2$	3-苯丙酸乙酯	19.98	1 442.29	1 059.68	1 685.05	1 600	0.901	0.662	1.053
$C_{12}H_{24}O_2$	癸酸乙酯	20.91	24 530.12	16 725.20	22 897.59	510	48.098	32.794	44.897
$C_6H_{10}O_4$	丁二酸单乙酯	21.71	211.10	—	—	—	—	—	—
$C_{11}H_{12}O_2$	肉桂酸乙酯	22.56	828.29	382.97	738.71	50	16.565	7.659	14.774
$C_{14}H_{28}O_2$	月桂酸乙酯	25.07	7 445.04	4 248.66	6 706.47	3 500.00	2.127	1.21	1.92

续表3-15

化学式	化合物	RT	含量/(μg/L)			香气阈值/(μg/kg)	RW+L 香气活力值	RW−L 香气活力值	L−RW 香气活力值
			RW+L	RW−L	L−RW				
$C_{13}H_{26}O_2$	十一酸乙酯	25.13	—	—	151.57	1 000	—	—	0.15
$C_{15}H_{30}O_2$	癸酸 3-甲基丁酯	25.67	—	183.72	183.76	—	—	—	—
$C_{16}H_{32}O_2$	肉豆蔻酸乙酯	27.76	658.35	1 577.89	929.78	—	—	—	—
$C_{18}H_{36}O_2$	棕榈酸乙酯	29.72	1 774.43	845.03	1 117.55	1 500	1.18	0.56	0.75
醇类									
$C_5H_{12}O$	异戊醇	4.34	164 708.73	90 701.45	85 545.86	30 000	5.49	3.023	2.851
$C_4H_{10}O_2$	2,3-丁二醇	5.37	3 872.25	—	—	1 000 000	0.01	—	—
$C_8H_{18}O$	2-辛醇	10.98	500.00	500.00	500.00	110 000	0.005	0.005	0.005
$C_{10}H_{18}O$	里那醇	14.01	1 691.51	7 207.77	—	25	67.66	288.31	—
$C_8H_{10}O$	甲基苯甲醇	14.22	—	29 070.98	32 946.84	—	—	—	—
$C_8H_{10}O$	苯乙醇	14.33	143.28	—	129.40	50	2.87	—	2.59
$C_{10}H_{18}O$	松油醇	16.24	1 294.35	923.46	1 777.79	300	4.31	3.08	5.93
酸类									
$C_2H_4O_2$	乙酸	3.53	1 037.64	171.99	2 908.15	22 000	0.05	0.01	0.13
$C_6H_{12}O_2$	2-甲基戊酸	7.64	641.16	—	596.67	—	—	—	—
$C_{10}H_{10}O_4$	苯基丁二酸	8.20	26.29	—	672.08	—	—	—	—
$C_4H_8O_2$	丁酸	11.21	—	—	183.75	100	—	—	1.84
$C_9H_{18}O_2$	壬酸	20.53	391.40	—	—	500	0.78	—	—
萜烯类									
C_8H_8	苯乙烯	8.20	194.01	310.69	623.30	730	0.27	0.43	0.85
C_8H_8	环辛四烯	8.27	7.18	—	393.87	—	—	—	—
$C_{10}H_{16}$	3-蒈烯	12.55	—	—	336.59	—	—	—	—
$C_{10}H_{16}$	*D*-柠檬烯	12.08	970.20	—	—	15	64.68	—	—
$C_{10}H_{16}$	罗勒烯	12.54	295.29	94.53	—	—	—	—	—
$C_{10}H_{16}$	2-蒎烯	12.62	—	—	1 256.37	—	—	—	—
$C_{10}H_{16}$	萜品烯	12.81	—	—	1 453.74	—	—	—	—
$C_{15}H_{24}$	α-蒎烯	26.01	—	—	361.88	—	—	—	—
其他类									
$C_5H_{10}O$	2-戊酮	3.16	346.87	—	—	—	—	—	—
$C_4H_8O_2$	3-羟基-2-丁酮	3.93	85.67	—	—	150	0.57	—	—
C_8H_8O	苯乙醛	12.52	43.88	—	—	1.1	39.89	—	—

续表3-15

化学式	化合物	RT	含量/(μg/L)			香气阈值/(μg/kg)	RW+L香气活力值	RW−L香气活力值	L−RW香气活力值
			RW+L	RW−L	L−RW				
$C_7H_{10}O_3$	4-甲氧基-2,5-二甲基-3(2H)-呋喃酮	12.99	638.45	791.97	912.00	25	25.54	31.67	36.48
$C_9H_{18}O$	壬醛	14.11	—	331.21	—	10	—	33.12	—
$C_{14}H_{22}O$	对辛基苯酚	14.23	28.34	—	113.21	—	—	—	—

注:所有样本均为一式三份,表中的数据均为平均值。

RW−L 发酵方式在陈酿阶段共检测到香气物质 25 种,包括酯类物质 15 种、醇类物质 5 种、酸类物质 1 种、萜烯类物质 2 种、其他类物质 2 种。其中辛酸乙酯、癸酸乙酯、异戊醇、甲基苯甲醇含量超过了 10 000 μg/L,里那醇含量超过了 5 000 μg/L,这 5 种物质为 RW−L 顺序发酵陈酿期间的主要香气成分。OAV 大于 1 的香气物质有丁酸乙酯、乙酸异戊酯、辛酸乙酯、癸酸乙酯、肉桂酸乙酯、月桂酸乙酯、异戊醇、里那醇、松油醇、4-甲氧基-2,5-二甲基-3(2H)-呋喃酮、壬醛,这 11 种香气物质为该酒的关键香气物质。其中 OAV 最大的香气物质为里那醇,赋予果酒铃兰的香韵。

L−RW 顺序发酵在陈酿阶段共检测到挥发性物质 36 种,包括酯类物质 19 种、醇类物质 5 种、酸类 4 种、萜烯类 6 种、其他类 2 种。其中辛酸乙酯、癸酸乙酯、异戊醇、甲基苯甲醇含量超过了 10 000 μg/L,月桂酸乙酯含量超过了 5 000 μg/L,这 5 种物质为 L−RW 发酵方式陈酿期间的主要香气成分。OAV 大于 1 的香气物质有乙酸异戊酯、苯甲酸乙酯、辛酸乙酯、3-苯丙酸乙酯、癸酸乙酯、肉桂酸乙酯、月桂酸乙酯、异戊醇、苯乙醇、松油醇、丁酸、4-甲氧基-2,5-二甲基-3(2H)-呋喃酮,这 12 种物质为 L−RW 顺序发酵陈酿阶段关键香气物质。其中癸酸乙酯 OAV 较大,赋予酒体陈酿阶段菠萝的香韵。

3.4.4 小结

RW 与 L 混合发酵不同发酵方式其理化指标各不相同,RW+L 乙醇浓度为 9.91%体积分数,大于其余两种混合发酵,结合陈酿阶段其产生高级醇的能力得出混合同时发酵其产乙醇的能力大于混合顺序发酵,但小于单酵母发酵,此结论和 RW 与 SY 混合发酵一致。RW+L 产酯能力大于 RW−L 发酵与 L−RW 发酵,并且同时大于单酵母发酵,但与 SY−RW 发酵相比其产酯能力还是不足。

RW+L 发酵在主发酵阶段检测到挥发性物质 42 种,其中乙酸异戊酯(54.24)、癸酸乙酯(46.024)OAV 较大,使酒体主发酵阶段整体呈现梨、苹果、菠萝的香韵。后发酵阶段检测到挥发性物质 32 种,其中 OAV 最大的 *D*-柠檬烯(55.12)赋予酒体后发酵阶段柠檬、柑橘香味。陈酿阶段检测到 34 种挥发性物质,其中癸酸乙酯(48.098)、里那醇(67.660)、*D*-柠檬烯(64.68)OAV 较大,赋予酒体陈酿阶段菠萝、柠檬以及铃兰的香韵。其中 *D*-柠檬烯只有在 RW+L 发酵的草莓酒中检测出来。

RW−L 在主发酵阶段共检测到香气物质 36 种。其中 OAV 较大的香气物质为乙酸异戊酯(47.70)、癸酸乙酯(46.598),赋予酒体整体呈现菠萝和梨的果香气味,味甜爽口,其香气效果与 RW+L 主发酵阶段相同。后发酵阶段共检测到挥发性物质 19 种,其中 OAV 最大的是乙酸异戊酯(61.23),赋予酒体后发酵阶段香蕉的香韵。RW－L 发酵方式在陈酿阶段共检测到香气物质 25 种,其中 OAV 最大的香气物质为里那醇(288.310),赋予果酒铃兰香韵。

L－RW 在主发酵阶段共检测到挥发性物质 33 种,其中已酸乙酯(3 437.30)OAV 最大,使酒体主发酵阶段整体呈现苹果、梨的香韵。后发酵阶段共检测到挥发性物质 32 种,其中 OAV 最大的 *D*-柠檬烯(55.12),赋予酒体后发酵阶段呈现柠檬、柑橘香气。L－RW 顺序发酵在陈酿阶段共检测到挥发性物质 36 种,其中癸酸乙酯(44.897)OAV 最大,赋予酒体陈酿阶段菠萝的香韵。

3.5 拉曼德 L 酵母和安琪 SY 酵母混合发酵过程中‘九九’草莓酒的香气分析研究

单一的商业酿酒酵母发酵使得葡萄酒的风格和潜力趋于同质化,为了使葡萄酒风格多样化,科研工作者尝试非酿酒酵母和酿酒酵母混合发酵,而关于混合发酵的研究报道较少(Wang et al.,2017)。通过代谢足迹法研究发现混合发酵的成品酒的香气轮廓有别于单品种酿酒酵母分别发酵后混合调配的葡萄酒香气轮廓(Howell et al.,2006)。另有研究发现两种勃艮第本土酿酒酵母混合发酵的霞多丽葡萄酒具有浓郁的草莓、青苹果、梨和香蕉香气,比其他六种商业酿酒酵母单独酿造的成品酒的香气更为独特和复杂(Saberi et al.,2012)。本节将以草莓为原料,进行混合发酵,对其香气进行分析研究。

3.5.1 试验材料与试剂

同 3.2.1。

试验仪器与设备

同 3.2.2。

3.5.2 试验方法

3.5.2.1 混合菌种发酵草莓酒工艺流程

发酵工艺流程同 3.3.3.1,其中 L＋SY 为安琪 SY 酵母与拉曼德 L 酵母同时接种;SY－L 为先接种安琪 SY 酵母,48 h 后再接种拉曼德 L 酵母;L－RW 为先接种拉曼德 L 酵母,48 h 后再接种安琪 SY 酵母。

3.5.2.2 理化指标测定

同 3.2.3.2。

3.5.2.3 感官评定

同 3.2.3.3。

3.5.2.4 GC-MS 分析

同 3.2.3.4。

3.5.2.5 气味活力值分析

同 3.2.3.5。

3.5.2.6　数据统计分析

同 3.2.3.6。

3.5.3　结果与分析

3.5.3.1　L 酵母与 SY 酵母混合发酵草莓酒理化品质分析

如表 3-16 所示，L 酵母与 SY 酵母三种不同接种发酵方式发酵的草莓酒所有理化指标均符合《绿色食品　果酒》(NY/T 1508—2017)的要求。其中 SY+L 发酵的草莓酒乙醇浓度最大。残糖含量为 7.08～7.96 g/L，均属于半干型果酒(4.1～12.0 g/L)。可滴定酸是影响果酒口感的一个最直接的因素，其中 SY+L 发酵方式的草莓酒的可滴定酸含量最低，为 7.93 g/L，L－SY 发酵的草莓酒的可滴定酸最高，为 8.44 g/L，满足果酒标准中可滴定酸为 4.0～9.0 g/L。混合发酵的果酒可溶性固形物含量对比单酵母发酵的偏高，最高的为 L－SY 发酵方式发酵的草莓酒，为 6.03 °Bx，对比最高的单酵母 SY 的多了 0.22 °Bx。pH 在三种果酒中相差虽然不大但都小于单酵母发酵，可能是该发酵方式消耗了更少的酸。三种草莓酒虽然都是使用相同的酵母菌种发酵制得，但是发酵顺序不同导致了最后酒的理化指标之间产生差异。

表 3-16　RW 酵母与 L 酵母混合发酵草莓酒理化指标

发酵方式	残糖/(g/L)	乙醇浓度/%体积分数	总酸/(g/L)	总 SO_2 含量/(g/L)	干浸出物/(g/L)	可溶性固形物/°Bx	pH	感官评分
SY+L	7.14±0.1[c]	9.86±0.02[a]	7.93±0.02[c]	0.17±0.02[b]	17.52±0.12[a]	5.88±0.02[c]	3.54±0.01[a]	83
SY－L	8.11±0.08[a]	9.06±0.01[c]	8.06±0.01[b]	0.2±0.01[a]	16.71±0.2[c]	6.86±0.02[a]	3.37±0.01[c]	81
L－SY	7.53±0.02[b]	9.57±0.02[b]	8.17±0.04[a]	0.18±0.01[b]	17.24±0.06[b]	6.03±0.01[b]	3.5±0.01[b]	87

注：不同字母表示数据间有显著性差异。

3.5.3.2　L 酵母与 SY 酵母混合发酵草莓酒在不同发酵阶段香气差异

1. L 酵母与 SY 酵母混合发酵草莓酒主发酵阶段的香气差异

L 和 SY 混合酵母发酵草莓酒主发酵阶段香气化合物种类含量如图 3-19、图 3-20 所示。SY+L 顺序发酵的草莓酒香气化合物含量为酯类＞醇类＞萜烯类＞其他类＞酸类。SY－L 发酵的草莓酒香气化合物的含量为酯类＞醇类＞酸类＞萜烯类＞其他类，L－SY 发酵的草莓酒香气化合物的含量为酯类＞醇类＞酸类＞萜烯类＞其他类。其中 SY－L 发酵的草莓酒酯类、醇类、酸类香气化合物含量远远高于其他四种发酵，L－SY 与 SY+L 发酵的草莓酒的酯类物质含量相差不大，但 L－SY 发酵的草莓酒萜烯类和其他类物质含量都为最低，而 SY+L 发酵的草莓酒萜烯类和其他类物质含量皆为最高，说明 SY+L 发酵可以赋予果酒更多的萜烯类物质的香味。在三种混合发酵草莓酒中，酯类和醇类挥发性化合物在三种草莓酒主发酵阶段占比和种类较多，这与 RW 与 SY 混合发酵、RW 与 L 混合发酵都一致，萜烯类在草莓酒主发酵阶段种类比较丰富，酸类和其他类在草莓酒主发酵阶段占比和种类最少，并且其酯类化合物的含量远远高于单酵母发酵的酯类含量，也再次证实了混合发酵与单酵母相比会产生更多的酯类物质，丰富了果酒香气。

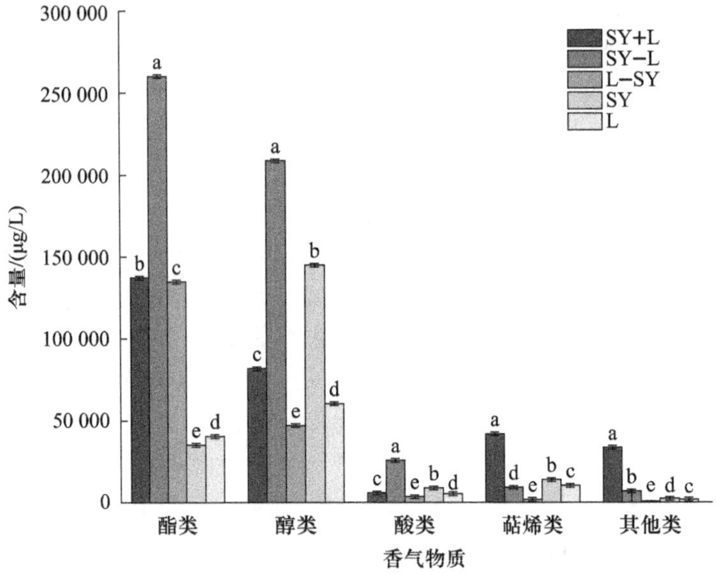

图 3-19 L 酵母和 SY 酵母不同发酵方式主发酵阶段香气物质含量

注:不同字母表示数据间有显著性差异。

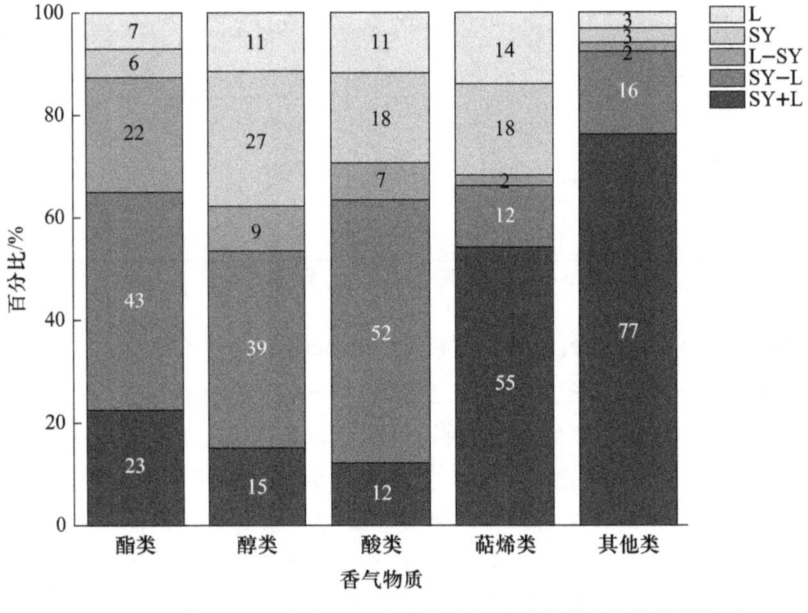

图 3-20 L 酵母和 SY 酵母不同发酵方式主发酵阶段香气物质百分比

使用 GC-MS 检测 SY 酵母与 L 酵母混合发酵草莓酒的主发酵阶段其挥发性化合物的成分和含量如表 3-17 所示，SY+L 发酵方式在主发酵阶段共检测到挥发性物质 55 种，包括酯类物质 22 种、醇类物质 10 种、酸类物质 5 种、萜烯类物质 9 种、其他类物质 9 种。其中己酸乙酯、辛酸乙酯、癸酸乙酯、月桂酸乙酯、异戊醇、正戊醇、苯乙烯、3-呋喃甲醛含量超过了 10 000 μg/L，乙酸仲戊酯、乙酸异戊酯、异丙醇、苯乙醇、环辛四烯含量超过了 5 000 μg/L，这 13 种物质为 SY+L 顺序发酵主发酵阶段的主要香气成分，OAV 大于 1 的香气物质为丁酸乙酯、乙酸异戊酯、己酸乙酯、乙酸己酯、辛酸乙酯、己酸异戊酯、乙酸苯乙酯、3-苯丙酸乙酯、癸酸乙酯、辛酸异戊酯、月桂酸乙酯、棕榈酸乙酯、异戊醇、辛酸、苯乙烯、*D*-柠檬烯、苯乙醛、4-甲氧基-2,5-二甲基-3(2H)-呋喃酮，这 18 种香气物质为 SY+L 主发酵阶段关键香气物质，其中己酸乙酯、苯乙醛 OAV 较大，使酒体陈酿阶段整体呈现浓郁的杏仁、菠萝香韵。己酸乙酯仅在 SY+L 主发酵阶段检测出来，由于其物质含量大(4 946.269 μg/L)，阈值低，故其是 SY+L 主发酵阶段的典型性香气成分。

表 3-17　L 酵母与 SY 酵母混合发酵草莓酒的主发酵阶段挥发性化合物的成分和含量(GC-MS)

化学式	化合物	RT	含量/(μg/L)			香气阈值/(μg/kg)	SY+L 香气活力值	SY−L 香气活力值	L−SY 香气活力值
			SY+L	SY−L	L−SY				
酯类									
$C_4H_8O_2$	甲酸异丙酯	3.11	574.703	—	—	—	—	—	—
$C_5H_{10}O_3$	乳酸乙酯	6.12	378.097	381.183	308.590	150 000	0.002	0.003	0.002
$C_6H_{12}O_2$	丁酸乙酯	5.79	160.926	504.123	99.719	20	8.046	25.206	4.986
$C_7H_{14}O_2$	异戊酸乙酯	7.29	—	—	24.704	0.2	—	—	123.521
$C_7H_{14}O_2$	甲酸己酯	7.73	—	—	517.069	—	—	—	—
$C_7H_{14}O_2$	乙酸仲戊酯	7.84	5 262.066	—	—	—	—	—	—
$C_7H_{14}O_2$	乙酸异戊酯	7.91	7 573.775	12 168.427	2 192.571	30	252.459	405.614	73.086
$C_8H_{16}O_2$	己酸乙酯	11.37	24 731.347	—	—	5	4 946.269	—	—
$C_8H_{16}O_2$	乙酸己酯	11.73	219.316	—	1 151.046	6 700	0.327	—	1.717
$C_7H_8O_3$	3-呋喃甲酸乙酯	12.76	2 267.642	—	—	—	—	—	—
$C_9H_{18}O_2$	辛酸甲酯	14.63	—	—	535.456	1 385	—	—	0.387
$C_9H_{10}O_2$	苯甲酸乙酯	15.82	70.645	—	668.316	575	0.123	—	1.162
$C_{10}H_{20}O_2$	辛酸乙酯	16.44	32 336.868	14 517.642	64 557.274	580	55.753	25.030	111.306
$C_{10}H_{20}O_2$	乙酸辛酯	16.78	—	—	150.898	—	—	—	—
$C_{11}H_{22}O_2$	己酸异戊酯	17.69	174.289	—	370.360	130	1.341	—	2.849
$C_{10}H_{12}O_2$	乙酸苯乙酯	17.88	1 289.895	39.423	1 229.438	20	64.495	1.971	61.472
$C_{11}H_{22}O_2$	辛酸异丙酯	18.67	—	—	19.090	—	—	—	—
$C_{11}H_{22}O_2$	壬酸乙酯	18.76	753.598	—	411.118	850	0.887	—	0.484
$C_{11}H_{22}O_2$	癸酸甲酯	19.40	207.755	68.870	1 060.747	—	—	—	—
$C_{11}H_{14}O_2$	3-苯丙酸乙酯	19.98	2 565.300	1 339.464	91.525	1 600	1.603	0.837	0.057
$C_{12}H_{24}O_2$	正辛酸异丁酯	19.91	—	—	170.839	—	—	—	—
$C_{12}H_{24}O_2$	癸酸乙酯	20.91	40 741.582	43 503.477	57 195.167	510	79.885	85.301	112.147
$C_{13}H_{26}O_2$	辛酸 3-甲基丁酯	22.02	—	417.736	829.501	—	—	—	—

续表3-17

化学式	化合物	RT	含量/(μg/L)			香气阈值/(μg/kg)	SY+L 香气活力值	SY−L 香气活力值	L−SY 香气活力值
			SY+L	SY−L	L−SY				
$C_{13}H_{26}O_2$	辛酸异戊酯	22.09	478.314	—	—	125	3.827	—	—
$C_{13}H_{26}O_2$	辛酸戊酯	22.08	—	—	230.642	—	—	—	—
$C_{11}H_{12}O_2$	肉桂酸乙酯	22.56	—	1 826.488	—	50	—	36.53	—
$C_{13}H_{26}O_2$	月桂酸甲酯	23.77	—	—	73.149	—	—	—	—
$C_{14}H_{28}O_2$	月桂酸乙酯	25.07	12 682.623	18.809	3 741.035	3 500	3.624	0.005	1.069
$C_{13}H_{26}O_2$	十一酸乙酯	25.13	175.635	57 067.045	—	1 000	0.176	57.067	—
$C_{15}H_{30}O_2$	癸酸异戊酯	25.85	440.73	—	—	3 000	0.147	—	—
$C_{16}H_{32}O_2$	肉豆蔻酸乙酯	27.76	1 121.88	20 881.17	—	—	—	—	—
$C_{17}H_{34}O_2$	十二烷基异戊酯	28.21	—	2 829.642	—	—	—	—	—
$C_{18}H_{36}O_2$	棕榈酸乙酯	29.72	3 827.433	77 129.951	—	1 500	2.552	51.42	—
$C_{20}H_{36}O_2$	亚油酸乙酯	31.27	—	28 303.344	—	4 000	—	7.076	—
醇类									
$C_5H_{12}O$	异戊醇	4.34	49 496.572	197 153.837	28 090.69	30 000	1.65	6.572	0.936
$C_5H_{12}O$	正戊醇	4.58	11 926.05	—	2 590.803	450 000	0.026	—	0.006
$C_5H_{12}O$	旋性戊醇	4.73	3 183.663	—	—	—	—	—	—
$C_4H_{10}O_2$	2,3-丁二醇	5.37	947.083	94.381	1 537.647	1 000 000	0.001	0	0.002
C_3H_8O	异丙醇	11.87	7 349.382	—	—	70 000	0.105	—	—
$C_3H_8O_2$	1,2-丙二醇	7.26	637.386	—	—	—	—	—	—
$C_8H_{18}O$	2-辛醇	10.98	500.00	500.00	500.00	110 000	0.005	0.005	0.005
$C_3H_8O_2$	丙二醇	11.65	—	710.748	—	—	—	—	—
$C_{10}H_{18}O$	里那醇	14.01	—	—	1 682.239	15	—	—	112.149
$C_8H_{10}O$	苯乙醇	14.33	7 400.036	—	—	10 000	0.74	—	—
$C_8H_{10}O$	甲基苯甲醇	14.22	—	10 980.962	12 490.505	—	—	—	—
C_8H_10O	苏合香醇	14.44	586.898	—	—	—	—	—	—
$C_{10}H_{18}O$	松油醇	16.24	—	—	54.836	300	—	—	0.183
$C_{15}H_{26}O$	橙花叔醇	24.34	62.232	—	—	826	0.075	—	—
酸类									
$C_2H_4O_2$	乙酸	3.53	189.753	908.795	—	22 000	0.009	0.041	—
$C_3H_6O_3$	*L*-乳酸	3.47	—	141.61	—	1 260 000	—	0.001	—

续表3-17

化学式	化合物	RT	含量/(μg/L)			香气阈值/(μg/kg)	SY+L 香气活力值	SY−L 香气活力值	L−SY 香气活力值
			SY+L	SY−L	L−SY				
$C_2H_2O_4$	草酸	9.88	5.589	—	—	45 000	0.001	—	—
$C_{10}H_{10}O_4$	苯基丁二酸	8.20	3 428.181	7 748.983	2 998.326	—	—	—	—
$C_6H_{12}O_2$	己酸	11.21	—	—	207.276	500	—	—	0.415
$C_{12}H_{14}O_3$	5-苯甲酰戊酸	13.14	—	—	17.438	—	—	—	—
$C_8H_{16}O_2$	辛酸	16.13	1 985.897	2 953.239	87.657	500	3.972	5.906	0.175
$C_5H_{10}O_5$	木糖	16.02	—	—	69.392	1 880 000	—	—	0.001
$C_{10}H_{20}O_2$	癸酸	20.46	—	5 001.343	—	1 000	—	5.001	—
$C_9H_{18}O_2$	壬酸	20.53	—	99.693	—	500	—	0.199	—
$C_{12}H_{24}O_2$	月桂酸	24.50	—	2 572.253	—	1 000	—	2.572	—
$C_{16}H_{32}O_2$	棕榈酸	29.37	—	6 600.761	—	5 000 000	—	0.001	—
$C_8H_{16}O_2$	异辛酸	31.69	416.037	—	—	—	—	—	—
萜烯类									
C_8H_8	苯乙烯	8.20	26 586.223	4 046.604	775.803	730	36.419	5.543	1.063
C_8H_8	环辛四烯	8.27	6 725.781	4 385.984	691.062	—	—	—	—
$C_{10}H_{16}$	松油烯	11.65	620.926	—	—	2 140	0.29	—	—
$C_{10}H_{16}$	*D*-柠檬烯	12.08	1 706.967	—	—	15	113.798	—	—
$C_{10}H_{16}$	双戊烯	11.97	—	868.238	—	—	—	—	—
$C_{10}H_{16}$	*α*-萜品烯	13.51	733.847	—	—	—	—	—	—
$C_{10}H_{12}$	2-甲基-1-苯丙烯	13.61	4 328.664	—	—	—	—	—	—
$C_{10}H_{16}$	莰烯	12.28	814.757	—	—	—	—	—	—
$C_{15}H_{24}$	*α*-法尼烯	23.37	157.503	—	—	—	—	—	—
$C_{15}H_{24}$	*α*-石竹烯	24.1	681.079	—	—	—	—	—	—
其他类									
$C_6H_{14}O_2$	乙缩醛	4.13	445.938	—	—	150 000	0.003	—	—
$C_5H_4O_2$	呋喃甲醛	6.57	4 418.822	—	—	—	—	—	—
$C_5H_4O_2$	3-呋喃甲醛	6.82	20 143.846	—	—	—	—	—	—
$C_8H_{18}O_2$	异丁醛二乙缩醛	7.32	3 301.819	—	—	2 000	1.651	—	—
C_8H_8O	苯乙醛	12.52	1 609.384	—	—	1.1	1 463.077	—	—
$C_{11}H_{16}O_2$	苯甲醛二乙缩醛	12.99	389.449	—	—	—	—	—	—

续表3-17

化学式	化合物	RT	含量/(μg/L)			香气阈值/(μg/kg)	SY+L香气活力值	SY−L香气活力值	L−SY香气活力值
			SY+L	SY−L	L−SY				
$C_7H_{10}O_3$	4-甲氧基-2,5-二甲基-3(2H)-呋喃酮	12.99	885.35	—	443.655	25	35.414	—	17.746
$C_{14}H_{22}O$	α-鸢尾酮	13.6	1 694.533	—	—	—	—	—	—
$C_9H_{18}O$	壬醛	14.11	—	—	244.499	10	—	—	24.45
$C_{10}H_{16}O$	2-(4-甲基-3-环己烯基)丙醛	16.9	253.219	—	—	—	—	—	—
$C_{15}H_{24}O$	双邻仲丁基酚	23.87	—	404.527	—	—	—	—	—
$C_{14}H_{22}O_2$	2,5-二特丁基对苯二酚	25.76	—	6 509.518	—	—	—	—	—

注:所有样本均为一式三份,表中的数据均为平均值。

SY−L顺序发酵在主发酵阶段共检测到香气物质34种,包括酯类物质16种、醇类物质5种、酸类物质8种、萜烯类物质3种、其他类物质2种。其中辛酸乙酯、异戊醇、甲基苯甲醇、乙酸异戊酯、癸酸乙酯、十一酸乙酯、肉豆蔻酸乙酯、棕榈酸乙酯、亚油酸乙酯含量超过了10 000 μg/L,苯基丁二酸、癸酸、棕榈酸、2,5-二特丁基对苯二酚含量超过了5 000 μg/L,这13种物质为SY−L顺序发酵主发酵期间的主要香气成分。OAV大于1的香气物质有丁酸乙酯、乙酸异戊酯、辛酸乙酯、乙酸苯乙酯、癸酸乙酯、肉桂酸乙酯、十一酸乙酯、棕榈酸乙酯、亚油酸乙酯、异戊醇、辛酸、癸酸、月桂酸、苯乙烯,这14种香气物质为该酒的关键香气物质。其中OAV最大的香气物质为乙酸异戊酯,赋予了果酒香蕉香韵。

L−SY顺序发酵在主发酵阶段共检测到挥发性物质38种,包括酯类物质22种、醇类物质7种、酸类物质5种、萜烯类物质2种、其他类物质2种。其中辛酸乙酯、癸酸乙酯、异戊醇、甲基苯甲醇含量超过了10 000 μg/L,这4种物质为L−SY顺序发酵主发酵期间的主要香气成分。OAV大于1的香气物质有丁酸乙酯、异戊酸乙酯、乙酸异戊酯、乙酸己酯、苯甲酸乙酯、辛酸乙酯、己酸异戊酯、乙酸苯乙酯、癸酸乙酯、月桂酸乙酯、里那醇、苯乙烯、4-甲氧基-2,5-二甲基-3(2H)-呋喃酮、壬醛,这14种物质为L−SY顺序发酵主发酵阶段关键香气物质。其中异戊酸乙酯、辛酸己酯、癸酸乙酯、里那醇OAV较大,使酒体主发酵阶段整体呈现浓郁的苹果、桑椹、菠萝以及铃兰的甜香。

2. L酵母与SY酵母混合发酵草莓酒后发酵阶段的香气差异

SY酵母和L酵母混合发酵草莓酒后发酵阶段香气化合物种类含量如图3-21、图3-22所示。SY−L发酵的草莓酒香气化合物含量为:酯类>其他类>醇类>酸类>萜烯类;L−SY发酵的草莓酒香气化合物的含量为:醇类>酯类>萜烯类>其他类>酸类;SY+L发酵的草莓酒香气化合物的含量为:醇类>酯类>酸类>其他类>萜烯类。其中单酵母萜烯类、酸类物质含量高,酯类物质含量低,说明其酸类物质只参与了降解,很少一部分参与酯化,造成其酯类物质含量低,醇类物质含量高。SY+L酯类和醇类物质含量高,赋予果酒浓郁的果香与酒香。萜烯类化合物含量少,可能是由于发酵不完全,物质还没有完成转化。SY−L酯类和其他类物质含量均很高,但其醇类和萜烯类物质含量却很低,说明其高级醇完成了酯化反应,进行了醇与酯的转化,并伴随着一些高级醇的分解,增加了醛类、酮类物质的相对含量,酒体香气以酯香为主。单酵母发酵的酒萜烯类含量高于混合酵母发酵,其他类含量却低于所有的混合发酵,说明 SY 酵母和 L 酵母在后发酵期间转化萜烯类物质的能力是高于其混合发酵的,但在其他类物质的转化上不如混合发酵。该结果证明了混合发酵可以改变酵母后发酵期间的香气种类与含量,赋予果酒香气的复杂性与典型性。

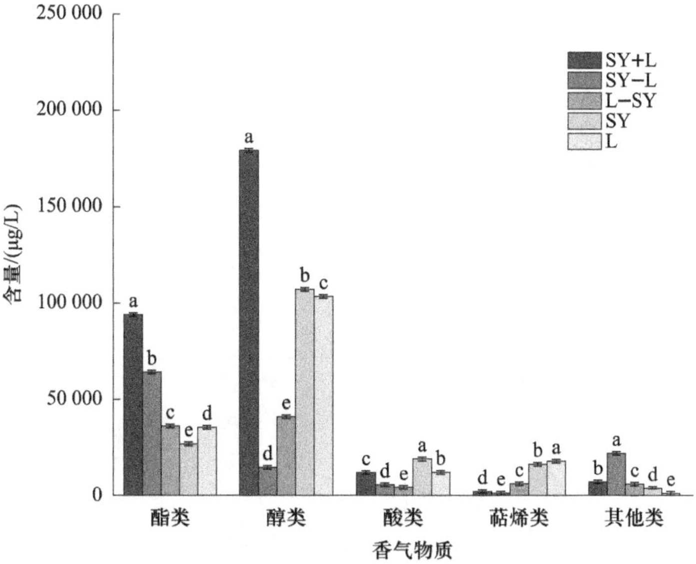

图 3-21　SY 和 L 不同发酵方式后发酵阶段香气物质含量

注:不同字母表示数据间有显著性差异。

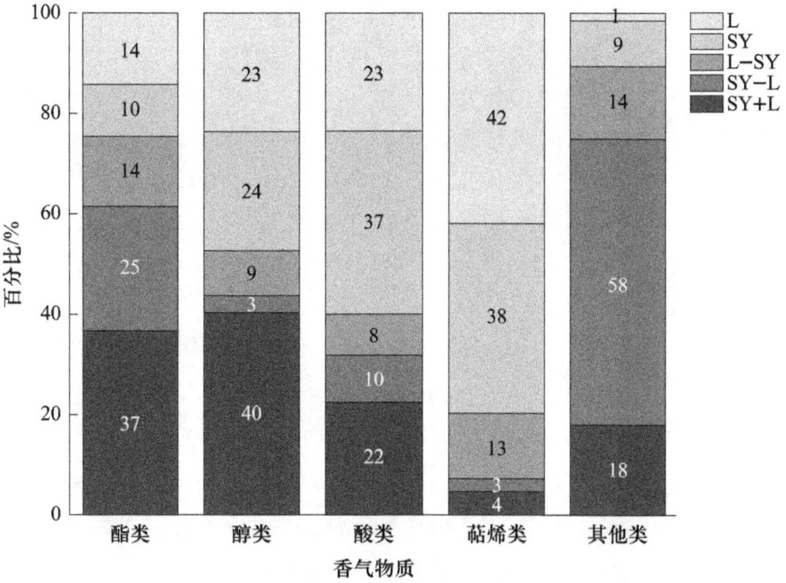

图 3-22　SY 和 L 不同发酵方式后发酵阶段香气物质百分比

通过GC-MS检测到SY酵母与L酵母混合发酵草莓酒的后发酵阶段，其挥发性化合物的成分和含量如表3-18所示。SY+L发酵方式在后发酵阶段共检测到挥发性物质38种，包括酯类物质19种、醇类物质8种、酸类物质3种、萜烯类物质5种、其他类物质3种。其中甲酸异戊酯、辛酸乙酯、癸酸乙酯、月桂酸乙酯、甲基乙酰甲醇、异戊醇含量超过了10 000 μg/L，旋性戊醇、2,3-丁二醇、甲基苯甲醇、苯基丁二酸、乙缩醛含量超过了5 000 μg/L，这11种物质为SY+L发酵草莓酒后发酵期间的主要香气成分，OVA值大于1的香气物质为乙酸异戊酯、己酸乙酯、苯甲酸乙酯、辛酸乙酯、乙酸苯乙酯、3-苯丙酸乙酯、癸酸乙酯、肉桂酸乙酯、月桂酸乙酯、棕榈酸乙酯、异戊醇、松油醇、辛酸、苯乙烯、*D*-柠檬酸，这15种香气物质为SY+L后发酵阶段关键香气物质，其中己酸乙酯(336.384)OAV最大，使酒体后发酵阶段整体呈现浓郁的苹果、梨的香韵。且与主发酵相同，只有SY+L发酵的草莓酒中检测到了己酸乙酯的存在，说明己酸乙酯为SY+L主发酵与后发酵阶段的典型性香气物质。

表3-18 L酵母与SY酵母混合发酵草莓酒后发酵阶段挥发性化合物的成分和含量(GC-MS)

化学式	化合物	RT	含量/(μg/L)			香气阈值/(μg/kg)	SY−L香气活力值	L−SY香气活力值	SY+L香气活力值
			SY−L	L−SY	SY+L				
酯类									
$C_4H_8O_2$	甲酸异丙酯	3.11	—	—	3 856.708	—	—	—	—
$C_6H_{12}O_2$	甲酸异戊酯	4.30	—	896.761	23 952.819	—	—	—	—
$C_5H_{10}O_3$	乳酸乙酯	6.12	7 618.448	2 213.124	—	150 000	0.051	0.015	—
$C_7H_{14}O_2$	乙酸异戊酯	7.91	3 125.867	916.049	121.629	30	104.196	30.535	4.054
$C_8H_{16}O_2$	己酸乙酯	11.37	—	—	1 681.922	5	—	—	336.384
$C_7H_8O_3$	2-糠酸乙酯	12.75	—	277.455	—	—	—	—	—
$C_9H_{10}O_2$	苯甲酸乙酯	15.82	—	746.476	731.153	575	—	1.298	1.272
$C_{10}H_{20}O_2$	辛酸乙酯	16.44	5 323.200	6 067.433	13 858.669	580	9.178	10.461	23.894
$C_{10}H_{12}O_2$	乙酸苯乙酯	17.88	1 077.959	—	217.813	20	53.898	—	10.891
$C_{11}H_{22}O_2$	壬酸乙酯	18.76	161.009	—	—	850	0.189	—	—
$C_9H_{18}O_2$	2-甲基辛酸	19.30	—	—	229.682	—	—	—	—
$C_{11}H_{14}O_2$	3-苯丙酸乙酯	19.98	2 517.185	—	2 118.539	1 600	1.573	—	1.324
$C_{12}H_{24}O_2$	癸酸乙酯	20.91	7 684.853	9 271.922	30 271.643	510	15.068	18.180	59.356
$C_{13}H_{26}O_2$	辛酸3-甲基丁酯	22.02	—	157.731	478.908	—	—	—	—
$C_{11}H_{12}O_2$	反式-肉桂酸乙酯	22.56	—	—	22.891	—	—	—	—
$C_{11}H_{12}O_2$	肉桂酸乙酯	22.56	—	985.675	74.866	50	—	19.714	1.497
$C_{13}H_{16}O_2$	肉桂酸异丁酯	22.76	—	286.227	—	—	—	—	—
$C_{19}H_{20}O_4$	邻苯二甲酸丁苄酯	23.42	—	1 322.998	—	—	—	—	—
$C_9H_{20}O_3$	原丙酸三乙酯	23.68	—	—	198.453	—	—	—	—
$C_{14}H_{28}O_2$	月桂酸乙酯	25.07	9 295.691	8 896.013	11 230.215	3 500	2.656	2.542	3.209
$C_{13}H_{26}O_2$	十一酸乙酯	25.13	—	—	51.628	1 000	—	—	0.052
$C_{15}H_{30}O_2$	癸酸3-甲基丁酯	25.67	354.000	—	449.896	—	—	—	—

续表3-18

化学式	化合物	RT	含量/(μg/L)			香气阈值/(μg/kg)	SY－L 香气活力值	L－SY 香气活力值	SY+L 香气活力值
			SY－L	L－SY	SY+L				
$C_{16}H_{32}O_2$	肉豆蔻酸乙酯	27.76	2 733.347	2 484.074	1 085.465	—	—	—	—
$C_{16}H_{22}O_4$	邻苯二甲酸二异丁酯	28.51	48.922	323.013	—	—	—	—	—
$C_{13}H_{24}O_2$	十一碳烯酸乙酯	29.45	1 722.752	—	—	—	—	—	—
$C_{18}H_{34}O_2$	十六酸乙烯酯	29.56	416.034	—	—	—	—	—	—
$C_{18}H_{36}O_2$	棕榈酸乙酯	29.72	21 833.417	—	3 467.593	1 500	14.556	—	2.312
醇类									
$C_4H_8O_2$	甲基乙酰甲醇	3.15	—	—	52 816.927	—	—	—	—
$C_5H_{12}O$	异戊醇	4.34	260.710	246.858	99 769.817	30 000	0.009	0.008	3.326
$C_5H_{12}O$	正戊醇	4.58	2 938.512	—	—	4 500 000	0.001	—	—
$C_5H_{12}O$	旋性戊醇	4.73	—	—	6 843.213	—	—	—	—
$C_5H_{12}O$	2-甲基丁醇	4.76	8 254.520	—	—	—	—	—	—
$C_4H_{10}O_2$	2,3-丁二醇	5.37	1 611.442	3 473.010	7 531.451	1 000 000	0.002	0.003	0.008
C_3H_8O	异丙醇	11.87	—	—	3 838.617	70 000	—	—	0.055
$C_8H_{10}O$	甲基苯甲醇	14.22	77.892	37 041.159	8 865.477	—	—	—	—
$C_8H_{10}O$	苯乙醇	14.33	108.747	22.615	144.245	10 000	0.011	0.002	0.014
$C_{10}H_{18}O$	松油醇	16.24	—	—	308.880	300	—	—	1.03
$C_{15}H_{26}O$	红没药醇	26.43	1 187.719	—	—	—	—	—	—
酸类									
$C_5H_{10}O_3$	*L*-乳酸	3.47	1 363.362	—	—	1 260 000	0.001	—	—
$C_2H_4O_2$	乙酸	3.53	1 123.004	112.999	2 137.593	22 000	0.051	0.005	0.097
$C_6H_{12}O_2$	3-甲基戊酸	7.51	—	476.370	—	10 000	—	0.047	—
$C_{10}H_{10}O_4$	苯基丁二酸	8.2	276.538	—	8 202.971	—	—	—	—
$C_5H_{10}O_2$	正戊酸	11.21	—	161.640	—	—	—	—	—
$C_8H_{16}O_2$	辛酸	16.13	2 120.116	3 556.300	1 306.922	500	4.24	7.113	2.614
$C_{10}H_{20}O_2$	癸酸	20.46	1 674.531	—	—	1 000	1.675	—	—
萜烯类									
C_8H_8	苯乙烯	8.20	273.839	448.713	1 048.837	730	0.375	0.615	1.437

续表3-18

化学式	化合物	RT	含量/(μg/L)			香气阈值/(μg/kg)	SY－L香气活力值	L－SY香气活力值	SY+L香气活力值
			SY－L	L－SY	SY+L				
$C_{10}H_{16}$	*D*-柠檬烯	12.08	838.829	948.572	180.915	15	55.922	63.238	12.061
$C_{10}H_{16}$	罗勒烯	12.54	—	—	162.406	—	—	—	—
$C_{10}H_{16}$	3-蒈烯	12.55	—	704.712	—	—	—	—	—
$C_{15}H_{24}$	金合欢烯	22.04	—	—	218.468	—	—	—	—
$C_{15}H_{24}$	丁香烯	24.07	—	—	284.738	—	—	—	—
$C_{15}H_{24}$	α-萜烯	26.01	—	3 661.460	—	—	—	—	—
其他类									
$C_6H_{14}O_2$	乙缩醛	4.13	—	—	5 921.573	150 000	—	—	0.039
$C_4H_{10}O_2$	丙二醇甲醚	5.93	21 765.008	—	—	73 000	0.298	—	—
$C_5H_{12}O_2$	1,3-丙二醇单乙醚	7.29	—	—	684.289	—	—	—	—
$C_{12}H_{16}O_3$	榄香素	10.18	—	2 051.464	—	22 000	—	0.093	—
$C_5H_{12}O$	乙基异丙醚	10.94	—	499.310	—	—	—	—	—
$C_{10}H_{18}O$	松油醇	16.24	—	1 776.192	—	300	—	5.921	—
$C_{10}H_{16}O$	2-(4-甲基-3-环己烯基)丙醛	16.90	—	—	118.899	—	—	—	—
$C_{10}H_{14}O$	2,3,5,6-四甲基苯酚	19.18	—	29.566	—	55	—	0.538	—
$C_{15}H_{26}O$	橙花叔醇	24.34	—	1 111.524	—	826	—	1.346	—

注:所有样本均为一式三份,表中的数据均为平均值。

SY－L发酵方式在后发酵阶段共检测到香气物质29种,包括酯类物质14种、醇类物质7种、酸类物质5种、萜烯类物质2种、其他类物质1种。其中棕榈酸乙酯、丙二醇甲醚含量超过了10 000 μg/L,乳酸乙酯、辛酸乙酯、癸酸乙酯、月桂酸乙酯、2-甲基丁醇含量超过了5 000 μg/L,这7种物质为SY－L发酵方式主发酵期间的主要香气成分。OAV大于1的香气物质有乙酸异戊酯、辛酸乙酯、乙酸苯乙酯、3-苯丙酸乙酯、癸酸乙酯、月桂酸乙酯、棕榈酸乙酯、辛酸、癸酸、*D*-柠檬烯,这10种香气物质为该酒的关键香气物质。其中OAV较大的香气物质为乙酸异戊酯(104.196)、乙酸苯乙酯(53.898)、*D*-柠檬烯(55.922),赋予了果酒香蕉、柠檬的香韵。

L－SY发酵方式在后发酵阶段共检测到挥发性物质31种,包括酯类物质14种、醇类物质4种、酸类物质4种、萜烯类物质4种、其他类物质5种。其中甲基苯甲醇含量超过了10 000 μg/L,辛酸乙酯、癸酸乙酯、月桂酸乙酯含量超过了5 000 μg/L,这4种物质为L－SY发酵方式主发酵期间的主要香气成分。OAV大于1的香气物质有乙酸异戊酯、苯甲酸乙酯、辛酸乙酯、癸酸乙酯、肉桂酸乙酯、月桂酸乙酯、棕榈酸乙酯、辛酸、*D*-柠檬烯、松油醇,这10种物质为L－SY发酵后发酵阶段关键香气物质。其中乙酸异戊酯(30.535)、*D*-柠檬烯(63.238)OAV较大,赋予后发酵酒体香蕉、柠檬的甜香。

3. L 酵母与 SY 酵母混合发酵草莓酒陈酿阶段的香气差异

SY 酵母和 L 酵母混合发酵草莓酒陈酿阶段香气化合物种类含量如图 3-23、图 3-24 所示。SY+L 发酵的草莓酒香气化合物含量为醇类>酯类>其他类>萜烯类>酸类；SY－L 发酵的草莓酒香气化合物的含量为酯类>醇类>其他类>酸类>萜烯类；L－SY 发酵的草莓酒香气化合物的含量为酯类>醇类>萜烯类>酸类>其他类。其中 SY－L 顺序发酵酯类、酸类、其他类物质含量高，L－SY 顺序发酵酯类、酸类物质含量高，SY+L 发酵产生的其他类物质含量较高，单酵母发酵的酒萜烯类物质含量最高。SY－L 发酵方式中，香气物质相对含量几乎由

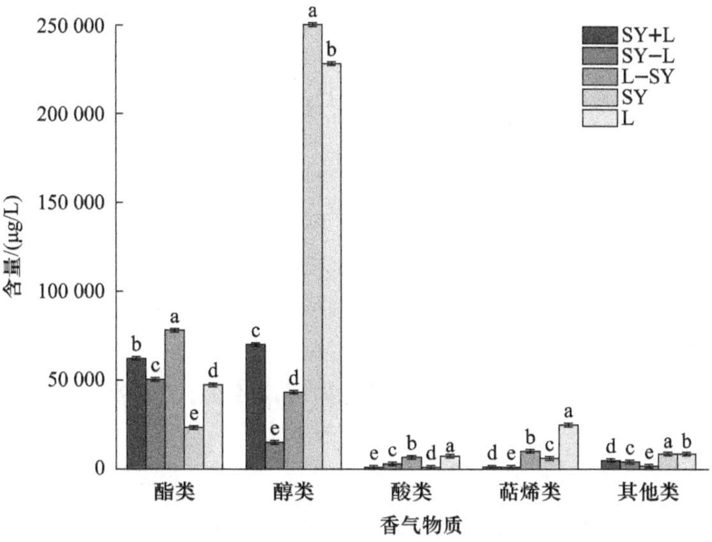

图 3-23　L 和 SY 不同发酵方式陈酿阶段香气物质含量

注：不同字母表示数据间有显著性差异。

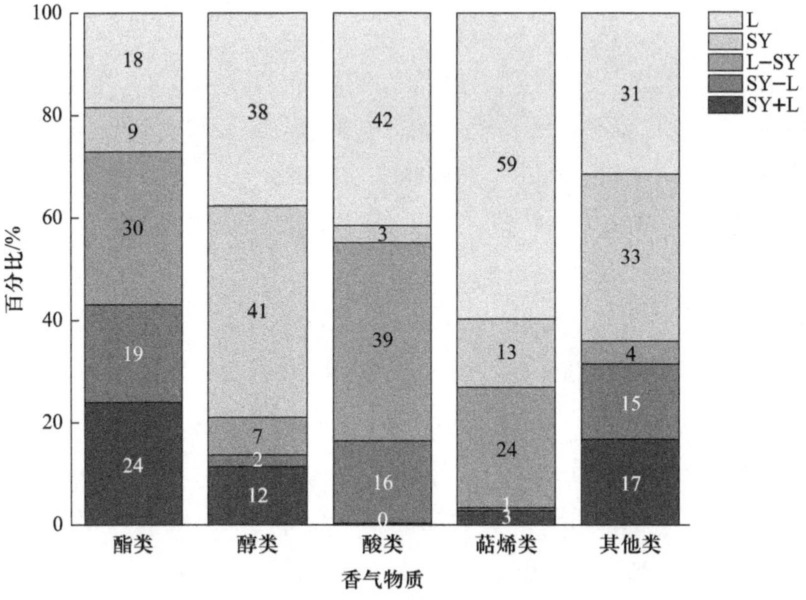

图 3-24　L 和 SY 不同发酵方式陈酿阶段香气物质百分比

醇类和酯类构成，其他类占很小的一部分，几乎不含萜烯类和酸类，虽然醇类相对含量占比很高，但由于醇类物质阈值大，其香气活力值OAV小，所以不是被嗅闻到的主要香气成分，相反酯类物质和其他类物质相对含量占比不高，但由于其阈值低，香气活力值大，反而成为嗅闻到的主要香气成分。SY和L单酵母发酵的草莓酒酯类、酸类香气化合物在陈酿阶段相对含量不如L－SY顺序发酵，醇类物质含量不如SY－L顺序发酵，其他类物质不如SY＋L同时发酵，但萜烯类香气化合物含量却高于所有两种酵母混合接入发酵草莓酒的含量，由此可以推断SY和L两种酵母混合接入对草莓酒陈酿阶段香气有影响，特别是醇类和其他类香气物质含量明显增多。整体来看SY和L酵母无论哪种发酵方式醇类物质都远远高于酯类物质含量，说明两种酵母发酵能力强，但都不适合产酯类物质，与单酵母发酵产物一致，而其混合发酵能力优于单酵母发酵，特别是在醛类和酮类化合物上，这些化合物可以赋予草莓酒更复杂和独特的香气。

使用GC-MS检测SY酵母与L酵母混合发酵草莓酒的陈酿阶段其挥发性化合物的成分和含量如表3-19所示，SY＋L发酵方式在陈酿阶段共检测到挥发性物质34种，包括酯类物质18种、醇类物质8种、酸类物质1种、萜烯类物质3种、其他类物质4种。其中辛酸乙酯、癸酸乙酯、甲基苯甲醇含量超过了10 000 μg/L，里那醇含量超过了5 000 μg/L，这4种物质为RW＋L顺序发酵陈酿期间的主要香气成分，OAV大于1的香气物质为已酸乙酯、苯甲酸乙酯、辛酸乙酯、已酸异戊酯、*D*-柠檬烯、癸酸乙酯、肉桂酸乙酯、里那醇、苯乙醇、松油醇、4-甲氧基-2,5-二甲基-3(2H)-呋喃酮，这11种香气物质为RW＋L陈酿阶段关键香气物质，其中已酸乙酯、里那醇OAV较大，赋予该酒陈酿阶段呈现苹果、铃兰的香韵。

表3-19　L酵母与SY酵母混合发酵草莓酒陈酿阶段挥发性化合物的成分和含量(GC-MS)

化学式	化合物	RT	含量/(μg/L)			香气阈值/(μg/kg)	SY＋L香气活力值	SY－L香气活力值	L－SY香气活力值
			SY＋L	SY－L	L－SY				
酯类									
$C_5H_{10}O_3$	乳酸乙酯	6.12	—	839.496	—	150 000	—	0.006	—
$C_7H_{14}O_2$	甲酸己酯	7.73	—	—	42.856	—	—	—	—
$C_7H_{14}O_2$	2-甲基丁基乙酸酯	7.83	—	411.855	38.889	—	—	—	—
$C_7H_{14}O_2$	乙酸异戊酯	7.91	—	—	32.487	30	—	—	1.083
$C_8H_{16}O_2$	已酸乙酯	11.54	1 069.253	—	—	5	213.850	—	—
$C_8H_{16}O_2$	乙酸已酯	11.73	369.872	118.144	—	670	0.552	0.176	—
$C_7H_8O_3$	2-糠酸乙酯	12.75	118.884	—	106.677	—	—	—	—
$C_9H_{18}O_2$	甲酸辛酯	13.29	460.305	1 097.054	864.792	—	—	—	—
$C_9H_{10}O_2$	苯甲酸乙酯	15.82	1 975.561	—	4 668.396	575	3.436	—	8.119
$C_8H_{14}O_4$	丁二酸二乙酯	15.85	—	2 283.341	—	353 193	—	0.006	—
$C_8H_{14}O_4$	琥珀酸二乙酯	16.06	1 049.453	—	1 986.312	6 000	0.175	—	0.331
$C_{10}H_{20}O_2$	辛酸乙酯	16.44	25 741.346	16 587.494	13 739.348	580	44.382	28.599	23.688

续表3-19

化学式	化合物	RT	含量/(μg/L)			香气阈值/(μg/kg)	SY+L 香气活力值	SY−L 香气活力值	L−SY 香气活力值
			SY+L	SY−L	L−SY				
$C_{12}H_{16}O_2$	异丁酸苯乙酯	17.68	—	—	2 350.379	—	—	—	—
$C_{11}H_{22}O_2$	己酸异戊酯	17.69	264.849	—	318.185	130	2.037	—	2.448
$C_{10}H_{12}O_2$	苯乙酸乙酯	17.87	4 623.771	412.491	279.290	—	—	—	—
$C_{10}H_{12}O_2$	乙酸苯乙酯	17.88	—	3 300.675	—	250	—	13.203	—
$C_9H_{10}O_3$	水杨酸乙酯	18.22	—	—	454.552	—	—	—	—
$C_{11}H_{20}O_2$	丙烯酸辛酯	18.22	—	428.592	—	—	—	—	—
$C_{11}H_{18}O_2$	甲酸香叶酯	18.57	—	497.353	—	—	—	—	—
$C_{11}H_{22}O_2$	壬酸乙酯	18.76	408.954	23.996	892.122	850	0.481	0.028	1.050
$C_{11}H_{22}O_2$	乙酸壬酯	19.09	—	—	47.497	100	—	—	0.475
$C_{11}H_{22}O_2$	癸酸甲酯	19.40	—	—	956.894	—	—	—	—
$C_{12}H_{24}O_2$	正辛酸异丁酯	19.91	—	—	112.951	—	—	—	—
$C_{11}H_{14}O_2$	3-苯丙酸乙酯	19.98	446.513	455.71	1 011.057	1 600	0.279	0.285	0.632
$C_{13}H_{18}O_2$	异丁酸-3-苯丙酯	20.46	—	—	73.033	—	—	—	—
$C_{12}H_{24}O_2$	癸酸乙酯	20.91	18 782.578	15 824.736	23 718.975	510	36.829	31.029	46.899
$C_{13}H_{26}O_2$	辛酸 3-甲基丁酯	22.02	205.036	136.732	—	—	—	—	—
$C_{13}H_{26}O_2$	辛酸戊酯	22.08	—	—	1 052.431	—	—	—	—
$C_{11}H_{12}O_2$	肉桂酸乙酯	22.56	688.356	1 490.565	754.508	500	1.377	2.981	1.509
$C_{13}H_{26}O_2$	癸酸异丙酯	23.00	—	—	47.060	1 000	—	—	0.047
$C_{13}H_{26}O_2$	月桂酸甲酯	23.77	—	—	275.529	—	—	—	—
$C_{14}H_{28}O_2$	月桂酸乙酯	25.07	2 668.929	4 361.017	20 156.842	3 500	0.763	1.246	5.759
$C_{13}H_{26}O_2$	十一酸乙酯	25.13	—	—	605.482	1 000	—	—	0.605
$C_{15}H_{30}O_2$	癸酸 3-甲基丁酯	25.67	173.374	234.451	—	—	—	—	—
$C_{16}H_{32}O_2$	肉豆蔻酸乙酯	27.76	1 533.622	593.27	1 564.571	—	—	—	—
$C_{13}H_{24}O_2$	十一碳烯酸乙酯	29.45	—	—	163.752	—	—	—	—
$C_{20}H_{40}O_2$	硬脂酸乙酯	29.71	—	934.416	—	6 000	—	0.156	—
$C_{18}H_{36}O_2$	棕榈酸乙酯	29.72	1 379.353	—	1 227.572	1 500	0.92	—	0.818
醇类									
$C_4H_8O_2$	甲基乙酰甲醇	3.15	141.507	—	—	—	—	—	—
$C_5H_{12}O$	异戊醇	4.34	4 198.334	7 452.985	9 161.754	30 000	0.14	0.248	0.305

续表3-19

化学式	化合物	RT	含量/(μg/L)			香气阈值/(μg/kg)	SY+L香气活力值	SY−L香气活力值	L−SY香气活力值
			SY+L	SY−L	L−SY				
$C_4H_{10}O_2$	2,3-丁二醇	5.37	—	—	91.748	1 000 000	—	—	0.001
$C_9H_{20}O$	二异丁基甲醇	12.91	—	91.324	51.198	—	—	—	—
$C_9H_{12}O$	1-苯基-2-丙醇	13.36	—	685.807	—	—	—	—	—
$C_{10}H_{18}O$	里那醇	14.01	5 893.958	5 023.243	6 302.074	15	392.931	328.21	420.138
$C_8H_{10}O$	甲基苯甲醇	14.22	57 966.359	—	25 785.253	—	—	—	—
$C_8H_{10}O$	苯乙醇	14.33	228.225	243.129	249.298	50	4.564	4.863	4.986
$C_{10}H_{18}O$	松油醇	16.24	617.869	1 145.255	954.350	300	2.06	3.818	3.181
$C_7H_{12}O$	3-环己烯-1-甲醇	16.89	—	91.315	274.785	—	—	—	—
$C_{11}H_{18}$	2-甲基-2-金刚烷醇	23.51	111.370	—	—	—	—	—	—
$C_{15}H_{26}O$	橙花叔醇	24.34	398.821	—	—	826	0.483	—	—
酸类									
$C_3H_6O_3$	*L*-乳酸	3.47	—	—	1 058.602	1 260 000	—	—	0.001
$C_2H_4O_2$	乙酸	3.53	2 214.332	2 400.278	3 710.751	22 000	0.101	0.109	0.169
$C_{10}H_{10}O_4$	苯基丁二酸	8.2	—	—	1 743.239	—	—	—	—
$C_6H_{12}O_2$	己酸	11.21	—	—	25.257	500	—	—	0.051
$C_{10}H_{20}O_2$	癸酸	20.46	—	336.55	—	1 000	—	0.337	—
萜烯类									
C_8H_8	苯乙烯	8.20	109.881	—	2 414.982	730	0.151	—	3.308
C_8H_8	环辛四烯	8.27	—	—	5 278.250	—	—	—	—
C_8H_8	苯并环丁烯	8.33	—	—	1 805.842	—	—	—	—
$C_{10}H_{16}$	月桂烯	10.99	—	—	17.309	42	—	—	0.412
$C_{10}H_{16}$	*D*-柠檬烯	—	564.168	263.560	—	15	37.611	17.571	—
$C_{10}H_{16}$	2-蒎烯	12.62	—	—	174.643	—	—	—	—
$C_{10}H_{18}$	香茅烯	17.20	495.698	—	—	—	—	—	—
$C_{15}H_{24}$	*β*-金合欢烯	22.26	—	—	73.967	—	—	—	—
其他类									
$C_{15}H_{14}O$	2,4-二甲基二苯甲酮	10.31	—	3 045.293	—	—	—	—	—
$C_{12}H_{16}O_3$	异榄香素	10.31	2 894.374	—	—	—	—	—	—

续表3-19

化学式	化合物	RT	含量/(μg/L)			香气阈值/(μg/kg)	SY+L香气活力值	SY-L香气活力值	L-SY香气活力值
			SY+L	SY-L	L-SY				
$C_{12}H_{18}O$	苄基异戊基醚	12.55	726.618	—	—	—	—	—	—
$C_7H_{10}O_3$	4-甲氧基-2,5-二甲基-3(2H)-呋喃酮	12.99	820.953	671.320	935.528	25	32.838	26.853	37.421
C_8H_8O	苯乙酮	13.17	—	21.540	59.811	65	—	0.331	0.92
$C_9H_{18}O$	壬醛	14.11	—	166.386	—	10	—	16.639	—
$C_{14}H_{22}O$	对辛基苯酚	14.23	62.370	—	—	—	—	—	—
$C_{11}H_{22}O$	十一醛	19.01	—	—	39.359	5	—	—	7.872
$C_{15}H_{24}O$	2,6-二叔丁基对甲酚	23.57	—	—	129.296	—	—	—	—

注:注:所有样本均为一式三份,表中的数据均为平均值。

SY－L 发酵方式在陈酿阶段共检测到香气物质 33 种,包括酯类物质 19 种、醇类物质 7 种、酸类物质 2 种、萜烯类物质 1 种、其他类物质 4 种。其中辛酸乙酯、癸酸乙酯含量超过了 10 000 μg/L,异戊醇、里那醇含量超过了 5 000 μg/L,这 4 种物质为 RW－L 顺序发酵的主发酵期间的主要香气成分。OAV 大于 1 的香气物质有辛酸乙酯、乙酸苯乙酯、癸酸乙酯、肉桂酸乙酯、月桂酸乙酯、里那醇、苯乙醇、松油醇、*D*-柠檬烯、4-甲氧基-2,5-二甲基-3(2H)-呋喃酮、壬醛,这 11 种香气物质为该酒的关键香气物质。其中 OAV 最大的香气物质为里那醇,赋予了果酒铃兰的香韵。

L－SY 顺序发酵在陈酿阶段共检测到挥发性物质 40 种,包括酯类物质 28 种、醇类物质 8 种、酸类物质 4 种、萜烯类物质 6 种、其他类物质 4 种。其中辛酸乙酯、癸酸乙酯、异戊醇、甲基苯甲醇含量超过了 10 000 μg/L,异戊醇、里那醇含量超过了 5 000 μg/L,这 6 种物质为 L－RW 发酵方式主发酵期间的主要香气成分。OAV 大于 1 的香气物质有壬酸乙酯、癸酸乙酯、肉桂酸乙酯、月桂酸乙酯、里那醇、苯乙醇、松油醇、苯乙烯、4-甲氧基-2,5-二甲基-3(2H)-呋喃酮、十一醛、乙酸异戊酯、苯甲酸乙酯、辛酸乙酯、乙酸异戊酯,这 14 种物质为 L－RW 顺序发酵陈酿阶段关键香气物质。其中癸酸乙酯、里那醇 OAV 较大,赋予酒体陈酿阶段菠萝以及铃兰的香韵。

里那醇、辛酸乙酯、癸酸乙酯在 SY＋L、SY－L、L－SY 发酵的果酒中都是关键香气成分并且都是 OAV 大于 1 的主要呈香物质,主要赋予了果酒铃兰的清香以及梨和菠萝的香气。SY＋L 发酵在整个阶段已酸乙酯都是其关键香气物质,L－SY 发酵的草莓酒中酯类、酸类物质种类和含量也高于 SY＋L 发酵、SY－L 发酵与单酵母发酵。酯类物质含量高赋予了酒体更饱满的水果香气,酸类物质虽然种类多,但其总体含量适中,增添了酒中香气的复杂性。

3.5.4　小结

SY 酵母与 L 酵母混合发酵的发酵工艺不同,成品酒的理化指标也存在差异。乙醇浓度最高的成品酒是 SY+L 发酵的草莓酒，达到了 9.86%体积分数，最低的为 SY－L 发酵方式为 9.06%体积分数，乙醇浓度普遍低于其单酵母发酵，可能是由于酵母菌之间的相互作用影响各菌株的生长和代谢物质的产生。混合发酵中产酯能力最强的是 L－SY，含量达到了 77 542.44 μg/L，产酯能力最弱的是 SY－L，为 50 249.36 μg/L，但都强于单酵母发酵的产酯能力。

SY+L 在主发酵阶段共检测到挥发性物质 55 种，己酸乙酯、苯乙醛 OAV 较大，使酒体主发酵阶段呈现杏仁、苹果的香韵。后发酵阶段共检测到挥发性物质 38 种，其中己酸乙酯(336.384)OAV 最大，使酒体陈酿阶段整体呈现浓郁的苹果、梨的香韵。陈酿阶段共检测到挥发性物质 34 种，其中己酸乙酯、里那醇 OAV 较大，赋予酒体陈酿阶段呈现苹果、铃兰的香韵。

SY－L 发酵方式在主发酵阶段共检测到香气物质 34 种，其中 OAV 最大的香气物质为乙酸异戊酯，赋予了果酒香蕉香韵。在后发酵阶段共检测到香气物质 29 种，其中 OAV 较大的香气物质为乙酸异戊酯(104.196)、乙酸苯乙酯(53.898)、*D*-柠檬烯(55.922)，赋予了果酒香蕉、柠檬的香韵。在陈酿阶段共检测到香气物质 33 种，其中 OAV 最大的香气物质为里那醇，赋予了果酒铃兰香韵。

L－SY 顺序发酵在主发酵阶段共检测到挥发性物质 38 种，其中异戊酸乙酯、辛酸己酯、癸酸乙酯、里那醇 OAV 较大，使酒体主发酵阶段整体呈现浓郁的苹果、桑椹、菠萝以及铃兰的甜香。后发酵阶段共检测到挥发性物质 31 种，其中乙酸异戊酯(30.535)、*D*-柠檬烯(63.238)OAV 较大，赋予后发酵酒体香蕉、柠檬的甜香。陈酿阶段共检测到挥发性物质 40 种，其中癸酸乙酯(46.899)、里那醇(420.138)OAV 较大，赋予酒体陈酿阶段呈现菠萝以及铃兰的香韵。综合以上分析，SY 酵母和 L 酵母混合发酵对比单酵母发酵其呈香能力为 L－SY>SY+L>SY－L>L>SY。

参考文献

安莉，吕嘉枥，李旭华，2010. 分段发酵提高酸乳中活菌总数的研究[J]. 食品科技，35(4):36-38.

曾智娟，邓杰，任志强，2020. 不同酵母菌发酵对生姜梨酒品质的影响[J]. 食品与发酵工业，46(1):229-236.

陈晓蝶，胡陆军，曹雨澜，等，2023. 混菌发酵对沃柑果酒品质改善作用[J]. 食品工业科技，44(6):183-192.

程伟，张杰，潘天全，等，2018. 安琪生香活性干酵母在固态小曲清香型白酒酿造生产中的应用[J]. 酿酒科技，289:83-88，91.

党亚锋，唐蕾，何丽娟，等，2022. 柑橘果酒加工过程中香气物质变化规律研究[J]. 现代农业科技，826(20):153-157.

高兆建，唐世荣，邵颖，2008. 低醇草莓果酒酿造工艺的研究[J]. 食品科学，29(10):131-136.

葛谦，吴明，赵子丹，等，2017. 贺兰山东麓新红葡萄酒颜色品质综合评价与相关性分析[J]. 中国酿造，36(12):34-39.

郝瑞颖，王肇悦，张博润，等，2012. 葡萄酒中酿酒酵母产生的重要香气化合物及其代谢调控[J]. 中国食品学报，12(11):121-127.

侯丽媛，张春芬，聂园军，等，2017. 草莓品种及其选育方法研究进展[J]. 山西农业科学，45(12):2038-2043.

雷家军，2010. 草莓属植物的分类与地理分布. 中国园艺学会果树专业委员会. 第四届全国果树种质资源研究与开发利用学术研讨会论文汇编[C]. 中国园艺学会果树专业委员会，中国园艺学会:135-139.

李景明，于静，吴继红，等，2009. 不同酵母发酵的赤霞珠干红葡萄酒香气成分研究[J]. 食品科学，30(2)：185-189.

李艳，康俊杰，成晓玲，等，2010. 三种酿酒酵母酿造赤霞珠干红葡萄酒的香气成分分析[J]. 食品科学，31(22)：378-382.

李毅丽，李红玉，贺艳楠，等，2022. 混菌发酵对昌黎赤霞珠葡萄酒品质的影响[J]. 食品与发酵工业，48(21)：54-60.

梁叶星，王孝荣，熊家艳，等，2013. 草莓果酒的发酵规律和香气成分分析[J]. 食品工业科技，34(16)：182-187.

刘丽媛，刘延琳，李华，2011. 葡萄酒香气化学研究进展[J]. 食品科学，32(5)：310-316.

刘晓艳，白卫东，赵文红，等，2007. $CaCl_2$ 溶液对柿子汁涩味的影响[J]. 食品与发酵工业，33(11)：136-138.

罗学兵，贺良明，2011. 草莓的营养价值与保健功能[J]. 中国食物与营养，17(4)：74-76.

马宁原，姚凌云，孙敏，等，2022. 基于 GC-IMS 和 HS-SPME-GC-MS 分析不同发酵方式对黄桃酒香气成分的影响[J]. 食品科学，44(12)：306-314.

马姗婕，徐维盛，王鑫，等，2015. 果酒中功效成分研究[J]. 现代预防医学，42(14)：2543-2545，2552.

马欣娟，吕慧威，孙玉梅，等，2019. 接种量对草莓酒发酵特性的影响[J]. 中国酿造，38(5)：123-126.

欧燕，2014. 桑葚-草莓酒的酿造及其抗氧化性的研究[D]. 烟台：烟台大学.

时宽芹，2020. 草莓品种对其发酵酒理化性质与感官品质的影响研究[D]. 合肥：安徽农业大学.

苏代发，童江云，杨俊誉，等，2018. 中国草莓属植物种质资源的研究开发与利用进展[J]. 云南大学学报(自然科学版)，40(6)：1261-1276.

孙敬鸿，吴春容，范娟娟，2020. 我国果酒行业发展现状与对策分析[J]. 酿酒科技，41(12)：124-127.

孙娜，朱秀娟，胡文斌，等，2021. 模糊数学感官评价法优化低糖五叶草莓果脯加工工艺[J]. 保鲜与加工，21(2)：80-87，93.

覃瑶，吴波，秦晗，等，2020. 我国果酒发展及研究现状[J]. 中国酿造，39(9)：1-6.

王淑珍，张亚惠，裘劼人，等，2019. 不同倍性草莓品种性状比较[J]. 浙江农业学报，31(6)：893-899.

王孝荣，罗佳丽，潘年龙，等，2014. 草莓果酒酿造工艺的优化及其香气成分分析[J]. 食品科学，35(7)：196-201.

杨一兵，刘冬梅，2008. 制备冷冻干燥乳酸菌的相关影响因素的研究进展[J]. 江西食品工业，21(4)：31-34.

叶文斌，樊亮，宫峥嵘，等，2015. 东方草莓酒酿造工艺及香味成分分析[J]. 酿酒科技，36(12)：50-52，56.

赵慧芳，刘洪霞，赵俸艺，等，2021. 黑莓和蓝莓复合果酒的加工工艺及贮藏稳定性研究[J]. 酿酒科技，42(7)：89-94.

Basu A, Nguyen A, Betts N M, et al., 2014. Strawberry as a functional food: an evidence-based review [J]. Critical Reviews In Food Science And Nutrition, 54(6): 790-806.

Beltran G, Torija M J, Novo M, 2002. Analysis of yeast populations during alcoholic fermentation: a six year follow-up study[J]. Syst Appl Microbiol, 25(2): 287-293.

Bouzari A, Holstege D, Barrett D M, 2015. Vitamin retention in eight fruits and vegetables: a comparison of refrigerated and frozen storage[J]. Journal of Agricultural And Food Chemistry, 63(3): 957-962.

Breuss J M, Atanasov A G, Uhrin P, 2019. Resveratrol and its effects on the vascular system[J]. International Journal of Molecular Sciences, 20(7): 1523.

Brown R O, Schlegel K, Hall N H, et al., 1986. Taste preferences for nutritional supplements: comparison of cancer patients and healthy controls using a wine-tasting scale[J]. Journal of Parenteral and Enteral Nutrition, 10(5): 490-493.

Ciani M, Comitini F, Mannazzu I, et al., 2010. Controlled mixed culture fermentation: a new perspective on the use of non-Saccharomyces yeasts in winemaking[J]. Fems Yeast Research, 10(2): 123-133.

Daccache M A,Koubaa M,Maroun R G,et al.,2020. Impact of the physicochemical composition and microbial diversity in apple juice fermentation process:a review[J]. Molecules,25(16):3698.

Douillard C, Guichard E, 2010. The aroma of strawberry (Fragaria ananassa): Characterisation of some cultivars and influence of freezing[J]. Journal Of The Science Of Food And Agriculture,50(4):517-531.

Forney C F, Kalt W, Jordan M A, 2010. The composition of strawberry aroma is influenced by cultivar, maturity,and storage[J]. Hortscience,32(3):554.

Giampieri F,Alvarez-Suarez J M,Battino M,2014. Strawberry and human health: effects beyond antioxidant activity[J]. Journal Of Agricultural And Food Chemistry,62(18):3867-3876.

Gonzalez-Barreiro C,Rial-Otero R,Cancho-Grande B,et al., 2015. Wine aroma compounds in grapes:a critical review[J]. Critical Reviews in Food Science and Nutrition,55(2):202-218.

Howell K S,Cozzolino D,Bartowsky E J,et al.,2006. Metabolic profiling as a tool for revealing Saccharomyces interactions during wine fermentation[J]. Fems Yeast Res,6(1):91-101.

Klopotek Y,Otto K,Bohm V,2005. Processing strawberries to different products alters contents of vitamin C, total phenolics,total anthocyanins,and antioxidant capacity[J]. Journal of Agricultural and Food Chemistry, 53(14):5640-5646.

Koyama R,Ishibashi M,Fukuda I,et al., 2022. Pre and post-harvest conditions affect polyphenol content in strawberry (fragaria x ananassa)[J]. Plants-Basel,11(17):2220.

Kumar S,Kumar J,Tripathi J,et al., 2022. Secondary product from strawberry (fragaria ananassa) fruit for extended preservation and value addition[J]. Journal of Food Science and Technology-Mysore, 59(4): 1598-1609.

Lee K W,Kang N J,Rogozin E A,2007. Myricetin is a novel natural inhibitor of neoplastic cell transformation and mek1[J]. Carcinogenesis,28(9):1918-1927.

Li C X,Li X L,Liang G L,et al.,2022a. Volatile composition changes in lemon during fruit maturation by HS-SPME-GC-MS[J]. Journal of the Science of Food and Agriculture,102(9):3599-3606.

Li J,Cheng H,Liao X,2019. Inactivation of bacillus subtilis and quality assurance in chinese bayberry (myrica rubra) juice with ultrasound and mild heat[J]. LWT-Food Science and Technology,108:113-119.

Li L,Zhang Y,Sun B,et al., 2018. The neuroprotective effects of chinese bayberry leaves proanthocyanidins [J]. Journal of Functional Foods,40:554-563.

Li S Q, Bi P F, Sun N, et al., 2022b. Characterization of different non-Saccharomyces yeasts via mono-fermentation to produce polyphenol-enriched and fragrant kiwi wine[J]. Food Microbiology,103:103867.

Liang H Y,Chen J Y,Reeves M,2013. Aromatic and sensorial profiles of young Cabernet Sauvignon wines fermented by different Chinese autochthonous Saccharomyces cerevisiae strains [J]. Food Research International,51(2):855-865.

Liu M,Qin X,Wu X,2022. Study on the technology of brewing red raspberry wine by using new immobilized yeast technology[J]. Scientific Reports,12(1):21344.

Liu Y,Bu M,Gong X,et al., 2021. Characterization of the volatile organic compounds produced from avocado during ripening by gas chromatography ion mobility spectrometry[J]. Journal of the Science of Food and Agriculture,101(2):666-672.

Ljevar A, Curko N, Tomasevic M, et al., 2016. Phenolic composition, antioxidant capacity and in vitro cytotoxicity assessment of fruit wines[J]. Food Technology and Biotechnology,54(2):145-155.

Martin V, Fariña L, Medina K, 2019. Oenological attributes of the yeast Hanseniaspora vineae and its application for white and red winemaking[J]. BIO Web of Conferences,12:6.

Medina K,Boido E,Fari A L,et al., 2013. Increased flavour diversity of Chardonnay wines by spontaneous fermentation and co-fermentation with Hanseniaspora vineae[J]. Food Chemistry,141(3):2513-2521.

Mencarelli F,Bellincontro A,2020. Recent advances in postharvest technology of the wine grape to improve the wine aroma[J]. Journal of the Science of Food and Agriculture,100(14):5046-5055.

Miller K,Feucht W,Schmid M,2019. Bioactive compounds of strawberry and blueberry and their potential health effects based on human intervention studies:a brief overview[J]. Nutrients,11(7):1510.

Nikulin J,Krogerus K,Gibson B,2018. Alternative saccharomyces interspecies hybrid combinations and their potential for low-temperature wort fermentation[J]. Yeast,35(1):113-127.

Ntuli R G,Saltman Y,Ponangi R,et al.,2022. Impact of fermentation temperature and grape solids content on the chemical composition and sensory profiles of Cabernet Sauvignon wines made from flash detente treated must fermented off-skins[J]. Food Chemistry,369:130861.

Paiva S A,Yeum K J,Cao G,et al.,1998. Postprandial plasma carotenoid responses following consumption of strawberries,red wine,vitamin C or spinach by elderly women[J]. The Journal of Nutrition,128(12):2391-2394.

Romano P,Fiore C,Paraggio M,2003. Function of yeast species and strains in wine flavour[J]. Int J Food Microbiol,86(1-2):169-180.

Ross C F,Villamor R R,2013. Wine matrix compounds affect perception of wine aromas[J]. Annual Review of Food Science and Technology,4:1-22.

Saberi S,Cliff M,Vuuren Van H J J,2012. Impact of mixed S. cerevisiae strains on the production of volatiles and estimated sensory profiles of chardonnay wines[J]. Food Research International,48(2):725-735.

Salazar-Orbea G L. ,Garcia-Villalba R,Bernal M J,et al.,2023. Stability of phenolic compounds in apple and strawberry:Effect of different processing techniques in industrial set up[J]. Food Chemistry,401:134099.

Song YY,Zhang YJ,Liu N,et al.,2017. Volatile compounds in wild strawberry and their odorants of wild strawberry wines:effects of different stages of fermentation[J]. International Journal of Food Properties,20(supl):S399-S415.

Siow C R S,Wan Sia Heng P,Chan L W,2016. Application of freeze-drying in the development of oral drug delivery systems[J]. Expert Opinion On Drug Delivery,13(11):1595-1608.

Stubler A S,Bohmker L,Juadjur A,et al.,2021. Matrix-and technology-dependent stability and bioaccessibility of strawberry anthocyanins during storage[J]. Antioxidants,10(1):30.

Van De Poel B,Vandendriessche T,Hertog M,et al.,2014. Detached ripening of non-climacteric strawberry impairs aroma profile and fruit quality[J]. Postharvest Biology and Technology,95:70-80.

Wang S,Chen H,Sun B,2020. Recent progress in food flavor analysis using gas chromatography-ion mobility spectrometry (GC-IMS)[J]. Food Chemistry,315:126158.

Wang X C,Li A H,Dizy M,et al.,2017. Evaluation of aroma enhancement for "Ecolly" dry white wines by mixed inoculation of selected rhodotorula mucilaginosa and saccharomyces cerevisiae[J]. Food Chemistry,228:550-559.

Wang X Z,Wang Z G,Feng T,2022. Screening of yeast in various vineyard soil and study on its flavor compounds from brewing grape wine[J]. Molecules,27(2):512.

Yan J W,Ban Z J,Lu H Y,et al.,2018. The aroma volatile repertoire in strawberry fruit:a review[J]. Journal of the Science of Food and Agriculture,98(12):4395-4402.

Yuan G S,Ren J,Ouyang X Y,et al.,2016. Effect of raw material,pressing and glycosidase on the volatile compound composition of wine made from goji berries[J]. Molecules,21(10):1324.

Yuan L,Li G F,Yan N,et al.,2022. Optimization of fermentation conditions for fermented green jujube wine and its quality analysis during winemaking[J]. Journal of Food Science and Technology-Mysore,59(1):288-299.

Zhang B Q, Shen J Y, Duan C Q, et al., 2018. Use of indigenous hanseniaspora vineae and metschnikowia pulcherrima co-fermentation with saccharomyces cerevisiae to improve the aroma diversity of vidal blanc icewine[J]. Frontiers In Microbiology, 9:2303.

Zhang H X, Wang L, Wang H Y, et al., 2021a. Effects of initial temperature on microbial community succession rate and volatile flavors during Baijiu fermentation process[J]. Food Research International, 141:109887.

Zhang J, Jiang W, Jia Z, et al., 2023. Stereoselective behavior and residues of the imazalil during strawberry growth and strawberry wine production[J]. Journal of Food Protection, 86(1):100006.

Zhang X X, Wei X X, Ali M M, et al., 2021b. Changes in the content of organic acids and expression analysis of citric acid accumulation-related genes during fruit development of yellow and purple passion fruits [J]. International Journal of Molecular Sciences, 22:5765.

Zhang Y, Wang G, Dong J, et al., 2017. The current progress in strawberry breeding in China[J]. Acta Horticulturae, 1156:7-12.

Zhu F B, Li S, Guan X, et al., 2020. Influence of vacuum soaking on the brewing properties of japonica rice and the quality of Chinese rice wine[J]. Journal of Bioscience And Bioengineering, 130(2):159-165.

第 4 章
辅色剂对草莓果汁色泽稳定性的影响

4.1 概述

草莓色泽鲜艳亮丽，其中色泽的主要来源为花色苷，但花色苷易分解，不稳定，易受外界条件的影响，如温度、光照、pH 等（刘建国等，2020）。草莓果汁加工中，难免会受到这些因素的影响，其中温度对花色苷的影响尤为明显，但高温杀菌又是果汁杀菌手段中常用的杀菌方式。为了使影响效果达到最小，可以通过添加辅色剂的方式使花色苷以相对稳定的形式存在。

辅色作用作为花色苷类物质常见的护色手段，通常应用于提高果酒颜色的稳定性，朱彤比较了辅色剂及甘露糖蛋白对蓝莓酒花色苷稳定性的研究，并验证了咖啡酸加深蓝莓酒色泽的效果最明显，甘露糖蛋白添加量为 0.3 g/L 时达到最优（朱彤，2018）。还有研究表明，天然氨基酸通过辅色作用提升了黑莓花青素的稳定性（张钰娟，2017）。就食品工业的发展趋势而言，将天然物质应用于果汁的色泽保护，逐渐减少人工色素的使用，顺应了人们越来越重视健康饮食的需求。

因此，本章主要以草莓果汁为研究对象，以新鲜草莓为原料，以草莓果汁的颜色变化为指标，通过添加柠檬酸、*L*-脯氨酸和单宁酸三种辅色剂，探索它们的辅色效果，确定三种辅色剂的最佳浓度以便进行后续试验。

4.2 辅色剂种类对草莓果汁辅色效果影响的研究

4.2.1 材料与设备

4.2.1.1 试验材料

草莓鲜果品种为'艳丽'，采自沈阳农业大学后山草莓种植基地。挑选出大小一致，个头完整，果粒饱满，无病虫害，八九分成熟度的鲜果，摘除果梗和萼片，清洗干净并保持表面干燥，迅速冷冻，冻藏于－80 ℃的超低温冰箱中。

4.2.1.2 主要试剂

试验主要试剂详见表 4-1。

表 4-1 主要试剂

药品名称	公司
柠檬酸	上海麦克林生化科技有限公司
L-脯氨酸	北京索莱宝科技有限公司
单宁酸	北京索莱宝科技有限公司
果胶酶	中国医药集团有限公司
乙酸钠	中国医药集团有限公司
氯化钾	中国医药集团有限公司
盐酸	中国医药集团有限公司
甲醇	中国医药集团有限公司
三氟乙酸	中国医药集团有限公司
乙酸乙酯	中国医药集团有限公司

4.2.1.3 仪器与设备

试验仪器与设备详见表 4-2。

表 4-2 仪器与设备

设备名称	型号	公司
分析天平	AX124ZH/E	美国奥豪斯公司
榨汁机	JYL-Y912	济南九阳股份有限公司
旋涡振荡器	VORTEX3	德国 IKA 公司
旋转蒸发器	RE-52AA	德国 IKA 公司
循环水式真空泵	SHZ-III	上海知信实验室仪器技术有限公司
水浴锅	DK-S26	上海精宏实验设备有限公司
紫外-可见分光光度计	UV-1800	江苏茶明智能科技有限公司

续表4-2

设备名称	型号	公司
超低温冰箱	YCD-208	青岛澳柯玛股份有限公司
pH 计	RIVAN-PH2200	无锡锐文自动化仪表有限公司
色差仪	NS810	深圳市三恩时科技有限公司
超高压液相色谱串联四级杆质谱仪	LCMS-8050	日本岛津公司

4.2.2 试验方法

4.2.2.1 草莓果汁工艺流程

草莓冻果→自然解冻→榨汁→果胶酶→酶解→粗滤→抽滤→澄清草莓果汁→贮藏

草莓果汁工艺参数及细节要点如下：

(1)酶解：在草莓浆中加入质量分数为 0.04%的果胶酶进行酶解，在 45 ℃条件下酶解 90 min。

(2)粗滤、抽滤：用 400 目的滤布手动过滤掉滤渣，然后将粗滤后的草莓果汁进行抽滤，选择直径 9 cm 的布氏漏斗，垫两层滤纸，抽滤两遍，以防果汁中有沉淀。

(3)贮藏：将过滤好的草莓果汁分装在 50 mL 离心管中，迅速放入－80 ℃超低温冰箱冻藏，以防变质。

4.2.2.2 复合草莓果汁的制备

取一定量的草莓果汁，等量分装于 3 组试管(每组 4 根)中，3 组果汁中分别加入质量分数为 0.05%、0.10%、0.15%和 0.20%的柠檬酸、*L*-脯氨酸和单宁酸，混合均匀。

4.2.2.3 草莓花色苷的提取

按照唐雅娟的方法(唐雅娟，2014)，对草莓花色苷进行提取。选取一定量的‘艳丽’草莓进行打浆处理，用含 0.5%三氟乙酸(TFA)的甲醇溶液浸提 24 h。用纱布过滤果胶，再离心收集甲醇提取液。浸提 3 次，至残渣无红色。在 37℃条件下旋转蒸发除去甲醇，收集花色苷粗提物浓缩液。该浓缩液用乙酸乙酯以 1∶1(*V*∶*V*)的比例液液萃取 3 次，得到除去脂溶性成分的花色苷样品。将粗提得到的花色苷样品通过 Amberlite XAD-7 柱色谱进行分离，先用 20 倍柱体积含 0.5% TFA 的水淋洗，再用含 0.5% TFA 的甲醇洗脱，得到纯度较高的花色苷粗提物。

4.2.3 测定方法

4.2.3.1 草莓中主要花色苷的测定

‘艳丽’草莓中花色苷的鉴定采用超高效液相色谱串联四级杆质谱仪(HPLC-MS)进行测定。样品测定条件：以甲酸、水和甲醇(3∶47∶50)(*V*∶*V*∶*V*)溶液配制浓度为 1 mg/mL 的花色苷溶液，避光平衡 1 h 后，通过 0.22 μm 有机滤膜，使用 HPLC-MS 进行测定。

HPLC 制备条件：采用 Waters-C18 柱(250 mm×4.6 mm，5 μm)。流动相 A 为水(加入 1%甲酸)；流动相 B 为甲醇。进样量为 20 μL，流速为 0.6 mL/min。采用梯度洗脱，洗脱条件：0～10 min，10%～25%流动相 B；10～15 min，25%～30%流动相 B；15～50 min，30%～50%流动相 B；50～60 min，50%～60%流动相 B；60～68 min，60%～10%流动相 B；68～70 min，10%流动相 B。在 200～800 nm 范围内扫描，检测波长为 520 nm。

'艳丽'草莓花色苷结构鉴定。运用 HPLC-MS 技术鉴定花色苷结构，质谱条件：ESI（正离子、负离子模式），干燥器温度 325 ℃，载气流量 40 psi，干燥气流速 10 L/min，毛细管电压 3.5 kV，毛细管出口电压 136 V，扫描范围质荷比为 50～1 000。

4.2.3.2 总花色苷含量的测定

总花色苷含量，选用常用的 pH 示差法进行测定（Yong et al.，2019）。具体方法为：使用万分之一天平称取 1.64 g 乙酸钠，置于烧杯中，用蒸馏水定容至 100 mL，之后用 1 mol/L 的盐酸调 pH 为 4.5，倒入瓶中备用；用万分之一天平称取 1.49 g 氯化钾，置于烧杯中，用蒸馏水定容至 100 mL，之后用 1 mol/L 的盐酸调 pH 为 1.0，倒入瓶中备用。取 2 根试管，各加入 2 mL 样品，分别用 pH 1.0 的缓冲溶液和 pH 4.5 的缓冲溶液定容至 5 mL，避光静置 1 h 后，在 520 nm 和 700 nm 处测定吸光度，平行测定 3 次，取平均值。具体吸光值计算公式如下：

$$A=(A_{520\ \mathrm{nm}}-A_{700\ \mathrm{nm}})_{\mathrm{pH}\ 1.0}-(A_{520\ \mathrm{nm}}-A_{700\ \mathrm{nm}})_{\mathrm{pH}\ 4.5}$$

$$c(\mathrm{mg/mL})=\frac{A\times \mathrm{DF}\times \mathrm{Mr}}{\varepsilon\times L}$$

$$\text{花色苷保留率}=\frac{c_i}{c_0}\times 100\%$$

式中：A 为花色苷吸光度，$A_{520\ \mathrm{nm}}$、$A_{700\ \mathrm{nm}}$ 分别为花色苷在波长 520 nm 和 700 nm 处的吸光度；c 为花色苷浓度，DF 为稀释倍数，Mr 为花色苷相对分子量（449.2），ε 为花色苷的摩尔吸光度（26 900）；c_0、c_i 分别为原始花色苷浓度和处理后花色苷浓度。

4.2.3.3 草莓果汁颜色变化的测定

颜色测定主要使用色差仪。草莓果汁样品吸取 3 mL 倒入透明器皿中，对仪器进行黑白校正后，开始测量，分别记录 L^*、a^*。其中，L^* 代表亮度，与草莓果汁颜色的深浅相关，L^* 的值越大，代表样品越暗；反之越小，代表样品越亮。a^* 代表样品的红绿值，a^* 越大，代表样品红色色调越明显；反之越小，代表样品绿色色调越明显。

4.2.3.4 pH 的测定

采用 pH 计测定样品的 pH。

4.2.3.5 数据分析

将每组试验重复 3 次，所得数据使用 Prism8.0 作图，通过 SPSS Statistic 25.0 进行显著性差异分析，结果用平均值±标准差来表示，$p<0.05$ 表示显著性差异。

4.2.4 结果与分析

4.2.4.1 草莓果汁中花色苷种类鉴别

图 4-1 为通过 HPLC-MS 测得的'艳丽'草莓中主要单体花色苷含量色谱图。峰 1，一级质谱的碎片离子峰[M]$^+$ 质荷比为 449，二级质谱的碎片离子峰[A]$^+$ 质荷比为 287；峰 2，一级质

谱的碎片离子峰$[M]^+$质荷比为 433，二级质谱的碎片离子峰$[A]^+$质荷比为 271；峰 3，一级质谱的碎片离子峰$[M]^+$质荷比为 579.1，二级质谱的碎片离子峰$[A]^+$质荷比为 271。结合实验室标准品矢车菊素-3-葡萄糖苷的特征质荷比、保留时间的吸收峰对比，推测峰 1 为矢车菊素-3-葡萄糖苷，峰 2 为天竺葵素-3-葡萄糖苷，含量最多，峰 3 为天竺葵素-3-芸香苷。这与'法兰地'草莓主要花色苷相符（刘雨佳等，2016）。

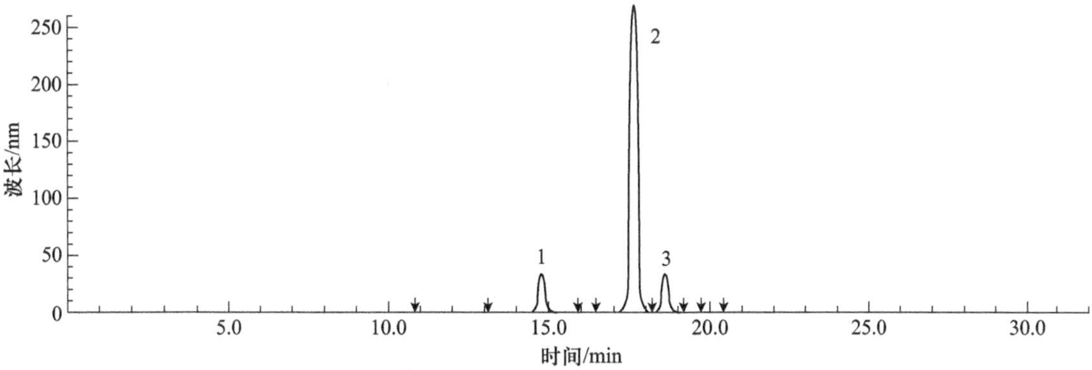

图 4-1　'艳丽'草莓中主要单体花色苷含量色谱图

4.2.4.2　辅色剂浓度对草莓果汁 pH 的影响

通过外加辅色剂的方式，可能会改变草莓果汁原有 pH，从而导致颜色的变化。花色苷在不同 pH 范围内结构会发生改变，当溶液 $pH<3$ 时，花色苷主要以稳定的黄烊盐阳离子形式存在，主色为红色；当 $3<pH<7$ 时，主要以甲醇假碱和查尔酮假碱的形式存在，主要颜色为紫色或无色（孙建霞等，2009）。

表 4-3 为辅色剂浓度对草莓果汁 pH 的影响。从表中分析可知，柠檬酸的添加量为 0.1%～0.15%时，对于果汁 pH 有显著性改变，此时果汁 $pH<3$，花色苷主要显为红色，结合前文中的结论，最终确定柠檬酸添加量为 0.1%。而 *L*-脯氨酸和单宁酸的添加量在 0.2%以内时，果汁 pH 稳定为 3.26～3.35，对果汁 pH 没有显著影响。综合考虑，*L*-脯氨酸和单宁酸的最佳添加量均为 0.2%。

表 4-3　辅色剂浓度对草莓果汁 pH 的影响

处理条件	0 h					24 h				
	CK	0.05%	0.1%	0.15%	0.2%	CK	0.05%	0.1%	0.15%	0.2%
柠檬酸	3.42 ± 0.02^{b}	3.37 ± 0.02^{a}	2.23 ± 0.01^{c}	2.23 ± 0.02^{c}	2.32 ± 0.02^{c}	3.28 ± 0.01^{a}	3.33 ± 0.01^{b}	2.13 ± 0.01^{c}	2.11 ± 0.02^{c}	2.18 ± 0.01^{c}
L-脯氨酸	3.35 ± 0.02^{a}	3.33 ± 0.02^{a}	3.33 ± 0.03^{a}	3.32 ± 0.02^{a}	3.34 ± 0.03^{a}	3.34 ± 0.02^{a}	3.33 ± 0.02^{a}	3.34 ± 0.01^{a}	3.32 ± 0.03^{a}	3.30 ± 0.02^{a}
单宁酸	3.26 ± 0.02^{ab}	3.27 ± 0.03^{ab}	3.28 ± 0.02^{ab}	3.28 ± 0.02^{a}	3.29 ± 0.01^{ab}	3.32 ± 0.02^{a}	3.34 ± 0.01^{a}	3.33 ± 0.02^{a}	3.35 ± 0.02^{a}	3.34 ± 0.02^{a}

注：不同字母表示数据间有显著性差异。

4.2.4.3　辅色剂浓度对草莓果汁花色苷浓度的影响

柠檬酸通过络合多酚氧化酶中的 Cu^{2+}，从而抑制了果汁的褐变，并且降低果汁 pH，使花色苷更稳定(王小明,2013)。图 4-2(a),反映了柠檬酸添加量与草莓果汁花色苷含量的关系。从图中可以看出,柠檬酸添加量为 0.05%～0.10%时,随着柠檬酸浓度的增加,花色苷保留率呈增加趋势。柠檬酸添加量为 0.10%～0.20%时,随着柠檬酸浓度的增加,花色苷保留率呈下降趋势。目前来说,柠檬酸添加量为 0.10%时,对草莓果汁花色苷的保护效果最明显。

图 4-2(b)反映了 L-脯氨酸添加量与草莓果汁花色苷含量的关系。从图中可以看出,花色苷浓度随着 L-脯氨酸添加量的增加而增加,在 L-脯氨酸添加量达到 0.20%时,花色苷含量显著性增加($p<0.05$)。

图 4-2(c)反映了单宁酸添加量与草莓果汁花色苷含量的关系。草莓果汁花色苷的保留率随着单宁酸添加量的增加而增大。当单宁酸添加量达到 0.15%时,花色苷保留率显著增加($p<0.05$),达到 0.2%时,对草莓果汁花色苷的保护效果最好。

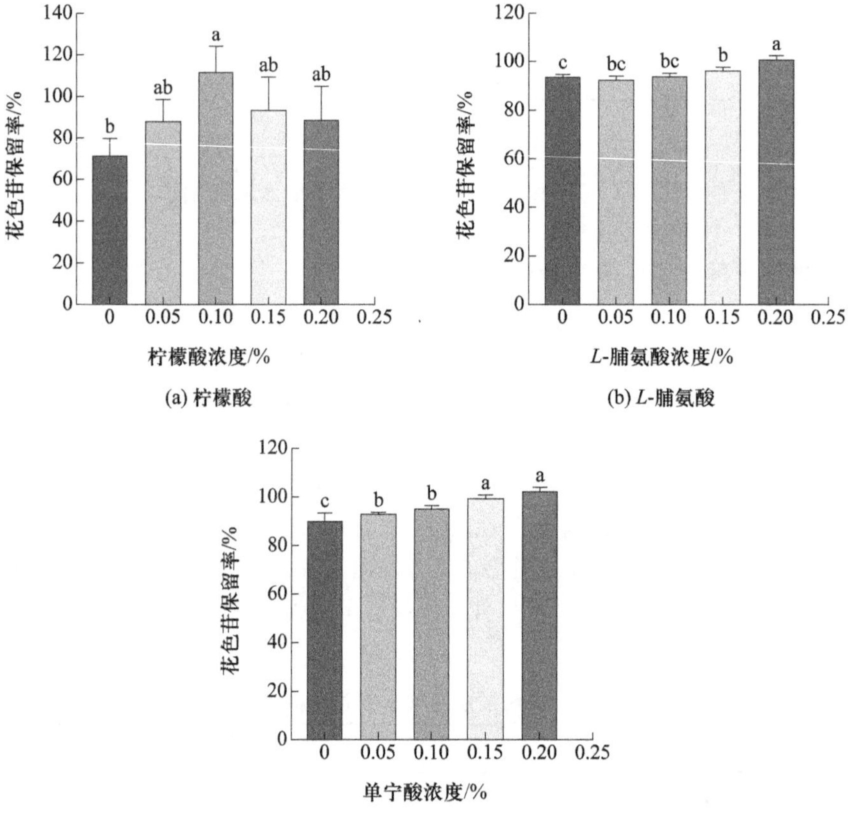

(a) 柠檬酸　(b) L-脯氨酸　(c) 单宁酸

图 4-2　辅色剂添加量与草莓果汁花色苷浓度的关系

注:不同字母表示数据间有显著性差异。

4.2.4.4　辅色剂浓度对草莓果汁色泽的影响

颜色是果汁食品中最重要的感官属性之一,消费者第一时间会根据颜色来判断产品品质(Ana et al.,2016)。因此分析了不同添加量辅色剂(柠檬酸、L-脯氨酸和单宁酸)处理得到的草莓果汁色泽品质。不同处理方式得到的草莓果汁色泽变化用亮度(L^*)和红绿值(a^*)表示。L^* 的值越大,代表样品越亮;反之越小,代表样品越暗。a^* 越大,代表样品红色色调越明显；反之越小，代表样品绿色色调越明显。图 4-3 和图 4-4 分别代表不同辅色剂浓度对草莓果汁 L^* 和 a^* 的影响。

图 4-3(a)表示不同浓度柠檬酸对果汁亮度的影响。从图中可以看出，经过 24 h 的静置后，添加柠檬酸的果汁 L^* 都会有不同程度的下降，说明果汁颜色加深。其中当柠檬酸添加量达到 0.20%时，果汁亮度值即刻下降，从 30.17 下降到 28.18，变化最为明显。

图 4-3(b)表示不同浓度 L-脯氨酸对果汁亮度的影响。从图中可以看出，果汁添加 L-脯氨酸静置 24 h 后，L-脯氨酸添加量为 0～0.10%的果汁亮度升高，添加量为 0.15%～0.20%的果汁亮度下降。当添加量达到 0.20%时，亮度值下降最明显。

图 4-3(c)为不同浓度单宁酸对果汁亮度的影响。从图中看出，添加了单宁酸的果汁，普遍亮度都有所降低，表明单宁酸的添加对草莓果汁亮度的影响比柠檬酸和 L-脯氨酸大。草莓果汁添加辅色剂后亮度变暗，可能是果汁中的有色物质与辅色剂结合使颜色保持相对稳定的状态。

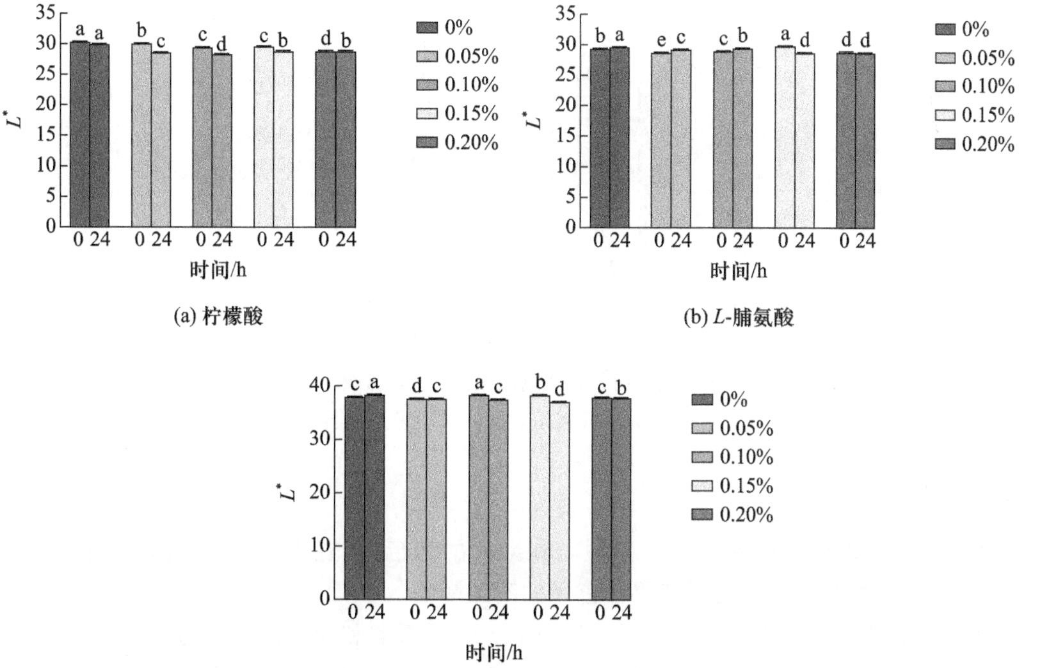

(a) 柠檬酸　　(b) L-脯氨酸

(c) 单宁酸

图 4-3　辅色剂浓度对 L^* 的影响

注：不同字母表示数据间有显著性差异。

从图 4-4 中分析，草莓果汁通过添加不同的辅色剂，比较其对红值的影响。由图 4-4(a)可知，柠檬酸的添加对果汁红色色调的增强是有显著效果的。其中，在 0 h 时，果汁的 a^* 值随着柠檬酸浓度的增大而增大；过了 24 h 之后，柠檬酸添加量在 0.10%时，a^* 是最高的，与空白组相比，此时 a^* 从 3.12 上升到 3.57，说明添加此浓度的柠檬酸果汁的红色最明显。

图 4-4(b)显示随着 L-脯氨酸的添加量越高，果汁静置后的红值越高。L-脯氨酸添加量为 0.05%～0.20%时，与草莓果汁的 a^* 呈正相关，并在添加量为 0.20%时达到最大，为 3.73。

图 4-4(c)为单宁酸添加量对果汁红值的影响，通过对比发现添加单宁酸果汁的 a^* 值普遍显著高于对照组。在三种辅色剂的对比下，单宁酸对于提升果汁红值的效果要优于柠檬酸和 L-脯氨酸。正如 Darias-Martín 等发现酚酸类辅色剂的辅色效果要优于黄酮醇类辅色剂(Darias-Martín et al.，2001)。

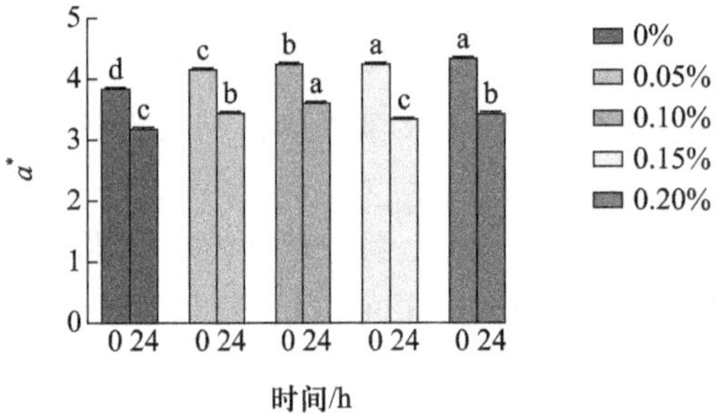

(a) 柠檬酸

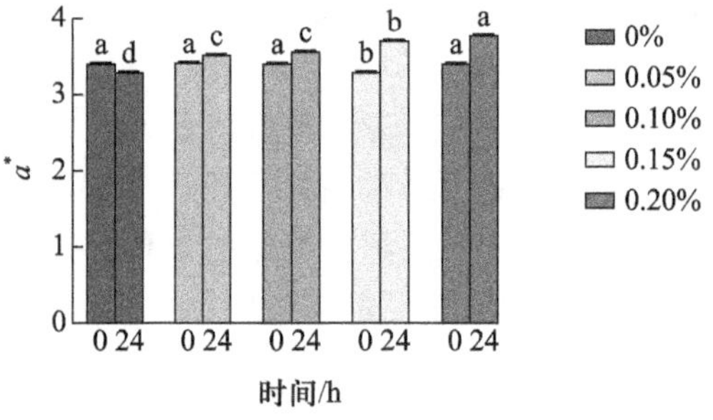

(b) L-脯氨酸

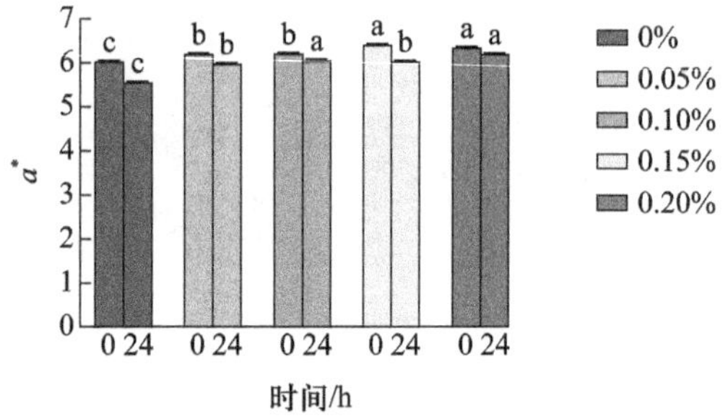

(c) 单宁酸

图 4-4 辅色剂浓度对 a^* 的影响

注：不同字母表示数据间有显著性差异。

4.2.5 小结

本节通过在草莓果汁中添加不同种类和浓度的辅色剂，在即刻和 24 h 后测定其理化指标，以研究不同浓度辅色剂对草莓果汁色泽的不同影响。

通过测定草莓果汁中花色苷含量，发现随着 L-脯氨酸和单宁酸添加量的增加，花色苷的保留率越来越大，分别从 93.46%增加到 101.15%，从 89.64%增加到 102.31%；柠檬酸添加量为 0.10%时，花色苷保留率最高为 111.88%。不同辅色剂浓度下，果汁的 L^* 和 a^* 也有相应的变化。L^* 的高低代表溶液颜色的亮暗，柠檬酸添加量为 0.20%时，果汁颜色最暗，L^* 为 28.18，而空白组为 30.17；经过 24 h 的静置后空白组 L^* 为 29.89，0.20%对照组为 28.67。柠檬酸浓度对草莓果汁 pH 的影响比较大，当浓度>0.05%时，草莓果汁 pH 基本都在 2.5 以下，此时酸度较高；L-脯氨酸和单宁酸对果汁的 pH 影响不是很大，基本都维持为 3.26～3.35，与对照组相比差别不大。

本节验证了在草莓果汁的制作中添加辅色剂可以帮助稳定草莓果汁的色泽及保持花色苷稳定，其中柠檬酸添加量在 0.10%最显著，L-脯氨酸添加量在 0.20%时最显著，单宁酸添加量在 0.20%时最显著。草莓果汁在加工阶段花色苷含量会有所损失，辅色剂的应用就是为了有效地减少这种损失。

4.3　杀菌条件对草莓果汁辅色效果影响的研究

草莓果汁在生产加工中，难免会有不同程度的褐变(Jean-Pierre　et al., 2013)。褐变反应分为两种，一种是非酶褐变，另外一种是在超氧化物歧化酶和多酚氧化酶的作用下发生的酶促褐变。为了抑制果汁酶促褐变，通常通过加热的方法处理(舒念辉，2011)。因花色苷的特性，通过加热杀菌难免会有营养成分的损失，进而影响果汁的色泽(Zhu　et al., 2019)。为了避免这种热杀菌造成的果汁品质下降，可以利用非热杀菌技术对草莓果汁进行杀菌处理。有研究表明，经超高压处理的草莓果汁，其 pH、色差、可溶性固形物和总酚含量变化不显著，均优于热处理(柳青等，2014)。朱香澔等发现，与巴氏杀菌相比，西番莲果汁在超高压(压力组合为 200～550 MPa，保持时间 15 min，装载量 100 g，低高压时间比例为 2∶3，协同温度为 42.5 ℃)处理条件下，微生物杀菌效果更好，对果汁品质影响更小(朱香澔等，2018)。

因此，本节以添加辅色剂的草莓果汁为原料，探究热处理和超高压杀菌对草莓果汁色泽的影响，分别筛选出最佳杀菌方式，进行后续试验。

4.3.1　材料与设备

4.3.1.1　试验材料

草莓鲜果品种为'艳丽'，采自沈阳农业大学后山草莓种植基地。挑选出大小一致，个头完整，果粒饱满，无病虫害，八九分成熟度的鲜果，摘除果梗和萼片，清洗干净并保持表面干燥，迅速冷冻，冻藏于−80 ℃超低温冰箱中。

4.3.1.2　主要试剂

试验主要试剂详见表 4-4。

表 4-4　主要试剂

药品名称	公司
柠檬酸	上海麦克林生化科技有限公司
L-脯氨酸	北京索莱宝科技有限公司
单宁酸	北京索莱宝科技有限公司
果胶酶	中国医药集团有限公司
乙酸钠	中国医药集团有限公司
氯化钾	中国医药集团有限公司
盐酸	中国医药集团有限公司

4.3.1.3　仪器与设备

试验仪器与设备见表 4-5。

表 4-5　仪器与设备

设备名称	型号	公司
分析天平	AX124ZH/E	美国奥豪斯公司

续表4-5

设备名称	型号	公司
榨汁机	JYL-Y912	济南九阳股份有限公司
旋涡振荡器	VORTEX3	德国 IKA 公司
旋转蒸发器	RE-52AA	德国 IKA 公司
循环水式真空泵	SHZ-III	上海知信实验室仪器技术有限公司
水浴锅	DK-S26	上海精宏实验设备有限公司
紫外-可见分光光度计	UV-1800	江苏苿明智能科技有限公司
pH 计	RIVAN-PH2200	无锡锐文自动化仪表有限公司
色差仪	NS810	深圳市三恩时科技有限公司
超低温冰箱	YCD-208	青岛澳柯玛股份有限公司

4.3.2 试验方法

4.3.2.1 草莓果汁工艺流程

草莓冻果→自然解冻→榨汁→果胶酶→酶解→粗滤→抽滤→澄清草莓果汁→贮藏

草莓果汁工艺参数及细节要点如下：

(1)酶解:在草莓浆中加入质量分数为 0.04%的果胶酶进行酶解,在 45 ℃条件下酶解 90 min。

(2)粗滤、抽滤:用 400 目的滤布手动过滤掉滤渣,然后将粗滤后的草莓果汁进行抽滤,在布氏漏斗中垫两层滤纸,并抽滤两遍,以防果汁中有沉淀。

(3)贮藏:将过滤好的草莓果汁分装在 50 mL 离心管中,迅速放入－80 ℃超低温冰箱冻藏,以防变质。

4.3.2.2 杀菌方式对草莓果汁色泽影响

热杀菌:从超低温冰箱取适量草莓果汁,放入冰箱冷藏室过夜解冻。将解冻好的果汁分装好,按比例分别加入柠檬酸、*L*-脯氨酸和单宁酸。果汁混合好后,放入蒸煮袋中,真空机封口,将果汁密封装好,放入水浴锅中恒温加热(80 ℃ 10 min、90 ℃ 10 min、100 ℃ 5 min),然后捞出放入事先准备好的冰水中迅速冷却,避免余温继续加热。在避光条件下放置 24 h 后测定果汁的 pH、吸光度及颜色指标。

超高压杀菌:从超低温冰箱取适量草莓果汁,放入冰箱冷藏室过夜解冻。将解冻好的果汁分装好,按比例分别加入柠檬酸、*L*-脯氨酸和单宁酸。果汁混合好后,放入蒸煮袋中,真空机封口,将果汁密封装好。将制备好的草莓果汁分装到透明蒸煮袋中,尽量压缩空气,然后用真空机封口。将封装好的样品放到超高压设备中,以水作为压力传递介质,超高压条件选择 500 MPa,20 min,然后避光放置 24 h,测定果汁的 pH、吸光度及颜色指标。

超高压技术是一个物理过程,基本原理是减少样品的体积(即减少物质分子间、原子间的距离),从而使物质的电子结构和晶体结构发生变化(McMillan,2003)。将超高压技术应用于食品领域进行杀菌时,压力仅作用于对生物大分子立体结构有贡献的氢键、离子键和疏水键等非共价键，对维生素、色素和风味物质等小分子化合物的共价键无明显影响，从而保持了食品原有的营养、色泽和风味(Butz　et al.，2003)。根据前人报道，当压力≥300 MPa 时，时间在 10 min 以上，果汁能达到商业无菌标准(菌落总数小于 100 CFU/mL)。柳青等的研究表明将草莓果汁置于 300 MPa 以上超高压环境处理 15 min，草莓果汁中的菌落总数和酵母菌、霉菌数量都能达到商业无菌标准(柳青等，2014)。邓红等研究发现，苹果汁经 400 MPa 处理 15 min 后，可在 4 ℃下贮藏 4 周(邓红等，2019)。朱金艳等建立蓝莓果汁饮料货架期预测模型，结果表明经超高压(550 MPa，15 min)处理后果汁饮料低温可贮藏 6 个月以上(朱金艳等，2021)。根据实验室设备、预试验数据和前人研究报道，在保证产品安全性及品质的基础上，本试验选用超高压的处理条件为 500 MPa，处理时间为 20 min。

4.3.3　测定方法

4.3.3.1　总花色苷含量的测定

测定方法同 4.2.3.2。

4.3.3.2　草莓果汁颜色变化的测定

测定方法同 4.2.3.3。

4.3.3.3　pH 的测定

采用 pH 计测定样品的 pH。

4.3.3.4　草莓果汁风味的测定

采用电子舌对草莓果汁进行处理，分析甜味、酸味、苦味、涩味、咸味和鲜味，测量不同杀菌方式对草莓果汁风味的影响。取 40 mL 果汁样品置于电子舌专用烧杯中，每个样品测量 3 次。

4.3.3.5　数据分析

将每组试验重复 3 次，所得数据使用 Prism8.0 作图，通过 SPSS Statistic 25.0 进行显著性差异分析，结果用平均值±标准差的形式来表示，$p<0.05$ 时表示显著性差异。

4.3.4　结果与分析

4.3.4.1　杀菌方式对草莓果汁 pH 的影响

表 4-6 为不同杀菌条件对草莓果汁 pH 的影响。从表中分析可知，当杀菌温度为 80 ℃时，柠檬酸和单宁酸的 pH 都下降了 0.05，而 L-脯氨酸的 pH 上升了 0.03。此时果汁杀菌前后的 pH 变化并不显著，说明样品果汁中的花色苷含量不会受到 pH 的影响，颜色基本保持不变。在 90 ℃的杀菌条件下，三组样品果汁的 pH 都有不同程度升高。柠檬酸组从 3.16±0.02 上升到 3.44±0.02；L-脯氨酸组从 3.29±0.03 上升到 3.57±0.01；单宁酸组从 3.31±0.02 上升到 3.56±0.03。此时各组果汁的 pH 都在 3.50 左右，根据孙建霞的研究，当 3<pH<7 时，花色苷主要以甲醇假碱和查尔酮假碱这两种形式存在于样品中，且主要颜色为紫色(孙建霞等，2009)。结合图 4-7(b)可知，此时样品组的 a^* 都有所升高，说明颜色加深，且此时溶液的 pH 为 3～7，说明花色苷此时主要显紫色。当杀菌温度升高到 100 ℃时，样品组果汁的 pH 变化和 80 ℃的样品组变化情况差不多，而当杀菌方式变为超高压 500 MPa 时，杀菌后的样品组的 pH 也为

3.50 左右，说明此时情况和高温 90 ℃杀菌情况相同，花色苷颜色变深。

表 4-6 杀菌条件对草莓果汁 pH 的影响

杀菌条件	0 h			24 h		
	柠檬酸组	*L*-脯氨酸组	单宁酸组	柠檬酸组	*L*-脯氨酸组	单宁酸组
80 ℃ 10 min	3.45 ± 0.02^{a}	3.56 ± 0.01^{c}	3.58 ± 0.02^{c}	3.40 ± 0.01^{b}	3.53 ± 0.01^{c}	3.53 ± 0.02^{c}
90 ℃ 10 min	3.16 ± 0.02^{a}	3.29 ± 0.03^{a}	3.31 ± 0.02^{a}	3.44 ± 0.02^{a}	3.57 ± 0.01^{a}	3.56 ± 0.03^{a}
100 ℃ 5 min	3.42 ± 0.03^{ab}	3.54 ± 0.02^{ab}	3.53 ± 0.02^{a}	3.44 ± 0.01^{a}	3.47 ± 0.02^{a}	3.56 ± 0.02^{a}
500 MPa 20 min	3.22 ± 0.02^{a}	3.34 ± 0.01^{c}	3.33 ± 0.03^{b}	3.43 ± 0.01^{b}	3.56 ± 0.01^{a}	3.56 ± 0.01^{a}

注：不同字母表示在 $p<0.05$ 水平上差异显著。

4.3.4.2 杀菌方式对草莓果汁花色苷浓度的影响

图 4-5 为不同杀菌条件与草莓果汁花色苷浓度的关系。图中显示，三种草莓果汁的花色苷浓度随着杀菌条件的变化都有不同程度的升高或降低。其中，经 80 ℃杀菌后，添加了 *L*-脯氨酸的草莓果汁的花色苷浓度影响最小，花色苷保留率为 97.88%，而添加了柠檬酸的果汁花色苷浓度影响最大，为 91.12%。这与 Wang 等的研究结果基本相符，Wang 等将草莓果汁调节到不同 pH 在 80 ℃下加热 20 min，当 pH 在 3.0 以下时，花色苷含量基本不变（Wang et al., 2015）。果汁经 90 ℃杀菌后，添加单宁酸的果汁花色苷浓度变化最小，花色苷保留率为

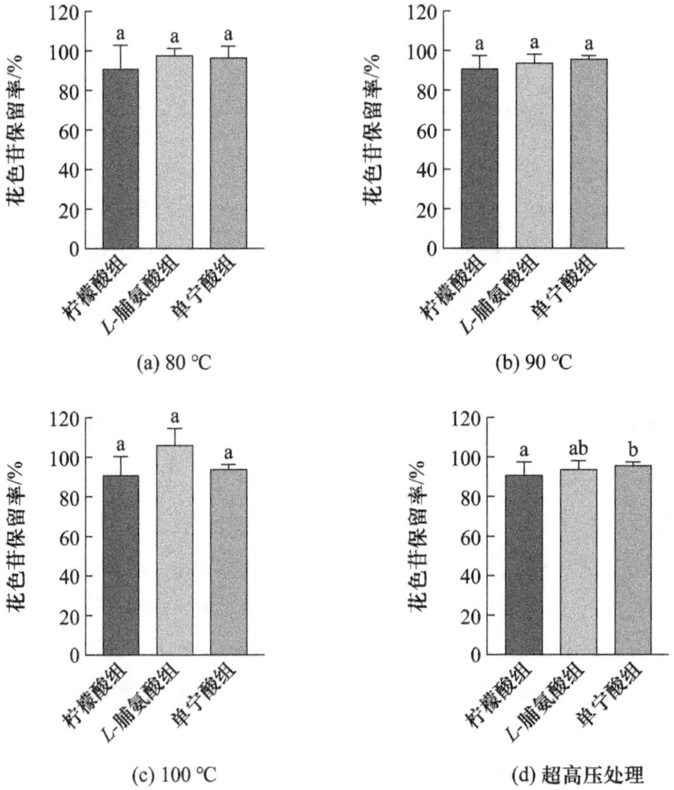

图 4-5 不同杀菌条件与草莓果汁花色苷浓度的关系

注：不同字母表示数据间有显著性差异。

96.64%，同样对添加柠檬酸的果汁影响最大，为 91.26%。果汁经 100 ℃杀菌后，添加 L-脯氨酸的果汁的花色苷浓度比未杀菌之前高，其余两种都比之前低，可能是 100 ℃，5 min 的杀菌条件使蛋白质变性，对酶达到了破坏作用，而对花色苷的影响较小，加上辅色剂的作用，使分子间形成更稳定的结构，从而提高了花色苷的稳定性。与添加相同辅色剂的果汁相比，超高压的作用对花色苷的影响是最小的，分别为 92.10%、96.10%和 93.60%，原因可能是压力对花色苷的影响没有温度明显，却又在适宜的条件使酶灭活，从而保持了花色苷的稳定性。

4.3.4.3　杀菌方式对草莓果汁色泽的影响

图 4-6 为不同杀菌条件对草莓果汁 L^* 的影响。图 4-6(a)表示果汁在 80 ℃杀菌条件下，杀菌前和杀菌后放置 24 h 的 L^* 变化。从图中可以看出，添加了柠檬酸的草莓果汁经过 80 ℃杀菌后放置 24 h 的 L^* 比刚杀菌后的 L^* 小，平均值从 29.42 下降到 28.60，差异比较显著($p<0.05$)；添加了 L-脯氨酸的草莓果汁 L^* 也有所下降，但不如添加柠檬酸的果汁明显，平均值从 29.19 下降到 28.97，差异不是很大；添加了单宁酸的果汁杀菌当时和放置 24 h 后对果汁的 L^* 作用不显著，平均值从 28.71 上升到 28.90，说明此条件下的杀菌方式对添加单宁酸的草莓果汁影响最小。

图 4-6(b)为草莓果汁在 90 ℃杀菌条件下，杀菌前和杀菌后放置 24 h 的 L^* 变化情况。如图所示，在此杀菌条件下，添加了不同辅色剂的草莓果汁在杀菌前后 L^* 的变化平均值分别从 28.86 上升到 29.05、从 29.32 下降到 29.20、从 29.16 下降到 28.94。除了添加柠檬酸的果汁外，其余两组果汁的 L^* 都呈下降趋势，说明在此杀菌条件下，添加 L-脯氨酸和单宁酸的草莓果汁颜色稳定性更好。

图 4-6(c)为草莓果汁在 100 ℃杀菌条件下，杀菌前和杀菌后放置 24 h 的 L^* 变化。从图中可以看出，经过 100 ℃的杀菌后，所有果汁样品的 L^* 都有所增加。柠檬酸样品组平均值从 27.76 上升到 29.17，L-脯氨酸组平均值从 29.03 上升到 31.05，单宁酸组平均值从 28.99 上升到 30.12。说明此时的杀菌温度对花色苷的稳定性影响最大，花色苷受热分解，果汁颜色亮度有所上升。

图 4-6(d)为草莓果汁在 500 MPa 的超高压杀菌条件下，杀菌前和杀菌后放置 24 h 的 L^* 变化情况。如图所示，在此杀菌条件下，对柠檬酸组果汁亮度基本没有影响，L-脯氨酸组果汁亮度稍有增加，L^* 平均值从 28.31 上升到 29.16；而对单宁酸组果汁而言，对亮度结果影响显著，平均值从 28.43 下降到 26.14。由此可知，超高压杀菌条件对单宁酸组果汁亮度的影响最大，亮度值下降最明显，果汁颜色加深，有利于产品颜色更加浓郁。

图 4-7 为不同杀菌条件对草莓果汁 a^* 的影响。图 4-7(a)为 80 ℃杀菌条件下对草莓果汁样品 a^* 的影响。从图中可以看出，经过此杀菌条件的果汁样品，红值都有不同程度的降低，说明该组的果汁样品红色都有不同程度的减少。其中，柠檬酸组果汁的红值下降最显著，平均值从 4.25 下降到 3.40；相比之下单宁酸组果汁的红值也有所下降，但没有柠檬酸明显，平均值从 3.82 下降到 3.62；L-脯氨酸组果汁的红值变化相较于上述果汁来说最不显著，平均值从 3.40 变为 3.38，在实际观察中基本看不出变化。

图 4-7(b)为 90 ℃杀菌条件下对草莓果汁样品 a^* 的影响。由该图可以看出，经过此条件杀菌的果汁样品红值都有不同程度的增加。其中柠檬酸样品组的平均值从 3.60 上升到 3.77，说明此时果汁中的花色苷发生了热降解，柠檬酸和花色苷之间的分子作用力不足以抵挡温度对花色苷的影响。L-脯氨酸组平均值从 3.31 上升到 3.57；单宁酸样品组从 3.66 上升到 3.86。红值上升，意味着样品果汁红颜色变深，说明此杀菌条件下对果汁主要颜色影响较明显。

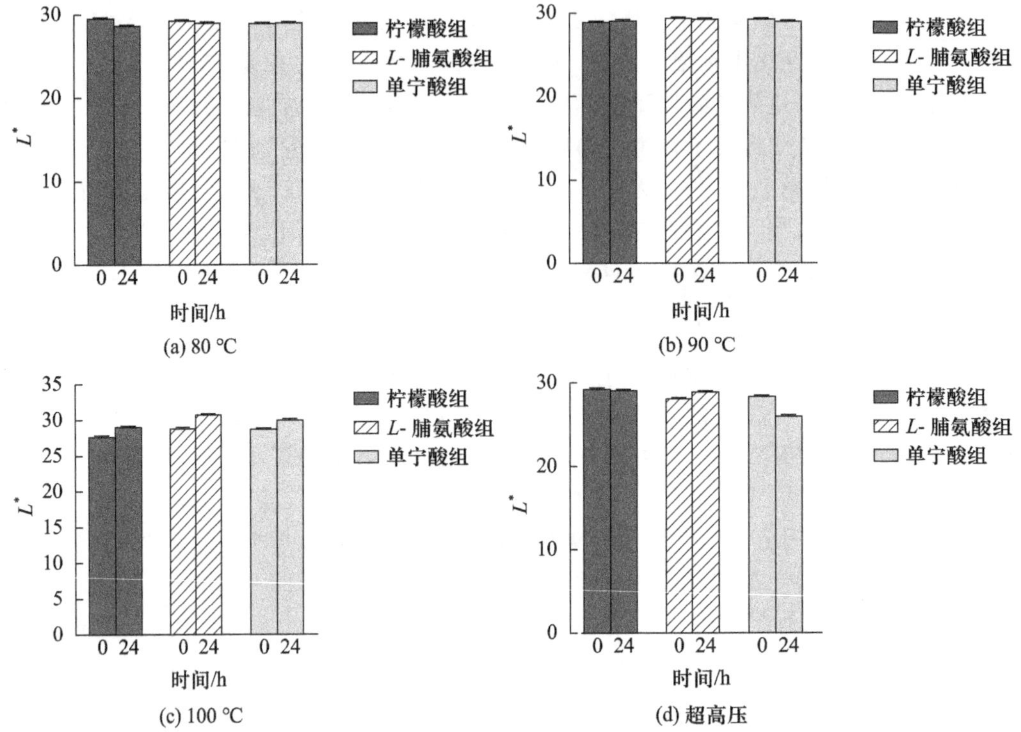

图 4-6　不同杀菌条件对草莓果汁 L^* 的影响

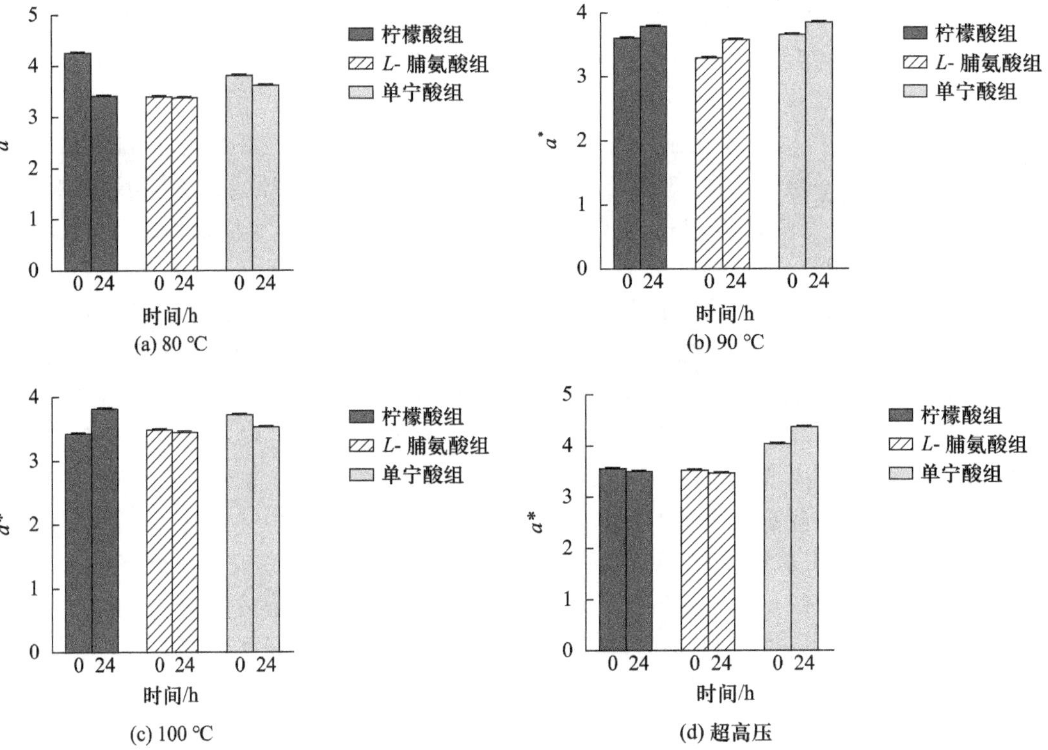

图 4-7　不同杀菌条件对草莓果汁 a^* 的影响

图 4-7(c)为 100 ℃杀菌条件下对草莓果汁样品 a^* 的影响。由图可知，当杀菌温度达到 100 ℃时，对样品果汁的 a^* 有不同的影响。柠檬酸组果汁的 a^* 值有较明显的上升，平均值从 3.41 上升到 3.79；*L*-脯氨酸组的 a^* 值变化不明显，红值维持为 3.40～3.49，说明此时温度基本不会对花色苷的稳定性产生影响。

图 4-7(d)为 500 MPa 超高压杀菌条件下对草莓果汁样品 a^* 的影响。从图中可以看出，超高压杀菌对柠檬酸组和 *L*-脯氨酸组红值的影响并不显著，而对单宁酸组的果汁影响较显著。

综上所述，杀菌条件对草莓果汁样品的颜色影响比较明显，主要是对样品红值的影响，在高温 90 ℃和超高压的杀菌条件下，样品组果汁的 a^* 值多数有所增加，说明在此杀菌条件下，可以保证果汁中花色苷的稳定性，使果汁颜色保持稳定。

4.3.4.4　杀菌方式对草莓果汁风味的影响

图 4-8 为不同杀菌条件对草莓果汁风味的影响。在热杀菌的条件下，随着温度的升高，果汁的酸味会越来越大($p<0.05$)，甜味逐渐减少，说明热杀菌会破坏果汁中的营养物质，产生美拉德反应，形成了蒸煮味。而经超高压杀菌后的果汁，酸味值明显低于热杀菌组($p<0.05$)，涩味也比热杀菌组弱。经过超高压处理的果汁，口感更柔和、顺滑，苦涩感和刺激度减少，酸甜适中。

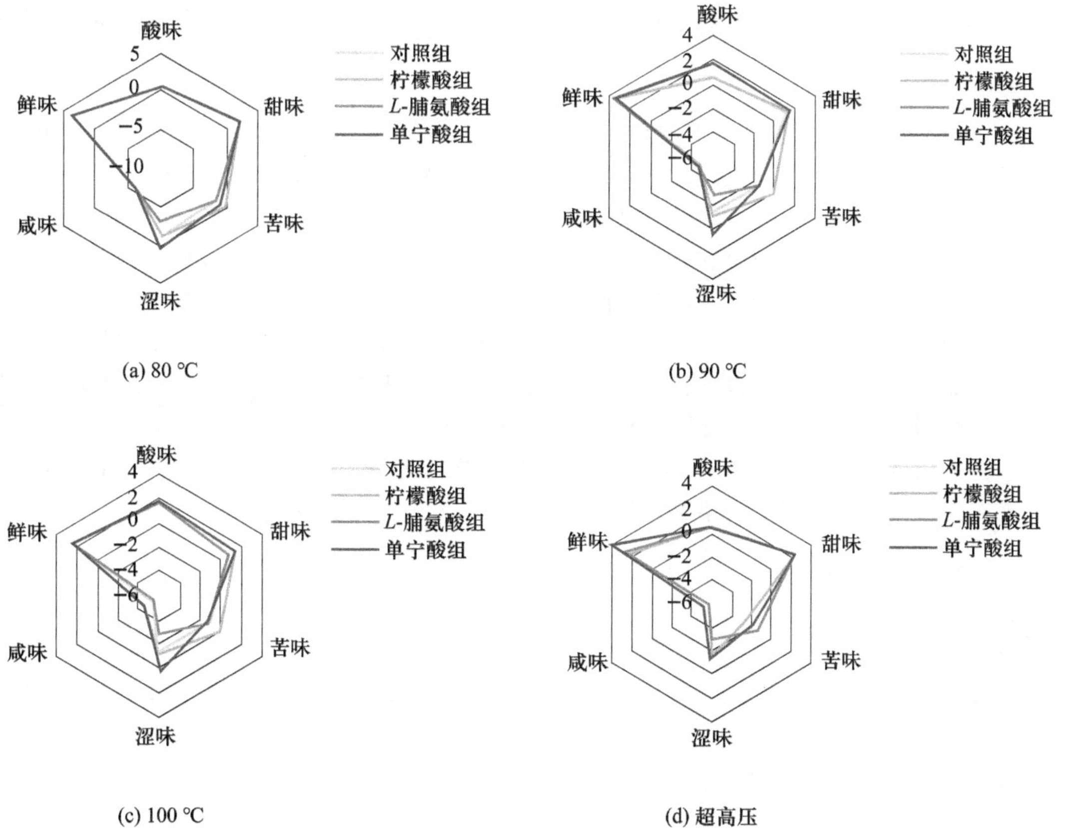

图 4-8　不同杀菌条件对草莓果汁风味的影响

4.3.5 小结

本节对草莓果汁使用高温和超高压的杀菌方式处理，在杀菌前后测定其理化指标，对比了不同杀菌方式对草莓果汁色泽和风味的影响。

高温杀菌的条件下，草莓果汁的亮度和红值的变化幅度均比超高压组明显（$p<0.05$），说明草莓果汁在高温杀菌过程中发生了一定程度的褐变。果汁中糖和蛋白质在高温条件下容易发生美拉德反应，果汁中小分子物质如花青素、维生素 C 和多酚等发生降解，生成褐色物质，从而引起果汁褐变（房子舒等，2012）。而在超高压条件下，其褐变程度远小于高温组。因为超高压技术仅对氢键、离子键和疏水键等非共价键有作用，对花色苷和维生素等小分子无明显影响，从而保持了果汁原有的色泽和风味，降低了果汁褐变的发生率。Skrede 等发现在热处理过程中草莓中维生素 C 损失量最大，说明抗坏血酸的衰变也可能会引起食品颜色的改变（Skrede et al.，1992）。超高压设备价格昂贵，商用生产型机器的价格区间为 220 万～1 080 万，但对果汁的品质影响较小；而普通热杀菌价格低廉，但会增加果汁褐变的程度，降低果汁品质。本节研究内容可为果蔬汁生产商选择杀菌设备及效果提供一定的指导意见和理论支持。

4.4 辅色剂处理对草莓果汁贮藏期微生物及品质影响的研究

中国地大物博，草莓种植优势明显，因其红润的外表，艳丽的颜色，酸甜可口的味道和沁人心脾的香气，深受广大人民的喜爱。但因质地柔软不易贮存，草莓除了鲜食之外还会进行深加工处理，以延长它的保质期。草莓果汁作为深加工产品的一大代表，在市场占有草莓类产品很大一部分比例。经过杀菌处理后的草莓果汁，可相对延长产品的货架期。但随着贮藏时间的延长，果汁会发生一些理化反应，其色、香、味和营养价值都会随着理化反应的发生而改变（迟恩忠，2017）。人们通常依据一些固定指标的变化来判断一个产品的保质期。果汁颜色的变化意味着其品质的下降，同时也代表产品价值降低。因此，延长果汁货架期为果汁产品增加一定的价值属性，是企业研发新产品过程中不可或缺的一环。

本节将以 4.3 节经过不同杀菌处理的草莓复合果汁为原料，重点考察经过不同杀菌处理后的草莓复合果汁在贮藏期内相关色泽指标的变化。

4.4.1 材料与设备

4.4.1.1 试验材料

草莓鲜果品种为‘艳丽’，采自沈阳农业大学后山草莓种植基地。挑选出大小一致，个头完整，果粒饱满，无病虫害，八九分成熟度的鲜果，摘除果梗和萼片，清洗干净并保持表面干燥，迅速冷冻，冻藏于－80 ℃超低温冰箱中。

4.4.1.2 主要试剂

试验主要试剂见表 4-7。

表 4-7　主要试剂

药品名称	公司
柠檬酸	上海麦克林生化科技有限公司
L-脯氨酸	北京索莱宝科技有限公司
单宁酸	北京索莱宝科技有限公司
蛋白胨	湖州汇合生物科技有限公司
牛肉膏	中国医药集团有限公司
葡萄糖	中国医药集团有限公司
琼脂	山东德佳生物科技有限公司
酵母浸粉	山东西亚化学有限公司
果胶酶	中国医药集团有限公司
乙酸钠	中国医药集团有限公司
氯化钾	中国医药集团有限公司
盐酸	中国医药集团有限公司

4.4.1.3　仪器与设备

试验仪器与设备见表 4-8。

表 4-8　仪器与设备

设备名称	型号	公司
分析天平	AX124ZH/E	美国奥豪斯公司
榨汁机	JYL-Y912	济南九阳股份有限公司
旋涡振荡器	VORTEX3	德国 IKA 公司
旋转蒸发器	RE-52AA	德国 IKA 公司
循环水式真空泵	SHZ-III	上海知信实验室仪器技术有限公司
水浴锅	DK-S26	上海精宏实验设备有限公司
紫外-可见分光光度计	UV-1800	江苏茶明智能科技有限公司
超低温冰箱	YCD-208	青岛澳柯玛股份有限公司
pH 计	RIVAN-PH2200	无锡锐文自动化仪表有限公司
色差仪	NS810	深圳市三恩时科技有限公司
超净工作台	HCB-1300V	海尔集团

4.4.2　试验方法

4.4.2.1　草莓果汁工艺流程

草莓冻果→自然解冻→榨汁→果胶酶→酶解→粗滤→抽滤→澄清草莓果汁→贮藏

草莓果汁工艺参数及细节要点如下：

(1)酶解：在草莓浆中加入质量分数为 0.04%的果胶酶进行酶解，在 45 ℃条件下酶解 90 min。

(2)粗滤、抽滤：用 400 目的滤布手动过滤掉滤渣，然后将粗滤后的草莓果汁进行抽滤，在布氏漏斗中垫两层滤纸，并抽滤两遍，以防果汁中有沉淀。

(3)贮藏：将过滤好的草莓果汁分装在 50 mL 离心管中，迅速放入－80 ℃超低温冰箱冻藏，以防变质。

4.4.2.2 杀菌处理

(1)热杀菌：从超低温冰箱取适量草莓果汁，放入冰箱冷藏室过夜解冻。将解冻完成的果汁分装好，按比例分别加入柠檬酸、*L*-脯氨酸和单宁酸。果汁混合好后，放入蒸煮袋中，真空机封口，将果汁密封装好，放入 90 ℃的水浴锅中恒温加热 10 min 进行杀菌处理，然后捞出放入事先准备好的冰水中迅速冷却，避免余温继续加热。

(2)超高压处理：从超低温冰箱取适量草莓果汁，放入冰箱冷藏室过夜解冻。将解冻好的果汁分装好，按比例分别加入柠檬酸、*L*-脯氨酸和单宁酸。果汁混合好后，放入蒸煮袋中，真空机封口，将果汁密封装好。将封装好的果汁样品放到超高压设备中，以水作为压力传递介质，超高压处理条件为 500 MPa，20 min。

4.4.2.3 贮藏试验

将经过杀菌处理的果汁样品分成两组在 20 ℃条件下避光贮藏，每隔 5 d 对其进行一次菌落总数的测定，直到果汁样品菌落总数超标，贮藏试验结束。

4.4.3 测定方法

4.4.3.1 总花色苷含量的测定

测定方法同 4.2.3.2。

4.4.3.2 草莓果汁颜色变化的测定

测定方法同 4.2.3.3。

4.4.3.3 pH 的测定

采用 pH 计测定样品的 pH。

4.4.3.4 菌落总数的测定

根据《食品安全国家标准　食品微生物学检验　菌落总数》(GB 4789.2—2022)每隔 5 d 对样品进行一次菌落总数检测。

4.4.3.5 霉菌酵母菌的测定

根据《食品安全国家标准　食品微生物学检验　霉菌和酵母计数》(GB 4789.15—2016)每隔 5 d 对样品进行一次霉菌和酵母数量的检测。

4.4.3.6 草莓果汁的感官评价

在贮藏期间分别对试验组草莓果汁的色泽、香气、滋味进行感官评价，评分标准见表 4-9。

表 4-9　草莓果汁感官评价标准

因素	评分标准	评分
色泽(30)	澄清,透明,流体均匀,颜色亮红,清亮有光泽	26～30
	澄清,透明,流体均匀,具有草莓果汁应有的亮红色	22～25
	澄清,透明,无杂物,果汁无光泽,微浑浊	18～21
	微浑浊,有杂质,失光,使人明显不悦	<18
香气(30)	果香良好,协调气味宜人	26～30
	果香或较少,或有异香,使人略不悦	22～25
	香气不良,略有异香,使人不悦	18～21
	香气不良,有异香,使人厌恶	<18
滋味(40)	果汁口感柔顺,纯正无杂,爽口怡人	36～40
	果汁或酸、苦味不协调,或平淡,使人略不悦	30～35
	果汁或酸、苦味不协调,或异物感,使人不悦	25～29
	果汁或酸、苦味不协调,或异物感,使人讨厌	<25

4.4.3.7　数据分析

每组试验重复 3 次,所得数据使用 Prism8.0 作图,通过 SPSS Statistic 25.0 进行显著性差异分析,结果用平均值±标准差来表示,$p<0.05$ 时差异性显著。

4.4.4　结果与分析

4.4.4.1　不同杀菌方式对果汁样品贮藏期菌落总数的影响

图 4-9 表示了不同杀菌方式对果汁样品贮藏期菌落总数的影响。从图 4-9(a)中可以看出,经高温杀菌的果汁样品贮藏期在 30 d 左右。试验组在 10 d 内菌落总数为 0 CFU/mL,而对照组在 5 d 时,菌落总数显示为 1 CFU/mL;对照组果汁在前 20 d 的菌落总数变化趋势比试验组缓慢,贮藏 20 d 至样品变质期间,对照组样品的菌落总数变化趋势比试验组显著($p<0.05$);在 30 d 时,对照组菌落总数达到 14×10 CFU/mL,超过商业灭菌要求(<100 CFU/mL)。预测经高温杀菌的果汁样品贮藏期在 30 d 左右。图 4-9(b)为超高压杀菌后果汁样品贮藏期菌落总数的变化情况。由图可知,在贮藏期前 20 d,对照组的菌落总数高于试验组,在 20～25 d 期

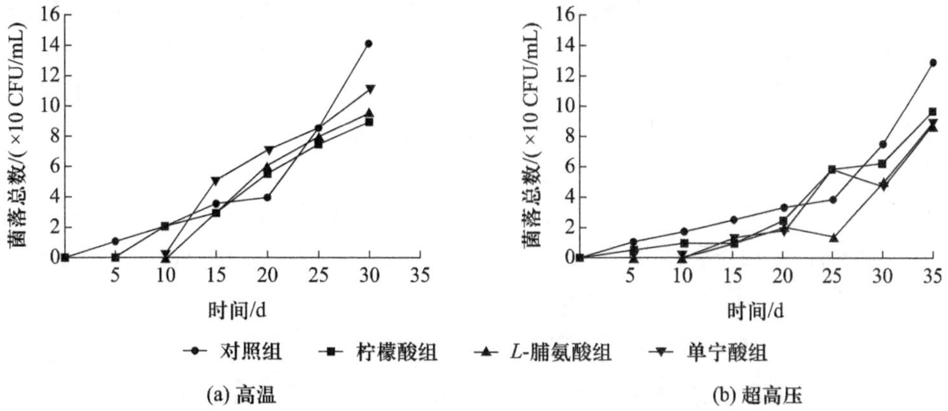

图 4-9　不同杀菌方式对草莓果汁贮藏期菌落总数的影响

间，柠檬酸组和单宁酸组的菌落总数高于对照组，在 25～35 d 期间，试验组的菌落总数普遍低于对照组，并在 35 d 时，对照组的菌落总数超出检测限，而试验组的菌落总数集中在检测限以下。由此判断经超高压杀菌的果汁样品贮藏期在 30 d 左右。从整体来看，经超高压杀菌的果汁样品的贮藏期要长于高温杀菌的样品。这与之前的报道结论相符，在延长草莓果汁贮藏期方面超高压杀菌的效果优于高温杀菌（柳青等，2014）。

4.4.4.2 不同杀菌方式对果汁样品贮藏期霉菌、酵母菌的影响

图 4-10 表示贮藏期内，经不同杀菌方式处理的草莓果汁样品中霉菌和酵母菌的数量变化情况。根据国家标准，果蔬汁中霉菌和酵母菌数量≤20 CFU/mL 时，即为商业无菌。从图中可看出，经过 30 d 和 35 d 的贮藏，各个样品中的霉菌和酵母菌数量均在检测标准以下。说明在本试验的杀菌条件下，霉菌和酵母菌在贮藏期可以达到商业无菌的标准。经高温杀菌的果汁样品，25 d 开始出现霉菌和酵母菌，但数量远小于检测标准；同样经超高压杀菌的果汁样品，30 d 开始出现霉菌和酵母菌，数量也远小于检测标准，说明本试验条件下的杀菌情况良好，对贮藏期果汁的品质保证起到了关键作用。

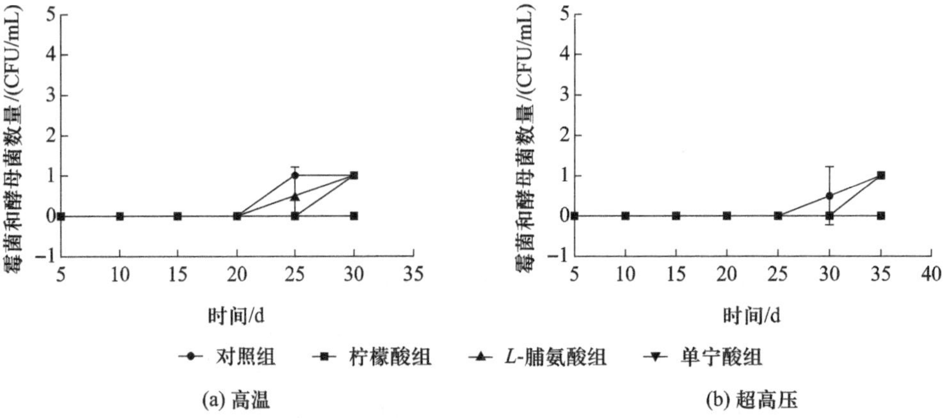

图 4-10 不同杀菌方式对草莓果汁贮藏期霉菌和酵母菌数量的影响

4.4.4.3 贮藏期果汁中 pH 的变化

在对果蔬汁的品质进行评价时，pH 作为一项重要指标，对判断果蔬汁的品质鉴定有指示性作用。由图 4-11 可知，经过高温杀菌的果汁，随着贮藏期的延长，各组的 pH 呈现下降趋势，其中 *L*-脯氨酸组下降最显著（$p<0.05$）。而经过超高压处理的果汁，柠檬酸组的 pH 下降趋势最明显（$p<0.05$）。说明经过不同的杀菌手段处理，果汁中的成分发生了改变，果汁中的氢离子浓度逐渐升高，表现为 pH 在贮藏过程中会不同程度下降。有研究也发现了高温短时杀菌处理、巴氏杀菌和热杀菌技术处理的鲜榨苹果汁在贮藏期 pH 均有不同程度降低，而且高温短时杀菌处理的苹果汁在贮藏期 pH 变化幅度最小，分析认为贮藏期超高压和高温短时杀菌处理的 NFC 苹果汁 pH 的显著降低可能是由于乳酸菌、酵母菌等微生物随着贮藏时间的延长代谢产生了酸性物质，同时伴随一系列生化反应所导致的（Dong et al.，2016）。

4.4.4.4 贮藏期果汁中花色苷含量的变化

图 4-12 为不同杀菌方式对草莓果汁贮藏期花色苷含量的变化。由图可知，在整个贮藏期，果汁中花色苷的含量随着贮藏时间的延长而减少，其中单宁酸组的花色苷保留率在同期果

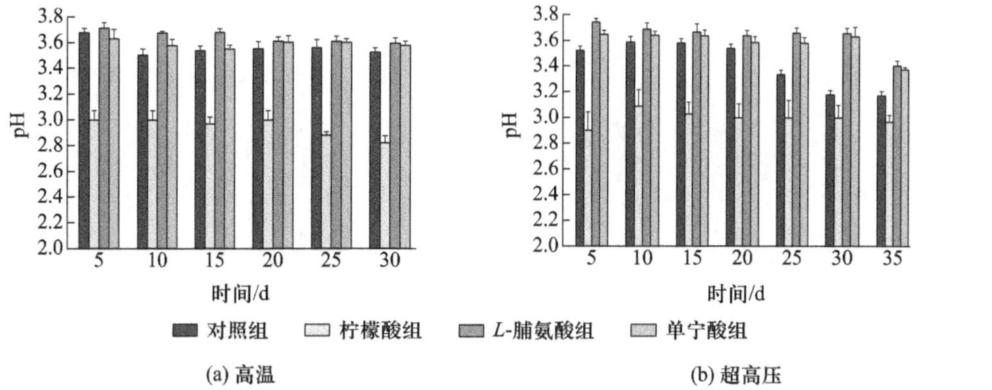

图 4-11　不同杀菌方式对草莓果汁贮藏期 pH 的影响

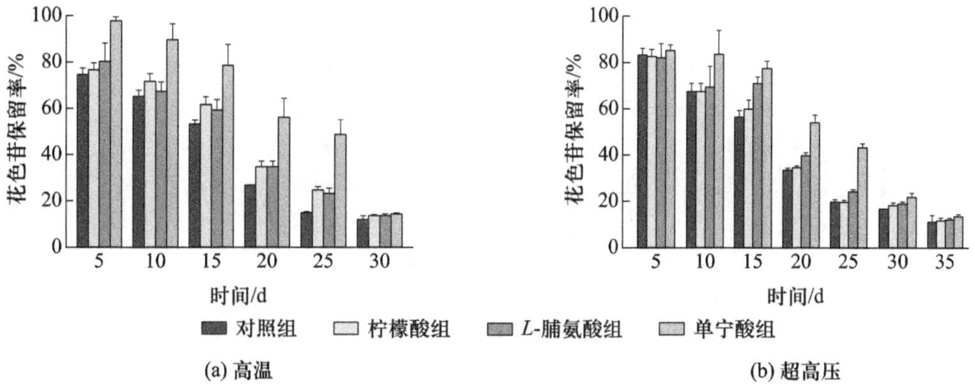

图 4-12　不同杀菌方式对草莓果汁贮藏期花色苷的影响

汁中含量最高($p<0.05$),说明在整个贮藏期单宁酸对于草莓果汁的辅色效果最稳定。但是到达贮藏末期阶段,其明显优势减少可能是因为在为微生物的作用下,果汁中会发生许多理化反应,随着内部微生物的增多,反应也越来越频繁,从而对于花色苷的消耗也越来越快。

4.4.4.5　贮藏期草莓果汁色泽的变化

果汁在加工过程中会发生各种理化反应,如酚酸类物质的降解、抗坏血酸的分解、有色物质的变化、多酚氧化酶和过氧化物酶的激活或钝化等,都会引起果汁在贮藏过程中颜色的改变。图 4-13 为不同杀菌方式对草莓果汁贮藏期内亮度和红值的影响。从图 4-13(a)和图 4-13(b)中可以看出,在整个贮藏期中,各组样品草莓果汁的亮度基本维持不变,说明草莓果汁内的显色物质基本没有发生降解。图 4-13(c)和图 4-13(d)为不同杀菌方式对草莓汁贮藏期内红值的影响。从整体来看,随着贮藏时间的延长,各组果汁样品的红值都呈现逐渐下降的趋势,说明花色苷在草莓果汁贮藏过程中通过各种理化反应逐渐降解。其中,试验组草莓果汁的红值在整个贮藏期都显著高于对照组($p<0.05$),说明添加了辅色剂对于草莓汁色泽的维持有正向作用。

4.4.4.6　贮藏期间草莓果汁感官评分的变化

根据图 4-14 可知贮藏期草莓果汁感官评分的变化情况。

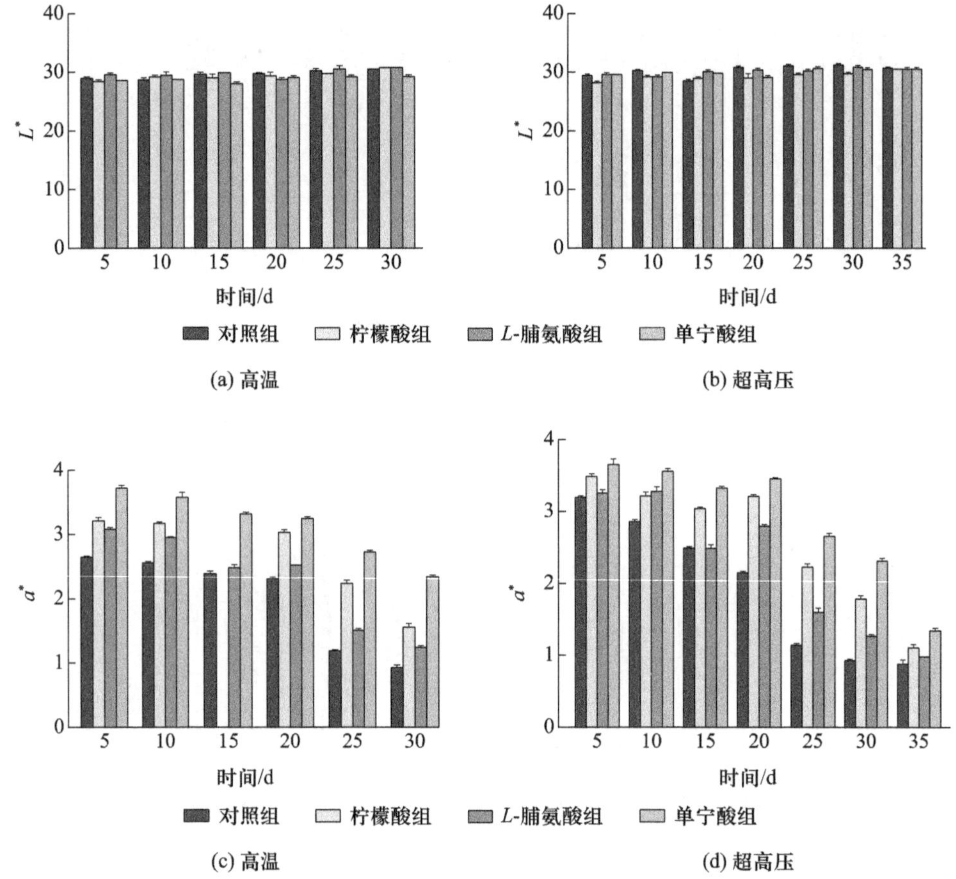

图 4-13　不同杀菌方式对草莓果汁贮藏期色泽的影响

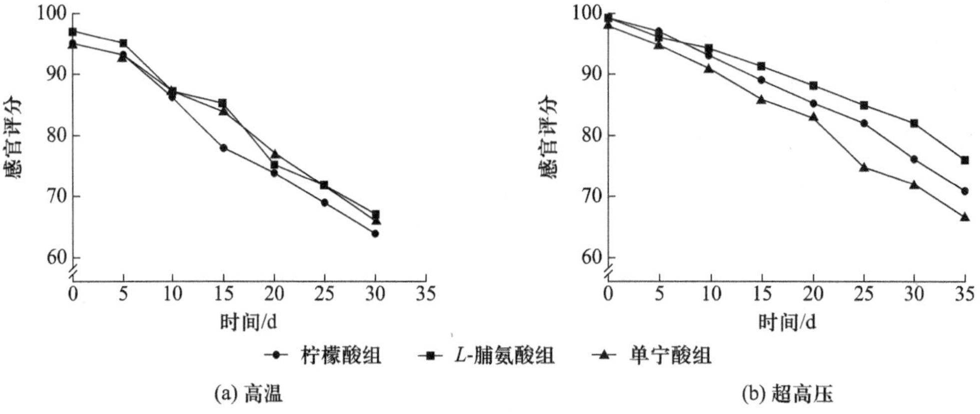

图 4-14　不同杀菌方式对贮藏期草莓果汁感官评分的影响

贮藏 5～10 d，高温处理后，柠檬酸组草莓果汁颜色红亮，透明清澈，果香浓郁，果汁微酸；*L*-脯氨酸组草莓果汁颜色有光泽，澄清透明，气味怡人，口感柔和，酸甜适中；单宁酸组草莓果汁颜色呈深红色，澄清有光泽，果香清新，口感微涩。超高压杀菌后，柠檬酸组草莓果汁清亮有光泽，果香浓郁，果汁口感微酸，入口顺滑；*L*-脯氨酸组草莓果汁色泽澄清透明，流体均匀，果香清新浓郁，口感顺滑纯正；单宁酸组草莓果汁颜色红润明亮，果香良好馥郁，口感微涩。

贮藏 11～20 d，热杀菌后，柠檬酸组草莓果汁透明有光泽，果香不足，口感略酸，爽口顺滑；*L*-脯氨酸组果汁色泽澄清明亮，略有异香，口感顺滑，略显平淡；单宁酸组草莓果汁色泽浓郁明亮，香气略平淡，口感微涩不协调。超高压杀菌后，柠檬酸组草莓果汁明亮略浑浊，色泽红润，香气较浓郁，口感微酸，略显平淡；*L*-脯氨酸组草莓果汁澄清微微发黄，香气怡人略淡，口感酸甜；单宁酸组草莓果汁色泽红亮浓郁，香气怡人，口感微涩，略显平淡。

贮藏 21～35 d，热杀菌后，柠檬酸组草莓果汁微浑浊，不明亮，略有异香，酸味增大；*L*-脯氨酸组果汁色泽发黄，澄清无杂质，香气较少，有异香，口感略平淡，无回味；单宁酸组草莓果汁色泽浓郁微浑浊，香气较少略有异香，口感微苦涩，略令人不悦。超高压杀菌后，柠檬酸组草莓果汁色泽明亮，无杂质，香气略少不持久，入口微酸，略平淡；*L*-脯氨酸组草莓果汁色泽微微发黄，澄清透明，香气较少，略有异香，口感平滑，无起伏；单宁酸组草莓果汁色泽深红微浑浊，略有异香，口感不顺滑，微微发涩。热杀菌整体感官评分低于超高压杀菌草莓果汁。

4.4.5　小结

本节主要分析了不同草莓果汁样品在贮藏期间的品质变化。根据菌落总数和霉菌、酵母菌数量判断出在热杀菌和超高压杀菌的方式下，草莓果汁的贮藏期分别是 30 d 和 35 d。在贮藏期间，各组草莓果汁的 pH 随着贮藏天数的增加而逐渐下降，说明果汁中的乳酸菌和酵母菌慢慢活跃，代谢生成了新的酸性物质。果汁花色苷含量方面，随着贮藏时间的延长，花色苷含量逐渐减少，其中保持最稳定的是单宁酸组果汁，其花色苷含量显著高于其他试验组（$p<0.05$）。关于果汁在贮藏期间色泽的变化，L^* 值呈现缓慢上升的趋势，而 a^* 值呈现快速下降的趋势，说明随着贮藏时间的延长，果汁中的主要显色物质慢慢降解，这也符合果汁中花色苷的变化规律。随着贮藏时间的延长，果汁的风味慢慢变得差强人意，可能是因为在微生物的作用下，果汁中某些成分发生改变，进而影响了果汁的口感。

参考文献

迟恩忠，2017. 蓝莓原汁加工关键技术研究及货架期预测[D]. 滁州：安徽科技学院.

房子舒，易俊洁，张雅洁，等，2012. 超高压和高温瞬时杀菌对蓝莓汁品质影响的比较[J]. 食品与发酵工业，38(12)：7-10.

贺红霞，申江，张川，等，2018. 不同冰温真空干燥压力对草莓品质的影响[J]. 食品研究与开发，39(18)：129-134.

洪森辉，黄冰晴，张晶怡，等，2021. 越橘花色苷的酰化修饰及其稳定性改善研究[J]. 食品与发酵工业，47(16)：1-7.

胡丽菊，孟宪军，孙希云，等，2014. 不同预处理方式对冻藏草莓品质的影响[J]. 食品科学，35(22)：293-296.

黄牧华，魏颖，董竞成，2019. 中国传统医学延缓衰老的研究进展[J]. 中华中医药杂志，34(10)：4735-4739.

李斌，雷月，孟宪军，等，2015. 蓝莓营养保健功能及其活性成分提取技术研究进展[J]. 食品与机械，31(6)：251-254.

李恩惠，2018. 牛血清白蛋白结合蓝莓花色苷复合物的稳定性及抗氧化活性的研究[D]. 沈阳：沈阳农业大学.

李敏,2013. 不同花青素提取物的组成、稳定性及抗氧化性比较研究[D]. 南京:南京财经大学.

梁敏,包怡红,2017. 花色苷生物学功能的研究进展[J]. 天然产物研究与开发,29(10):1785-1790.

林杨,2020. 蓝莓花色苷积累规律及其提取物对炎症相关结直肠癌的影响机制研究[D]. 沈阳:沈阳农业大学.

刘海军,潘廷发,吕春炎,2000. 提高草莓罐头果实硬度的工艺研究[J]. 食品科技,26(1):28-29.

刘素稳,2017. 蓝靛果花色苷提取物调节胆固醇代谢机理研究[D]. 沈阳:沈阳农业大学.

吕婉莹,贾冬梅,胡云峰,等,2021. 贮运条件对草莓主要色素成分稳定性的影响[J]. 农学学报,11(6):73-77.

马建萍,宋连川,赵成茂,等,2021. 紫甘薯花色苷通过 circ_0003998/miR-145 轴调控乳腺癌 MDA-MB-231 细胞的增殖、迁移和侵袭[J]. 中国肿瘤生物治疗杂志,28(7):672-679.

孟宪军,于欣灵,孙仁艳,等,2011. 蓝莓提取物对小鼠记忆力及抗衰老作用的研究[J]. 沈阳农业大学学报,42(6):740-742.

舒念辉,2011. 果汁褐变及控制研究[J]. 食品与发酵科技,47(5):59-61.

宋家乐,钱波,任源,等,2019. 紫莱薹总花色苷对脂多糖诱发 RAW264.7 细胞炎症反应的影响[J]. 食品科技,44(1):248-254.

孙晓璐,杨永学,张源,2021. 蜂蜜草莓酒的酿造工艺的优化[J]. 酿酒科技,42(2):32-35.

孙雪,张蕊,范方宇,等,2021. 复凝聚法制备西番莲果皮花色苷微胶囊及其性质分析[J]. 食品工业科技,42(17):187-193.

唐雅娟,2014. 超声波对草莓中天竺葵素-3-葡萄糖苷的稳定性影响研究[D]. 北京:北京林业大学.

田野,2014. 高压脉冲电场杀菌草莓汁加工工艺及品质研究[D]. 哈尔滨:哈尔滨商业大学.

王静雯,2020. 乳酸菌发酵对蓝莓酚类物质组成和抗氧化活性的影响[D]. 沈阳:沈阳农业大学.

王丽霞,戴婷玉,邹雨,等,2020. 食品配料及添加剂对玫瑰茄花色苷稳定性的影响[J]. 食品研究与开发,41(18):15-20.

王丽霞,肖辉民,吴湞湞,等,2021. 喷雾干燥玫瑰茄花色苷微胶囊化效果及其性质[J]. 食品工业,42(6):6-10.

王巧玲,2019. 改良强化胰岛素治疗应激性高血糖对脑卒中患者预后的研究[D]. 青岛:青岛大学.

王小明,2013. 橙汁加工过程的酶解工艺优化与褐变控制研究[D]. 湛江:广东海洋大学.

王馨悦,2018. 几种富含花青素果蔬的 HPLC 特征图谱构建及其生物活性研究[D]. 贵阳:贵州师范大学.

王月华,2017. 蓝靛果花色苷提取物对脂多糖诱导肝炎的抑制作用机制研究[D]. 沈阳:沈阳农业大学.

位佳静,2013. 刺葡萄花色苷自聚合作用条件及效果研究[D]. 长沙:湖南农业大学.

许胜,屈达才,黄慧明,等,2016. 花色素及其花色苷单体抗肿瘤活性研究进展[J]. 食品工业科技,37(14):379-384.

阎芙洁,2018. 桑葚花色苷对糖代谢的调控作用及其机制研究[D]. 杭州:浙江大学.

杨春松,2014. 高血脂有哪些危害[J]. 妇女生活,33(6):63.

杨晓娜,徐玲,赵昶灵,等,2015. 龙陵紫皮石斛色素的提取及其稳定性[J]. 食品科学,36(9):49-54.

于方园,张丁洁,吴娜娜,等,2020. 草莓速溶粉喷雾干燥工艺的研究[J]. 食品研究与开发,41(10):161-166.

张萍玲,2020. 矢车菊素-3-O-葡萄糖苷酰基化修饰及其活性研究[D]. 广州:华南理工大学.

张忆洁,祁岩龙,宋芳芳,等,2016. 低糖草莓果脯关键工艺研究[J]. 农村科技,33(11):58-60.

张钰娟,2017. 基于氨基酸辅色作用的黑莓花青素稳定性研究及其作用机理初步探究[D]. 贵阳:贵州师范大学.

周波,王晓红,郭连营,等,2006. 玉米紫色植株花色苷色素延缓衰老的功能[J]. 中国临床康复,10(19):138-140.

朱彤,2018. 辅色素及甘露糖蛋白对蓝莓酒发酵过程中花色苷稳定性的比较研究[D]. 沈阳:沈阳农业大学.

朱香澔,段振华,刘艳,等,2018. 西番莲果汁饮料超高压灭菌工艺优化[J]. 食品工业,39(11):12-18.

李恩惠,娇馨瑶,王晨歌,等,2018. 蓝莓花色苷降解动力学及稳定性[J]. 食品科学,39(5):1-7.

李颖畅,孟宪军,周艳,等,2009. 金属离子和食品添加剂对蓝莓花色苷稳定性的影响[J]. 食品科学,30(9):80-84.

梁泽明，余祥雄，余以刚，2019. 玫瑰茄花色苷的降解动力学及抗氧化性[J]. 食品工业科技，40(3)：39-47，53.

刘建国，司旭，田金龙，等，2020. 花色苷的营养吸收及稳定性研究进展[J]. 中国果菜，40(5)：7-13.

任玉林，李华，邴贵德，等，1995. 天然食用色素-花色苷[J]. 食品科学，16(7)：22-27.

邓红，雷佳蕾，杨天歌，等，2019. 超高压和高温短时杀菌对 NFC 苹果汁贮藏期品质的影响[J]. 中国农业科学，52(21)：3903-3923.

葛毅强，2000. 草莓汁饮料制作[J]. 农牧产品开发，21(3)：25-28.

江玉婷，秦昉，陈洁，等，2019. 天然花色苷色素稳定化研究进展[J]. 食品与机械，35(5)：213-218.

刘雨佳，彭丽桃，叶俊丽，等，2016."法兰地"草莓果实中花色素苷的组成及稳定性[J]. 华中农业大学学报，35(1)：24-30.

柳青，赵晓燕，张超，等，2014. 超高压处理对草莓汁贮藏期微生物及品质的影响[J]. 中国食品学报，14(11)：111-117.

柳青，王丹，马越，等，2014. 超高压处理对草莓汁品质酶和杀菌效果的影响[J]. 食品工业科技，35(18)：144-148.

罗学兵，贺良明，2011. 草莓的营养价值与保健功能[J]. 中国食物与营养，17(4)：74-76.

罗赟，陈宗玲，宋卫堂，等，2014. 草莓果实花色苷成分组成鉴定及分析[J]. 中国农业大学学报，19(5)：86-94.

吕沛峰，2017. 微胶囊技术及其在食品中的应用[J]. 中国食品添加剂，(12)：166-174.

孙建霞，张燕，胡小松，等，2009. 花色苷的结构稳定性与降解机制研究进展[J]. 中国农业科学，42(3)：996-1008.

王梦泽，阎勤劳，薛少平，等，2010. 草莓浑浊汁花色苷热降解动力学[J]. 食品研究与开发，31(6)：50-53.

王雯慧，2016. 中国草莓产业的今生前世[J]. 中国农村科技，23(10)：74-77.

吴晓云，高照全，李志强，等，2016. 国内外草莓生产现状与发展趋势[J]. 北京农业职业学院学报，30(2)：21-26.

徐青，王代波，刘国华，等，2020. 花青素稳定性影响因素及改善方法研究进展[J]. 食品研究与开发，41(7)：218-224.

由璐，隋茜茜，赵艳雪，等，2019. 花色苷分子结构修饰及其生理活性研究进展[J]. 食品科学，40(11)：351-359.

朱金艳，赵雪梅，王殿夫，等，2021. 超高压和热杀菌的蓝莓果汁饮料贮藏期品质的变化及货架期预测模型[J]. 食品工业科技，42(40)：320-327.

朱颖，赵思明，安然，等，2019. 大豆分离蛋白-花青素复合乳液稳定性研究[J]. 农业机械学报，50(3)：330-335.

邹辉，王永涛，廖小军，等，2016. 超高压处理对天竺葵-3-葡萄糖苷辅色反应的影响[J]. 中国科技论文，11(12)：1362-1366.

邹宇晓，王思远，刘凡，等，2016. 花色苷基于分子辅色机制的稳态化制备与应用技术研究进展[J]. 现代食品科技，32(6)：328-339.

Aboonabi A, Meyer R R, Gaiz A, et al., 2020. Anthocyanins in berries exhibited anti-atherogenicity and antiplatelet activities in a metabolic syndrome population[J]. Nutrition Research, 76: 82-93.

Ana B, Laura O, 2016. Effect of hyperbaric storage at room temperature on color degradation of strawberry juice[J]. Journal of Food Engineering, 169: 141-148.

Barros D, Amaral O B, Izquierdo I, et al., 2006. Behavioral and genoprotective effects of Vaccinium berries intake in mice[J]. Pharmacology Biochemistry and Behavior, 84(2): 229-234.

Boulton R, 2001. The Copigmentation of Anthocyanins and Its Role in the Color of Red Wine: A Critical Review [J]. American Journal Of Enology And Viticulture, 52(2): 67-87.

Butz P, Fernandez A, Lindauer R, et al., 2003. Influence of ultra high pressure processing on fruit and vegetable products[J]. Journal of Food Engineering, 56(2): 233-236.

Cassidy A, Mukamal K J, Liu L, et al., 2013. High Anthocyanin Intake Is Associated With a Reduced Risk of Myocardial Infarction in Young and Middle-Aged Women[J]. Circulation, 127(2): 188-196.

Chen L, Hrazdina G, 1981. Structural aspects of anthocyanin-flavonoid complex formation and its role in plant color[J]. Phytochemistry, 20(2): 297-303.

Chen P, Chu S C, Chiou H L, et al., 2005. Cyanidin 3-glucoside and peonidin 3-glucoside inhibit tumor cell growth and induce apoptosis in vitro and suppress tumor growth in vivo[J]. Nutrition and Cancer, 2(53): 232-243.

Chung C, Rojanasasithara T, Mutilangi W, et al., 2016. Enhancement of colour stability of anthocyanins in model beverages by gum arabic addition[J]. Food Chemistry, 201: 14-22.

Luo C L, Zhou Q, Yang Z W, et al., 2018. Evaluation of structure and bioprotective activity of key high molecular weight acylated anthocyanin compounds isolated from the purple sweet potato (Ipomoea batatas L. cultivar Eshu No. 8)[J]. Food Chemistry, 241: 23-31.

Cristina P, Sandebring-Matton A, Rodriguez-Rodriguez P, et al., 2016. Anthocyanins protect from complex I inhibition and APPswe mutation through modulation of the mitochondrial fission/fusion pathways[J]. BBA - Molecular Basis of Disease, 1862(11): 2110-2118.

Darias-Mart N J, Carrillo M, D Az E, et al., 2001. Enhancement of red wine colour by pre-fermentation addition of copigments[J]. Food Chemistry, 73(2): 217-220.

Dong C, Pan S X, Chen J, et al., 2016. Comparing the Effects of High Hydrostatic Pressure and Ultrahigh Temperature on Quality and Shelf Life of Cloudy Ginger Juice[J]. Food and Bioprocess Technology, 9(10): 1779-1793.

Giusti M M, Wrolstad R E, 2003. Acylated anthocyanins from edible sources and their applications in food systems[J]. Biochemical Engineering Journal, 14(3): 217-225.

González-Manzano S, Mateuset N, de Freitas V, et al., 2008. Influence of the degree of polymerisation in the ability of catechins to act as anthocyanin copigments[J]. European Food Research and Technology, 227(1): 83-92.

Iva F, Marques F, de Freitas V, et al., 2013. Antioxidant and antiproliferative properties of methylated metabolites of anthocyanins[J]. Food Chemistry, 141(3): 2923-2933.

Jean-Pierre A, Courtois F, Louarme L, et al., 2013. Modelling the interactions between free phenols, l -ascorbic acid, apple polyphenoloxidase and oxygen during a thermal treatment[J]. Food Chemistry, 138(2-3): 1289-1297.

Jing N L, Lee W S, Yun J, et al., 2013. Anthocyanins from vitis coignetiae pulliat inhibit cancer invasion and epithelial-mesenchymal transition, but these effects can be attenuated by tumor necrosis factor in human uterine cervical cancer heLa cells [J]. Evidence-based Complementary and Alternative Medicine, 2013: 503043.

Krauss A, Fischer J, 2013. Malvidin and delphinidin exhibit a dose-dependent effect on cell viability and apoptosis in HT-29 cells[J]. FASEB Journa, 7(27): 274.

Kubben N, Misteli T, 2017. Shared molecular and cellular mechanisms of premature ageing and ageing-associated diseases[J]. Nature Reviews. Molecular Cell Biology, 18(10): 595-609.

Kurotobi T, Hoshino T, Kazami Y, et al., 2021. Influence of physical properties on the taste and flavor of strawberry jam[J]. Journal of Texture Studies, 52(2): 260-274.

Li J, Song H G, Dong N, et al., 2014. Degradation kinetics of anthocyanins from purple sweet potato (Ipomoea batatas L.) as affected by ascorbic acid[J]. Food Science and Biotechnology, 23(1): 89-96.

Liu W, Xu J, Liu Y, et al., 2014. Anthocyanins potentiate the activity of trastuzumab in human epidermal growth factor receptor 2-positive breast cancer cells in vitro and in vivo[J]. Molecular Medicine Reports, 10(4): 1921-1926.

Ma Z, Jing P, 2020. Stabilization of black rice anthocyanins by self-assembled silk fibroin nanofibrils: Morphology, spectroscopy and thermal protection[J]. International Journal of Biological Macromolecules, 146: 1030-1039.

Madiwale G P, Reddivari L, Stone M, et al., 2012. Combined effects of storage and processing on the bioactive compounds and pro-apoptotic properties of color-fleshed potatoes in human colon cancer cells[J]. Journal of Agricultural and Food Chemistry, 60(44): 11088-11096.

Mazza G, Brouillard R, 1987. Recent developments in the stabilization of anthocyanins in food products[J]. Food Chemistry, 25(3): 207-225.

Mercali G D, Gurak P D, Schmitz F, et al., 2015. Evaluation of non-thermal effects of electricity on anthocyanin degradation during ohmic heating of jaboticaba (Myrciaria cauliflora) juice[J]. Food Chemistry, 171: 200-205.

Sun-Joong K, Kim J M, Shim S H, et al., 2014. Anthocyanins accelerate the healing of naproxen-induced gastric ulcer in rats by activating antioxidant enzymes via modulation of Nrf2[J]. Journal of Functional Foods, 7(1): 569-579.

Tiwari B K, O'Donnell C P, Patras A, et al., 2009. Effect of ozone processing on anthocyanins and ascorbic acid degradation of strawberry juice[J]. Food Chemistry, 113(4): 1119-1126.

Wang Z, Zhang M, Wu Q Q, 2015. Effects of temperature, pH, and sunlight exposure on the color stability of strawberry juice during processing and storage[J]. LWT-Food Science and Technology, 60(2): 1174-1178.

Yang Y, Zhang H P, Yan Y, 2019. Preparation of novel iron-loaded microfibers entrapped carbon-nanotube composites for catalytic wet peroxide oxidation of m-cresol in a fixed bed reactor[J]. Separation and purification technology, 212: 405-415.

Yong W, Guo X X, Sun H, et al., 2019. Bilberry anthocyanin-rich extract protects against retinal photooxidative damage via activation of HO-1 and inhibition of NF-κB[J]. Food and Agricultural Immunology, 30(1): 829-840.

Youdim K A, McDonald J, Kalt W, et al., 2002. Potential role of dietary flavonoids in reducing microvascular endothelium vulnerability to oxidative and inflammatory insults (small star, filled)[J]. The Journal of Nutritional Biochemistry, 13(5): 282-288.

Yu S, Huang L L, Yu J F, 2016. Effects of blueberry anthocyanins on retinal oxidative stress and inflammation in diabetes through Nrf2/HO-1 signaling[J]. Journal of Neuroimmunology, 301: 1-6.

Zang Z, Chou S R, Tian J L, et al., 2021. Effect of whey protein isolate on the stability and antioxidant capacity of blueberry anthocyanins: A mechanistic and in vitro simulation study[J]. Food Chemistry, 336: 127700.

Zhang L, Qiao Y, Wang C, et al., 2021. Impact of ultrasound combined with ultrahigh pressure pretreatments on color, moisture characteristic, tissue structure and sensory quality of freeze dried strawberry slices [J]. Journal of Food Processing and Preservation, 45(3): 1-8.

Zhu N, Zhu Y, Yu N, et al., 2019. Evaluation of microbial, physicochemical parameters and flavor of blueberry juice after microchip-pulsed electric field[J]. Food Chemistry, 274: 146-155.

Zou H, Xu Z Z, Liao, X J, 2018. Isolation of strawberry anthocyanins using high-speed counter-current chromatography and the copigmentation with catechin or epicatechin by high pressure processing[J]. Food Chemistry, 247: 81-88.

Bin H B, Asim M, Siddiqui I A, et al., 2008. Delphinidin, a dietary anthocyanidin in pigmented fruits and vegetables: a new weapon to blunt prostate cancer growth[J]. Cell Cycle, 7(21): 3320-3326.

Lila M A, Burton-Freeman B, Grace M, et al., 2016. Unraveling Anthocyanin Bioavailability for Human

Health[J]. Annu Rev Food Sci Technol,7:375-393.

Mcmillan P F,2003. Chemistry of materials under extreme high pressure-high-temperature conditions[J]. Chem Commun (Camb),39(8):919-923.

Mink P J, Scrafford C G, Barraj L M, et al., 2007. Flavonoid intake and cardiovascular disease mortality: a prospective study in postmenopausal women[J]. American Journal ofClinical Nutrition,85(3):895-909.

Skrede G,1992. Color Stability of Strawberry and Blackcurrant Syrups[J]. Journal of Food Science,57(1):172-177.

Tarone A G, Cazarin C B B, Marostica M R, 2020. Anthocyanins: New techniques and challenges in microencapsulation[J]. Food Research International,133:109092.

Tsuda T,Horio F,Osawa T,1998. Dietary cyanidin 3-*O*-beta-*D*-glucoside increases ex vivo oxidation resistance of serum in rats[J]. Lipids,33(6):583-588.

Wang L S, Sun X D, Cao Y, et al., 2010. Antioxidant and pro-oxidant properties of acylated pelargonidin derivatives extracted from red radish (Raphanus sativus var. niger, Brassicaceae)[J]. Food and Chemical Toxicology,48(10):2712-2718.

Wang L, Zhao Y, Zhou Q, et al., 2017. Characterization and hepatoprotective activity of anthocyanins from purple sweet potato (Ipomoea batatas L. cultivar Eshu No. 8)[J]. Journal Of Food And Drug Analysis,25(3):607-618.

第 5 章

草莓和草莓叶多酚提取物的抗糖化活性

5.1 概述

天然多酚类物质能够减少 AGEs 生成。本章通过建立 BSA-果糖、BSA-MGO、BSA-GO 三种模拟糖基化反应体系，以草莓和草莓叶多酚提取物为抑制剂，氨基胍盐酸盐(AG)为阳性对照，分析并比较在 37 ℃条件反应 7 d 后，草莓和草莓叶多酚提取物对三种模拟糖基化体系中荧光性 AGEs 生成的抑制作用。

5.2 草莓和草莓叶多酚对模拟糖基化反应体系的抑制作用研究

5.2.1 材料与设备

草莓、蔓越莓、沙棘、软枣猕猴桃果粉由丹东君澳食品股份有限公司提供，草莓叶片由丹东益农食品有限公司提供。

5.2.1.1 试验材料与试剂

本试验用的材料与试剂见表 5-1。

表 5-1 试验材料与试剂

试剂名称	纯度级别	试剂厂家
果糖	分析纯	北京索莱宝科技有限公司
牛血清蛋白(BSA)	分析纯	北京索莱宝科技有限公司
甲基乙二醛(MGO)	分析纯	上海麦克林生化科技有限公司
乙二醛(GO)	分析纯	上海麦克林生化科技有限公司
氨基胍(AG)	分析纯	北京索莱宝科技有限公司
磷酸氢二钠	分析纯	上海麦克林生化科技有限公司
磷酸二氢钠	分析纯	上海麦克林生化科技有限公司
无水乙醇	分析纯	国药集团化学试剂有限公司
DPPH	分析纯	上海麦克林生化科技有限公司
ABTS	分析纯	上海麦克林生化科技有限公司
过硫酸钾	分析纯	国药集团化学试剂有限公司

5.2.1.2 仪器与设备

本试验用仪器与设备见表 5-2。

表 5-2 试验仪器与设备

仪器设备	生产厂家
多功能酶标仪	美国博腾仪器有限公司
pH 计	梅特勒-托利多仪器(上海)有限公司
AX124ZH/E 分析天平	美国奥豪斯公司
SMART-ROP 超纯水系统	上海康雷分析仪器有限公司
VORTEX3 涡旋振荡器	德国 IKA 集团
F-280 型荧光分光光度计	广州市广电计量检测股份有限公司
RV 10 digital 旋转蒸发仪	德国 IKA 集团
SCIENZ-10N 冷冻干燥机	宁波新芝生物科技股份有限公司

5.2.2 试验方法

5.2.2.1 多酚提取物的制备

(1)称取适量草莓、蔓越莓、沙棘、软枣猕猴桃果粉,用70%乙醇水溶液(*V*/*V*)于45 ℃超声提取90 min。滤液在5 000 r/min条件下离心20 min,取上清液,重复此操作3次后,收集上清液,过滤,45 ℃旋转蒸发,冻干后放于−20 ℃冰箱中备用。

(2)选择草莓成熟期的草莓叶片,挑拣清洗后,冻干粉碎,研磨成粉。称取适量草莓叶粉用70%乙醇水溶液(*V*/*V*)于45 ℃超声提取90 min。滤液在5 000 r/min条件下离心20 min,取上清液，重复此操作 3 次后，收集上清液，过滤，于 45 ℃旋转蒸发，冻干后放于−20 ℃冰箱中备用。

5.2.2.2　抗氧化活性测定

1. ABTS 自由基清除能力测定

ABTS 自由基清除能力测定参照刘文强等(2023)方法，略作修改。按照方法配制 ABTS 工作液用于后续测定。吸取 50 μL 样品加入 3.95 mL ABTS 工作液进行稀释，于室温避光放置 6 min。吸取 200 μL 混合反应液加入 96 孔板中，在 734 nm 波长下使用酶标仪测定 OD 值，ABTS 自由基清除率计算公式如下：

$$\text{ABTS 自由基清除率}=\frac{A_0-A}{A_0}\times 100\%$$

式中：A_0 为 ABTS 与无水乙醇的 OD 值；A 为 ABTS 与待测样品的 OD 值。

2. DPPH 自由基清除能力测定

DPPH 自由基清除能力测定参照朱平平等(2022)方法，略作修改。称取 2.5 mg DPPH，用无水乙醇定容至 100 mL，充分振荡混匀后以供测定使用。分别吸取 200 μL 待测样品加入 3.8 mL DPPH 溶液进行稀释后于室温避光放置 30 min。吸取 200 μL 混合反应液加入 96 孔板中，在 517 nm 波长下使用酶标仪测定 OD 值，DPPH 自由基清除率计算公式如下：

$$\text{DPPH 自由基清除率}=\frac{A_0-A}{A_0}\times 100\%$$

式中：A_0 为 DPPH 与无水乙醇的 OD 值；A 为 DPPH 与待测样品的 OD 值。

5.2.2.3　体外模拟糖基化反应体系的建立

1. 牛血清蛋白(BSA)-果糖模拟糖基化反应体系的建立

1 mL BSA 溶液(20 mg/mL)，1 mL 果糖溶液(0.5 mol/L)与 1 mL 多酚提取物溶液(0.1 mg/mL，0.5 mg/mL，1 mg/mL，5 mg/mL)混合，所有反应物均用 0.2 mol/L 磷酸盐缓冲液(pH=7.4，含有 0.02%叠氮化钠避免微生物污染)溶解。以添加氨基胍(AG，0.1 mg/mL，0.5 mg/mL，1 mg/mL，5 mg/mL)反应溶液为阳性对照组，BSA 和果糖反应溶液为空白组，置于 37 ℃恒温培养箱中培养 7 d。每组设置 3 个平行试验。

2. 牛血清蛋白(BSA)-甲基乙二醛(MGO)模拟糖基化反应体系的建立

1 mL BSA 溶液(20 mg/mL)，1 mL 甲基乙二醛溶液(10 mol/L)与 1 mL 多酚提取物溶液(0.1 mg/mL，0.5 mg/mL，1 mg/mL，5 mg/mL)混合，所有反应物均用 0.2 mol/L 磷酸盐缓冲液(pH=7.4，含有 0.02%叠氮化钠避免微生物污染)溶解。以添加氨基胍(AG，0.1 mg/mL，0.5 mg/mL，1 mg/mL，5 mg/mL)反应溶液为阳性对照组，BSA 和果糖反应溶液为空白组，置于 37 ℃恒温培养箱中培养 7 d。每组设置 3 个平行试验。

3. 牛血清蛋白(BSA)-乙二醛(GO)模拟糖基化反应体系的建立

1 mL BSA 溶液(20 mg/mL)，1 mL 乙二醛溶液(10 mol/L)与 1 mL 多酚提取物溶液(0.1 mg/mL，0.5 mg/mL，1 mg/mL，5 mg/mL) 混合，所有反应物均用 0.2 mol/L 磷酸盐缓冲液(pH=7.4，含有 0.02%叠氮化钠避免微生物污染)溶解。以添加氨基胍(AG，0.1 mg/mL，0.5 mg/mL，1 mg/mL，5 mg/mL)反应溶液为阳性对照组，BSA 和果糖反应溶液为空白组，置于 37 ℃恒温培养箱中培养 7 d。每组设置 3 个平行试验。

5.2.2.4 荧光性 AGEs 测定

7 d 后，吸取反应液 1.5 mL，在激发波长 370 nm、发射波长 440 nm 条件下测定荧光强度。按下式计算多酚提取物对荧光性 AGEs 的抑制率：

$$荧光性\ AGEs\ 抑制率=\frac{F_0-F}{F_0}\times 100\%$$

式中：F_0 为空白组荧光强度，F 为试验组荧光强度。

5.2.2.5 数据分析

每组试验重复 3 次，使用 Prism8.0 软件作图，使用 SPSS Statistic 25.0 进行显著性差异分析，结果用平均值±标准差来表示，$p<0.05$ 时差异性显著。

5.2.3 结果与分析

5.2.3.1 不同浆果多酚提取物的抗糖化活性

以氨基胍作为阳性对照，以不同浓度的草莓、蔓越莓、沙棘、软枣猕猴桃多酚提取物(0.1 mg/mL，0.5 mg/mL，1 mg/mL，5 mg/mL)作为天然 AGEs 抑制剂，探究不同浆果多酚提取物对 BSA-果糖、BSA-MGO 以及 BSA-GO 这三种不同的模拟糖基化反应体系中生成的荧光性 AGEs 的抑制效果，结果如图 5-1 所示。

图 5-1 (a)表示不同浓度的草莓、蔓越莓、沙棘、软枣猕猴桃多酚提取物(0.1 mg/mL，0.5 mg/mL，1 mg/mL，5 mg/mL)对 BSA-果糖模拟糖基化反应体系中荧光性 AGEs 生成的抑制效果。与阳性对照氨基胍相比较，四种浆果多酚提取物均对荧光性 AGEs 生成表现出抑制作用($p<0.05$)，抑制效果较弱于氨基胍。随着多酚提取物浓度的逐渐增加，对荧光性 AGEs 的抑制率逐渐增大，呈现浓度依赖性。当浓度为 1 mg/mL 时，草莓、蔓越莓、沙棘以及软枣猕猴桃多酚提取物对荧光性 AGEs 的抑制率分别为 49.67%、42.77%、38.98% 和 43.03%。同时结合 IC_{50}(被测量的拮抗剂的半抑制浓度)(表 5-3)发现，在四种浆果中，草莓对荧光性 AGEs 的抑制效果略好于其他三种浆果，其 IC_{50} 值为 1.12±0.02 mg/mL。由此可见，四种浆果对 AGEs 的抑制效果依次为草莓>蔓越莓>软枣猕猴桃>沙棘。

图 5-1(b) 为不同浓度的草莓、蔓越莓、沙棘、软枣猕猴桃多酚提取物(0.1 mg/mL，0.5 mg/mL，1 mg/mL，5 mg/mL)对 BSA-MGO 模拟糖基化反应体系中荧光性 AGEs 生成的抑制效果。由图可见，四种浆果多酚提取物均对模拟体系中形成的荧光性 AGEs 表现出显著的抑制作用($p<0.05$)，抑制效果略低于阳性对照组，抑制率与提取物浓度呈正相关性，即浓度升高，抑制率增大，当浓度为 1 mg/mL 时，对 AGEs 的抑制率依次为 44.68%、28.89%、46.76%、39.18%。结合 IC_{50} 值分析发现(表 5-3)，该反应体系中浆果多酚提取物对 AGEs 抑制效果依次为沙棘>草莓>软枣猕猴桃>蔓越莓。

如图 5-1(c)所示，为不同浓度的草莓、蔓越莓、沙棘、软枣猕猴桃多酚提取物(0.1 mg/mL，0.5 mg/mL，1 mg/mL，5 mg/mL)对 BSA-GO 模拟糖基化反应体系中生成的荧光性 AGEs 的抑制效果。与之前两种模拟反应体系的抑制趋势相似，浆果多酚提取物对荧光性 AGEs 具有显著抑制作用($p<0.05$)。此外随着多酚提取物浓度的增加，其对 AGEs 的抑制率逐渐提高。通过 IC_{50} 值比较发现(表 5-3)，在该体系中，浆果多酚提取物对 AGEs 的抑制效果依次为蔓越莓>草莓>沙棘>软枣猕猴桃。

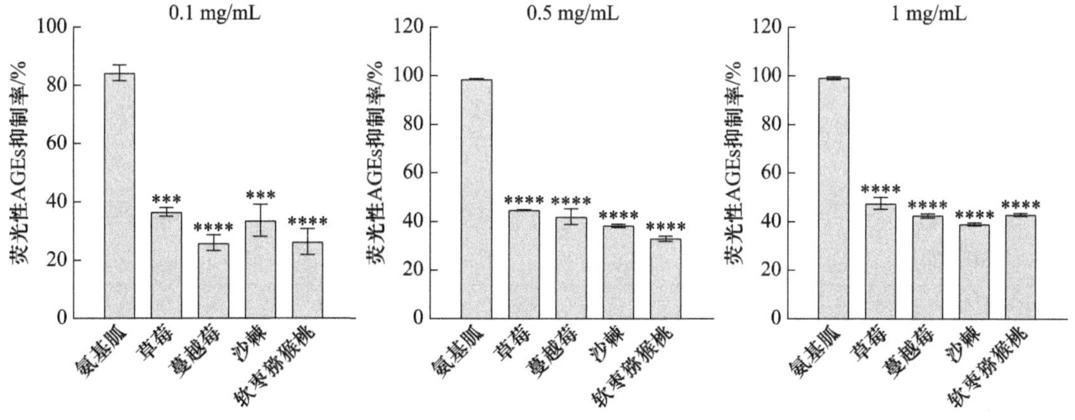

(a) BSA- 果糖模拟糖基化反应体系

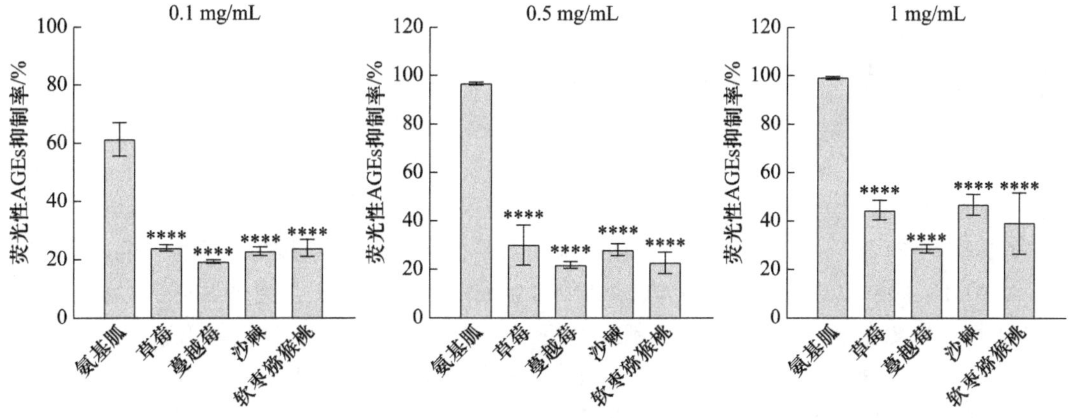

(b) BSA-MGO 模拟糖基化反应体系

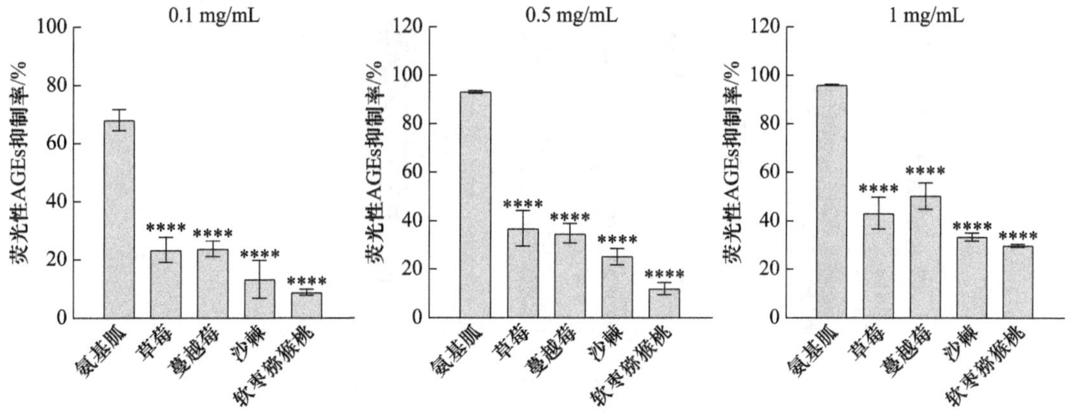

(c) BSA-GO 模拟糖基化反应体系

图 5-1　不同浆果多酚提取物对荧光性 AGEs 的抑制作用

表 5-3　不同浆果多酚提取物对荧光性 AGEs 的 IC_{50}　　mg/mL

名称	BSA-果糖	BSA-MGO	BSA-GO
氨基胍	0.03 ± 0.02^{d}	0.07 ± 0.01^{d}	0.05 ± 0.01^{e}
草莓	1.12 ± 0.02^{c}	2.29 ± 0.01^{b}	1.20 ± 0.04^{c}
蔓越莓	1.83 ± 0.04^{b}	—	1.05 ± 0.01^{d}
沙棘	—	2.08 ± 0.03^{c}	3.51 ± 0.03^{b}
软枣猕猴桃	3.20 ± 0.07^{a}	10.96 ± 0.05^{a}	4.64 ± 0.01^{a}

注：同一列字母代表显著性差异（$p < 0.05$）。

综上所述，利用三种体外模拟糖基化反应体系，比较了不同浓度的草莓、蔓越莓、沙棘和软枣猕猴桃多酚提取物对生成的荧光性 AGEs 的抑制效果，结合抑制率和 IC_{50} 数值分析发现，四种浆果中，草莓多酚提取物对荧光性 AGEs 的抑制作用较为显著，对应的 IC_{50} 值依次为（1.12±0.02）mg/mL、（2.29±0.01）mg/mL、（1.20±0.04）mg/mL。因此，选择草莓多酚提取物作为研究对象以做后续试验研究。

5.2.3.2　草莓和草莓叶多酚提取物的抗糖化活性

如图 5-2 所示，通过建立 BSA-果糖模拟糖基化反应体系分别测定了不同浓度的草莓多酚提取物（strawberry fruit extracts，SFE）和草莓叶多酚提取物（strawberry leaf extracts，SLE）对模拟体系中生成的荧光性 AGEs 的影响。随着提取物浓度的增加，SFE 和 SLE 均对 AGEs 具有显著抑制作用（$p < 0.05$），显然 SLE 的抑制效果好于 SFE。当添加浓度为 1 mg/mL 时，SLE 对 AGEs 抑制率达到 98.26%，其对 AGEs 生成的抑制率几乎相当于 SFE（47.69%）的 2 倍，与阳性对照氨基胍（99.11%）的抑制能力相当。如表 5-4 所示，通过计算 IC_{50} 值发现，SFE 和 SLE 对 AGEs 的 IC_{50} 值分别为（1.12±0.02）mg/mL 和（0.08±0.02）mg/mL，进一步证实了 SLE 对 AGEs 的抑制作用显著高于 SFE。

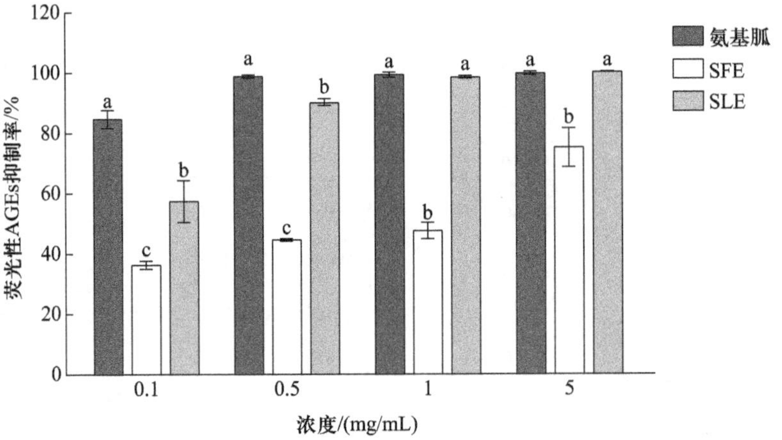

图 5-2　不同浓度的 SFE 和 SLE 对 BSA-果糖模拟糖基化反应体系中荧光性 AGEs 生成的抑制作用

注：不同字母表示数据间有显著性差异。

如图 5-3 所示，分别测定了不同浓度的 SFE 和 SLE 对 BSA-MGO 模拟糖基化体系中生成的荧光性 AGEs 的抑制率。与 BSA-果糖体系中的结果相似，随着浓度的增加，两种多酚提取物对 AGEs 的抑制能力逐渐增强，表明 SFE 和 SLE 都能抑制糖化反应中 AGEs 的形成，可抑制活性($p<0.05$)。当浓度为 1 mg/mL 时，SLE 对 AGEs 的抑制率达到峰值后，抑制效果逐渐趋于平缓。浓度相同时，SLE 对 AGEs 抑制率显然高于 SFE，其抑制率与阳性对照组相当，SLF 与氨基胍的荧光性 AGEs 抑制率分别为 97.57%和 97.89%。

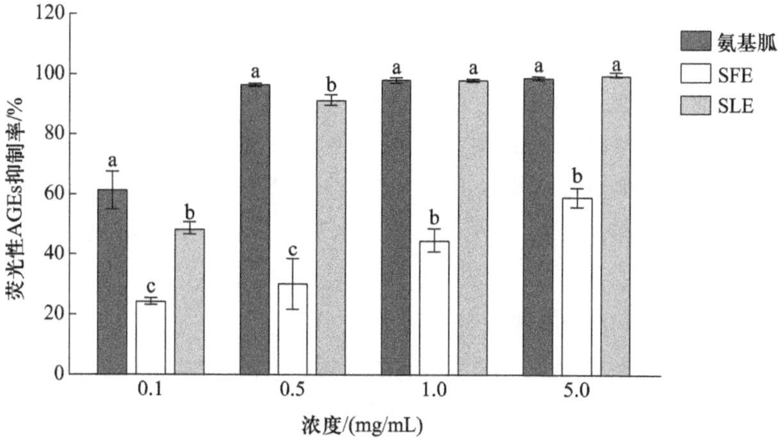

图 5-3　不同浓度的 SFE 和 SLE 对 BSA-MGO 模拟糖基化体系中荧光性 AGEs 生成的抑制作用

注：不同字母表示数据间有显著性差异。

如图 5-4 所示，在 BSA-GO 模拟糖基化反应体系中同样测定了不同浓度的 SFE 和 SLE 对 AGEs 形成的抑制率。抑制趋势与前两个反应体系基本一致，SLE 对荧光性 AGEs 的抑制作用明显优于 SFE($p<0.05$)。与相同浓度的氨基胍相比，SLE 的效果丝毫不逊于阳性对照组。如表 5-4 所示，通过计算并比较三者的 IC_{50} 值，同样证实了这一观点，即不同抑制剂对荧光性 AGEs 的抑制作用依次为氨基胍＞SLE＞SFE，对应的 IC_{50} 值分别为(0.05±0.01)mg/mL、(0.09±0.02)mg/mL、(1.20±0.46)mg/mL。

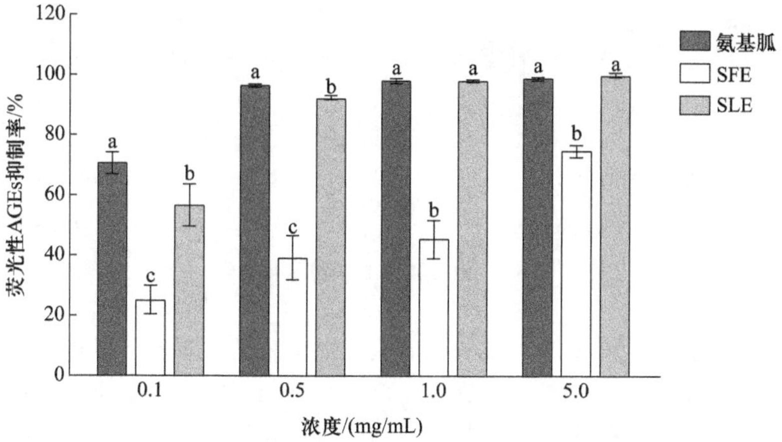

图 5-4　不同浓度的 SFE 和 SLE 对 BSA-GO 模拟糖基化体系中荧光性 AGEs 生成的抑制作用

注：不同字母表示数据间有显著性差异。

表 5-4 草莓和草莓叶多酚提取物对荧光性 AGEs 的 IC_{50} mg/mL

名称	BSA-果糖	BSA-MGO	BSA-GO
氨基胍	0.03±0.02[c]	0.07±0.01[c]	0.05±0.01[c]
草莓	1.12±0.13[a]	2.29±0.87[a]	1.20±0.46[a]
草莓叶	0.08±0.02[b]	0.10±0.00[b]	0.09±0.02[b]

注:同一列字母代表显著性差异($p<0.05$)。

综上所述,通过测定并比较了不同浓度的 SFE 和 SLE 对三种模拟糖基化反应体系中生成的荧光性 AGEs 的抑制作用的影响。结果表明,SFE 和 SLE 均能够显著减少模拟糖基化体系中的荧光性 AGEs。当浓度相同时,SLE 的抑制效果显著高于 SFE,当添加浓度达到 1 mg/mL 时,SFE 的 AGEs 抑制率与阳性对照氨基胍相当,可见 SLE 对糖化反应的终产物 AGEs 具有极强的抑制活性。董坤等(2021)发现草莓叶水提物具有抑制非酶糖基化能力并且呈现显著的剂量-效应关系。

5.2.3.3 草莓和草莓叶多酚提取物的抗氧化活性

SFE 和 SLE 对 DPPH 自由基和 ABTS 自由基清除能力的结果如图 5-5 所示。由图 5-5(a)可见,随着浓度的增加,它们对 DPPH 自由基清除率逐渐增大,并且 SLE 对 DPPH 自由基清除能力显著强于 SFE($p<0.05$)。当浓度为 1 mg/mL 时,SFE 和 SLE 对 DPPH 自由基清除率分别达到 30.08%、74.85%。如图 5-5(b)所示,SFE 和 SLE 对 ABTS 自由基清除能力呈现浓度-效应关系,且 SLE 对 ABTS 自由基清除率显著高于 SFE($p<0.05$)。当浓度为 1 mg/mL 时,SFE 和 SLE 对 ABTS 自由基清除率分别为 56.69 %、86.97%。以上结果表明,SLE 具有较强的抗氧化活性。

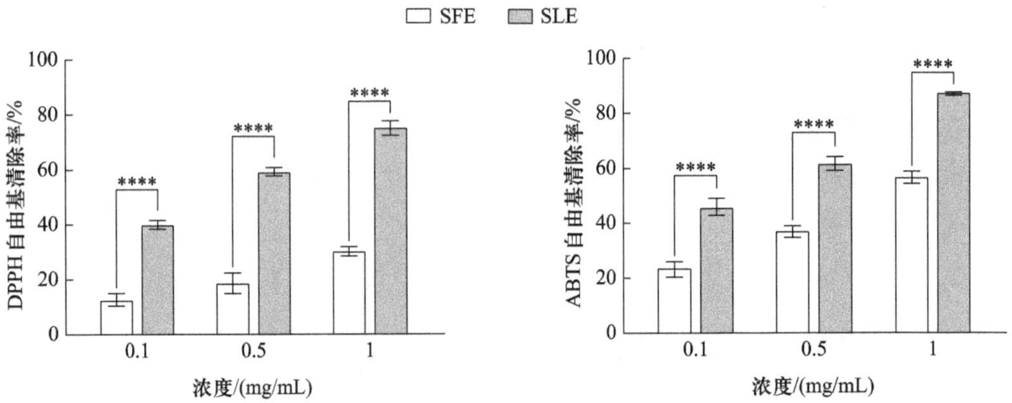

(a) 对 DPPH 自由基清除能力　　(b) 对 ABTS 自由基清除能力

图 5-5 SFE 和 SLE 的抗氧化活性

如表 5-5 分别对 SFE 和 SLE 的抗氧化活性与抗糖活性之间进行了相关性分析。结果表明,两种多酚提取物在三种模拟糖基化反应体系中对 AGEs 的抑制率与自由基清除率之间呈现正相关性(r 为 0.821 5~0.997 4)。与 SFE 相比较,SLE 的抗氧化活性与抗糖化活性之间具有显著相关性($p<0.01$)。由于氧化反应过程中产生的自由基参与糖化反应的中间阶段,Amadori 产物被自由基介导从而加速了蛋白质发生糖基化修饰并转化生成了 AGEs (Zhang et al.,2019;Zhang et al.,2011)。已有研究表明,多酚类物质的抗氧化活性与抗糖化活性之间

存在相关性（Zhang　et al.，2020；Zhou　et al.，2020）。这与本研究的结果一致，因此可以推测 SLE 和 SFE 的抗糖基化活性可能与自身的清除自由基能力有密切联系。

表 5-5　SFE 和 SLE 的抗糖化活性与抗氧化活性的相关性　%

样品		ABTS 自由基清除率		DPPH 自由基清除率	
		SFE	SLE	SFE	SLE
相关系统	BSA-果糖	0.847 1	0.997 4**	0.821 5	0.995 2**
	BSA-MGO	0.991 6*	0.986 0	0.996 7**	0.934 5
	BSA-GO	0.878 2	0.993 1*	0.854 7	0.944 5

注：* 表示 $p<0.05$ 水平上具有显著性差异，* * 表示 $p<0.01$ 水平上具有显著性差异。

5.2.4　小结

本节首先研究了草莓、蔓越莓、沙棘、软枣猕猴桃这四种浆果多酚提取物分别在 BSA-果糖、BSA-MGO 以及 BSA-GO 这三种模拟糖基化反应体系中对生成的荧光性 AGEs 的影响，而后在相同的模拟反应体系中比较了不同浓度的草莓多酚提取物（SFE）、草莓叶多酚提取物（SLE）对 AGEs 的抑制效果，最后通过测定草莓多酚提取物、草莓叶多酚提取物的抗氧化活性以探究草莓和草莓叶多酚提取物对荧光性 AGEs 生成的影响，具体结论如下。

（1）草莓、蔓越莓、沙棘、软枣猕猴桃这四种浆果多酚提取物均对 AGEs 生成具有良好的抑制作用，通过计算抑制率以及 IC_{50} 值分析发现，草莓多酚提取物对 AGEs 抑制效果明显好于其他浆果。当浓度为 1 mg/mL 时，在三种模拟糖基化反应体系中对 AGEs 的抑制率依次为 49.67%、44.68%、45.09%。

（2）SLE 能够显著抑制模拟糖基化反应体系中 AGEs 的生成，具有抗糖化活性，并且抑制效果显著优于 SFE。

（3）SFE 和 SLE 均具有抗氧化活性，且 SLE 清除自由基能力明显好于 SFE。相关性分析发现，SLE 的抗糖化活性与其抗氧化活性密切相关，$r>0.90$。

5.3　草莓和草莓叶多酚提取物对二羰基化合物的捕获能力研究

甲基乙二醛（MGO）和乙二醛（GO）作为高活性羰基化合物，是 AGEs 形成的关键前体物质，有效地捕获并清除二羰基化合物，有助于减少 AGEs 的生成，抑制蛋白质非酶糖基化反应。本节首先探究了 SFE 和 SLE 对 BSA-MGO、BSA-GO 模拟体系中 MGO 和 GO 含量的影响，并比较了 SFE 和 SLE 对 MGO 和 GO 的捕获能力，最后通过超高效液相色谱-质谱联用定性分析了 SFE 和 SLE 的组成成分。

5.3.1　材料与设备

5.3.1.1　试验材料与试剂

本试验的材料与试剂见表 5-6。

表 5-6　试验材料与试剂

试剂名称	纯度级别	试剂厂家
甲酸	分析纯	国药集团化学试剂有限公司
甲醇	分析纯	国药集团化学试剂有限公司
盐酸	分析纯	国药集团化学试剂有限公司
邻苯二胺（OPD）	分析纯	上海麦克林生化科技有限公司
乙酸	分析纯	国药集团化学试剂有限公司
甲基乙二醛(MGO)	分析纯	上海麦克林生化科技有限公司
乙二醛(GO)	分析纯	上海麦克林生化科技有限公司
牛血清蛋白	分析纯	北京索莱宝科技有限公司

5.3.1.2　仪器与设备

本试验所需的仪器与设备见表 5-7。

表 5-7　仪器与设备

仪器设备	生产厂家
SHA-C 水浴恒温振荡器	常州润华电器有限公司
LC-30AD 超高效液相色谱仪	日本岛津株式会社
LCMS-8050 三重四级杆质谱仪	日本岛津株式会社
AX124ZH/E 分析天平	美国奥豪斯公司
SMART-ROP 超纯水系统	上海康雷分析仪器有限公司
VORTEX 3 涡旋振荡器	德国 IKA 集团
RV 10 digital 旋转蒸发仪	德国 IKA 集团
GNP-9050E 隔水式恒温培养箱	常州润华电器有限公司

5.3.2　试验方法

5.3.2.1　草莓和草莓叶多酚提取物的成分鉴定

采用 UPLC-MS/MS 对 SFE 和 SLE 中的成分进行了分析与鉴定，具体分析条件如表 5-8 所示。

表 5-8　超高效液相-质谱联用分析条件

名称	条件
色谱柱	Waters-C18(4.6 mm×250 nm，5 μm)
柱温	27 ℃
检测波长	280 nm、360 nm、520 nm

续表5-8

名称	条件
进样量	10 μL
流速	0.3 mL/min
流动相	流动相 A：0.1%甲酸水溶液 流动相 B：甲醇
检测程序	0～1 min 10% B；1～3 min 10%～11% B；3～5 min 11%～12% B；5～28 min 12%～15% B；28～54 min 15%～25% B；54～63 min 25%～30% B；63～68 min 30%～100% B；68～72 min 100%～10% B
离子源参数	界面电压(4.0 kV)；温度 300 ℃；检测器电压 2.28 kV
离子收集方式	正、负离子
扫描范围(m/z)	100～1 000

5.3.2.2　牛血清蛋白-甲基乙二醛模拟反应体系的建立

具体试验步骤参照 5.2.2.3。

5.3.2.3　牛血清蛋白-乙二醛模拟反应体系的建立

具体试验步骤参照 5.2.2.3。

5.3.2.4　BSA-MGO/GO 模拟体系中 MGO/GO 余量测定

分别从 BSA-MGO 和 BSA-GO 反应模型中取出适量样品溶液，加入衍生试剂邻苯二胺(OPD)于 37 ℃进行衍生化反应 30 min。0.22 μm 滤膜过滤后，通过 Waters-C18 色谱柱进行分析，HPLC 分析条件具体如表 5-9 所示。

表 5-9　液相色谱条件

名称	条件
色谱柱	Waters-C18(4.6 mm×250 nm，5 μm)
柱温	27 ℃
检测波长	290 nm
进样量	5 μL
流速	0.3 mL/min
流动相	流动相 A：0.1%甲酸水溶液 流动相 B：甲醇
检测程序	0～2 min 45% B；3.5～6 min 80% B；8.01～10.01 min 45% B

5.3.2.5　草莓和草莓叶多酚提取物捕获 MGO/GO 能力测定

分别测定不同浓度的 SFE 和 SLE 对 MGO 和 GO 的捕获能力。将不同浓度的 SFE 和 SLE 分别于 pH 7.4 PBS 缓冲液中溶解充分，37 ℃恒温反应 24 h 后加入适量乙酸结束反应。加入衍生试剂邻苯二胺(OPD)于 37 ℃进行衍生化反应 30 min。0.22 μm 滤膜过滤后，通过

Waters-C18 色谱柱进行分析。HPLC 分析条件参照表 5-9。根据下式计算 MGO/GO 捕获率(%)：

$$\text{MGO/GO 捕获率}=[(\text{MGO/GO}_{\text{control}}-\text{MGO/GO}_{\text{sample}})/\text{MGO/GO}_{\text{control}}]\times 100\%$$

5.3.2.6 草莓和草莓叶多酚提取物捕获 MGO/GO 动力学分析

SFE 和 SLE 分别与 MGO/GO 于 pH 7.4 PBS 缓冲液中充分溶解。37 ℃恒温反应 0 h、1 h、2 h、6 h、12 h、24 h，在每个时间节点加入适量乙酸结束反应。加入衍生试剂邻苯二胺(OPD)于 37 ℃进行衍生化反应 30 min。经 0.22 μm 滤膜过滤后，通过 Waters-C18 色谱柱进行分析。HPLC 分析条件参照表 5-9。根据上述公式计算 MGO/GO 捕获率(%)。

5.3.2.7 数据分析

每组试验重复 3 次，使用 Prism8.0 软件作图，使用 SPSS Statistic 25.0 进行显著性差异分析，结果用平均值±标准差来表示，差异显著性 $p<0.05$ 表示。

5.3.3 结果与分析

5.3.3.1 草莓和草莓叶多酚提取物对模拟糖基化体系中二羰基化合物含量的影响

如图 5-6 所示，将 SFE 和 SLE 分别作为抑制剂添加到 BSA-MGO 和 BSA-GO 这两种模拟糖基化反应体系中，并通过 HPLC 分别检测两种模拟糖化反应体系中 MGO/GO 的余量。

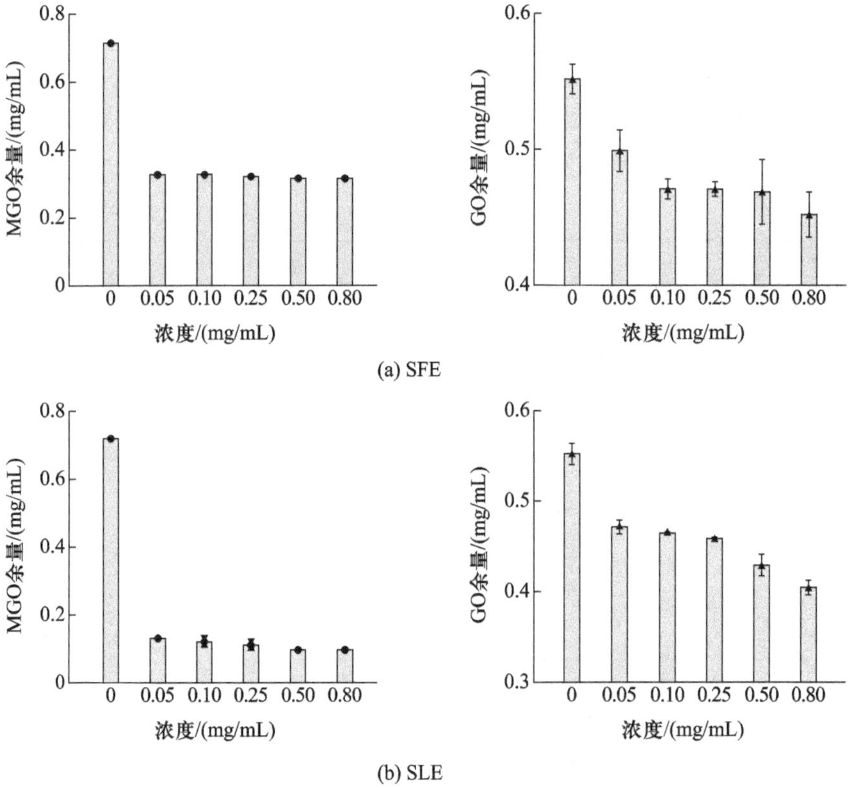

图 5-6 SFE 和 SLE 对模拟糖化反应体系中二羰基化合物含量的影响

如图 5-6(a)所示，经过 24 h 反应后，由于模拟体系中添加了草莓多酚提取物 MGO 的残留量明显减少，当浓度为 0.05 mg/mL 时，MGO 的残留量为 0.33 mg/mL，与空白组相比 MGO 含量减少了 54.0%。随着浓度增加，MGO 残留量略有下降但逐渐趋于平缓。当浓度达到 0.8 mg/mL 时，MGO 残留量为 0.31 mg/mL。随着草莓多酚提取物浓度的增加，模拟体系中 GO 的残留量逐渐减少，当浓度为 0.8 mg/mL 时，GO 残留量为 0.45 mg/mL，与空白组相比较 GO 含量减少了 18.4%。

如图 5-6(b)所示，与草莓多酚提取物的结果类似。经草莓叶多酚提取物处理后，模拟体系中 MGO 的残留量明显减少，当浓度为 0.05 mg/mL 时，MGO 的残留量为 0.13 mg/mL，与空白组相比较 MGO 含量减少了 81.9%。随着浓度增加，MGO 残留量略有下降但逐渐趋于平缓。当浓度达到 0.8 mg/mL 时，MGO 残留量为 0.095 mg/mL，此时与空白组相比较，MGO 含量减少了 86.8%。随着草莓叶多酚提取物浓度的增加，模拟体系中 GO 的残留量逐渐减少，当浓度为 0.8 mg/mL 时，GO 残留量为 0.41 mg/mL，与空白组相比较 GO 含量减少了 25.7%。

以上结果表明，通过在 BSA-MGO 和 BSA-GO 这两种模拟糖化反应体系中分别添加草莓和草莓叶多酚提取物，两者均能够对其中的 MGO 和 GO 进行捕获，以减少体系中 MGO 和 GO 这两种二羰基化合物的含量，减少了 AGEs 生成的关键前体物质，能够有效减少 AGEs 的形成，从而达到抑制作用。比较来说，MGO 更容易被捕获，当浓度相同时，草莓叶多酚提取物对二羰基化合物的清除能力优于草莓多酚提取物。

5.3.3.2　草莓和草莓叶多酚提取物对二羰基化合物的捕获能力

如图 5-7(a)所示，随着 SFE 和 SLE 浓度的增加对 MGO 的捕获率增大，其对 MGO 的捕获方式表现为浓度依赖性。当浓度相同时，SLE 对 MGO 的捕获率略高于 SFE。当浓度为 0.8 mg/mL，SFE 和 SLE 对 MGO 的捕获率分别为 37.75%和 44.30%。同样，如图 5-7(b)所示，SFE 和 SLE 对 GO 的捕获作用呈现浓度-效应关系，随着浓度的增加，捕获率增大。在相同浓度时，SLE 对 GO 的捕获率显著高于 SFE($p<0.01$)。当浓度为 0.8 mg/mL，SFE 和 SLE 对 GO 的捕获率分别为 47.25%和 55.70%。以上结果表明，草莓和草莓叶多酚提取物均能够有效捕获到 MGO 和 GO 这两种二羰基化合物，相比较来说，草莓叶多酚提取物对二羰基化合物的捕获能力更显著。同时，对二羰基化合物的捕获动力学分析如图 5-8 所示，当分别添

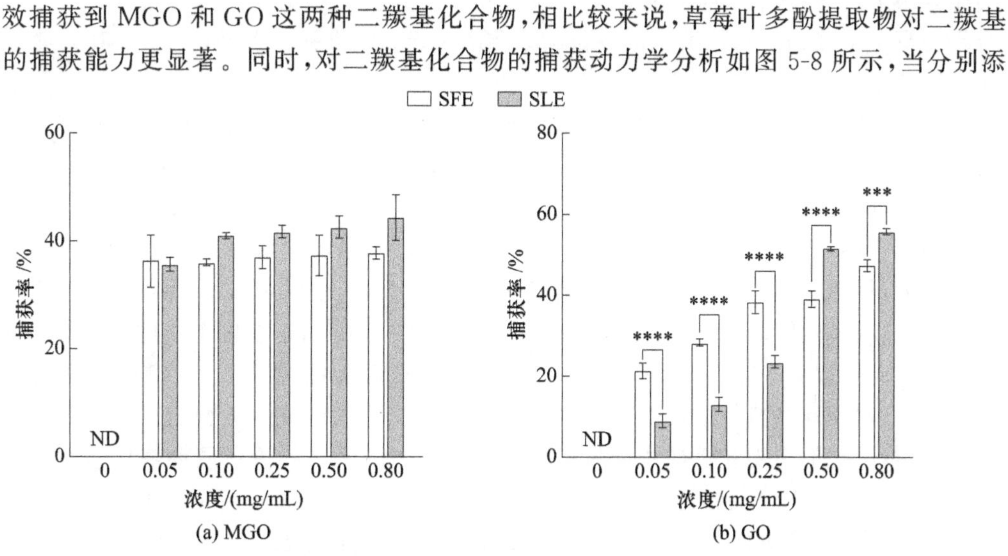

(a) MGO　　(b) GO

图 5-7　不同浓度的 SFE 和 SLE 对 MGO 和 GO 捕获率的影响

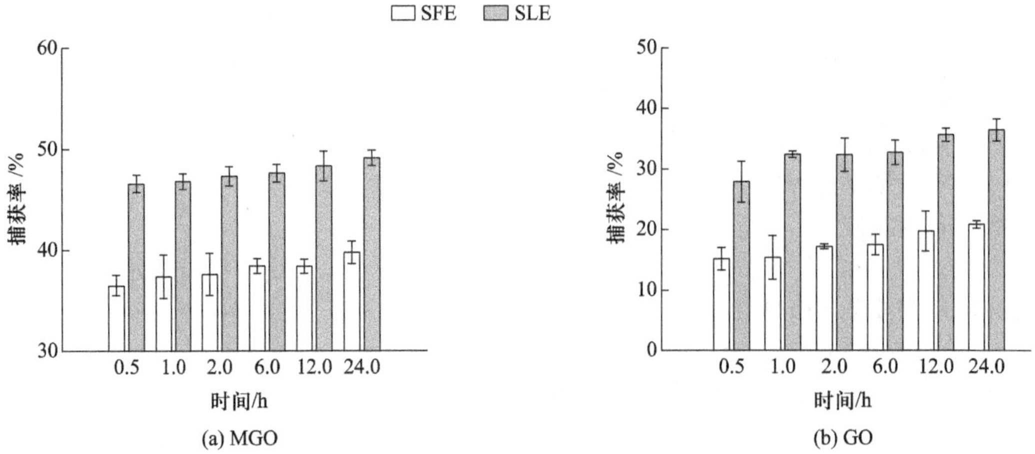

(a) MGO (b) GO

图 5-8 SFE 和 SLE 在不同反应时间对 MGO 和 GO 捕获率的影响

加了 SFE 和 SLE 与二羰基化合物共同反应以后，随着反应时间的延长，对 MGO 和 GO 的捕获能力逐渐增加。这些结果表明，无论 SFE 还是 SLE 均能有效地对 MGO 和 GO 这两种二羰基化合物进行捕获，并且具有浓度和时间依赖性。当反应浓度相同时，SLE 捕获二羰基化合物的能力更为显著。而对于两种二羰基化合物，MGO 更容易被多酚提取物所捕获。

5.3.3.3 超高效液相色谱-质谱分析

基于以上的捕获能力测定，推测草莓和草莓叶多酚提取物具有捕获二羰基化合物的能力，可能与提取物的成分组成有关，因此通过 UPLC-MS/MS 分别对草莓和草莓叶多酚提取物进行了成分鉴定与分析。通过查阅参考文献，比对各物质的一级、二级质谱碎片以及相对分子质量，本研究中初步鉴定出的草莓提取物中的主要物质为花色苷(图 5-9)，物质鉴定结果见表 5-10。草莓果实中花色苷的糖苷主要以葡萄糖苷为主，本研究中鉴定出的草莓提取物中的花色苷主要为矢车菊素-3-*O*-葡萄糖苷、天竺葵素-3-*O*-葡萄糖苷、天竺葵素-3-*O*-芸香苷，同时鉴定出天竺葵素-丙二酰葡糖苷这种酰化葡萄糖苷。在草莓叶提取物中初步鉴定出的物质分别为没食子酸、儿茶素、山奈酚、鞣花酸、鞣花单宁、绿原酸以及芦丁(图 5-10)，物质鉴定结果见表 5-11。

可见，草莓和草莓叶提取物的成分组成具有明显差异，草莓提取物中主要物质为花色苷类。花色苷具有多种生理活性，但是稳定性较差，极易受到光照、湿度、温度、pH、糖类以及金属离子等外界条件干扰而发生降解，从而影响其生理活性(王佳昕，2022)。Zhang 等(2021)比较了杨梅多酚中的主要成分矢车菊素-3-*O*-葡萄糖苷和槲皮素-3-葡萄糖苷对二羰基化合物的捕获能力，结果发现矢车菊素-3-*O*-葡萄糖苷的捕获能力相对较弱，因此推测杨梅多酚对 AGEs 的抑制作用以及对二羰基化合物的捕获能力主要是由于杨梅中酚类物质的协同作用所致。草莓叶提取物中主要为黄酮和酚酸类化合物，研究表明，黄酮类化合物是抑制糖基化能力最强的一种多酚类物质(Sarmah et al.，2022)。比较了几种黄酮类物质对蛋白质糖基化的抑制能力，芦丁能够在糖化反应中间阶段抑制甲基乙二醛诱导的蛋白质糖基化修饰(Wu et al.，2005)；在 BSA-MGO 模拟糖基化反应体系中，山奈酚对 AGEs 的抑制率超过 70%，山奈酚通过捕获 MGO 形成加合产物的途径减少 AGEs 生成，已鉴定出的加合产物主要为山奈酚-双-MGO 加合物和山奈酚-单-MGO 加合物，其加合位点主要在山奈酚 A 环上的 C6 或 C8 位

(Sheng et al.,2018)。儿茶素能够有效捕获到 AGEs 的重要前体物质 MGO,并且具有浓度依赖性和时间依赖性,当以不同反应比例(1∶3,1∶10)进行孵育后形成了儿茶素-单-MGO 加合物和儿茶素-双-MGO 加合物,由此推测儿茶素抑制蛋白质非酶糖基化减少 AGEs 生成的机制与 MGO 捕获能力相关(吴夏青,2019)。综上所述,草莓叶多酚提取物的捕获能力高于草莓多酚提取物,可能是因为草莓叶中含有的黄酮和酚酸类化合物多于草莓果实,并进一步生成加合产物的结果。本试验仅以多酚提取物作为研究对象,初步对组成成分进行定性分析,并探究它们对二羰基化合物的捕获能力,在之后的研究中会对草莓叶和草莓中的组成成分进行分离制备以及定量分析,探明各成分对 MGO 和 GO 的捕获能力并对它们的加合产物结构进行鉴定分析。

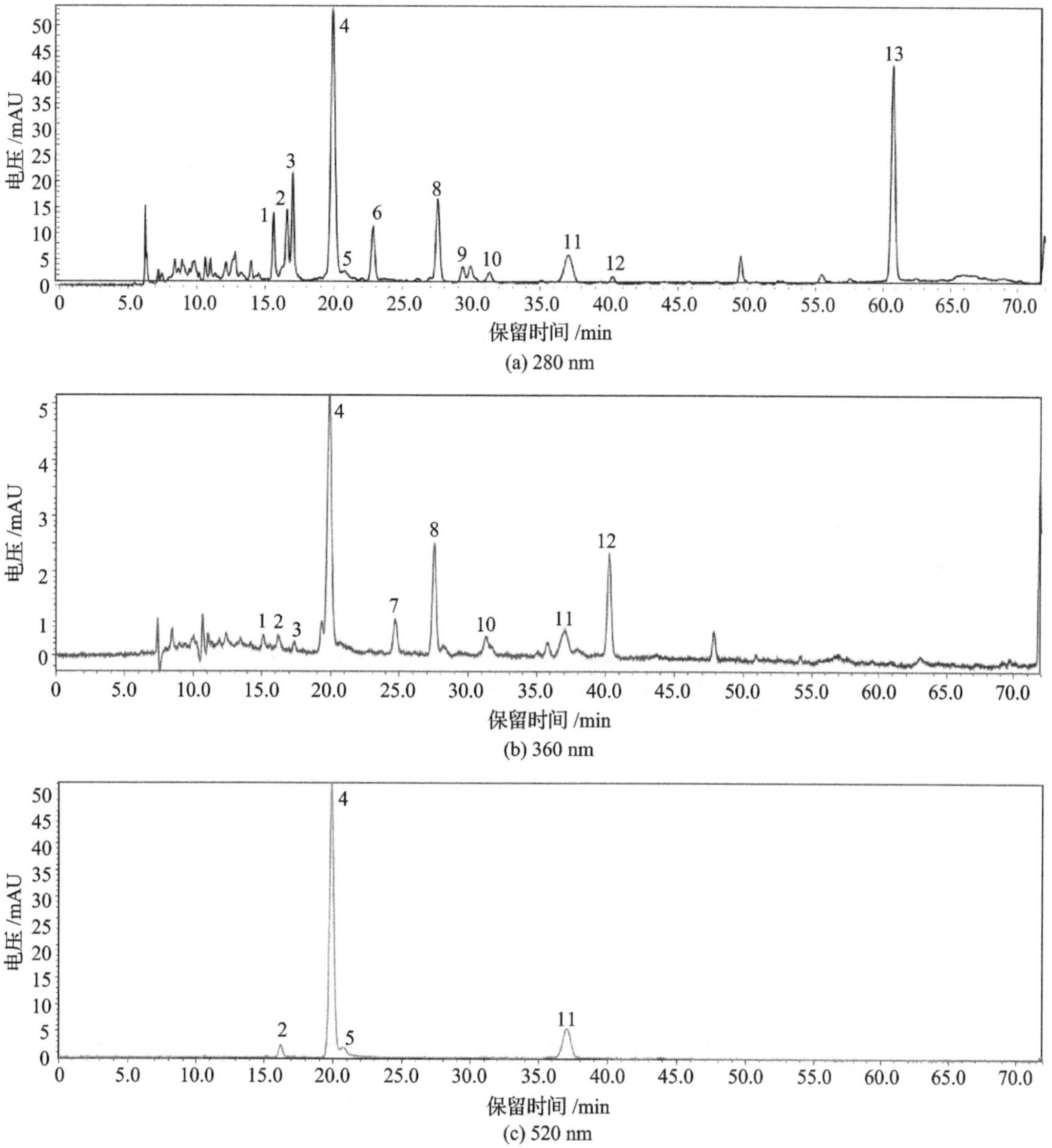

图 5-9　草莓多酚提取物液相色谱图

表 5-10　草莓多酚提取物成分鉴定结果

	保留时间/min	分子离子峰/(m/z)	相对分子质量	推测化合物
1	15.645	173 $(M-H)^-$	174	脱氢抗坏血酸
2	16.498	449 $(M+H)^+$	449	矢车菊素-3-*O*-葡萄糖苷
3	17.395	203 $(M-H)^-$	204	色氨酸
4	19.851	433 $(M+H)^+$	433	天竺葵素-3-*O*-葡萄糖苷
5	20.514	579 $(M+H)^+$	579	天竺葵素-3-*O*-芸香苷
6	22.869	341 $(M-H)^-$	342	己糖
7	24.887	161 $(M-H)^-$	162	羟基香豆素
8	27.515	433	433	槲皮素-3-*O*-木糖苷
9	30.020	331 $(M-H)^-$	332	没食子酸吡喃葡糖苷
10	31.408	325 $(M-H)^-$	326	香豆酸己糖
11	37.076	519 $(M+H)^+$	519	天竺葵素-丙二酰葡糖苷
12	40.287	433	433	槲皮素-3-*O*-阿拉伯糖苷
13	60.941	355 $(M-H)^-$	356	肉桂酸衍生物

注：表中 1～13 对应图 5-9 中所示的 1～13 号峰。

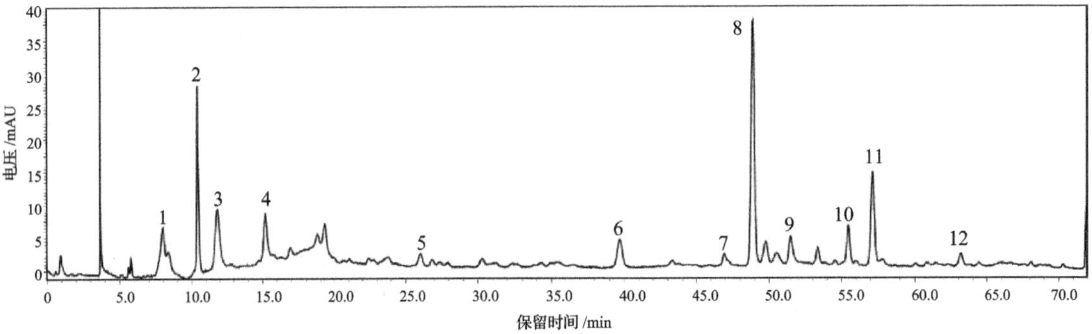

(a) 280 nm

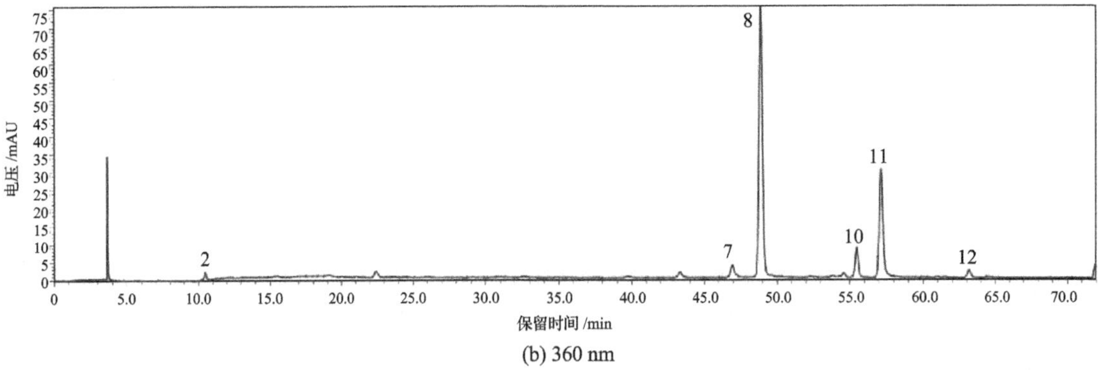

(b) 360 nm

图 5-10　草莓叶多酚提取物液相色谱图

表 5-11　草莓叶多酚提取物成分鉴定结果

	保留时间/min	分子离子峰/(m/z)	相对分子质量	推测化合物
1	8.121	191 (M—H)$^-$	192	柠檬酸
2	10.660	461 (M—H)$^-$	462	山奈酚葡糖苷酸
3	12.172	169 (M—H)$^-$	170	没食子酸
4	15.487	783 (M—H)$^-$	784	Bis-HHDP-hexose
5	26.171	289 (M—H)$^-$	290	儿茶素
6	40.112	465 (M—H)$^-$	466	山奈酚衍生物
7	47.369	300 (M—H)$^-$	302	鞣花酸
8	49.004	609 (M—H)$^-$	610	芦丁
9	51.705	935 (M—H)$^-$	936	鞣花单宁
10	55.509	593 (M—H)$^-$	594	山奈酚戊糖葡萄糖醛酸
11	57.308	477 (M—H)$^-$	478	槲皮素葡糖苷酸
12	63.218	353 (M—H)$^-$	354	绿原酸

注：表中 1～12 对应图 5-10 中所示的 1～12 号峰。

5.3.4　小结

本节首先通过 HPLC 测定了 SFE 和 SLE 分别在 BSA-MGO 和 BSA-GO 这两种模拟糖基化反应体系中对 MGO 和 GO 两种二羰基化合物含量的影响，继而测定了 SFE 和 SLE 直接捕获二羰基化合物的能力，最后通过 UPLC-MS/MS 对 SFE 和 SLE 的组成成分进行分析鉴定，具体结果如下。

(1)随着两种多酚提取物浓度的增加，模拟体系中二羰基化合物的含量明显减少。当浓度为 0.8 mg/mL 时，SFE 使 MGO 含量减少了 54.0%，GO 含量减少了 18.4%，而 SLE 使 MGO 含量减少了 86.8%，GO 含量减少了 25.7%。比较来说，MGO 更容易被捕获，当浓度相同时，SLE 对二羰基化合物的清除能力优于 SFE。

(2)通过比较 SFE 和 SLE 对 MGO/GO 的捕获效应以及捕获动力学的结果发现，它们对两种二羰基化合物的捕获作用呈现浓度和时间依赖性。

(3)通过超高效液相色谱-质谱分别对 SFE 和 SLE 的组成成分进行了鉴定，SFE 中主要的物质为花色苷，包括矢车菊素-3-*O*-葡萄糖苷和天竺葵素-3-*O*-葡萄糖苷以及天竺葵素-丙二酰葡糖苷。SLE 中主要的物质为黄酮和酚酸类化合物，包括没食子酸、儿茶素、山柰酚、鞣花酸、鞣花单宁、绿原酸以及芦丁。

综上所述，SLE 对二羰基化合物的捕获能力显著好于 SFE，由此推测这可能与 SLE 中主要含有的黄酮和酚酸类物质有关，而 SFE 中含有的花色苷类物质由于稳定性较差，易受光照、温度、pH 等因素的影响，所以其对二羰基化合物的捕获能力略弱于 SLE。

5.4 草莓和草莓叶多酚提取物对蛋白质结构影响的研究

蛋白质非酶糖基化反应能够破坏蛋白质结构使其功能丧失，而晚期糖基化终产物的蓄积不利于人体健康。天然多酚类物质能够阻断蛋白质与果糖的结合，以降低 AGEs 含量，从而抑制糖基化反应。本节通过建立 BSA-果糖模拟糖基化反应体系，探究草莓和草莓叶多酚对蛋白质的保护作用，并通过高分辨率质谱分析草莓和草莓叶多酚提取物对糖基化位点和糖基化程度的影响，以进一步揭示草莓和草莓叶多酚提取物对蛋白质糖基化的抑制机制。

5.4.1 材料与设备

5.4.1.1 试验材料与试剂

试验材料与试剂见表 5-12。

表 5-12 试验材料与试剂

试剂名称	纯度级别	试剂厂家
牛血清蛋白	分析纯	北京索莱宝科技有限公司
SDS	分析纯	北京索莱宝科技有限公司
蛋白 Maker	分析纯	北京索莱宝科技有限公司
TEMED	分析纯	北京鼎国昌盛生物技术有限公司
考马斯亮蓝 R-250	分析纯	国药集团化学试剂有限公司
溴酚蓝	分析纯	国药集团化学试剂有限公司

5.4.1.2 仪器与设备

试验仪器与设备见表 5-13。

表 5-13 试验仪器与设备

仪器设备	生产厂家
SHA-C 水浴恒温振荡器	常州润华电器有限公司
MOS-450 圆二色谱仪	法国 BioTools 公司
F-280 型荧光分光光度计	广州市广电计量检测股份有限公司
AX124ZH/E 分析天平	美国奥豪斯公司
SMART-ROP 超纯水系统	上海康雷分析仪器有限公司
VORTEX3 涡旋振荡器	德国 IKA 集团
Powerpac 200 电泳仪	美国伯乐公司

续表5-13

仪器设备	生产厂家
Mini-PROTEAN 小型垂直电泳槽	美国伯乐公司
ImageScanner Ⅲ凝胶扫描成像系统	通用电气公司

5.4.2　试验方法

5.4.2.1　牛血清蛋白-果糖模拟反应体系的建立

具体方法参照 5.2.2.3。

5.4.2.2　荧光光谱

BSA 与草莓和草莓叶多酚提取物分别于磷酸盐缓冲液(0.2 mol/L,pH=7.4)中溶解,按照加样体积 1∶1 的比例将两者混合得到试验样品,BSA 最终浓度为 0.2 mg/mL,草莓和草莓叶多酚提取物浓度设置分别为:0 μg/mL、25 μg/mL、50 μg/mL、100 μg/mL、150 μg/mL、200 μg/mL。样品置于 37 ℃避光温水浴 20 min 后于激发波长 280 nm,发射波长 300～400 nm,狭缝宽度 5 nm 条件下进行荧光光谱的扫描。

5.4.2.3　相关参数计算方法

通过 Stern-Volmer 方程可判断荧光猝灭机理,公式如下:

$$\frac{F}{F_0}=1+K_{sv}c_q=1+K_q\tau_0c_q$$

式中:F_0 和 F 分别代表添加不同浓度草莓和草莓叶多酚提取物的牛血清蛋白样品的荧光强度。K_{sv} 为 Stern-Volmer 猝灭常数,K_q 为猝灭速率常数,c_q 为猝灭剂的浓度,τ_0 为牛血清蛋白的荧光分子的寿命(10^{-8} s)。根据 F_0/F 与 c_q 回归方程的斜率,可以确定 K_{sv} 和 K_q 的值。

5.4.2.4　同步荧光光谱

样品制备方法与荧光光谱一致,具体参数设定参照如下方法:$\Delta\lambda=15$ nm(激发波长为 265～325 nm;发射波长为 280～340 nm),$\Delta\lambda=60$ nm(激发波长为 220～360 nm;发射波长为 280～420 nm)。

5.4.2.5　圆二色谱

通过圆二色谱分别测定天然 BSA、糖化 BSA 以及经草莓和草莓叶多酚提取物处理后糖化 BSA 的蛋白质二级结构。具体操作方法为:扫描范围为 190～250 nm,扫描速度为 100 nm/min,狭缝宽度为 2 nm,响应时间为 1 s。通过 CD pro 软件及 Selcon 3 算法计算并分析蛋白质二级结构的组成和含量。

5.4.2.6　SDS-聚丙烯酰胺凝胶电泳(SDS-PAGE)

采用 SDS-PAGE 方法分别探究草莓和草莓叶多酚提取物对蛋白质交联结构的影响。试验所用工作液参照唐雪梅等(2021)方法进行配制。按照表 5-14 的方法分别配制浓缩胶和分离胶,完成上述操作后,吸取适量每个样品的蛋白质提取液,电泳后进行染色和脱色。

表 5-14　凝胶配方

溶液成分	分离胶 12% (5 mL)	浓缩胶 5% (2 mL)
H_2O	1.600	1.130
凝胶储备液	2.000	0.330
1.0 mol/L Tris-HCl(pH 8.8)	1.300	—
1.0 mol/L Tris-HCl(pH 6.8)	—	0.500
10% SDS 溶液	0.050	0.020
10%过硫酸铵	0.050	0.020
TEMED	0.002	0.002

5.4.2.7　糖基化位点测定

样品经过还原和烷基化处理后，加入适量酶(质量比为 1∶50)，在 37 ℃条件下酶解 20 h。酶解产物脱盐后冻干，复溶于 0.1% FA 溶液中，−20 ℃ 保存待用。质谱分析条件如下：A 液为含有 0.1%甲酸的水溶液，B 液为含有 0.1%甲酸的乙腈-水溶液。色谱柱以 95%的 A 液平衡后，样品由自动进样器上样至 Trap 柱。样品经色谱分离后用质谱仪进行质谱分析，检测方式为正离子，母离子扫描范围 300～1 800 m/z。肽段和肽段碎片的质量电荷比按照下列方法采集：每次全扫描后采集 20 个碎片图谱(MS^2 scan)，MS^2 Activation Type 为 HCD，Isolation window 为 2 m/z，Normalized Collision Energy 为 27 eV，Underfill 为 0.1%。通过检索数据库 Mascot 2.2.2 得到鉴定的蛋白质结果。

5.4.2.8　数据分析

每组试验重复 3 次，使用 Prism8.0 软件作图，使用 SPSS Statistic 25.0 进行显著性差异分析，结果用平均值±标准差表示，$p<0.05$ 表示显著性差异。

5.4.3　结果与分析

5.4.3.1　荧光光谱分析

图 5-11 显示了在激发波长为 280 nm 条件下，BSA 分别与不同浓度的 SFE 和 SLE 结合前后的荧光光谱图。如图 5-11(a)和 5-11(b)所示，当激发波长为 280 nm 时，BSA 最大荧光信号强度所对应的发射波长(λ_{max})在 340 nm 左右。随着 SFE 和 SLE 浓度的增加，BSA 的荧光信号强度出现显著的下降趋势，并且浓度相同时，SLE 降低 BSA 荧光信号强度的幅度显著强于 SFE。如表 5-15 所示，通过计算并分析荧光淬灭常数(K_{sv})、淬灭速率常数(K_q)、结合常数(K_a)以及结合位点(n)等数值，发现 K_q 远远高于扩散碰撞的极限淬灭常数[2.0×10^{10} L/(mol·s)]，这是由于 SFE 和 SLE 均能够与 BSA 相互作用，从而抑制了 BSA 的固有荧光，因此可以认为 SFE 和 SLE 与 BSA 之间的相互作用机制为静态淬灭。值得注意的是，K_q(SLE)$>K_q$(SFE)，说明 SLE 能够更快更高效地与 BSA 结合。同时 SFE 和 SLE 与 BSA 的结合位点数值均为 1 左右，说明两种提取物与 BSA 之间仅有一个结合位点。

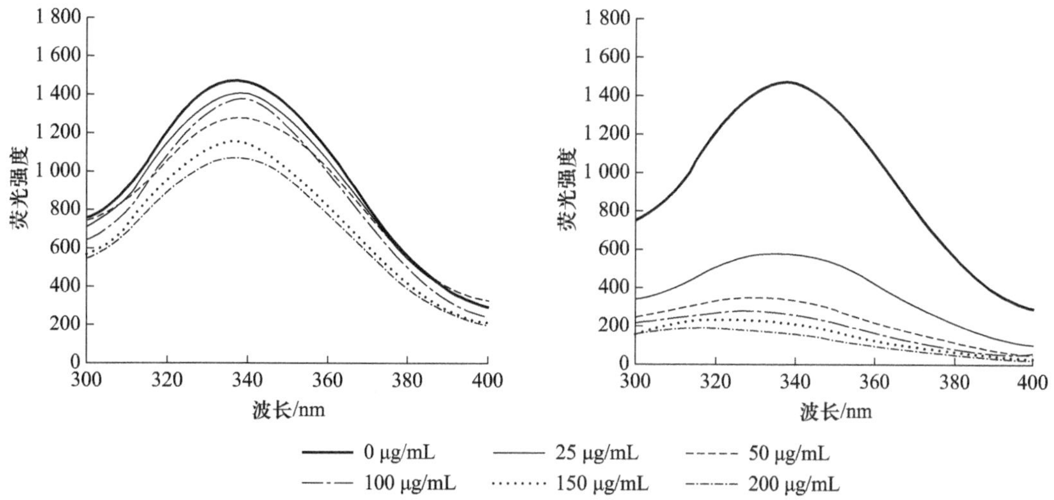

(a) SFE　　(b) SLE

图 5-11　不同浓度的 SFE 和 SLE 与 BSA 在 280 nm 处的荧光光谱图

表 5-15　BSA 与 SFE 和 SLE 的结合与淬灭常数

样品	K_{sv}/(×10³ L/mol)	K_q/[×10¹¹ L/(mol·s)]	K_a/(×10⁵ L/mol)	n
SFE	9.57±0.02[b]	9.57±0.02[b]	1.16±0.11[b]	1.11±0.01[b]
SLE	28.90±0.01[a]	28.90±0.01[a]	1.32±0.06[a]	1.24±0.03[a]

注：同一列不同字母代表显著性差异（$p<0.05$）。

5.4.3.2　同步荧光光谱分析

同步荧光光谱是从荧光光谱衍生出来的研究蛋白质构象变化的方法，可以反映氨基酸残基附近微环境的极性。当 Δλ 为 15 nm 和 60 nm 时，依次反映了酪氨酸和色氨酸残基周围的微环境(Lang et al.，2019)。如图 5-12 所示，当在 BSA 溶液中分别添加不同浓度的 SFE 和 SLE 时，酪氨酸和色氨酸的荧光强度随着提取物浓度的增加呈现先上升后下降的趋势。显然，色氨酸残基的荧光强度明显高于酪氨酸残基，表明了 BSA 的主要荧光光源来自色氨酸。当 Δλ＝15 nm 时，BSA 的同步荧光光谱在最大发射波长处出现了红移现象，该结果表明在微环境中，酪氨酸残基的疏水性有所降低，极性有所增大；Δλ＝60 nm，当提取物的浓度逐渐增加时，BSA 的同步荧光光谱在最大发射波长处出现了蓝移的现象，表明在微环境中，色氨酸残基的极性出现降低，同时疏水性有所增加。值得注意的是，当添加提取物的浓度一致时，SLE 对 BSA 荧光强度的减弱能力高于 SFE。

5.4.3.3　圆二色谱分析

采用圆二色谱仪测定并分析糖化反应对 BSA 二级结构的影响。如图 5-13 所示，未糖化的 BSA 在 208 nm 和 222 nm 处出现 2 个明显的负峰，而经过果糖诱导发生糖化反应后，糖化 BSA 的负吸收带减小的同时伴随着位置偏移和信号强度的降低。分别添加相同浓度的 SFE 和 SLE 进行孵育后发现，糖化 BSA 的信号强度有所恢复，从图中可以看出，SLE 恢复糖化 BSA 信号强度的能力好于 SFE。通过计算 α-螺旋和 β-折叠的含量进一步证实了这一结论。如表 5-16 所示，未糖化 BSA 中 α-螺旋和 β-折叠的含量分别为 36.1%和 16.5%。糖化 BSA

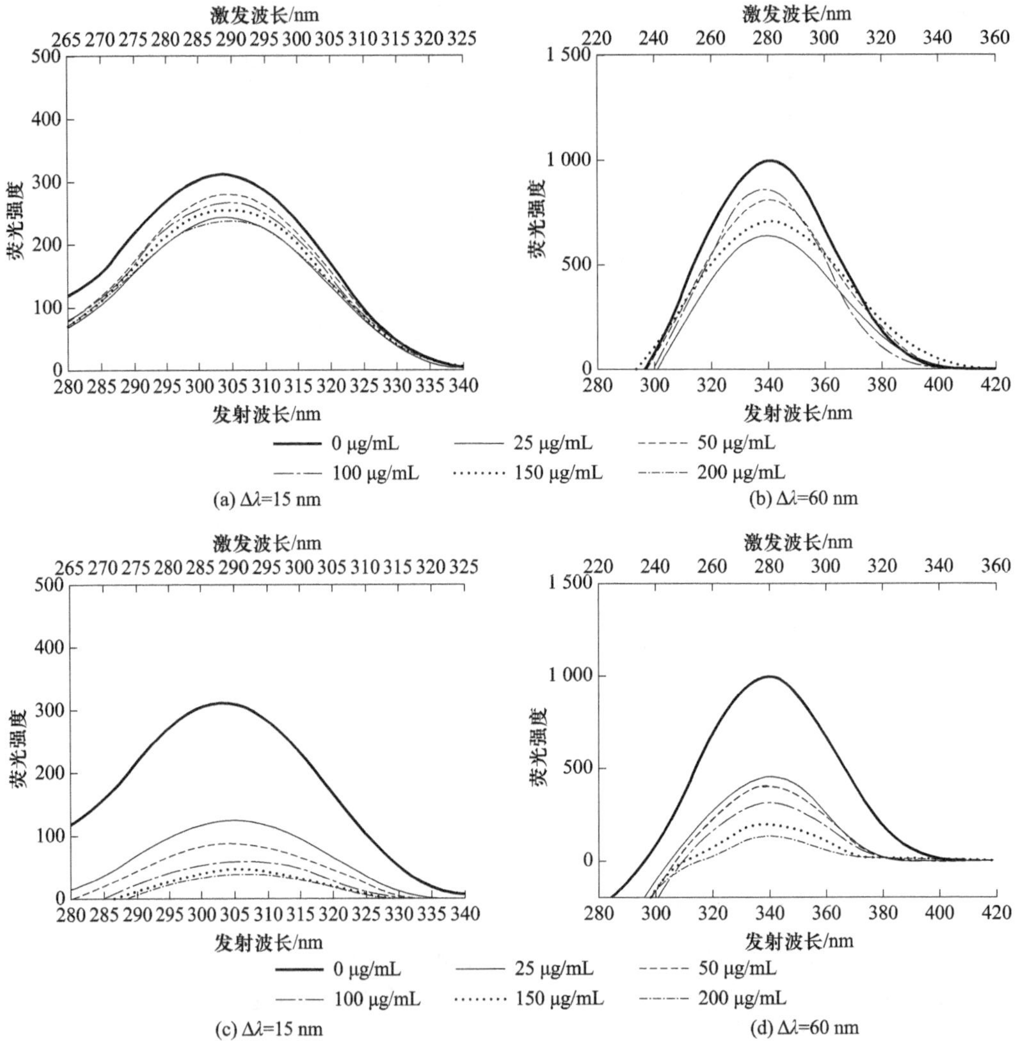

图 5-12　BSA 添加不同浓度 SFE 和 SLE 的同步荧光光谱

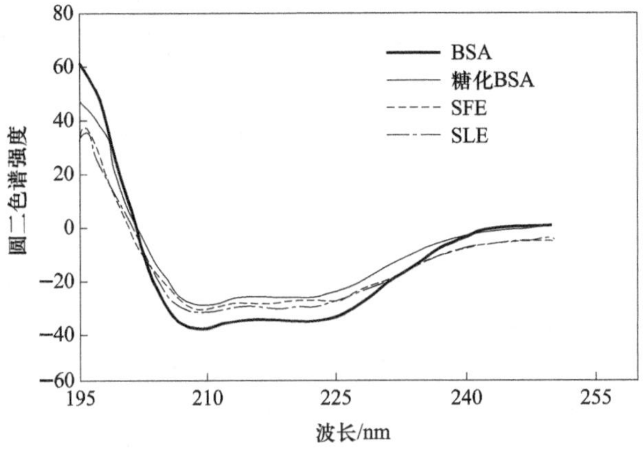

图 5-13　糖化 BSA 经 SFE 和 SLE 处理的圆二色谱图

的 α-螺旋含量降低至 33.8%，β-折叠含量提高至 18.8%，表明糖基化过程导致 α-螺旋结构逐渐转变为 β-折叠结构。经过 SFE 和 SLE 处理后，糖化 BSA 的 α-螺旋含量分别恢复至 34.9%和 35.3%。因此，圆二色谱结果进一步证实了 SFE 和 SLE 能够阻断或减少 AGEs 生成从而具有抗糖化活性，可能对 BSA 结构具有保护作用以免受糖基化损伤，并且 SLE 对 BSA 的保护作用明显好于 SFE。

表 5-16　草莓和草莓叶提取物对糖化 BSA 二级结构含量的影响

二级结构	BSA	糖化 BSA	糖化 BSA+草莓	糖化 BSA+草莓叶
α-螺旋	36.1%	33.8%	34.9%	35.3%
β-折叠	16.5%	18.8%	17.5%	17.9%

5.4.3.4　SDS-PAGE 分析

SDS-PAGE 用于分析糖基化反应以及经过 SFE 和 SLE 干预后对 BSA 分子量(MW)的影响。已知，未糖化 BSA 在 66.7 kDa 处具有清晰的条带。糖化反应导致 BSA 的分子量发生了变化。如图 5-14 所示，在 100 kDa 处出现高分子量条带，表明果糖诱导的蛋白质非酶基化反应使蛋白质发生交联并且生成了高分子量物质。通过添加不同浓度的 SFE 和 SLE 进行处理后，在 100 kDa 处的条带随着提取物浓度的增加，逐渐变得清晰。添加浓度相同时，经 SLE 处理后的糖化蛋白溶液所呈现的条带明显比 SFE 更清晰，表明 SFE 和 SLE 能够通过阻断蛋白质发生交联从而抑制 AGEs 生成，并且 SLE 的阻断能力更加显著。

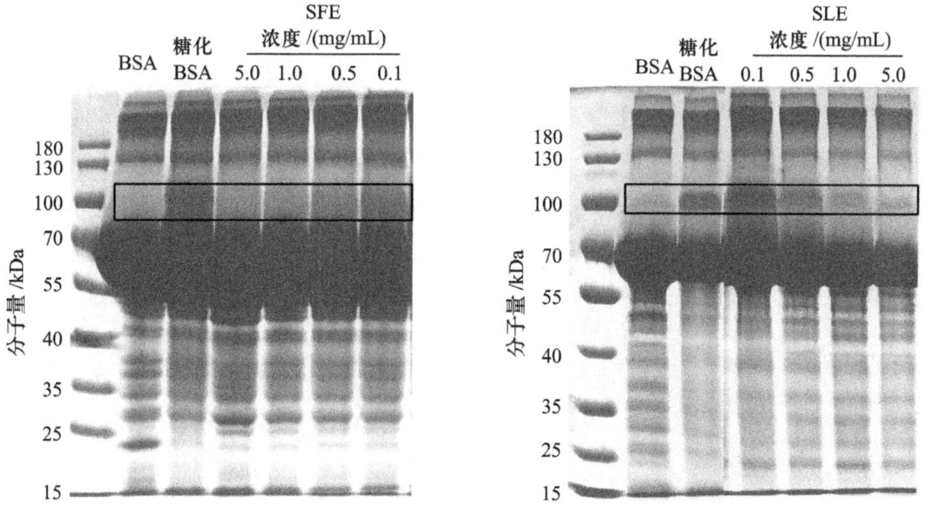

(a) SFE　　(b) SLE

图 5-14　凝胶电泳图

5.4.3.5　糖基化位点与糖基化程度分析

为了验证草莓和草莓叶多酚提取物对 BSA 糖基化的影响，通过高分辨率质谱分别测定两种多酚提取物分别对糖基化位点及糖基化程度的影响。如表 5-17 所示，列出了经 SFE 和 SLE 处理后以及未处理的糖化 BSA 的糖基化位点及肽段序列。糖化 BSA 经过消化处理后，未糖化肽段与糖化肽段同时存在且保留时间相似。当每个肽段的分子量增加了 162.025 8 Da 时，表明该肽段序列被果糖所修饰，发生了糖化反应。利用将 MS/MS 谱图与数据库中的碎片离子进行匹配的方式以确认糖化肽段。

表 5-17　糖基化 BSA 的糖化肽段及糖基化位点及 SFE 和 SLF 对其的影响

肽段	天然肽	位置	糖基化肽段	质量位移	序列	糖基化位点	BSA-果糖	BSA-果糖-SFE	BSA-果糖-SLE
1	846.974 5^{2+}	249-263	928.000 9^{2+}	81.026 4	AEFVEVTKLVTDLTK	K256/263	+	+	+
2	625.303 1^{4+}	524-544	665.816 3^{4+}	40.513 2	AFDEKLFTFHADICTLPDTEK	K528	+	—	—
3	399.201 1^{3+}	223-232	453.218 7^{3+}	54.017 6	CASIQKFGER	K228	+	+	—
4	643.270 9^{3+}	581-597	697.288 5^{3+}	54.017 6	CCAADDKEACFAVEGPK	K587/597	+	+	+
5	648.274 9^{3+}	499-508	702.292 5^{3+}	54.017 6	CCTESLVNRR	R507/508	+	—	—
6	611.796 7^{4+}	131-155	652.309 9^{4+}	40.513 2	DDSPDLPKLKPDPNTLCDEFKADEK	K138	+	+	+
7	325.490 7^{3+}	37-44	487.543 6^{3+}	162.052 8	DLGEEHFK	K44	+	—	—
8	735.319 2^{5+}	270-300	767.729 7^{5+}	32.410 5	ECCHGDLLECADDRADLAKYICDNQDTISSK	K300	+	+	—
9	820.612 4^{4+}	366-392	901.638 8^{4+}	81.026 4	EYEATLEECCAKDDPHACYSTVFDKLK	K392	+	—	—
10	432.239 5^{3+}	246-256	486.257 1^{3+}	54.017 6	FPKAEFVEVTK	K248	+	+	+
11	463.584 4^{3+}	198-209	517.602 0^{3+}	54.017 6	GACLLPKIETMR	K204/R209	+	+	+
12	436.584 4^{3+}	558-568	490.931 4^{3+}	54.017 6	HKPKATEEQLK	K559	+	+	+
13	785.718 1^{3+}	402-420	839.735 7^{3+}	54.017 6	HLVDEPQNLIKQNCDQFEK	K412	+	+	+
14	571.860 8^{2+}	548-557	652.887 2^{2+}	81.026 4	KQTALVELLK	K548	+	+	+
15	770.413 6^{2+}	483-495	851.440 0^{2+}	81.026 4	LCVLHEKTPVSEK	K489	+	+	+
16	383.950 7^{4+}	298-309	424.463 9^{4+}	40.513 2	LKECCDKPLLEK	K299	+	+	+
17	526.260 7^{3+}	139-151	580.278 3^{3+}	54.017 6	LKPDPNTLCDEFK	K140	+	+	+
18	424.255 4^{2+}	242-248	505.281 8^{2+}	81.026 4	LSQKFPK	K245	+	—	+
19	870.072 1^{3+}	66-88	924.089 7^{3+}	54.017 6	LVNELTEFAKTCVADESHAGCEK	K75	+	+	+
20	385.236 1^{3+}	257-266	439.253 7^{3+}	54.017 6	LVTDLTKVHK	K263	+	+	+
21	767.698 9^{3+}	341-359	821.716 5^{3+}	54.017 6	NYQEAKDAFLGSFLYEYSR	K346	+	—	—
22	843.744 5^{3+}	413-433	897.762 1^{3+}	54.017 6	QNCDQFEKLGEYGFQNALIVR	K420	+	+	—

续表5-17

肽段	天然肽	位置	糖基化肽段	质量位移	序列	糖基化位点	BSA-果糖	BSA-果糖-SFE	BSA-果糖-SLE
23	878.673 4^{4+}	310-340	919.186 6^{4+}	40.513 2	SHCIAEVEKDAIPENLPPLTADFAEDKDVCK	K340	+	+	+
24	487.259 5^{4+}	90-106	527.772 7^{4+}	40.513 2	SLHTLFGDELCKVASLR	K101	+	—	—
25	573.658 7^{5+}	76-100	606.069 3^{5+}	32.410 5	TCVADESHAGCEKSLHTLFGDELCK	K88	+	+	+
26	494.787 3^{2+}	490-498	575.813 7^{2+}	81.026 4	TPVSEKVTKCCTESLVNR	K498	+	+	+
27	700.349 9^{2+}	569-580	781.376 3^{2+}	81.026 4	TVMENFVAFVDK	K580	+	—	—
28	527.248 7^{3+}	456-468	581.266 3^{3+}	54.017 6	VGTRCCTKPESER	R459	+	—	—
29	529.226 6^{4+}	264-280	569.739 8^{4+}	40.513 2	VHKECCHGDLLECADDR	K266	+	+	+
30	733.858 1^{2+}	496-507	814.884 5^{2+}	81.026 4	VTKCCTESLVNR	K498	+	+	+
31	829.708 2^{3+}	184-204	883.725 8^{3+}	54.017 6	YNGVFQECCQAEDKGACLLPK	K197	+	—	—
32	647.978 9^{3+}	281-297	701.996 5^{3+}	54.017 6	ADLAKYICDNQDTISSK	K285	—	+	+
33	398.538 9^{3+}	25-34	452.556 5^{3+}	54.017 6	DTHKSEIAHR	K28	—	+	+
34	313.160 7^{4+}	35-44	353.673 9^{4+}	40.513 2	FKDLGEEHFK	K36	—	+	+
35	820.472 5^{2+}	437-451	901.498 9^{2+}	81.026 4	KVPQVSTPTLVEVSR	K437	—	+	+
36	605.614 8^{3+}	372-386	659.632 4^{3+}	54.017 6	LAKEYEATLEECCAK	K374/386	—	+	+
37	476.222 9^{4+}	128-143	516.736 1^{4+}	40.513 2	NECFLSHKDDSPDLPK	K130	—	+	+
38	618.553 2^{4+}	508-528	659.066 4^{4+}	40.513 2	RPCFSALTPDETYVPKAFDEK	K523	—	+	—
39	733.704 9^{3+}	562-580	787.722 5^{3+}	54.017 6	ATEEQLKTVMENFVAFVDK	K568	—	+	—
40	334.534 5^{3+}	233-241	388.552 1^{3+}	54.017 6	ALKAWSVAR	K235	—	+	—
41	273.167 8^{3+}	452-459	327.185 4^{3+}	54.017 6	SLGKVGTR	K455	—	+	+
42	1043.025 9^{2+}	342-354	1124.052 3^{2+}	81.026 4	LIQRLQQETENVK	R345	—	+	+
43	614.936 9^{3+}	160-167	668.954 5^{3+}	54.017 6	TEEREQIK	R163	—	+	+

如图 5-15 为几个具有代表性的糖化肽段的一级质谱图。m/z 为 878.673 4^{4+} 的峰被鉴定为未糖化肽段 310～340(SHCIAEVEKDAIPENLPPLTADFAEDKDVCK)。同时检测到糖化肽段的质谱峰 m/z 为 919.186 6^{4+}，该肽段的质量位移为 40.513 2 Da，表明该肽段被一个果糖分子所修饰，对应的糖基化位点为 Lys 340。同样，其他的肽段如 558～568(HKPKATEEQLK)和 548～557(KQTALVELLK)的 m/z 质谱峰分别为 436.584 4^{3+} 和 571.860 8^{2+}，其所对应的糖化肽段的质谱峰 m/z 分别为 490.931 4^{3+} 和 652.887 2^{2+}，该结果表明这两个肽段被一分子果糖所诱导而发生了糖基化修饰，质量位移分别为 54.017 6 Da 和 81.026 4 Da。未糖化肽段 366～392(m/z=820.612 4^{4+})，其所对应的糖化肽段的质谱峰为 901.638 8^{4+}，两者之间的质量差为 81.026 4 Da，表明该肽段被两分子果糖所诱导而发生了糖基化修饰。

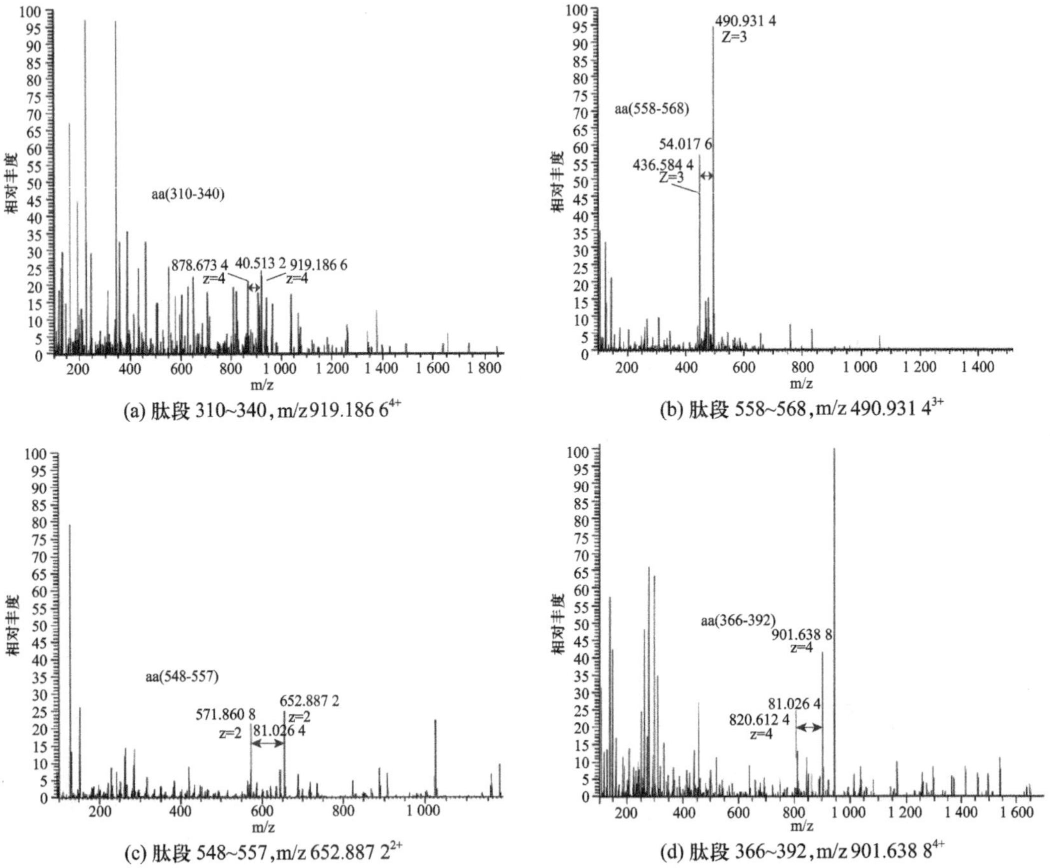

(a) 肽段 310~340，m/z 919.186 6^{4+}　(b) 肽段 558~568，m/z 490.931 4^{3+}

(c) 肽段 548~557，m/z 652.887 2^{2+}　(d) 肽段 366~392，m/z 901.638 8^{4+}

图 5-15　糖化肽段的一级质谱图

图 5-16 为糖化 BSA 的两种糖化肽段的 HCD MS/MS 二级质谱图。如图 5-16(a)所示，作为母离子的糖化肽 249～263(928.000 9^{2+}，AEFVEVTKLVTDLTK)被碎片化成小碎片离子(b 离子和 y 离子)，其中 b 离子(b12)、y 离子(y8，y14)与数据库中 AEFVEVTK(果糖)LVTDLTK 的理论 b 离子和 y 离子相匹配，该结果表明 K256 是一个糖基化位点。类似地，如图 5-16(b)所示，糖化肽 483～495(851.440 0^{2+}，LCVLHEKTPVSEK)，通过对肽段序列中的一系列 b 离子(b10，b12)、y 离子(y1，y6，y8)进行检测，并与数据库中的理论值进行比对，结果表明该肽段由果糖诱导发生了糖化反应，糖基化位点为 K489。

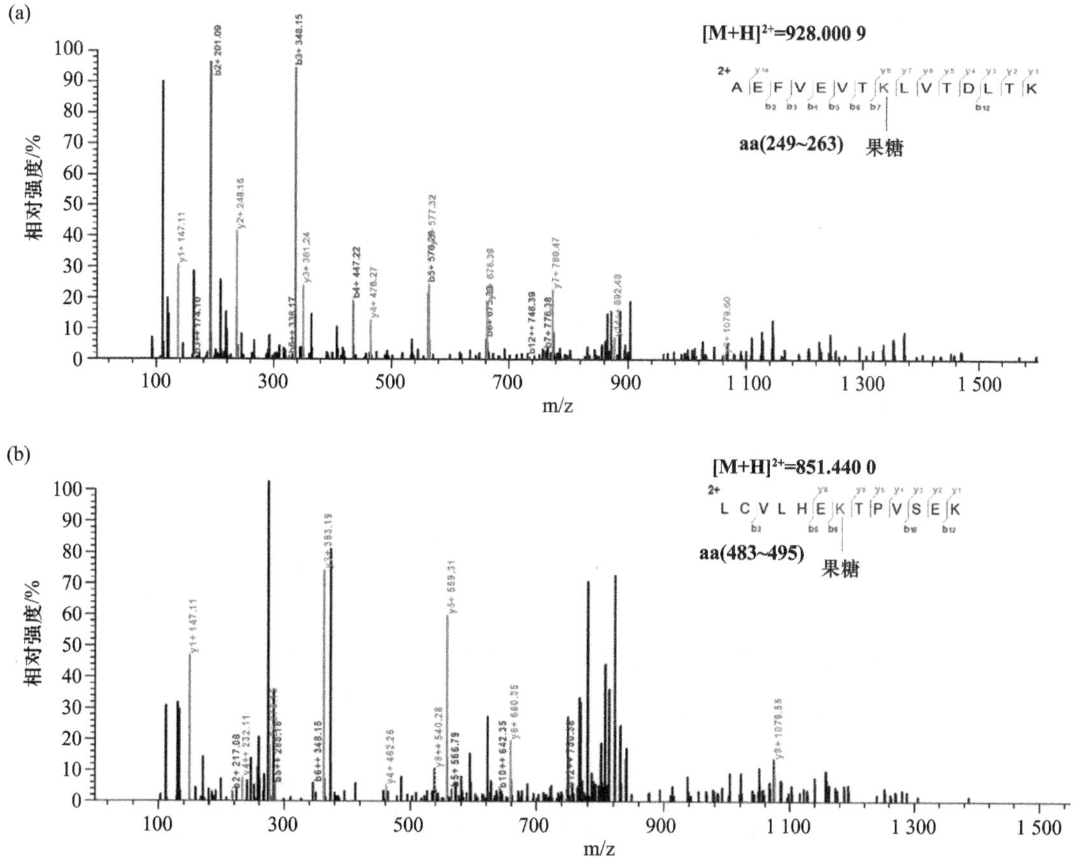

图 5-16　不同糖化肽段的 HCD MS/MS 二级质谱图

如表 5-17 所示，在全部的样品中一共鉴定出 43 个糖化肽段，其中在糖基化蛋白样品中共匹配到 31 个糖化肽段，而经过 SFE 和 SLE 处理后，分别匹配到 32 个和 27 个糖化肽段。经 SFE/SLE 处理后，一些糖化位点明显消失。通过对比发现，经过 SLE 处理后的糖化样品，糖化位点消失的数量多于 SFE，如 K228、K300、K392 和 K420。这可能是因为 BSA 和 SFE/SLE 之间的相互作用使赖氨酸和精氨酸残基周围的微环境发生了变化。

基于以上研究，进一步探究了草莓多酚提取物和草莓叶多酚提取物对 BSA 糖基化程度的影响，如图 5-17 所示，将 3 个样品中检测到相同肽段的信号强度数值进行了均一化处理后并以热图的形式展示。总体来说，经过 SFE 和 SLE 处理后，使部分肽段的糖基化程度出现了下调。该结果表明经过 SFE 和 SLE 分别诱导后，导致糖化位点暴露充分，从而有效地下调了糖化肽段的糖基化程度。与 SFE 相比，SLE 处理有效下调了 9 个肽段的糖基化程度，分别为 P1、P10、P11、P12、P13、P15、P19、P25 和 P30。SFE 和 SLE 在一定程度上能够下调肽段的糖基化程度，从而抑制糖化反应，减少 AGEs 生成。

综上所述，通过对糖基化位点和糖基化程度进行分析，结果表明 SFE 和 SLE 在减少蛋白质糖基化位点的同时，使蛋白质的糖基化程度出现下调。通过对糖基化位点和糖基化程度的数据进行比较，发现浓度相同时，经过 SLE 处理后的糖化蛋白减少的糖化位点多于 SFE，在糖基化程度的数据中此结论依然成立，表明草莓叶多酚能够通过减少糖基化位点数量、下调糖基化程度，从而抑制由果糖诱导蛋白质发生的糖基化修饰，减少 AGEs 生成，并且 SLE 的抑制效果显著好于 SFE。

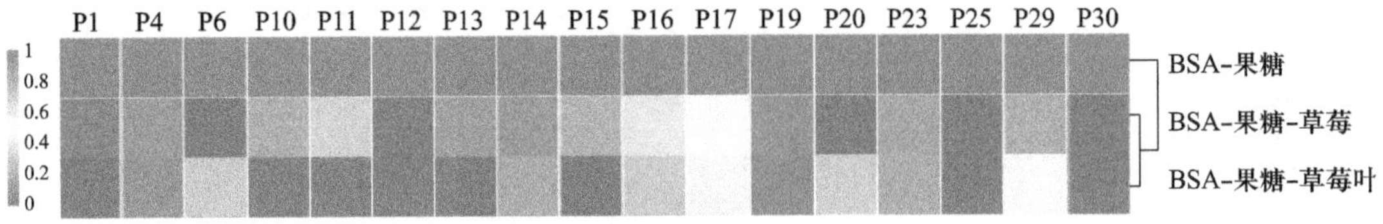

图 5-17　肽段糖基化程度热图

5.4.4　小结

本节利用多光谱、SDS-PAGE 方法探究了草莓多酚提取物和草莓叶多酚提取物与 BSA 的结合作用以及它们对蛋白质结构以及蛋白质发生交联的影响，并通过高分辨率质谱探究了草莓多酚和草莓叶多酚对糖基化位点以及糖基化程度的影响，具体结果如下。

（1）草莓叶和草莓多酚提取物能够与 BSA 结合并影响氨基酸残基的微环境，其主要淬灭机制为静态淬灭。通过圆二色谱以及 SDS-PAGE 的结果发现，草莓叶和草莓多酚提取物有效地抑制了糖基化过程中蛋白质高分子聚集体以及交联结构的产生，保护了蛋白质二级结构免受糖基化引起的结构损伤。相同浓度下，草莓叶多酚提取物能够更显著地阻断蛋白质与果糖的结合，形成竞争性抑制，从而减少 AGEs 生成。

（2）高分辨率质谱结果表明草莓叶多酚提取物和草莓多酚提取物的干预不仅使部分糖基化位点消失，而且能够下调部分肽段的糖基化程度。此外，草莓叶多酚提取物减少的糖基化位点多于草莓多酚提取物。

参考文献

程安玮，解红霞，齐岩，等，2016. 干燥方式和温度对草莓果粉性质及多酚含量的影响[J]. 食品工业科技，37(19)：132-135.

曹贵寿，张倩茹，尹蓉，等，2018. 不同草莓品种酚类物质含量及抗氧化能力研究[J]. 农学学报，8(2)：35-41.

蔡魏，徐积兄，邱剑，2020. 食源性晚期糖基化终末产物与非酒精性脂肪肝关系的研究进展[J]. 南昌大学学报（医学版），60(2)：95-98，104.

董坤，翟文丽，王兰青，等，2021. 草莓叶水提物对 UVB 致皮肤损伤的保护作用[J]. 精细化工，38(4)：806-814.

丁文玉，何聪芬，刘蕾，等，2021. 草莓叶水提物对成纤维细胞合成Ⅰ型胶原及分泌骨形态发生蛋白-1 的影响[J]. 食品与发酵工业，47(9)：114-119.

龚频，裴舒亚，韩业雯，等，2022. 食源性晚期糖基化终末产物对人体的健康危害研究进展[J]. 食品工业科技，43(6)：443-451.

郭春景，王雪鑫，李广，等，2022. 辽宁省草莓产业现状与膳食风险分析[J]. 辽宁农业科学，63(1)：74-76.

韩文凤，郭红英，贾娟，等，2019. 果蔬多酚及其抗氧化性研究进展[J]. 保鲜与加工，19(4)：191-194.

韩喻，扈莹莹，贺菁蕾，等，2021. 植物提取物对晚期糖基化终产物抑制机理的研究进展[J]. 食品科学，42(9)：233-240.

黄国栋，尹日凤，覃田田，等，2023. 肉桂多酚抑制 AGEs/RAGE 预防糖尿病大鼠肾损伤的作用[J]. 中华中医药学刊,41(8):168-172,279.

孔盈斐,梁迎岗,熊前进,等,2022. 多酚对食源性晚期糖基化终末产物及其诱导的相关疾病的抑制作用研究进展[J]. 食品科学,43(13):227-236.

刘文旭,黄午阳,曾晓雄,等,2011. 草莓、黑莓、蓝莓中多酚类物质及其抗氧化活性研究[J]. 食品科学,32(23):130-133.

罗赟,陈宗玲,宋卫堂,等,2014. 草莓果实花色苷成分组成鉴定及分析[J]. 中国农业大学学报,19(5):86-94.

李平静,李雷,杨荣礼,2015. 晚期糖基化终产物受体、可溶性晚期糖基化终产物受体与 2 型糖尿病心血管并发症的关系[J]. 医学综述,21(15):2783-2786.

李华韬,张巧智,倪皓洁,等,2022. 食源性晚期糖基化终末产物检测技术研究进展[J]. 食品科学,43(17):362-371.

李芬芳,马艳弘,赵密珍,等,2017. 草莓多酚的提取工艺优化及其抑菌活性研究[J]. 江苏农业科学,45(3):155-158.

刘丹锋,蔡魏,邱剑,等,2022. 食源性晚期糖基化终末产物上调 TLR4/MyD88/NF-κB 信号通路对小鼠非酒精性脂肪肝炎症反应的影响[J]. 中国老年学杂志,42(24):6035-6039.

刘文强,董壮壮,孙庆,等,2023. 桑叶茶中多酚、黄酮含量与抗氧化作用的相关性研究[J]. 食品科技,48(2):239-245.

彭贞贞,钟传飞,王宝刚,等,2023. '红颜'草莓果实成熟过程中花色苷积累及合成途径基因表达的分析[J]. 食品工业科技,44(14):346-354.

盛东,殷震宇,2022. 基于 SIRT3 介导成骨细胞凋亡通路探讨茶多酚对骨质疏松疾病的干预研究[J]. 现代药物与临床,37(7):1445-1451.

唐雪梅,魏琪,陈璐,等,2021. SDS-聚丙烯酰胺凝胶电泳分析五种种子类中药炒制前后蛋白质成分的变化[J]. 成都中医药大学学报,44(1):66-70.

汤建华,姜爱雯,冯平,等,2022. 苹果多酚通过激活 AMPK/SIRT1 信号通路对 LPS 诱导的肺上皮细胞自噬反应的影响[J]. 现代肿瘤医学,30(17):3102-3106.

吴晓云,高照全,李志强,等,2016. 国内外草莓生产现状与发展趋势[J]. 北京农业职业学院学报,30(2):21-26.

吴夏青,2019. 儿茶素对糖苷酶和蛋白质非酶糖基化的抑制作用及机制研究[D]. 南昌:南昌大学.

王振宇,孔子浩,孔令华,等,2017. 天然多酚提取、分离及鉴定方法的研究进展[J]. 保鲜与加工,17(4):113-120.

王伟,布丽根·加冷别克,祖丽普努尔·麦提赛伊迪,等,2021. 葡萄籽多酚对免疫抑制小鼠肠道菌群的影响[J]. 保鲜与加工,21(7):116-124.

夏其乐,陈剑兵,曹艳,等,2018. 杨梅多酚对晚期糖基化终末产物的抑制作用[J]. 中国食品学报,18(11):13-20.

万林,程勇,王五艺,等,2019. 缺氧微环境下晚期糖基化终末产物对结肠癌 HCT116 细胞侵袭、迁移的影响[J]. 第三军医大学学报,41(15):1453-1460.

王佳昕,2022. 糖类及其降解产物糠醛亲电结合蓝莓花色苷机理研究[D]. 沈阳:沈阳农业大学.

徐贵颖,张连波,王英丽,等,2022. 昆布多酚通过调控 Wnt/β-catenin 信号通路抑制 MCF-7 乳腺癌细胞增殖侵袭的研究[J]. 中国实验诊断学,26(9):1359-1363.

袁传勋,王津坤,金日生,等,2022. 葛根与茶多酚体内外协同辅助降血糖活性探究[J]. 食品研究与开发,43(22):71-78.

俞佳妮,冯彩霞,刘向前,等,2023. 白簕叶总多酚对 Aβ_(25-35)与 AAPH 诱导的 PC12 细胞氧化损伤和衰老的保护作用[J]. 浙江理工大学学报(自然科学版),49(3):353-358.

郑晓茂,茹琴,陈琳,等,2019. 晚期糖基化终产物对糖尿病及其并发症的影响和干预的研究进展[J]. 重庆医学,48(13):2292-2296.

张宇臣,魏福,朱莹,等,2022. 褐藻多酚对晚期糖基化终产物的抑制作用研究[J]. 食品安全质量检测学报,13(3):805-810.

郑子锋,孙培冬,2021. 龙眼核多酚对蛋白非酶糖基化的抑制及机制研究[J]. 食品与发酵工业,47(9):25-31.

朱平平,覃智恒,彭慧倩,等,2022. 艾叶中多糖和黄酮联合提取工艺及抗氧化性研究[J]. 广州化工,50(23):66-69,98.

Ahmed N, 2005. Advanced glycation endproducts role in pathology of diabetic complications [J]. Diabetes Research and Clinical Practice,67(1):3-21.

Ahmad S,Khan M S,Akhter F,et al., 2014. Glycoxidation of biological macromolecules: A critical approach to halt the menace of glycation [J]. Glycobiology,24(11):979-990.

Amani R, Moazen S, Shahbazian H, et al., 2014. Flavonoid-rich beverage effects on lipid profile and blood pressure in diabetic patients [J]. World Journal of Diabetes,5(6):962-968.

Karlund A,Hanhineva K,Lehtonen M,et al., 2016. Non-targeted metabolite profiling highlights the potential of strawberry leaves as a resource for specific bioactive compounds [J]. Journal of the Science of Food and Agriculture,97(7):2182-2190.

Carlton P S, 2001. Inhibition of N-nitrosomethylbenzylamine induced tumorigenesis in the rat esophagus by dietary freeze dried strawberries [J]. Carcinogenesis,22(3):441-446.

Chung M J, Lee S H, Sung N J, 2002. Inhibitory effect of whole strawberries, garlic juice or kale juice on endogenous formation of N -nitrosodimethylamine in humans [J]. Cancer Letters,182 (1):1-10.

Donahue J E,Flaherty S L,Johanson C E,et al., 2006. RAGE,LRP-1,and amyloid-beta protein in Alzheimer's disease [J]. Acta Neuropathol,112(4):405-415.

Duru M,2013. Effects of dietary strawberry (Fragaria x ananassa Duch.) leaf powder on egg yield,quality and egg yolk cholesterol in laying hens [J]. Journal of food agriculture & environment,11(2):477-480.

Dongen K V,Linkens A,Wetzels S,et al., 2021. Dietary advanced glycation endproducts (AGEs) increase their concentration in plasma and tissues,result in inflammation and modulate gut microbial composition in mice: evidence for reversibility [J]. Food Research International,147:110547.

Du C P, Whiddett R O, Buckle I, et al., 2022. Advanced glycation end products and inflammation in type 1 diabetes development [J]. Cells,11(21):3503.

Sajithlal G B,Chithra P,Chandrakasan G,1998. Effect of curcumin on the advanced glycation and cross-linking of collagen in diabetic rats [J]. Biochemical Pharmacology,56(12):1607-1614.

Freedman N D, Park Y, Subar A F, 2007. Fruit and vegetable intake and esophageal cancer in a large prospective cohort study [J]. International Journal of Cancer,121(12):2753-2760.

Huang X, Li B, Hu J, et al., 2022. Advanced glycation endproducts mediate chronic kidney injury with characteristic patterns in different stages [J]. Frontiers in Physiology,13:977247.

Kumar A,Singh A,Ekavali,2015. A review on Alzheimers disease pathophysiology and its management: An update [J]. Pharmacological Reports,67:195-203.

Khangholi S,Majid F A A,Berwary N J A,et al., 2015. The mechanisms of inhibition of advanced glycation end products formation through polyphenols in hyperglycemic condition [J]. Planta Medica,82(1-2):32-45.

Lo C Y, Hsiao W T, Chen X Y, 2011. Efficiency of trapping methylglyoxal by phenols and phenolic acids [J]. Journal of Food Science,76(3):90-96.

LUND M N, RAY C A, 2017. Control of maillard reactions in foods: strategies and chemical mechanisms [J]. Journal of Agricultural and Food Chemistry,65(23):4537-4552.

Linkens A M A, van Best N, Niessen P M, et al., 2022. A 4-week diet low or high in advanced glycation endproducts has limited impact on gut microbial composition in abdominally obese individuals: the deageing trial [J]. International Journal of Molecular Sciences, 23(10): 5328.

Manuela A, Raffaella M, 2017. Dietary sugars and endogenous formation of advanced glycation endproducts: emerging mechanisms of disease [J]. Nutrients, 9(4): 385.

Martens R, Broers N, Canaud B, 2019. Advanced glycation endproducts and dicarbonyls in end-stage renal disease: associations with uraemia and courses following renal replacement therapy [J]. Clinical Kidney Journal, 13(5): 855-866.

Nolan C J, Damm P, Prentki M, 2011. Type 2 diabetes across generations: from pathophysiology to prevention and management [J]. Lancet, 378(9786): 169-181.

Ningxuan Gao, Xu Si, Wenzhong Han, et al., 2023. The contribution of different polyphenol compositions from chokeberry produced in China to cellular antioxidant and antiproliferative activities [J]. Food Science and Human Wellness, 12(5): 1590-1600.

Oliveira J S, de Almeida C, de Souza A M N, et al., 2022. Effect of dietary advanced glycation end-products restriction on type 2 diabetes mellitus control: a systematic review [J]. Nutrition Reviews, 80(2): 294-305.

Peyroux J, Sternberg M, 2006. Advanced glycation endproducts (AGEs): pharmacological inhibition in diabetes [J]. Pathologie Biologie, 54(7): 405-419.

Peng X F, Ma J Y, Chen F, et al., 2011. Naturally occurring inhibitors against the formation of advanced glycation end-products [J]. Food and Function, 2(6): 289-301.

Parelman M A, Storms D H, Kirschke C P, et al., 2012. Dietary strawberry powder reduces blood glucose concentrations in obese and lean C57BL/6 mice, and selectively lowers plasma C-reactive protein in lean mice [J]. British Journal of Nutrition, 108(10): 1789-1799.

Priken K, Tapia G, Cadagan C, et al., 2022. Higher hepatic advanced glycation end products and liver damage markers are associated with nonalcoholic steatohepatitis [J]. Nutrition research, 104: 71-81.

Rao G N, Lardis M P, Cotlier E, 1985. Acetylation of lens crystallins: a possible mechanism by which aspirin could prevent cataract formation [J]. Biochemical and biophysical research communications, 128 (3): 1125-1132.

Romandini S, Mazzoni L, Giampieri F, et al., 2015. Effects of an acute strawberry (Fragaria × ananassa) consumption on the plasma antioxidant status of healthy subjects [J]. Journal of berry research, 3 (3): 169-179.

Uribarri J, Cai W, Ramdas M, et al., 2011. Restriction of advanced glycation end products improves insulin resistance in human type 2 diabetes: Potential role of AGER1 and SIRT1 [J]. Diabetes Care, 34: 1610-1616.

Vasan S, Zhang X N, Kapurniotu A, 1996. An agent cleaving glucose-derived protein crosslinks in vitro and in vivo [J]. Nature, 382(6588): 275-276.

Velichkova S, Foubert K, Pieters L, 2021. Natural products as a source of inspiration for novel inhibitors of advanced glycation endproducts (AGEs) formation [J]. Planta Medica, 87(10-11): 780-801.

Singh R, Barden A, Mori T, 2001. Advanced glycation end-products: a review [J]. Diabetologia, 44 (2): 129-146.

Samuel R, 2003. Novel inhibitors of advanced glycation endproducts [J]. Archives of Biochemistry and Biophysics, 419(1): 63-79.

Shiow Y Wang, Rentian Feng, Yongju Lu, 2005. Inhibitory effect on activator protein-1, nuclear factor-kappaB, and cell transformation by extracts of strawberries (*Fragaria* × *ananassa* Duch.) [J]. Journal of Agricultural and Food Chemistry, 53(10): 4187-4193.

Stoner G D, Wang L S, Zikri N, et al., 2007. Cancer prevention with freeze-dried berries and berry components

[J]. Seminars in cancer biology,17(5):403-410.

Srikanth V, Maczurek A, Phan T, 2011. Advanced glycation endproducts and their receptor RAGE in Alzheimer's disease [J]. Neurobiology of Aging,32(5):763-777.

Salahuddin P, Rabbani G, Khan R, 2014. The role of advanced glycation end products in various types of neurodegenerative disease: a therapeutic approach [J]. Cellular & Molecular Biology Letters, 19(3): 407-437.

Sheng Z,Ai B,Zheng L,et al., 2018. Inhibitory activities of kaempferol,galangin,carnosic acid and polydatin against glycation and α-amylase and α-glucosidase enzymes [J]. International Journal of Food Science & Technology,53(3):755-766.

Selke P,Rosenstock P,Bork K,et al., 2021. Glycation of benign meningioma cells leads to increased invasion [J]. Biological Chemistry,402(7):849-859.

Sarmah S,Roy A S,2022. A review on prevention of glycation of proteins:Potential therapeutic substances to mitigate the severity of diabetes complications [J]. International Journal of Biological Macromolecules,195: 565-588.

Thilavech T, Ngamukote S, Abeywardena M, et al., 2015. Protective effects of cyanidin-3-rutinoside against monosaccharides-induced protein glycation and oxidation [J]. International Journal of Biological Macromolecules,75:515-520.

Rabbani N,Adaikalakoteswari A,Larkin J R,et al., 2022. Analysis of serum advanced glycation endproducts reveals methylglyoxal-derived advanced glycation MG-H1 free adduct is a risk marker in non-diabetic and diabetic chronic kidney disease [J]. International Journal of Molecular Sciences,24(1):152.

Wang S Y,Lin H S,2000. Antioxidant activity in fruits and leaves of blackberry,raspberry,and strawberry varies with cultivar and developmental stage [J]. Journal of Agricultural and Food Chemistry, 48(2): 140-146.

Wu C H,Yen G C,2005. Inhibitory effect of naturally occurring flavonoids on the formation of advanced glycation endproducts [J]. Journal of Agricultural and Food Chemistry,53(8):3167-3173.

Wang W,Yagiz Y,Buran T J,et al., 2011. Phytochemicals from berries and grapes inhibited the formation of advanced glycation end-products by scavenging reactive carbonyls [J]. Food Research International,44(9): 2666-2673.

Zhang Y,Seeram N P,Lee R,et al., 2008. Isolation and identification of strawberry phenolics with antioxidant and human cancer cell antiproliferative properties [J]. Journal of Agricultural and Food Chemistry,56(3): 670-675.

Zhang L S, Wang X, Dong L L, 2011. Antioxidation and antiglycation of polysaccharides from Misgurnus anguillicaudatus [J]. Food Chemistry,124(1):183-187.

Zunino S J,Parelman M A,Freytag T L,et al., 2012. Effects of dietary strawberry powder on blood lipids and inflammatory markers in obese human subjects [J]. British Journal of Nutrition,108(5):900-909.

Zunino S J,Storms D H,Freytag T L,2013. Dietary strawberries increase the proliferative response of CD3/CD28-activated CD8 T cells and the production of TNF-α in lipopolysaccharide-stimulated monocytes from obese human subjects [J]. British Journal of Nutrition,110(11):2011-2019.

Zhang L,Xu L,Tu Z C,et al., 2019. Mechanisms of isoquercitrin attenuates ovalbumin glycation:investigation by spectroscopy,spectrometry and molecular docking [J]. Food Chemistry,309(5):125667.

Zhang Q,Wang Y,Fu L,2020. Dietary advanced glycation end-products: Perspectives linking food processing with health implications [J]. Comprehensive Reviews in Food Science and Food Safety,19(5):2559-2587.

Zhou J,2020. The multifunctional roles of flavonoids against the formation of advanced glycation end products

(AGEs) and AGEs-induced harmful effects [J]. Trends in Food Science & Technology, 103(1): 333-347.

Zhang Q, Huang Z, Wang Y, 2021. Chinese bayberry (Myrica rubra) phenolics mitigated protein glycoxidation and formation of advanced glycation end-products: A mechanistic investigation [J]. Food Chemistry, 361: 130-102.

Zhao L, Zhu X, Yu Y, et al., 2021. Comprehensive analysis of the anti-glycation effect of peanut skin extract [J]. Food Chemistry, 362(4): 130-169.

Zhao L, Jin X, Li Y, et al., 2022. Effects of A-type oligomer procyanidins on protein glycation using two glycation models coupled with spectroscopy, chromatography, and molecular docking [J]. Food Research International, 155: 111-068.

Zhao W B, Cai P J, Zhang N, et al., 2022. Inhibitory effects of polyphenols from black chokeberry on advanced glycation end-products (AGEs) formation [J]. Food Chemistry, 392: 133-295.

第 6 章

草莓 3D 打印特性及涂膜处理对其保鲜效果的影响

6.1 概述

草莓因其美味和有益健康的特性，一直以来都是非常受欢迎的水果。作为一种非呼吸跃变型水果，它必须在完全成熟时采摘。但由于其质地柔软，在采摘后迅速失去硬度且高度易感染真菌，草莓的品质在收获后迅速下降(Cybulska et al.，2022)。基于草莓的特殊性质和不易贮存的特点，人们研究开发了许多草莓深加工产品，如草莓汁、草莓果酒、草莓醋、草莓果脯等，但关于草莓 3D 打印产品的研究却非常少。食品 3D 打印技术能够减少食物浪费，针对儿童和老年人等特殊人群实现食品形状、质地及营养的个性化定制。食品 3D 打印技术对食品原料的要求比较高，这些原料通常需要具有一定的黏弹性以提供必要的结构完整性，同时也需要具备一定的流动性以便通过打印机喷嘴挤出(Wilms et al.，2021)。虽然草莓中含有一定量的果胶，但只有草莓果胶不足以支撑草莓 3D 打印的制作，目前常见的可以添加的材料有淀粉、蛋白质、巧克力和食品添加剂等。

在基于挤压的 3D 打印中，强烈的剪切稀化行为和快速恢复行为是非常必要的，剪切稀化行为使打印材料易于通过狭窄的喷嘴挤出，快速恢复行为使打印材料在打印后迅速达到足够的机械强度以抵抗变形(Liu et al.，2019)。黄原胶是一种阴离子多糖，其最重要的特性是高度的低剪切黏度和很强的剪切稀化。在高剪切速率下相对较低的黏度使其比较容易混合、倾倒和吞咽；低剪切速率下的高黏度使其具有良好的悬浮特性，并使胶体具有稳定性(Sun et al.，2007)。卡拉胶在食品中通常用作增稠剂、胶凝剂、悬浮剂、乳化剂和稳定剂等。其中 K-卡拉胶表现出快速的热可逆行为，并能形成坚固而脆性的凝胶结构(Wilson et al.，2017)。

因此本章以草莓浆、黄原胶和 K-卡拉胶为主要材料，以流变特性、质构特性、打印偏差量和感官评价为主要指标，研究不同添加量的草莓浆、黄原胶、K-卡拉胶对草莓 3D 打印产品打印特性和产品品质的影响，采用单因素和响应面法优化选出最佳打印配方，为以后草莓 3D 打印产品的研究和制作奠定基础。

6.2 草莓混合凝胶体系制配的工艺研究

6.2.1 材料与设备

6.2.1.1 试验材料

草莓冻果(品种为'九九'草莓)购于丹东益农食品有限公司；黄原胶(食品级)、K-卡拉胶(食品级)购于浙江一诺生物科技有限公司。

6.2.1.2 仪器与设备

试验仪器与设备见表 6-1

表 6-1　试验仪器与设备

设备名称	型号	公司
分析天平	AX124ZH/E	美国奥豪斯公司
榨汁机	JYL-Y912	济南九阳股份有限公司
水浴锅	DK-S26	上海精宏实验设备有限公司
食品 3D 打印机	096SYS20090	杭州时印科技有限公司
混合型流变仪	DHR-1	美国 TA 仪器公司
质构仪	CT3-10K	美国 Brookfield 公司
游标卡尺	SL01-1	杭州工具量具有限公司

6.2.2 试验方法

6.2.2.1 草莓果浆的制备

将冷冻草莓于室温下自然解冻，用榨汁机打浆后过滤出果浆，存放于冰箱，在冷藏条件下备用。

6.2.2.2 单因素试验设计

(1)草莓浆添加量的确定：分别添加 30 g、35 g、40 g、45 g、50 g 的草莓浆于 100 mL 烧杯中，向其中加入 2 g 的黄原胶、3 g 的 K-卡拉胶，混合均匀后用保鲜膜封口放入 90 ℃的水浴锅中，水浴 30 min，以流变特性、打印偏差量、质构特性、感官评价为指标，确定草莓浆的添加量。

(2)黄原胶添加量的确定：分别添加 1 g、2 g、3 g、4 g、5 g 的黄原胶于 100 mL 烧杯中，向其中加入 40 g 的草莓浆、3 g 的 K-卡拉胶，混合均匀后用保鲜膜封口放入 90 ℃的水浴锅中，水浴 30 min，以流变特性、打印偏差量、质构特性、感官评价为指标，确定黄原胶的添加量。

(3)K-卡拉胶添加量的确定：分别添加 1 g、2 g、3 g、4 g、5 g 的 K-卡拉胶于 100 mL 烧杯中，向其中加入 40 g 的草莓浆、2 g 的黄原胶，混合均匀后用保鲜膜封口放入 90 ℃的水浴锅中，水浴 30 min，以流变特性、打印偏差量、质构特性、感官评价为指标，确定 K-卡拉胶的添加量。

6.2.2.3 草莓 3D 打印

将打印模型设置为边长为 15 mm 的正方体，使用挤出式食品 3D 打印机（打印参数：喷嘴高度为 1 mm，喷嘴移动速率为 30 mm/s，喷嘴内径为 0.84 mm，打印层高为 0.7 mm）进行打印。试验重复 3 次，用烧杯扣住打印后的样品，1 h 内完成各项指标测定。

6.2.2.4 草莓凝胶体系流变特性测定

根据 Liu 等（2018）的方法稍加修改。将草莓凝胶放于流变仪底板上，刮掉周围多余的材料，在样品边缘涂抹一层薄薄的硅油，以减少测量过程中的水分损失。流变仪上板选用直径为 40 mm 的平板，将板间隙设置为 1 000 μm，测量前平衡 5 min 确保达到稳定状态。动态流变测定：温度设为 25 ℃，应变设为 2%，角频率设为 0.1～100 rad/s。静态流变测定：温度设为 25 ℃，剪切速率范围设为 1～100 s^{-1}。

6.2.2.5 草莓 3D 打印产品偏差量的测定

在打印完成后 30 min 之内，使用游标卡尺分别测量打印样品的上边长度、下边长度以及高度（mm），如图 6-1 所示，然后代入公式确定打印偏差量。

$$偏差量=\frac{样品测量值-模型设计值}{模型设计值}\times 100\%$$

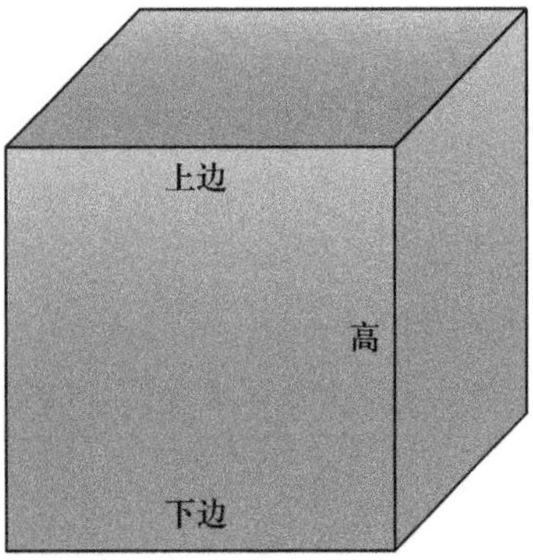

图 6-1 3D 打印模型示意图

6.2.2.6 草莓 3D 打印产品质构特性测定

根据 Liu 等（2018）的方法稍加修改。将样品放置在平台中央，使用 TA10 型号的探头，测试前速率、测试速率、测试后速率分别设为 5 mm/s、1 mm/s、5 mm/s，停留时间、出发点负荷、压缩形变量分别设为 0 s、0.07 N、45%，所有试验均在室温（25±1）℃下进行。

6.2.2.7 草莓 3D 打印产品感官评价

参照陈佳楠（2022）的方法，以草莓 3D 打印样品的纹理、结构、色泽、香气、口感为指标进行感官评价，评价标准如表 6-2 所示。

表 6-2 感官评价标准

因素	评价标准	评分
结构（20）	每层结构紧密	18～20
	每层结构略有塌陷	12～17
	每层结构松散，不成型	0～11
纹理（20）	纹路清晰	18～20
	纹路较清晰	12～17
	纹路模糊	0～11
色泽（20）	颜色亮红，光泽清亮	18～20
	颜色淡粉，微有光泽	12～17
	颜色暗淡无光，使人不悦	0～11

续表 6-2

因素	评价标准	评分
香气(20)	果香良好浓郁，气味宜人	18～20
	果香或较少，或有异香	12～17
	香气不良，有异香，使人不悦	0～11
口感(20)	弹性好，质感弹牙，不易碎	18～20
	偏弹性或偏黏性，偏硬或偏软	12～17
	弹性或黏性过强，太硬或太软	0～11

6.2.2.8　响应面优化试验设计

根据单因素试验结果，使用 Design-Expert 13.0 软件处理分析数据，以 3D 打印样品的打印精度为响应值，选取影响显著的条件为草莓浆添加量、黄原胶添加量和 K-卡拉胶添加量，进行三因素三水平的试验设计，以优化草莓 3D 打印产品的最佳配方，表 6-3 为响应面分析因素及水平。

表 6-3　响应面分析因素及水平

水平	因素		
	草莓浆添加量/g	黄原胶添加量/g	K-卡拉胶添加量/g
−1	35	1	2
0	40	2	3
1	45	3	4

6.2.2.9　数据分析

使用 SPSS 17.0 软件进行数据处理及显著性差异分析，其中 $p<0.05$ 表示差异显著，$p<0.01$ 表示差异极显著，同列中不同字母表示数据间有显著性差异；使用 Design-Expert 13.0 软件处理分析响应面试验；使用 Origin 9.0 软件绘图。

6.2.3　结果与分析

6.2.3.1　草莓浆添加量对草莓 3D 打印特性及产品品质的影响

1. 草莓浆添加量对 3D 打印体系流变特性的影响

打印材料的流变特性对于评价 3D 打印适性及产品品质有很重要的意义。流变特性包括动态流变和静态流变两个方面，如图 6-2 为不同草莓浆添加量对草莓 3D 打印材料动态流变特性的影响。在黏弹性材料上施加剪切应力时，一些能量被存储（储能模量），并使材料恢复原始形状；同时由于材料变形，一些能量会通过耗散而损失（损耗模量）。储能模量代表材料的弹性，损耗模量代表材料的黏性，$\tan\theta$ 表示材料的状态是固态的（弹性的）还是液态的（黏性的）。对于完全弹性材料，$\tan\theta$ 值为 0；$\tan\theta<1$ 时，材料表现出的弹性大于黏度；$\tan\theta=1$ 时，材料具有较好的延展性；$\tan\theta>1$ 时，材料则显示出更多的黏性行为。

由图 6-2(a)、(b)可以看出，储能模量、损耗模量均随着角频率的增加而增加，不同草莓浆添加量的储能模量均大于损耗模量，说明材料更多地表现为弹性行为，具有一定的支撑能力。除了草莓浆添加量为 35 g、45 g，其余材料的损耗模量相差不大；草莓浆添加量为 35 g、45 g 时

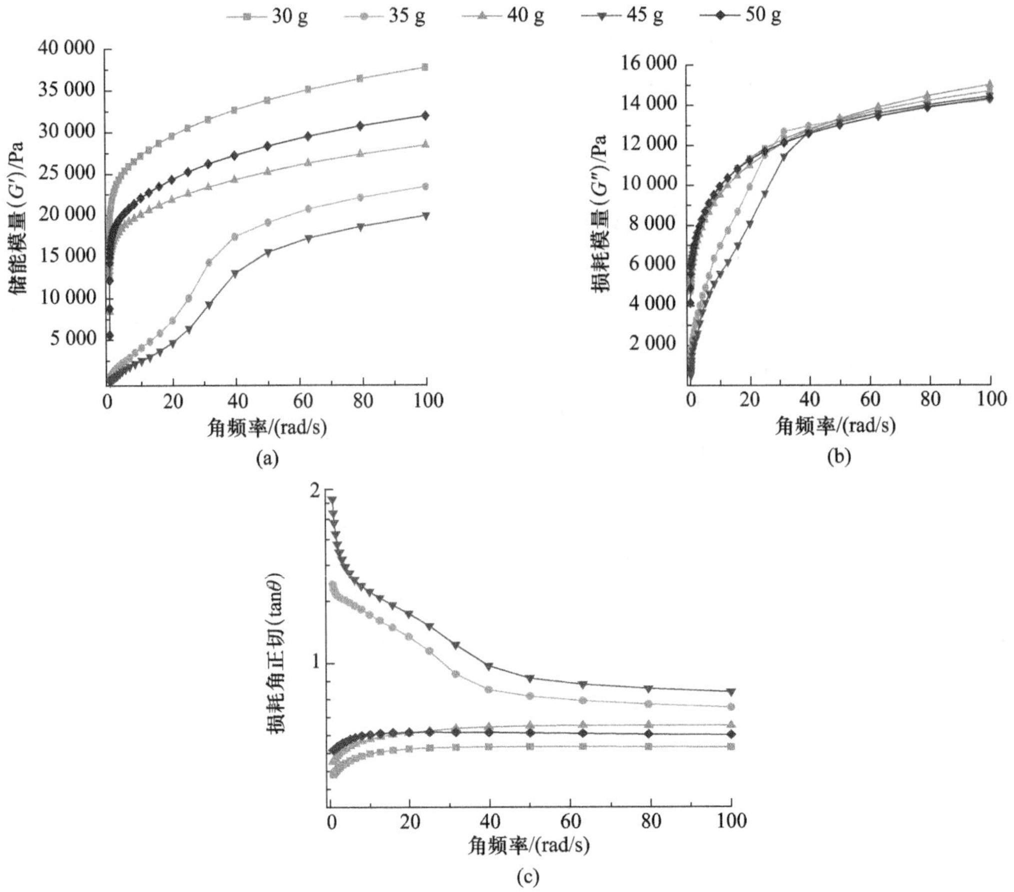

图 6-2　草莓浆添加量对草莓 3D 打印材料动态流变特性的影响

的储能模量最小，流动性相对较强，没有足够的支撑能力，而草莓浆添加量为 30 g、50 g 时弹性过大，实际打印过程中相较其他材料挤出比较困难。

图 6-2(c)为不同草莓浆添加量的损耗角正切值，图中显示出，草莓浆添加量为 35 g、45 g 的 $\tan\theta$ 值大于 1 且随着角频率的增大逐渐减小，体现更多的黏性行为，材料流动性相对较强；草莓浆添加量为 30 g、40 g、50 g 时，随着角频率的增大，$\tan\theta$ 也逐渐增加，三者损耗角正切值相差不大。

如图 6-3 为不同草莓浆添加量制成的 3D 打印材料的静态流变特性。应力是打印材料的一个重要特性，它能说明打印结构保持长期稳定的能力(Chen et al.，2019)。应力越小材料的流动性越强；应力越大说明打印材料的硬度越大。由图 6-3(a)可以看出草莓浆添加量为 30 g 时，应力最大，材料挤出困难，不适合作为草莓 3D 打印的材料。从图 6-3(b)可以看出，不同草莓浆添加量的黏度随着剪切速率的增大显著降低，呈现为假塑性流体，具有较好的剪切变稀行为。

2. 草莓浆添加量对 3D 打印产品偏差量的影响

图 6-4 为不同草莓添加量的 3D 打印样品，图 6-5 为草莓浆添加量对 3D 打印样品偏差量的影响。从图中可以看出随着草莓浆从 30 g 添加到 50 g，上边长的偏差量从负值变为正值，添加量为 50 g 的偏差量最大；下边长的偏差量先降低再升高，可能是因为草莓浆添加量过高或者过低影响了整个体系的流动性，使材料的挤出量增大。草莓浆添加量为 30 g 时，下边长

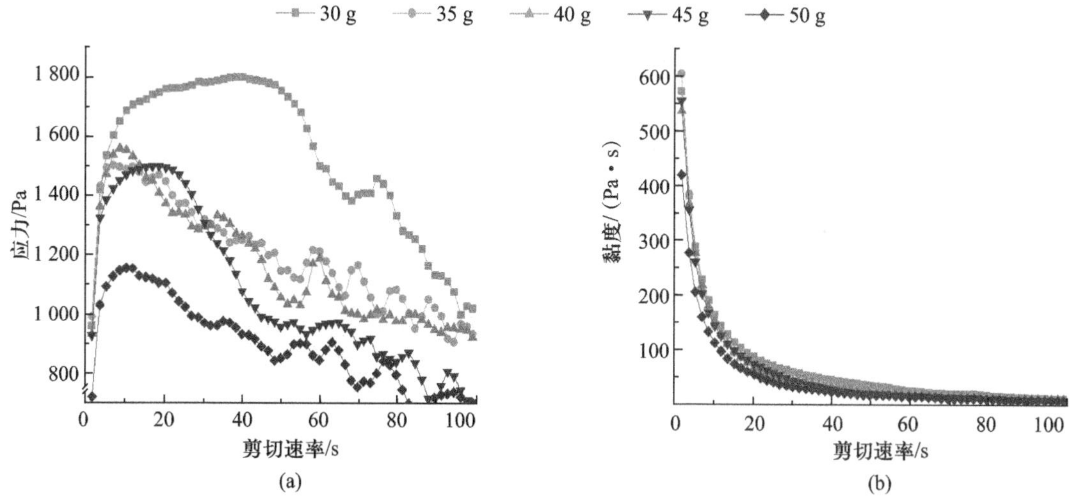

图 6-3　草莓浆添加量对草莓 3D 打印材料静态流变特性的影响

偏差量最大，可能是由于草莓浆添加过多、打印体系的流动性太强降低了体系的支撑能力。如图 6-4(d)和(e)所示，此时 3D 打印产品成型困难。当草莓浆添加量为 40 g 时，3D 打印体系整体的偏差量最低，此时打印准确性最高，与模型相差不大，是最适合 3D 打印的草莓浆添加量。

(a) 30 g　(b) 35 g　(c) 40 g　(d) 45 g　(e) 50 g

图 6-4　不同草莓浆添加量的 3D 打印样品

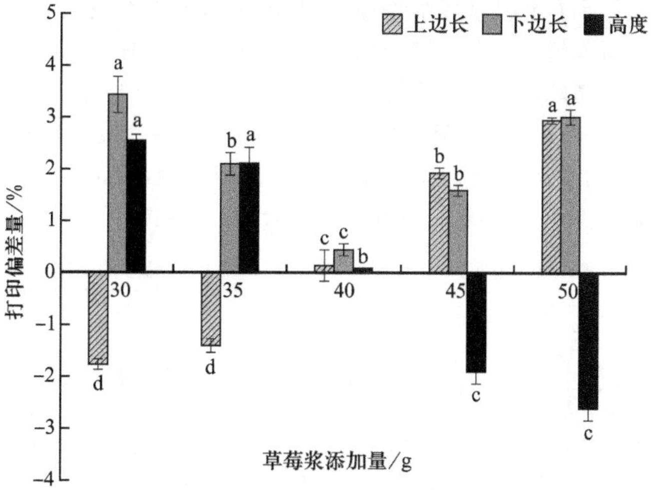

图 6-5　草莓浆添加量对 3D 打印样品偏差量的影响

注：不同字母表示数据间有显著性差异。

3. 草莓浆添加量对 3D 打印产品质构特性的影响

质构主要显示了食品的物理性质，也代表了消费者对食品最直接的可接受程度，其包括硬度、黏性、弹性等。如图 6-6 为不同草莓浆添加量的草莓 3D 打印产品硬度、黏性和弹性。从图 6-6(a)可以看出随着草莓添加量的增加，草莓 3D 打印产品的硬度逐渐下降，草莓浆添加量的增加使材料的流动性增强。添加量为 30 g 时，样品硬度最大，为 1.71 N，与其他样品差异显著($p<0.05$)；添加 35 g、40 g 草莓浆的 3D 打印产品彼此之间差异不显著($p>0.05$)，与其他样品差异显著；添加量为 45 g、50 g 时彼此之间差异不显著($p>0.05$)，与其他样品差异显著。

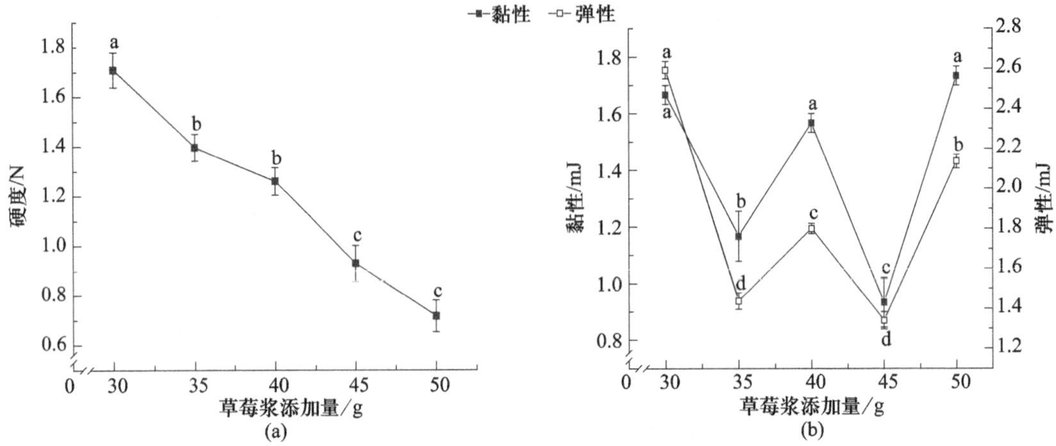

图 6-6 草莓浆添加量对草莓 3D 打印产品质构特性的影响

注：不同字母表示数据间有显著性差异。

图 6-6(b)显示了样品的黏性和弹性，可以看出随着草莓浆添加量的增加，3D 打印产品的黏性和弹性有不同程度的变化，但大体呈现相同的波动趋势。添加量为 35 g、45 g 的 3D 打印产品黏性和弹性相对较低，添加 30 g 草莓浆时弹性最大，为 2.59 mJ；添加 50 g 草莓浆时黏性最大，为 1.73 mJ。

4. 草莓浆添加量对 3D 打印产品感官品质的影响

感官评价是评价食品好坏最直观、重要的指标，可以体现消费者的满意程度以及可接受程度。表 6-4 和图 6-7 显示了不同草莓浆添加量的 3D 打印产品的感官评价结果。从图中可以看出随着草莓浆添加量的增加，产品的感官评价得分多呈现先增大后减小的趋势，草莓浆添加过多或者过少都会直接影响产品的感官评价。然而产品的颜色及香气随着草莓浆的添加量增加而逐渐增加，香气评分对比其他指标较低，可能是草莓中的香气成分易挥发，经过打浆、加热后已损失很多。草莓浆添加量为 40 g 时感官评分最高，此时的 3D 打印产品每层结构紧密、纹路清晰，颜色淡粉、微有光泽，果香良好浓郁、气味宜人，弹性好、质感弹牙，且不易碎。

表 6-4 草莓浆添加量对 3D 打印产品感官品质的影响

草莓浆添加量/g	感官评价					
	结构(20)	纹理(20)	色泽(20)	香气(20)	口感(20)	总分(100)
30	14.8 ± 1.23^{b}	14.0 ± 0.78^{b}	7.6 ± 0.58^{d}	6.8 ± 0.64^{b}	7.3 ± 1.19^{c}	50.5 ± 3.24^{c}
35	10.6 ± 0.75^{cd}	9.0 ± 0.98^{c}	10.1 ± 1.48^{cd}	9.0 ± 0.87^{b}	14.4 ± 0.78^{b}	53.1 ± 3.07^{c}
40	18.5 ± 0.35^{a}	18.3 ± 0.44^{a}	13.4 ± 1.07^{bc}	12.7 ± 0.52^{a}	18.1 ± 0.72^{a}	81.0 ± 2.00^{a}
45	9.2 ± 0.81^{d}	5.9 ± 0.78^{d}	16.6 ± 1.00^{ab}	14.7 ± 1.05^{a}	15.3 ± 1.11^{ab}	61.8 ± 2.05^{b}
50	12.6 ± 1.22^{bc}	12.6 ± 0.48^{b}	17.7 ± 0.32^{a}	15.4 ± 1.29^{a}	10.4 ± 0.93^{c}	68.7 ± 1.22^{b}

注：同列数据后的相同小写字母表示差异不显著，不同表示差异显著($p<0.05$)，下同。

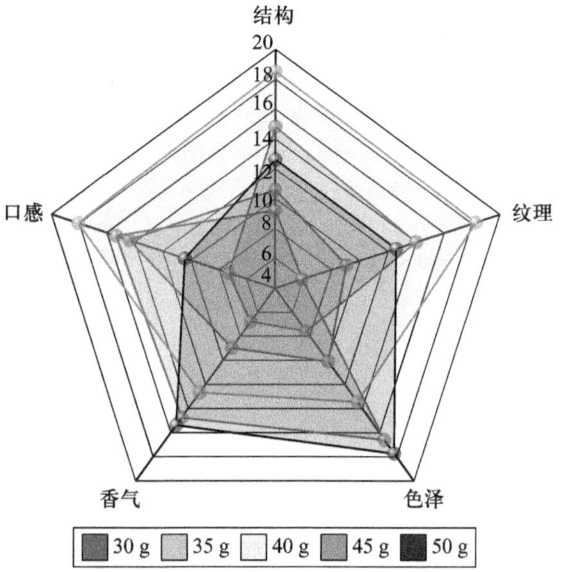

图 6-7　不同草莓浆添加量的 3D 打印产品感官评价雷达图

6.2.3.2　黄原胶添加量对草莓 3D 打印特性及产品品质的影响

1. 黄原胶添加量对草莓 3D 打印材料流变特性的影响

图 6-8 为不同黄原胶添加量制成的 3D 打印材料动态流变特性。从图 6-8(a)和(b)中可以看出，储能模量、损耗模量随着角频率的增加呈上升趋势，且储能模量高于损耗模量，储能模量表示材料的弹性，说明打印材料展示出更多的弹性，打印材料具有比较好的支撑能力。随着黄原胶添加量从 1 g 增加到 5 g，储能模量和损耗模量均呈下降趋势，说明黄原胶与储能模量、损耗模量呈负相关。随着黄原胶的添加，该材料的黏性逐渐降低，材料稳定性也逐渐下降。

图 6-8(c)是不同黄原胶添加量的损耗角正切与角频率的关系，由图中可以看出，角频率的增加使得各组别均发生不同的变化。损耗角正切值越大，材料体系就体现更多的黏性行为，材料更类似于液体，损耗角正切值越小，材料更多地体现弹性行为，材料更类似于固体。图 6-8(c)中 $\tan\theta$ 均小于 1，且黄原胶添加量的不断增加使 $\tan\theta$ 逐渐减小，说明材料更多地显示出弹性行为，呈现出固体性质，黄原胶添加量越多，材料越类似于固体。

如图 6-9 为不同黄原胶添加量制成的 3D 打印材料的静态流变特性。由图 6-9(a)可知随着剪切速率的增加，不同黄原胶添加量的应力呈现不同的趋势，当黄原胶添加量 4 g 时，其应力最大，此时材料硬度最大，挤出困难，不适合作为草莓 3D 打印的材料。剪切稀化的食品，大多数是由巨大的链状分子构成的高分子胶体粒子，在低流速或者静止时，由于它们互相缠结，黏度较大，故而显得黏稠。然而流速变大时，这些比较散乱的链状粒子因为会受到流层之间的应力作用，减少了它们的互相钩挂，发生滚动旋转进而收缩成团，于是表现为剪切稀化的现象。从图 6-9(b)可以看出，随着剪切速率的增加，不同黄原胶添加量的材料黏度均显著降低，呈现出假塑性流体，具有较好的剪切变稀行为。

2. 黄原胶添加量对 3D 打印产品偏差量的影响

添加不同质量的黄原胶对材料有不同程度的影响，图 6-10、图 6-11 分别为不同黄原胶添加量的 3D 打印样品及产品偏差量。结合图 6-10(a)可以看出添加量为 1 g 时，上边长偏差量

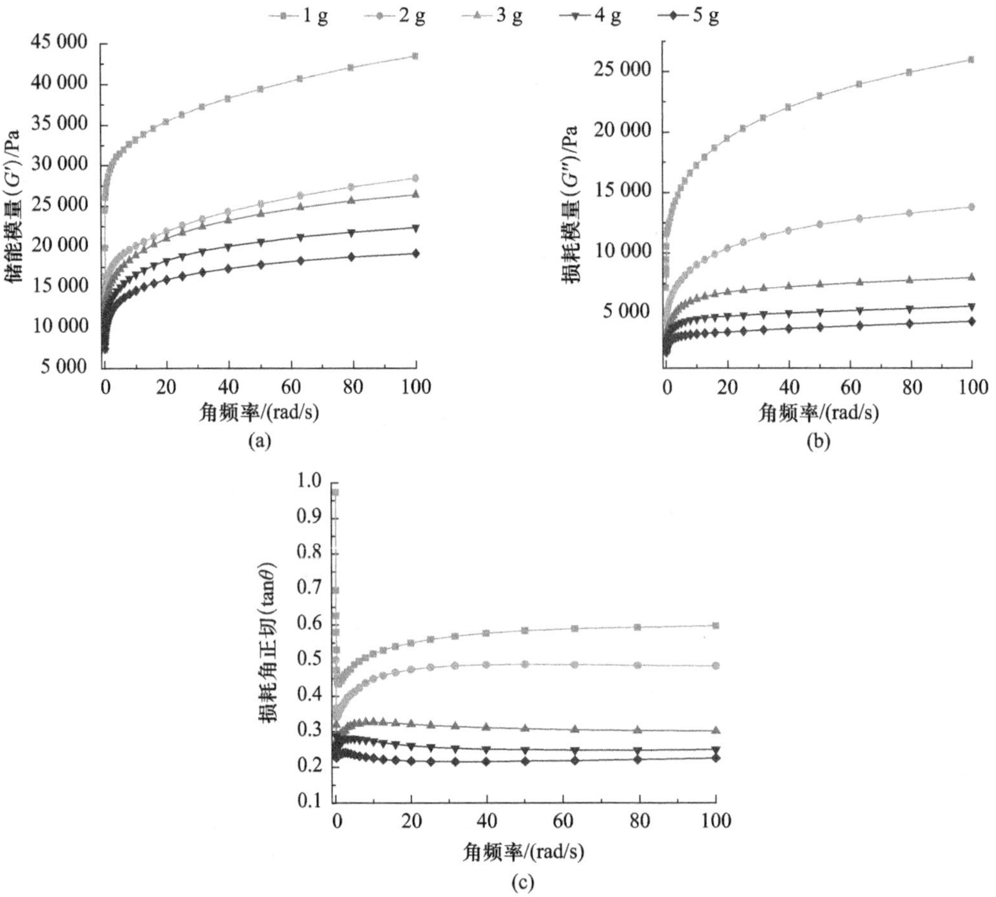

图 6-8 黄原胶添加量对草莓 3D 打印材料动态流变特性的影响

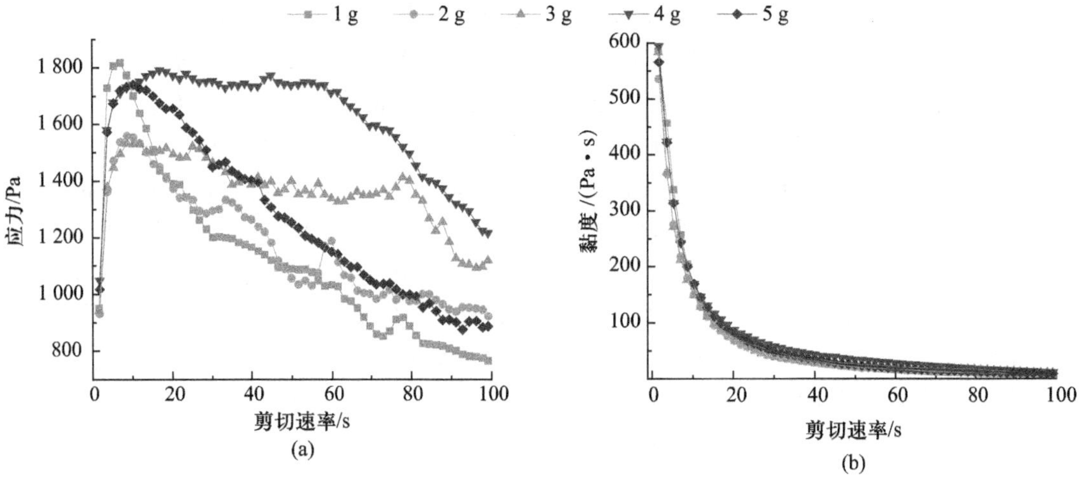

图 6-9 黄原胶添加量对草莓 3D 打印材料静态流变特性的影响

最大为−4.18%±0.23%，此时材料偏硬，3D 打印机挤出困难；随着黄原胶添加量的增加，上边长偏差量显著性增加($p<0.05$)，从负值变为正值，打印材料的流动性逐渐增强，当黄原胶添加量超过 2 g，偏差量又逐渐增大，材料挤出过多。下边长偏差量均为正值，说明打印样品的下边长在测量时均大于模型设置值，且偏差量先降低后升高，结合图 6-10(b)可知，当黄原胶添加量为 2 g 时偏差量最低，为 0.35%±0.10%。高度的偏差量随着黄原胶的添加，从正值逐渐变为负值，打印样品的高度越来越低直到低于打印模型，说明黄原胶添加量过多，打印体系支撑能力较差，难以维持较好的形态。从图 6-11 可以看出，黄原胶添加量为 2 g 时，上边长、下边长和高度的偏差量最小，此时较好地还原了模型正方体，打印模型最准确。

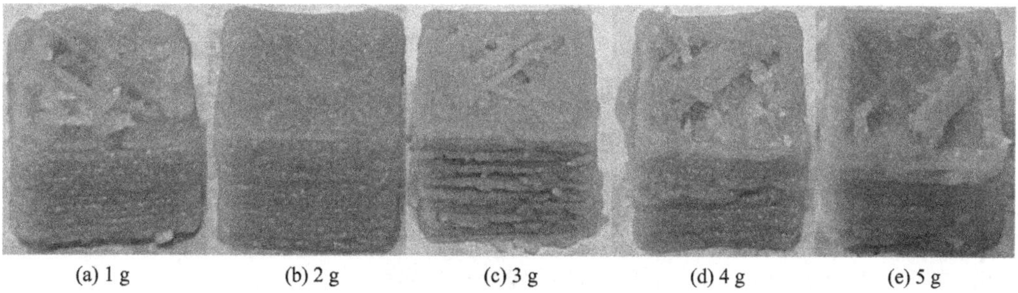

图 6-10　不同黄原胶添加量的 3D 打印样品

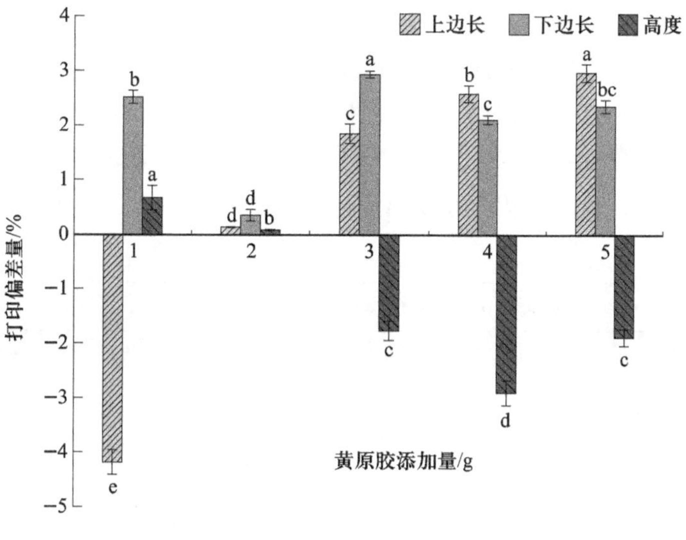

图 6-11　黄原胶加量对 3D 打印产品偏差量的影响

注：不同字母表示数据间有显著性差异。

3. 黄原胶添加量对草莓 3D 打印产品质构特性的影响

图 6-12 为不同黄原胶添加量的草莓 3D 打印产品质构特性。从图 6-12(a)可以看出，随着黄原胶添加量的逐渐增加，草莓 3D 打印产品的硬度先升高后又降低，添加 1 g 黄原胶所测样品的硬度最小，为 1.1 N；添加 4 g 黄原胶所测样品的硬度最大，为 1.62 N，此时是最不适合草莓 3D 打印的。添加不同量的黄原胶所测的硬度彼此之间差异显著($p<0.05$)。图 6-12(b)显示了不同黄原胶添加量的样品的黏性和弹性，可以看出样品的黏性和弹性随着不同黄原胶添加

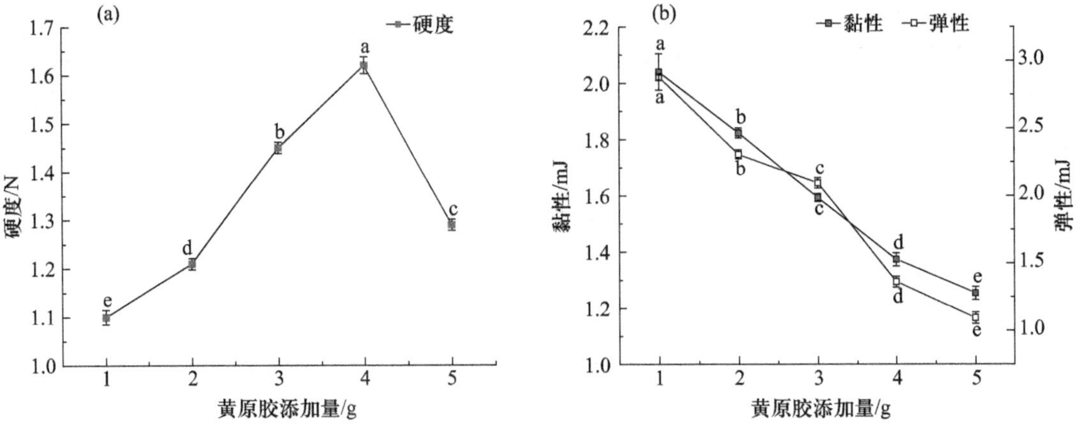

图 6-12 黄原胶添加量对草莓 3D 打印产品质构特性的影响

注:不同字母表示数据间有显著性差异。

量的增加呈现相同趋势,均逐渐降低,黄原胶从 1 g 增加到 5 g,样品黏性从 2.04 mJ 降低到 1.25 mJ,减少了 0.79 mJ;样品弹性从 2.88 mJ 降低到 1.09 mJ,减少了 1.79 mJ。

4. 黄原胶添加量对草莓 3D 打印产品感官品质的影响

表 6-5 和图 6-13 为不同黄原胶添加量的草莓 3D 打印产品的感官评价数据及雷达图。从图中可以看出,随着黄原胶添加量从 1 g 增加到 5 g,结构、纹理和口感的评分呈先上升后下降的趋势,黄原胶的添加量直接影响 3D 打印产品的特性;样品的色泽与香气的评分随着黄原胶添加量的增多而逐渐减小,可能是因为黄原胶添加量增多,打印材料体系的草莓浆浓度降低,从而影响了产品的整体色泽与香气。黄原胶添加量为 2 g 时,感官评分最高,此时的 3D 打印产品每层结构略有塌陷、纹路较清晰,颜色淡粉、微有光泽,草莓果香一般,口感较好,不易碎。

表 6-5 黄原胶添加量对草莓 3D 打印产品感官品质的影响

黄原胶添加量/g	感官评价					
	结构(20)	纹理(20)	色泽(20)	香气(20)	口感(20)	总分(100)
1	14.5±0.66[b]	10.6±0.48[b]	18.2±0.35[a]	10.5±0.50[a]	17.3±0.54[ab]	71.1±1.64[b]
2	17.6±0.41[a]	16.4±0.49[a]	16.6±0.62[a]	9.3±0.50[ab]	18.1±0.49[a]	78.0±0.14[a]
3	13.4±0.32[b]	9.2±0.32[bc]	13.4±0.47[b]	8.3±0.46[b]	13.4±0.68[b]	57.8±1.78[c]
4	9.6±0.38[c]	8.3±0.12[cd]	11.5±0.43[c]	6.6±0.44[c]	7.6±0.36[d]	43.6±0.43[d]
5	7.7±0.52[d]	7.4±0.40[d]	9.1±0.43[d]	5.2±0.18[c]	10.7±0.45[c]	40.2±0.68[d]

注:不同字母表示数据间有显著性差异。

6.2.3.3 K-卡拉胶添加量对草莓 3D 打印特性及产品品质的影响

1. K-卡拉胶添加量对草莓 3D 体系流变特性的影响

由图 6-14 为草莓 3D 打印体系不同 K-卡拉胶添加量的动态流变特性。从图 6-14(a)、(b)可以看出,随着 K-卡拉胶添加量的增多,储能模量和损耗模量逐渐上升,呈正相关。说明随着 K-卡拉胶添加量的逐渐增多,该材料体系的弹性和黏性均逐渐升高,该材料体系逐渐趋于稳定。从图中还可以看出随着角频率的增加,储能模量、损耗模量都呈上升趋势,且储能模量高于损耗模量,说明打印材料更多地展示出弹性,打印材料具有良好的支撑能力。

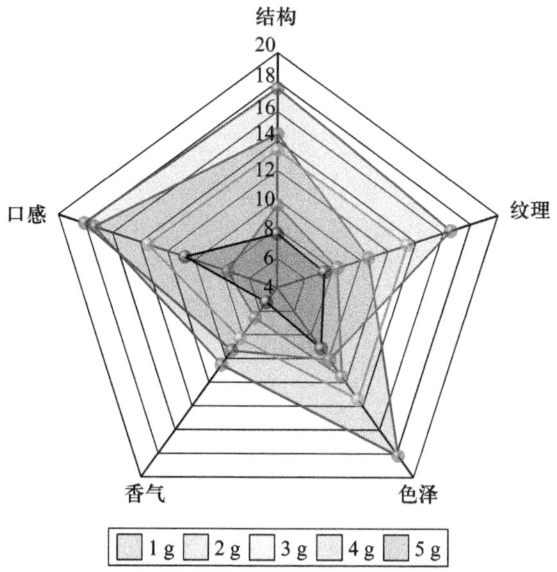

图 6-13　不同黄原胶添加量的 3D 打印产品感官评价雷达图

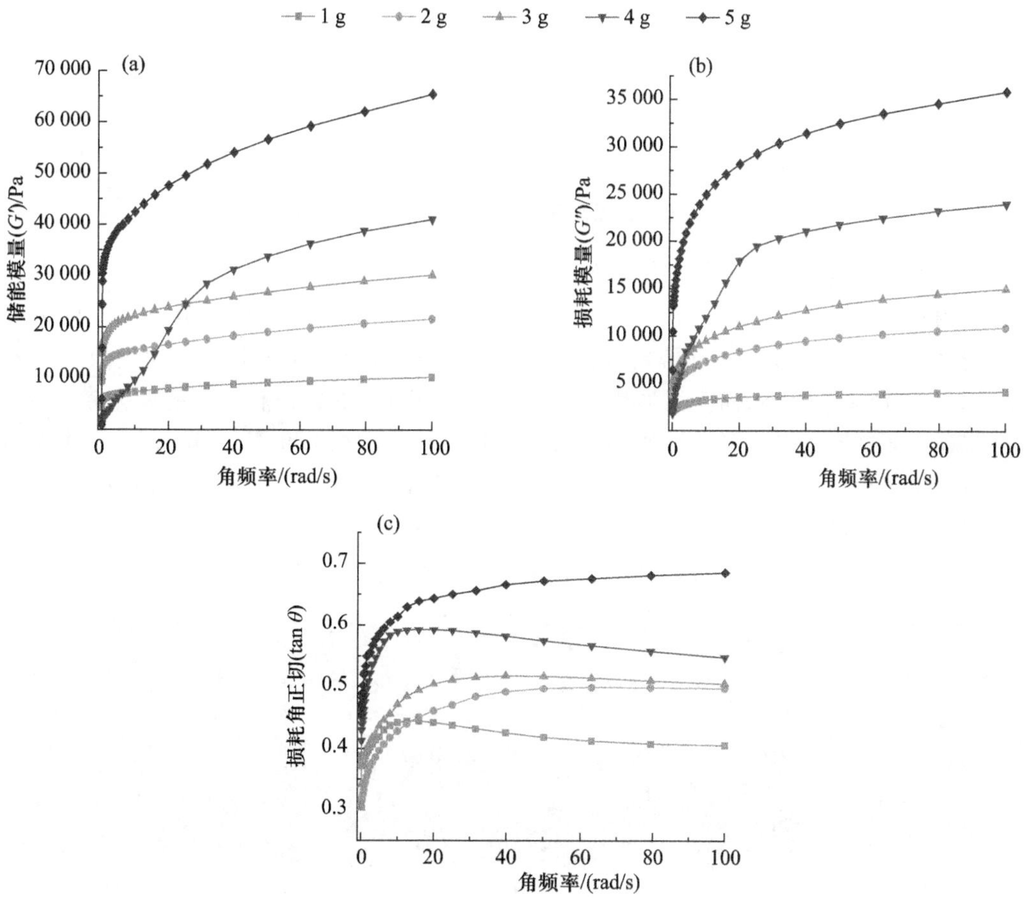

图 6-14　K-卡拉胶添加量对草莓 3D 打印材料动态流变特性的影响

由图 6-14(c)可以看出，角频率的增加使得各组别均发生变化，均逐渐上升后有趋于稳定，随着 K-卡拉胶添加量的增加，$\tan\theta$ 也逐渐增加，说明材料特性逐渐更趋向于黏性，但 $\tan\theta$ 均小于 1，说明材料更多地显示出弹性行为，呈现出固体性质。

如图 6-15 为不同 K-卡拉胶添加量制成的 3D 打印材料的静态流变特性。由图 6-15(a)可知当 K-卡拉胶添加量由 1 g 增加到 5 g 时，应力也随之不断增大，应力代表了打印结构保持长期稳定的能力，说明材料逐渐变硬。从图 6-15(b)可以看出，随着剪切速率的增加，不同 K-卡拉胶添加量的材料黏度均显著降低，呈负相关，展现出假塑性流体，具有较好的剪切变稀行为。

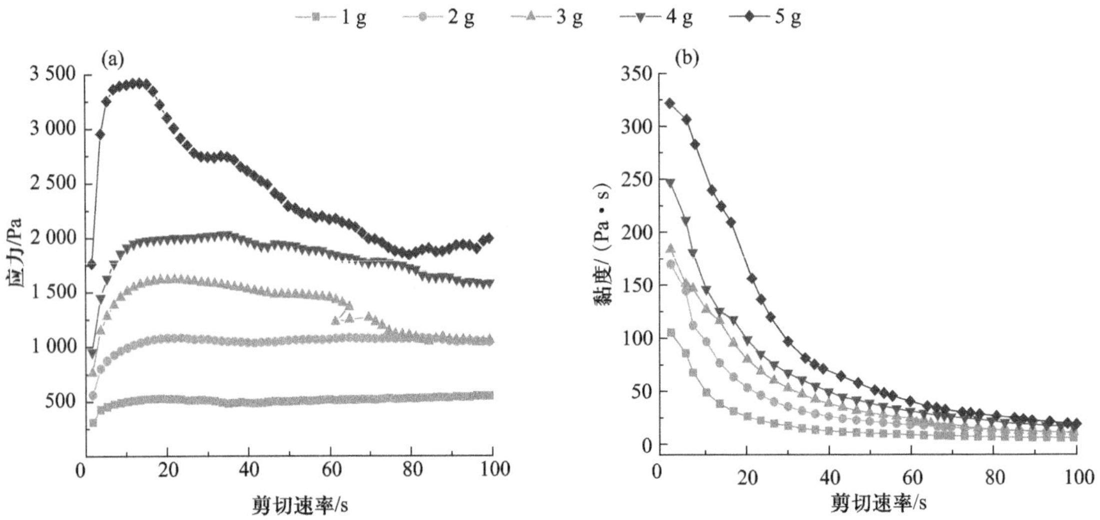

图 6-15 K-卡拉胶添加量对草莓 3D 打印材料静态流变特性的影响

2. K-卡拉胶添加量对草莓 3D 打印产品偏差量的影响

K-卡拉胶作为食品添加剂被广泛应用于各种食品中，图 6-16、图 6-17 分别为不同 K-卡拉胶添加量的 3D 打印样品及产品偏差量。从图中可以看出，随着 K-卡拉胶添加量的不断增加，打印偏差量先降低后升高，而且添加量超过 2 g 时，上边长、下边长和高度的偏差量均从负值变为正值，说明产品逐渐具备良好的 3D 打印形态。由图 6-16(a)和图 17 可知，K-卡拉胶添加量为 1 g 时高度的偏差量最大为 19.17%±1.23%；当添加量为 4 g、5 g 时，图 6-16(d)、(e)显示了材料流动性变强，打印机出料增多，打印产品难以长时间维持较好的形态，且 K-卡拉胶添加量为 5 g 时，打印产品的上边长和下边长的偏差量最大，分别为 4.85%±1.64%、5.27%±

(a) 1 g　(b) 2 g　(c) 3 g　(d) 4 g　(e) 5 g

图 6-16 不同 K-卡拉胶添加量的草莓 3D 打印样品

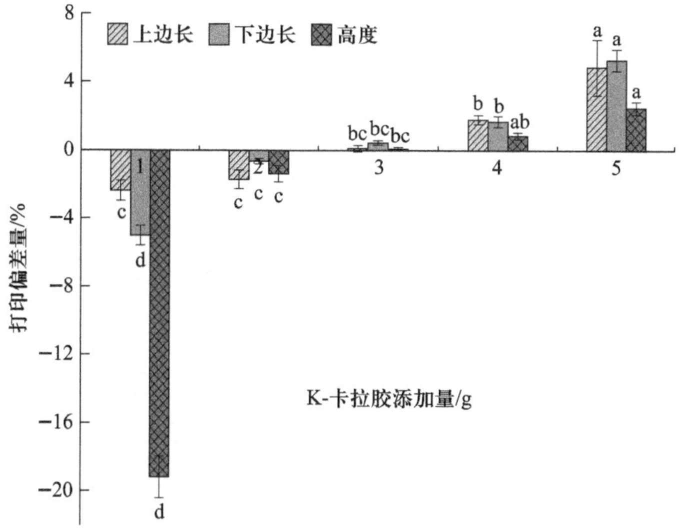

图 6-17　K-卡拉胶加量对 3D 打印偏差量的影响

注：不同字母表示数据间有显著性差异。

0.63%，此时打印形态与模型值相差最大。从图中可以看出 K-卡拉胶添加量为 3 g 时，上边长、下边长和高度的偏差量最小，打印产品最接近模型。

3. K-卡拉胶添加量对草莓 3D 打印产品质构特性的影响

图 6-18 为不同 K-卡拉胶添加量的草莓 3D 打印产品质构特性。从图 6-18(a)可以看出，随着 K-卡拉胶添加量从 1 g 增加到 5 g，草莓 3D 打印产品的硬度也显著增加($p<0.05$)，表现为正相关，硬度从 0.45 N 增加到 2.26 N，共增加了 1.81 N。

不同 K-卡拉胶添加量的样品的黏性和弹性如图 6-18(b)所示。由图中可以看出，样品的黏性随着 K-卡拉胶添加量的增加显著性增加($p<0.05$)，从 1.05 mJ 增加到 3.34 mJ；K-卡拉胶添加量的增加使样品的弹性也逐渐增加，其中添加 3 g 和 4 g K-卡拉胶样品的黏性差异不显著($p>0.05$)。

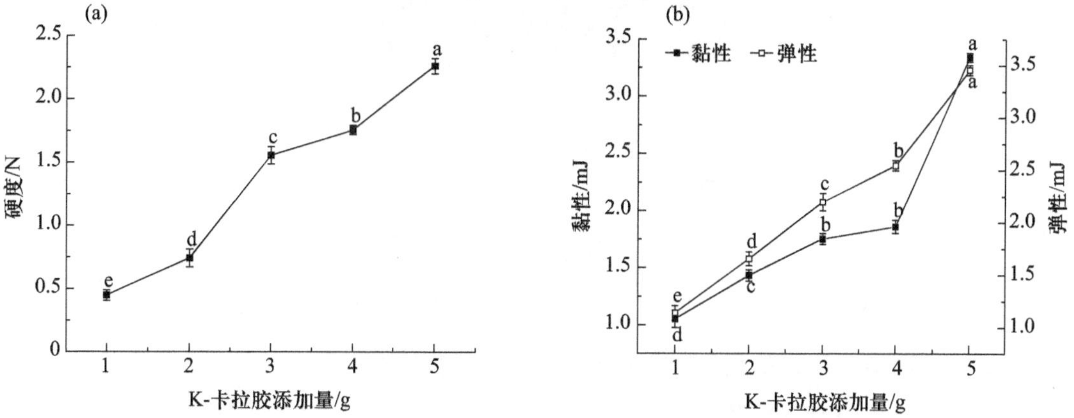

图 6-18　K-卡拉胶添加量对草莓 3D 打印产品质构特性的影响

注：不同字母表示数据间有显著性差异。

4. K-卡拉胶添加量对草莓 3D 打印产品感官品质的影响

表 6-6 和图 6-19 为不同 K-卡拉胶添加量的草莓 3D 打印产品的感官评价数据及雷达图。从图中可以看出，随着 K-卡拉胶添加量的增加，结构、纹理和口感的评分先增大后减小；样品的色泽与香气的评分随着 K-卡拉胶添加量的增多却逐渐减小，可能是因为 K-卡拉胶添加量增加，打印材料体系的草莓浆浓度降低影响了产品的整体色泽与香气。K-卡拉胶添加量为 5 g 时的感官评分最小，为 33.0±2.17 分；K-卡拉胶添加量为 3 g 时感官评分最高，达到了 77.2±1.11 分，此时的 3D 打印产品每层结构紧密、纹路清晰，颜色淡粉、微有光泽，草莓果香不良，弹性好，不易碎。

表 6-6　K-卡拉胶添加量对草莓 3D 打印产品感官品质的影响

K-卡拉胶添加量/g	感官评价					
	结构(20)	纹理(20)	色泽(20)	香气(20)	口感(20)	总分(100)
1	8.5±0.67[c]	10.7±0.27[c]	17.4±0.50[a]	15.5±0.35[a]	12.7±0.50[b]	64.8±1.41[b]
2	16.6±0.50[a]	13.5±0.46[b]	15.4±0.45[b]	12.2±0.35[b]	16.5±0.72[a]	74.3±0.35[a]
3	17.6±0.66[a]	17.4±0.65[a]	13.4±0.71[c]	10.5±0.35[c]	18.3±0.50[a]	77.2±1.11[a]
4	11.6±0.55[b]	11.4±0.46[c]	11.4±0.44[d]	7.2±0.36[d]	11.0±0.87[b]	52.6±0.80[c]
5	5.4±0.54[d]	6.3±0.52[d]	8.6±0.61[e]	5.2±0.46[e]	7.5±0.50[c]	33.0±2.17[d]

注：不同字母表示数据间有显著性差异($p<0.05$)。

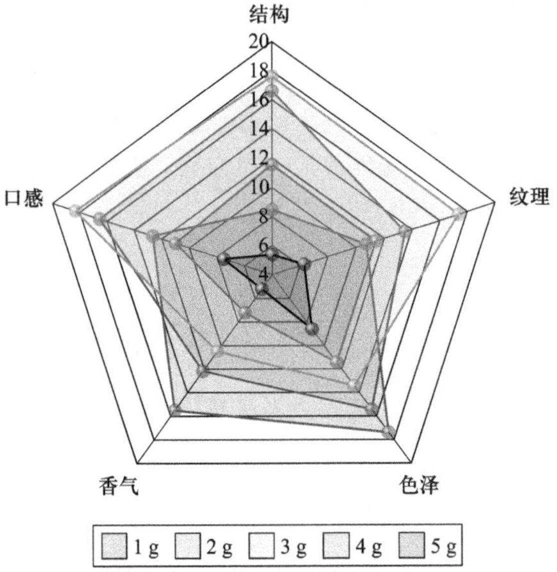

图 6-19　不同 K-卡拉胶添加量的草莓 3D 打印产品感官评价雷达图

6.2.3.4　草莓 3D 打印产品配方体系的响应面优化试验结果

1. 响应面试验设计及结果

根据单因素试验结果，选择草莓浆添加量(A)、黄原胶添加量(B)、K-卡拉胶添加量(C)三个影响明显的因素，以打印精度(Y)为响应值，按照表 6-7 进行响应面试验。

表 6-7　响应面试验设计及结果

试验号	影响因素			打印精度(Y)/%
	草莓浆添加量(A)	黄原胶添加量(B)	K-卡拉胶添加量(C)	
1	40	2	3	98.03
2	40	2	3	98.34
3	35	2	2	86.94
4	40	2	3	97.98
5	40	3	4	87.88
6	40	1	4	89.44
7	40	2	3	98.17
8	45	2	4	87.32
9	35	2	4	88.11
10	45	2	2	88.71
11	40	1	2	89.96
12	35	1	3	91.95
13	35	3	3	88.68
14	40	2	3	99.42
15	40	3	2	90.19
16	45	1	3	89.12
17	45	3	3	93.36

2. 响应模型的建立与分析

使用软件 Design-Expert 13.0 对试验结果进行分析，得到的二元回归模型方程为：

$$Y(\text{打印精度}/\%)=98.39+0.3538A-0.045B-0.3813C+1.88AB-0.64AC-0.4475BC-4.6A^2-3.01B^2-6.01C^2$$

使用方差分析(ANOVA)对模型进行统计检验，方差分析用于检验模型的必要性和充分性。表 6-8 可以看出，回归模型的方差分析表明该模型是非常显著的($p<0.0001$)，失拟项不显著($p=0.3385>0.05$)，表明回归方程拟合程度比较好。回归模型中的校正决定系数(R^2_{adj})为 0.979 2，$R^2=0.9909$，说明此回归方程的拟合效果较好，误差较小，用该方程模型可以预测草莓 3D 打印产品的打印精度。根据 F 值可知，试验过程中对打印精度的影响大小依次为 K-卡拉胶>草莓浆>黄原胶。由 p 值的显著性分析可知，AB、A^2、B^2 和 C^2 对 3D 打印精度有极显著影响($p<0.01$)，其余影响不显著($p>0.05$)。

表 6-8　回归模型方差分析

方差来源	平方和	自由度	均方	F 值	P 值	显著性
模型	328.01	9	36.45	84.57	<0.000 1	**
A	1.00	1	1.00	2.32	0.171 3	
B	0.016 2	1	0.016 2	0.037 6	0.851 8	

续表 6-8

方差来源	平方和	自由度	均方	F 值	P 值	显著性
C	1.16	1	1.16	2.70	0.144 5	
AB	14.10	1	14.10	32.72	0.000 7	* *
AC	1.64	1	1.64	3.80	0.092 2	
BC	0.801 0	1	0.801 0	1.86	0.215 0	
A^2	89.25	1	89.25	207.09	<0.000 1	* *
B^2	38.06	1	38.06	88.31	<0.000 1	* *
C^2	152.29	1	152.29	353.35	<0.000 1	* *
残差	3.02	7	0.431 0			
失逆项	1.61	3	0.535 8	1.52	0.338 5	
纯误差	1.41	4	0.352 4			
综合	331.03	16	36.45			

注：* 表示影响显著($p<0.05$)；* * 表示影响极显著($p<0.01$)。

3. 响应面分析

图 6-20 为各因素之间交互作用对草莓 3D 打印精度影响的等高线图及响应曲面图。响应曲面图在水平方向落下的投影是等高线，等高线若呈椭圆形，表示这两因素有极为显著的交互作用，若呈圆形则表示不显著；各因素响应曲面坡度的陡峭程度反映该因素对草莓 3D 打印精度的影响程度，越陡峭，说明影响越大。因此，综合以上对等高线和响应曲面图进行分析可以得出：草莓浆添加量和黄原胶添加量之间交互作用极为显著，其他因素之间的交互作用均不显著，且三者中 K-卡拉胶添加量对草莓 3D 打印精度影响最显著，其次是草莓浆添加量，影响最小的是黄原胶添加量。

4. 最优工艺条件预测及验证

通过 Design-Expert 13.0 软件对试验数据进行优化预测，得到草莓 3D 打印产品的最佳工艺配方为草莓浆添加量 40.21 g、黄原胶添加量 2.01 g、K-卡拉胶添加量 2.97 g，该工艺条件下草莓 3D 打印产品打印精度预测值为 98.40%。结合实际操作，选取配方为草莓浆添加量 40 g、黄原胶添加量 2 g、K-卡拉胶添加量 3 g，测得的草莓 3D 打印产品打印精度为 98.39%，与模型预测值非常接近，说明该模型可用于草莓 3D 打印产品的配方优化。

6.2.4 小结

本节主要以草莓浆、黄原胶、K-卡拉胶为主要配方，利用单因素响应面优化试验，得到了结构最好且与设置的模型相差最小的打印产品的配方。

草莓浆的添加量直接影响配方体系的性质。草莓浆添加量为 35 g、45 g 时，配方的流动性相对较强，没有足够的支撑能力，而草莓浆添加量为 30 g、50 g 时，配方的弹性过大，实际打印过程中相较其他材料挤出比较困难，有断丝情况出现。

添加不同质量的黄原胶，打印材料发生不同程度的变化。随着黄原胶添加量从 1 g 到 5 g 的逐渐增加，该材料体系的黏性逐渐降低，材料稳定性也逐渐下降。

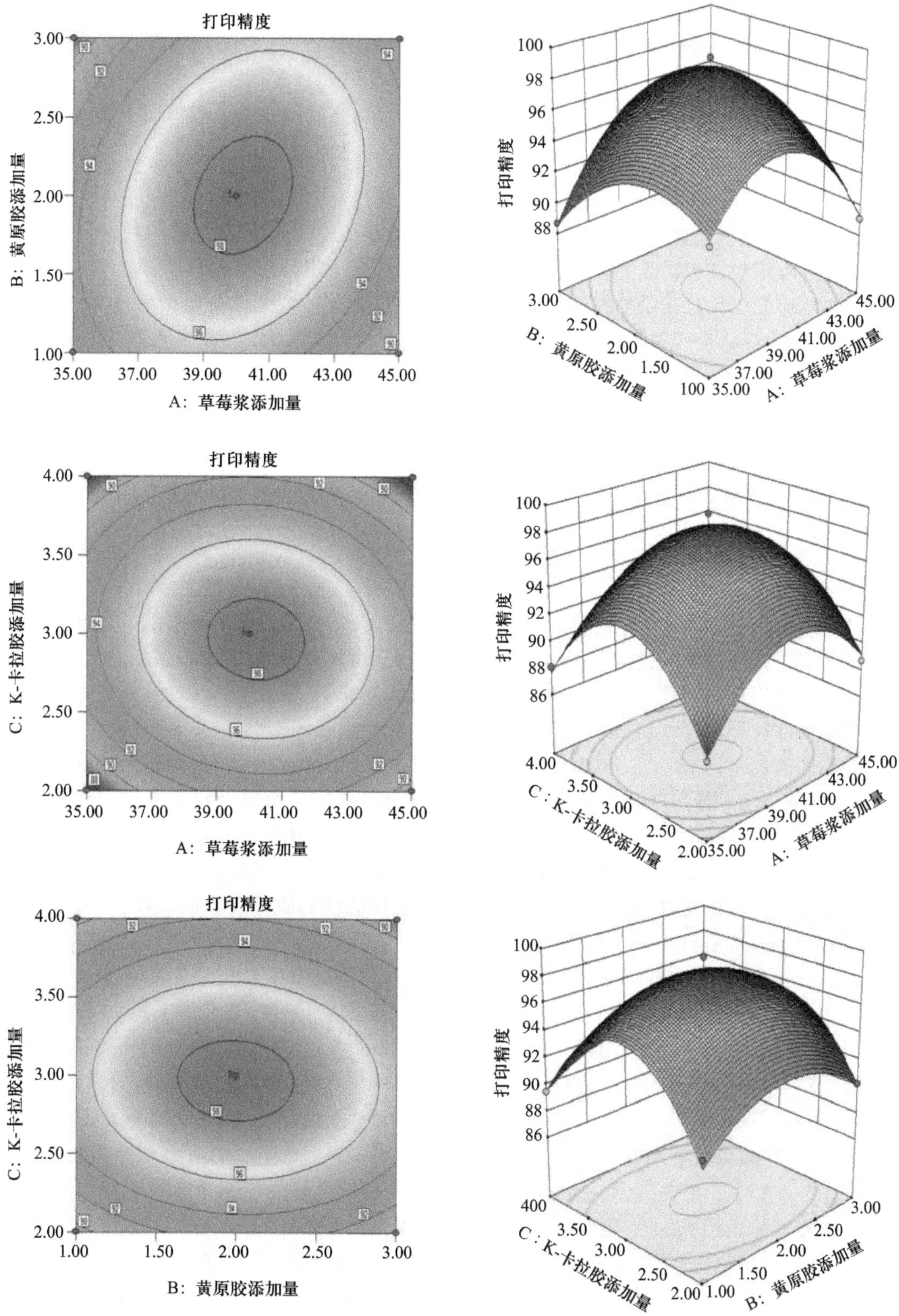

图 6-20　三个因素之间交互作用对草莓 3D 打印精度的等高线图及响应曲面图

K-卡拉胶的添加,使该材料体系的弹性和黏性均逐渐升高,体系逐渐趋于稳定。但添加过量的K-卡拉胶会导致3D打印产品硬度过大,趋向于固体行为,导致3D打印过程中材料挤出困难,使产品品质下降。

使用软件Design-Expert 13.0对试验结果进行分析,得到的二元回归模型方程为:

$$Y=98.39+0.3538A-0.045B-0.3813C+1.88AB-0.64AC-0.4475BC-4.6A^2-3.01B^2-6.01C^2$$

式中:A为草莓浆添加量;B为黄原胶添加量;C为K-卡拉胶添加量;Y为打印精度。

试验过程中对打印精度的影响大小依次为:K-卡拉胶>草莓浆>黄原胶。

通过响应面优化对试验数据进行预测,得到的最佳工艺配方为草莓浆添加量40.21 g、黄原胶添加量2.01 g、K-卡拉胶添加量2.97 g,该工艺条件下草莓3D打印产品的打印精度预测值为98.40%。结合实际操作,草莓浆添加量40 g、黄原胶添加量2 g、K-卡拉胶添加量3 g,测得草莓3D打印产品的打印精度为98.39%,与模型预测值非常接近。

6.3 复合膜对草莓3D打印产品保鲜效果影响的研究

为了控制草莓采后腐烂,延长保质期,人们使用了不同的杀菌剂,但大多数杀菌剂会在果实中留下残留物,对人类和环境都有不利影响(Li and Yu,2001)。在全球范围内,消费者更喜欢天然、环保的产品,其新鲜特性不会发生很大变化,保留较高营养,且保质期长。天然保护剂和抗菌剂的使用对提高草莓的营养质量和保质期越来越重要(Bose et al.,2019)。

壳聚糖的化学名为β-(1-4)-2-氨基-2-脱氧-D-葡萄糖(Panariello et al.,2019)。壳聚糖制成的涂层和薄膜对气体(O_2和CO_2)具有选择渗透性,并具有优异的机械性能(Liu et al.,2020)。单独使用多糖制备的膜和涂料与多种聚合物混合制备的聚合物膜相比,存在耐水性差、力学性能差等缺点。酚类物质普遍存在于植物系统中,因其高抗氧化性,是人类获取营养的重要来源(Kumar et al.,2019a;Kumar et al.,2019b;Kumar et al.,2020)。葡萄籽提取物(GSE)是葡萄汁和葡萄酒工业的天然副产物,含有生物活性物质低聚原花青素。GSE因其具有抗氧化、抗癌、抗炎和抗菌等益处而引起了广泛关注(Joshi et al.,2015)。GSE是具有抗病毒活性的天然化合物(Fabraet al.,2018),富含多酚和其他具有抗氧化特性的化学物质,可以有效减少氧化应激(Kao et al.,2010)。Kanmani和Rhim(2014)将GSE与卡拉胶一起用作食品包装薄膜的抗菌剂。Ca^{2+}具有保护细胞壁和细胞膜的结构、调控离子环境和酶活性等功能(郝浩永等,2010),还可保持3D打印产品的硬度,减少生理失调从而延缓衰老,降低腐烂率(García-Serrano et al.,2020)。Liu等(2016)采用含抗坏血酸(AA)和氯化钙($CaCl_2$)的壳聚糖(CS)涂层对鲜切苹果进行保鲜效果观察,研究发现CS-$CaCl_2$涂层对鲜切苹果的保鲜效果优于CS-AA涂层,CS-$CaCl_2$涂层对苹果片的外观也有良好的抑制褐变效果。

因此本节将采用氯化钙、葡萄籽提取物和壳聚糖复配制备保鲜剂,以腐烂指数、失重率、硬度、总酚含量和抗氧化能力为测量指标,研究不同组合的保鲜剂在贮藏期间对草莓3D打印产品品质的影响,选出最佳保鲜剂配方,为延长草莓3D打印产品的货架期奠定基础。

6.3.1 材料与设备

6.3.1.1 试验材料

草莓冻果(品种为'九九'草莓),购于丹东益农食品有限公司;黄原胶(食品级)、K-卡拉胶(食品级)、氯化钙(食品级)、葡萄籽提取物、壳聚糖(食品级),购于浙江一诺生物科技有限公司。

6.3.1.2 主要试剂

本试验所使用的主要试剂见表 6-9。

表 6-9 试验所用主要试剂

药品名称	公司
无水乙醇	沈阳西陇化工有限公司
氯化钾	上海安谱实验科技股份有限公司
乙酸钠	天津希恩思奥普德科技有限公司
碳酸钠	北京华威锐科化工有限公司
1,1-二苯基-2-三硝基苯肼(DPPH)	南京草本源生物科技有限公司
2,2-联氮-二(3-乙基-苯并噻唑-6-磺酸)二铵盐(ABTS)	沈阳鑫脉科技有限公司
过硫酸钾	国药集团化学试剂沈阳有限公司

6.3.1.3 仪器与设备

本试验所使用的仪器与设备见表 6-10。

表 6-10 试验仪器与设备

设备名称	型号	公司
分析天平	AX124ZH/E	美国奥豪斯公司
榨汁机	JYL-Y912	济南九阳股份有限公司
水浴锅	DK-S26	上海精宏实验设备有限公司
食品 3D 打印机	096SYS20090	杭州时印科技有限公司
旋涡振荡器	VORTEX3	德国 IKA 公司
紫外-可见分光光度计	UV-1800	江苏茶明智能科技有限公司
超低温冰箱	YCD-208	青岛澳柯玛股份有限公司
pH 计	RIVAN-PH2200	无锡锐文自动化仪表有限公司
冷冻干燥机	SCIENTZ-10N	宁波新芝生物科技股份有限公司
超声波清洗机	JP-040S	深圳市洁盟清洗设备有限公司
高速冷冻离心机	Centrifuge5804R	德国 Eppendorf 公司
全波长酶标仪	INFINITE200PRO	奥地利 Tecan Austria GmbH Untersbergstr.
游标卡尺	SL01-1	杭州工具量具有限公司

6.3.2 试验方法

6.3.2.1 最佳复合膜配方组合的筛选试验设计

选用氯化钙、葡萄籽提取物及壳聚糖作为复合膜配方的基础组分，采用不同浓度设计试验处理，如表 6-11 所示。

表 6-11 最佳复合膜组合配方的筛选试验设计表 %

处理	氯化钙	葡萄籽提取物	壳聚糖
1	0.5	1	1
2	0.5	1	1.5
3	0.5	1	2
4	0.5	0.5	1.5
5	0.5	1.5	1.5
6	0	1	1.5
7	1	1	1.5

6.3.2.2 草莓 3D 打印产品涂膜处理

根据本章第 2 节单因素及响应面优化得到的草莓 3D 打印产品的最佳配比（草莓浆 40.21 g、黄原胶 2.01 g、K-卡拉胶 2.97 g）进行打印，打印得到的样品分别浸涂在不同配比的复合膜中，放至温度为 20 ℃，湿度为 60%的培养箱内，直至 3D 打印样品表面的液体完全风干，在室温环境下于阴凉处贮藏，于 3 d、5 d、7 d、9 d、11 d 分别测定相关指标。每组试验重复 3 次。

6.3.3 测定方法

6.3.3.1 腐烂指数的测定

按草莓 3D 打印样品的表面腐烂面积大小将果实腐烂程度划分为 5 级。

0 级：无腐烂；

1 级：腐烂的面积小于样品总面积的 25%；

2 级：腐烂的面积占样品总面积的 25%～50%；

3 级：腐烂的面积占样品总面积的 50%～75%；

4 级：腐烂的面积大于样品总面积的 75%。

$$\text{腐烂指数}=\frac{\text{腐烂级数}\times\text{该级别样品个数}}{\text{最高腐烂级数}\times\text{样品总数}}\times 100\%$$

6.3.3.2 失重率的测定

分别测定样品涂抹前质量及测定时样品的质量，按下式计算失重率。

$$\text{失重率}=\frac{m_0-m_1}{m_0}\times 100\%$$

式中：m_0 为涂膜后样品的初始质量(g)；m_1 为测定时样品的质量(g)。

6.3.3.3　硬度的测定

草莓 3D 打印涂膜产品硬度的测定同本章第 2 节中硬度的测定方法。

6.3.3.4　总酚含量的测定

采用福林酚法测定(Rodríguez-Ramírez et al.,2021)。称取捣碎的草莓 3D 打印冻干样品 1.00 g 和 4 mL 70%的乙醇溶液于离心管中,30 ℃避光超声 30 min 后,在转速为 8 000 r/min 条件下离心 15 min,取上清液。取提取液 100 μL、蒸馏水 400 μL、福林酚试剂 100 μL 于离心管中,涡旋混匀后静置避光 5 min。加入 1 mL Na_2CO_3(7%)溶液和 0.8 mL 的蒸馏水,混匀后静置避光 60 min,于 760 nm 处测定吸光值。标准曲线方程为:$y=0.002\,2x+0.069\,7$,$R^2=0.998\,6$。总酚含量根据下式进行计算:

$$X=\frac{\rho\times V\times N}{m\times 100}$$

式中:X 为样品中总酚含量(mg GAE/g DW);ρ 为通过标准计算得到的质量浓度(μg/mL);V 为待测液的体积(mL);N 为样品稀释倍数;m 为样品质量(g)。

6.3.3.5　抗氧化能力的测定

1. DPPH 自由基清除能力

称取 4 mg DPPH 粉末溶解于乙醇中,定容至 50 mL 得到 DPPH 工作液。定义试验组为 500 μL 样品溶液和 500 μL DPPH 工作液;空白组为 500 μL 样品溶液和 500 μL 空白溶液(乙醇溶液);对照组为 500 μL DPPH 工作液和 500 μL 空白溶液,充分混匀后静置避光反应 30 min,以空白溶液和无水乙醇混合液空白调零,然后于 517 nm 处测定吸光值,使用如下公式计算:

$$\text{DPPH 自由基清除率}=\left(1-\frac{A_1-A'_1}{A_0-A'_0}\right)\times 100\%$$

式中:A_1 为样品与 DPPH 吸光值;A'_1为样品与乙醇吸光值;A_0 为空白溶液与 DPPH 吸光值;A'_0为空白溶液与乙醇吸光值。

2. ABTS 清除能力

将 ABTS 储备液(7.4 mmol/L)0.2 mL 与 $K_2S_2O_8$ 储备液(2.6 mmol/L)0.2 mL 混合静置避光 12 h,用无水乙醇稀释混合液,使其在 734 nm 处吸光值为 0.70±0.02。将 500 μL 样品提取液与 500 μL ABTS 储备液充分混匀后,室温静置避光反应 10 min,于 734 nm 处测定吸光值,并按照如下公式进行计算:

$$\text{ABTS 自由基清除率}=\frac{A_0-A}{A_0}\times 100\%$$

式中:A_0 为 ABTS 储备液与空白溶液反应吸光值;A 为 ABTS 储备液与样品溶液反应吸光值。

6.3.3.6　数据分析

数据分析方法同 6.2.2.9。

6.3.4 结果与分析

6.3.4.1 不同复配组合保鲜剂处理对草莓 3D 打印产品腐烂指数的影响

腐烂指数是评价食品品质最直观的一个指标，可以直接看出食品的可接受程度。如图 6-21 为不同组合的保鲜剂处理的草莓 3D 打印产品的腐烂指数，从图中可以看出随着贮藏时间的增加，产品的腐烂指数也直线上升，呈现正相关。5 d 时腐烂指数显著上升，其中组合 1 和组合 5 的腐烂指数在 5 d 时增长的最快，相较 3 d 都增加了 10%左右。综合来看，组合 4 的腐烂指数最低，贮藏 11 d 时为 17.5%；其次为组合 3，在 11 d 时腐烂指数达到了 27.5%；贮藏效果最不好的为组合 2，在 11 d 时腐烂指数达到了 63.3%。由结果可以看出，未涂膜产品腐烂更快，涂膜处理对草莓 3D 打印产品的保鲜效果较为理想，能够延长产品的保鲜寿命。Nair 等(2020)也证明了壳聚糖复配的保鲜剂可以作为保护果蔬免受病原体感染的机械屏障，同时可以抑制许多致病细菌和真菌的生长，有助于减少贮藏期间的腐烂。

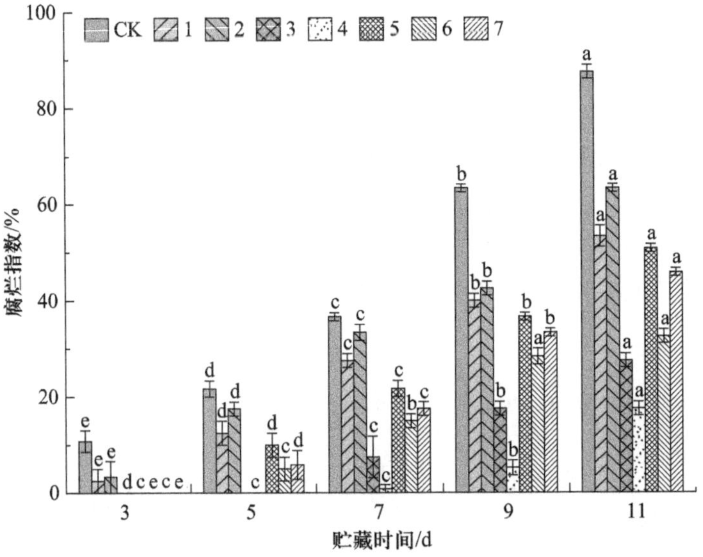

图 6-21 不同组合的保鲜剂处理对草莓 3D 打印产品腐烂指数的影响

注：不同字母表示数据间有显著性差异。

6.3.4.2 不同复配组合保鲜剂处理对草莓 3D 打印产品失重率的影响

失重率是衡量保鲜效果的一项重要指标，代表了样品的新鲜度和水分损失程度。不同组合的保鲜剂处理的草莓 3D 打印产品失重率如图 6-22 所示，图中显示了随着贮藏时间的增长，3D 打印产品的品质逐渐下降，失重率逐渐上升，可能是由于贮藏期间 3D 打印产品的水分含量逐渐降低，产品的质量逐渐减小，且未涂膜的样品质量损失最大。从图 6-22 中可以看出组合 2 的失重率最高，在 11 d 时达到了 5.63%，对比 3 d 时失重率增加了 4.30%；其次为组合 1，3 d 时失重率为 1.27%，11 d 时失重率为 5.29%；组合 4 的失重率最小，贮藏时间由 3 d 增长到 11 d，失重率由 0.35%增加到 2.96%，只增加了 2.61%，较好地保持了 3D 打印产品的品质，降低了产品的水分损失和氧化反应速率，保持了 3D 打印产品的良好形态(Maqbool et al.，2011)。

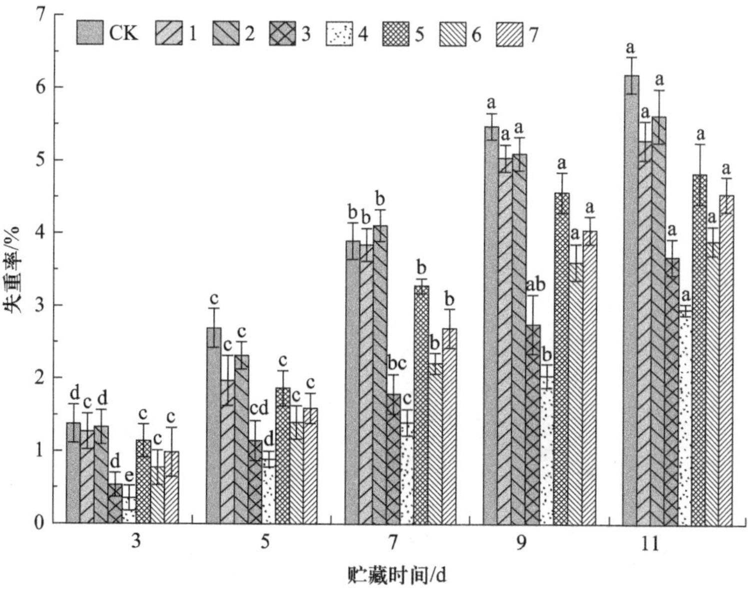

图 6-22　不同组合的保鲜剂处理对草莓 3D 打印产品失重率的影响

注：不同字母表示数据间有显著性差异。

6.3.4.3　不同复配组合保鲜剂处理对草莓 3D 打印产品硬度的影响

3D 打印产品的硬度是检测产品品质的一项重要指标，其反映了产品的结构以及感官品质，能够很好地衡量产品品质的优劣。图 6-23 是不同组合的保鲜剂处理对草莓 3D 打印产品硬度的影响，图中可以看出贮藏时间延长到 11 d，产品的硬度逐渐增加至最大，可能是由于随着贮藏时间的延长，产品的水分不断流失，水分含量逐渐减小，导致硬度逐渐增大。涂膜处理可以有效抑制样品的硬化，样品经 11 d 的贮藏，在 7 个不同组合保鲜剂处理的样品中，组合 4 的产品硬度增加速率最慢，0 d 到 11 d 的增长量最小，为 0.63 N；组合 2 的硬度最大且其增长量也最大，为 1.51 N，说明组合 2 作为保鲜剂涂膜效果最差。据研究，壳聚糖与其他化合物复合之后，通过对 O_2 和 CO_2 的选择性透过，从而减少产品硬度的变化（Hernández-Muñoz　et al.，2006）。

6.3.4.4　不同复配组合保鲜剂处理对草莓 3D 打印产品总酚含量的影响

总酚在食品、化妆品、医药领域都有很重要的作用，具有清除自由基、抗氧化、防衰老的作用，在食品中，总酚通常代表食品的营养价值，总酚含量越高说明食品的营养价值越高。图 6-24 为不同保鲜剂组合处理的草莓 3D 打印产品的总酚含量，从图中可以看出，从 3 d 开始随着贮藏时间延长，产品的总酚含量逐渐降低，呈现负相关。由图可以明显看出，使用组合 4 涂膜的产品相对于其他组合来说变化速率最缓慢，从 0～11 d 总酚含量降低了 25.56％；组合 3、5、6、7 次之，降低了 25.99％～29.96％；组合 1 和 2 效果较不好，分别降低了 31.72％和 33.49％。说明了贮藏时间是造成酚类物质降低的主要原因之一，且贮藏时间越久，总酚含量越低。

6.3.4.5　不同复配组合保鲜剂处理对草莓 3D 打印产品抗氧化能力的影响

本试验选择两种抗氧化的方法（DPPH 自由基清除法、ABTS 自由基清除法），通过这两种方法的趋势，筛选抗氧化能力最强的保鲜剂组合。

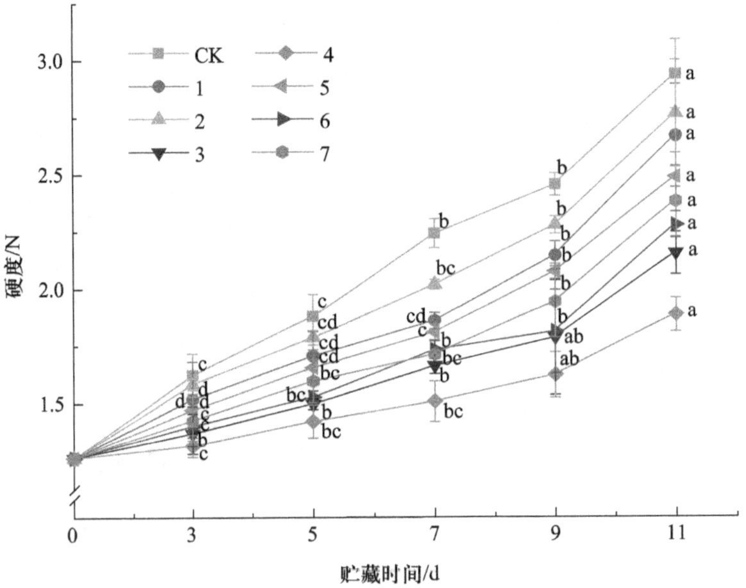

图 6-23　不同组合的保鲜剂处理对草莓 3D 打印产品硬度的影响

注：不同字母表示数据间有显著性差异。

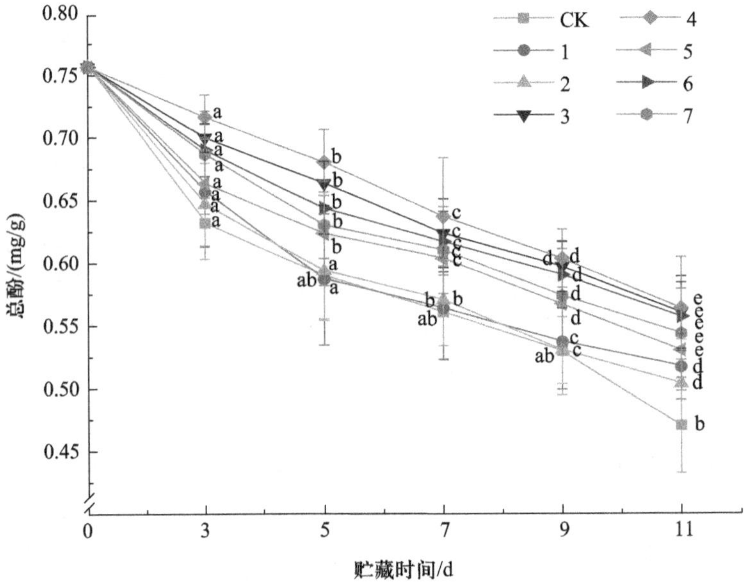

图 6-24　不同组合的保鲜剂处理对草莓 3D 打印产品总酚含量的影响

注：不同字母表示数据间有显著性差异。

1. DPPH 自由基清除能力

图 6-25 为不同保鲜剂组合处理对草莓 3D 打印产品 DPPH 自由基清除率的影响，图中显示了随着贮藏时间的延长，不同保鲜剂处理的样品的 DPPH 自由基清除能力有不同程度的下降，大体呈现相同的趋势。在 11 d 的时候 DPPH 自由基清除率仅为 40.04%～48.64%，这可

能是长时间贮藏，草莓 3D 打印产品抗氧化性成分，如多酚、花色苷和 L-抗坏血酸大量损失的缘故（程新峰，2014）。比较几种不同保鲜剂的影响，发现组合 4 处理的样品保持了较高的 DPPH 自由基清除能力，而组合 2 处理的 DPPH 自由基清除能力下降最为明显。

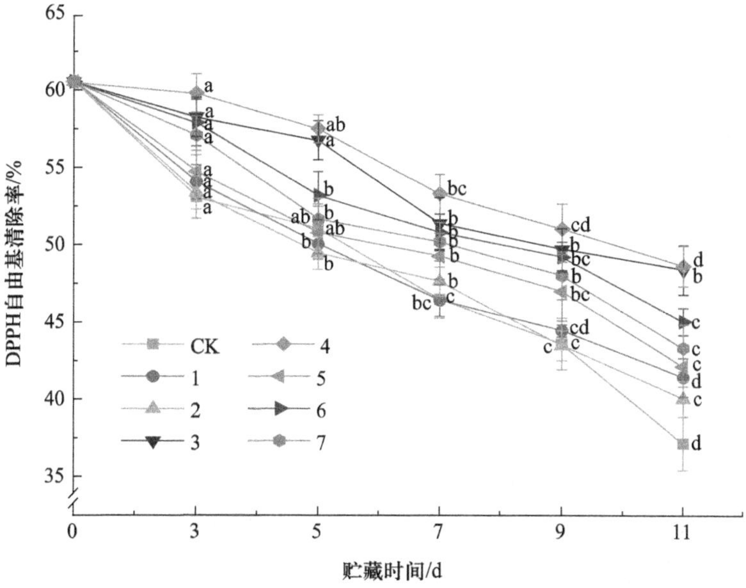

图 6-25　不同组合的保鲜剂处理对草莓 3D 打印产品 DPPH 自由基清除率的影响

注：不同字母表示数据间有显著性差异。

2. ABTS 自由基清除率

如图 6-26 为不同组合保鲜剂处理对草莓 3D 打印产品 ABTS 自由基清除率的影响。从图中可以看出除了组合 5，其他组合 3 d 和 5 d 的 ABTS 自由基清除率差异不显著（$p>0.05$），从 7 d 开始，除了组合 4 及对照组，其他组合的 ABTS 自由基清除率显著性降低（$p<0.05$）。在 11 d 时各个保鲜剂的 ABTS 自由基清除率为 35.58%～39.06%，比较几种不同保鲜剂的影响，发现组合 4 处理的样品保持了较高的 ABTS 自由基清除率，仅降低了 6.74%；其次为组合 3，下降了 6.85%；而组合 2 处理的样品的 ABTS 自由基清除率下降最为明显，下降了 8.08%。

6.3.5　小结

本节选择了 3 种保鲜剂进行复配研究，通过测定样品的理化指标，对比了 7 种组合在贮藏中对草莓 3D 打印产品品质的影响。

在本试验中，随着贮藏时间的延长，草莓 3D 打印产品的腐烂指数、失重率和硬度逐渐上升。5 d 时腐烂指数显著上升，贮藏效果最不好的为组合 2，在 11 d 的时候腐烂指数达到了 63.3%，组合 4 的腐烂指数最低，贮藏 11 d 时为 17.5%；组合 4 的失重率也最小，贮藏 11 d 失重率为 2.96%，较好地保留了 3D 打印产品的水分含量。随着时间的延长，由于产品的水分不断流失，水分含量逐渐减小，导致硬度逐渐增大，组合 4 的产品硬度在该期间的增长量最小，为 0.63 N，这是由于壳聚糖与其他化合物按合适比例复合之后，通过对 O_2 和 CO_2 的选择性透过减少了产品硬度的变化（Hernández-Muñoz et al.，2006）。

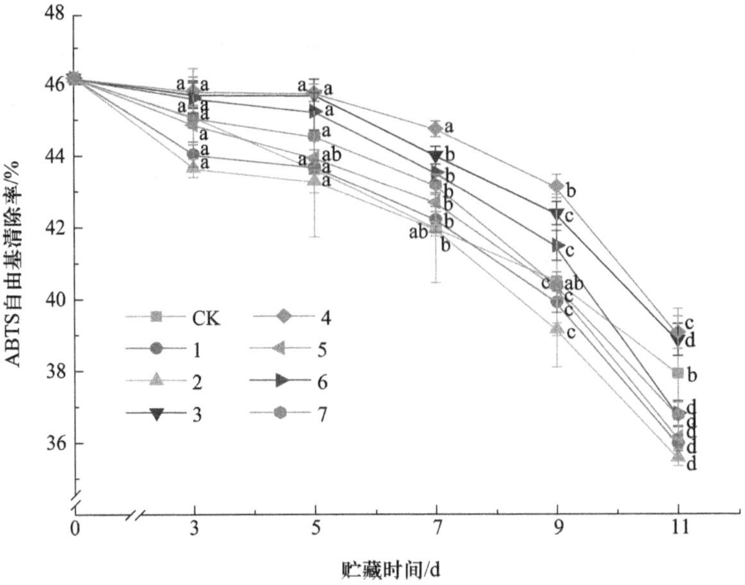

图 6-26 不同组合的保鲜剂处理对草莓 3D 打印产品 ABTS 自由基清除率的影响

注：不同字母表示数据间有显著性差异。

草莓 3D 打印产品的总酚含量和抗氧化能力随着贮藏时间的延长不断下降。从开始至试验结束，总酚含量降低了 25.56%～33.49%，说明了贮藏时间是酚类物质降低的主要原因之一，贮藏时间越久，总酚含量越低。不同组合保鲜剂处理的样品的抗氧化能力有不同程度的下降，大体呈现相同的趋势。在 11 d 的时候 DPPH 自由基清除率仅为 40.04%～48.64%；ABTS 自由基清除率为 35.58%～39.06%。这可能是由于长时间贮藏，抗氧化性成分如多酚、花色苷和 *L*-抗坏血酸含量大量损失(程新峰，2014)。

试验中氯化钙可以保持草莓 3D 打印产品的硬度，葡萄籽提取物提高产品的抗氧化能力，同时壳聚糖降低产品的呼吸作用以及其他生理代谢活动。Nair 等(2020)也证明了壳聚糖复配的保鲜剂可以作为保护果蔬免受病原体感染的机械屏障，同时可以抑制许多致病细菌和真菌的生长，有助于减少贮藏期间的腐烂。通过试验可以看出，涂膜处理对草莓 3D 打印产品的保鲜效果较为理想，得到的最佳保鲜剂组合为：氯化钙为 0.5%、葡萄籽提取物为 0.5%、壳聚糖为 1.5%。

6.4 贮藏条件对涂膜处理的草莓 3D 打印产品品质影响的研究

目前，涂膜保鲜已显示出良好的保鲜效果(Maet al.，2021)。这些膜可以在不同的涂膜方式下形成，例如喷涂(Zhouet al.，2021)和浸涂(Kouet al.，2019)等。对于极易腐烂的草莓，大多数保鲜膜需要与低温(通常为 4～8 ℃)相结合贮存(Shankaret al.，2021；Kanget al.，2021)，以进一步降低微生物感染和呼吸代谢(Pietikäinenet al.，2005)。王淑瑶(2019)利用聚乙烯醇及壳聚糖开发并优化出一种新型的复合抗菌薄膜，而后深入探究了其对草莓的低温(5±2)℃贮藏保鲜效果，建立了草莓腐烂指数动力学预测模型。胡丽丽(2022)为探究贮藏环境对草莓果脯品质的影响，在不同包装方式及不同温度条件下比较了草莓果脯随贮藏时间延长的品质变化，为草莓果脯货架期控制提供借鉴。Shankar 等(2021)使用壳聚糖＋精油/纳米银离子/壳聚糖＋精油＋纳米银离子结合制备抗菌纳米复合膜，研究了其混合物结合 γ 辐照对新鲜草莓在 4 ℃下贮存 12 d 理化性质和货架期的影响，提高了草莓在 4 ℃贮存的货架期。作为以草莓为主要原料的 3D 打印产品，其对贮藏环境的要求同样严苛，且目前对 3D 打印食品在不同贮藏条件下品质变化的研究较少。

因此本章将第 2 节得到的最佳配方保鲜剂制备的草莓 3D 打印产品分别放在 4 ℃、25 ℃、37 ℃的环境下贮藏，以腐烂指数、失重率、硬度、总酚含量、抗氧化能力、菌落总数以及感官评价为主要测量指标，观察不同贮藏温度下的产品在贮藏期间产品品质的变化，为草莓 3D 打印产品的贮藏提供理论基础。

6.4.1　材料与设备

6.4.1.1　试验材料

草莓冻果(品种为'九九'草莓)，购于丹东益农食品有限公司；黄原胶(食品级)、K-卡拉胶(食品级)、氯化钙(食品级)、葡萄籽提取物、壳聚糖(食品级)，购于浙江一诺生物科技有限公司。

6.4.1.2　主要试剂

本试验所用的原料与试剂见表 6-12。

表 6-12　试验原料与试剂

药品名称	公司
无水乙醇	沈阳西陇化工有限公司
氯化钾	上海安谱实验科技股份有限公司
乙酸钠	天津希恩思奥普德科技有限公司
碳酸钠	北京华威锐科化工有限公司
DPPH	南京草本源生物科技有限公司
ABTS	沈阳鑫脉科技有限公司
过硫酸钾	国药集团化学试剂沈阳有限公司

6.4.1.3　仪器与设备

本试验所用的仪器与设备见表 6-13。

表 6-13　试验仪器与设备

设备名称	型号	公司
分析天平	AX124ZH/E	美国奥豪斯公司
榨汁机	JYL-Y912	济南九阳股份有限公司
水浴锅	DK-S26	上海精宏实验设备有限公司
食品 3D 打印机	096SYS20090	杭州时印科技有限公司
旋涡振荡器	VORTEX3	德国 IKA 公司
紫外-可见分光光度计	UV-1800	江苏茶明智能科技有限公司
超低温冰箱	YCD-208	青岛澳柯玛股份有限公司

续表 6-13

设备名称	型号	公司
pH 计	RIVAN-PH2200	无锡锐文自动化仪表有限公司
冷冻干燥机	SCIENTZ-10N	宁波新芝生物科技股份有限公司
超声波清洗机	JP-040S	深圳市洁盟清洗设备有限公司
高速冷冻离心机	Centrifuge5804R	德国 Eppendorf 公司
全波长酶标仪	INFINITE200PRO	奥地利 Tecan Austria GmbH Untersbergstr.
游标卡尺	SL01-1	杭州工具量具有限公司

6.4.2 试验方法

6.4.2.1 草莓 3D 打印产品的制作

利用本章第 2 节优化得到的草莓 3D 打印最佳配方(草莓浆 40.21 g、黄原胶 2.01 g、K-卡拉胶 2.97 g)打印草莓产品。

6.4.2.2 草莓 3D 打印产品涂膜处理

根据本章第 3 节所得到的最佳保鲜剂组合(氯化钙 0.5%、葡萄籽提取物 0.5%、壳聚糖 1.5%),进行涂膜处理。

6.4.2.3 贮藏试验

将草莓 3D 打印产品分别放在 4 ℃、25 ℃、37 ℃的环境下贮藏,分别于 3 d、5 d、7 d、9 d、11 d、13 d、15 d 进行相关指标的测定,每组试验重复 3 次。

6.4.3 测定方法

6.4.3.1 腐烂指数的测定

同 6.3.3.1 的测定方法。

6.4.3.2 失重率的测定

同 6.3.3.2 的测定方法。

6.4.3.3 硬度的测定

同 6.3.3.3 的测定方法。

6.4.3.4 总酚含量的测定

同 6.3.3.4 的测定方法。

6.4.3.5 抗氧化能力的测定

同 6.3.3.5 的测定方法。

6.4.3.6 菌落总数的测定

参照 GB 4789.2—2022《食品安全国家标准　食品微生物学检验　菌落总数测定》对样品进行菌落总数检测。

6.4.3.7 感官评价

因为在贮藏期间对草莓3D打印产品进行口感评价有安全问题，所以考察样品的色泽、气味、水嫩程度、结构、霉变程度和纹理，评价标准见表6-14。

表6-14 感官评价标准

评价因素	评分标准		
	10 ～ 6.7	6.6 ～ 3.4	3.3 ～0
色泽	颜色亮红，光泽清亮	颜色淡粉，微有光泽	颜色暗淡无光，使人不悦
气味	果香良好浓郁，气味宜人	果香或较少，或有异香	香气不良，有异香，使人不悦
水嫩程度	水分饱满	萎蔫，开始失水	干枯，严重脱水
结构	每层结构紧密	每层结构略有塌陷	每层结构松散，不成型
霉变程度	无霉变	少部分霉变	50%以上均霉变
纹理	纹路清晰	纹路较清晰	纹路模糊

6.4.3.8 数据分析

数据分析方法同6.2.2.9。

6.4.4 结果与分析

6.4.4.1 不同贮藏条件对草莓3D打印产品贮藏期间腐烂指数的影响

如图6-27为不同贮藏条件下的草莓3D打印产品贮藏期间的腐烂指数。随着贮藏时间的延长，样品的腐烂指数均逐渐增加。可以明显地看出与对照组相比，涂膜处理可以很好地抑制产品的腐烂。样品在37 ℃条件下腐烂最快，对照组腐烂指数在9 d时就达到了100%，涂膜处理的产品在9 d时腐烂指数为78.33%，11 d为99.12%，直至13 d才达到100%，此时产品全部腐烂且腐烂级数为4级。当贮藏样品的环境温度设置为25 ℃时，可以明显观察到对照组样品的腐烂指数在13 d之内显著增加($p<0.05$)，贮藏15 d完全腐烂，而涂膜产品15 d时腐烂指数为53.33%。4 ℃环境下的对照组在7 d之内无显著变化($p>0.05$)，3 d、5 d时样品的腐烂指数均为0，7 d开始有小幅度的增长，此时的腐烂指数为0.83%，当样品贮藏到9 d时腐烂指数开始显著性增长($p<0.05$)，15 d时腐烂指数为50.83%；涂膜处理的样品贮藏11 d才开始有小幅度的腐烂，15 d时腐烂指数为35%。低温贮藏可以很好地抑制样品的腐烂速率，达到长时间保鲜的目的。

6.4.4.2 不同贮藏条件对草莓3D打印产品贮藏期间失重率的影响

样品与周围环境之间的水压梯度、样品贮藏的温度决定了样品的失重率，不同贮藏条件下的草莓3D打印产品贮藏期间的失重率如图6-28所示，样品在不同的贮藏温度下的失重率呈现不同程度的升高，对照组的失重率增加更快。对照组样品在4 ℃、25 ℃和37 ℃贮藏15 d时，失重率分别为3.36%、9.06%和11.4%。涂膜处理的样品贮藏温度为4 ℃时，从5 d开始样品的质量逐渐降低，贮藏时间达到15 d时，失重率最大为2.14%；相较于4 ℃的环境，把环境温度设置为25 ℃可以看出样品失水更快，贮藏15 d失重率达到5.1%；把样品放在37 ℃的贮藏条件下，样品的失重率显著升高($p<0.05$)，3 d时失重率为1.97%，直至15 d样品失重0.38 g，失重率增长到10.12%。

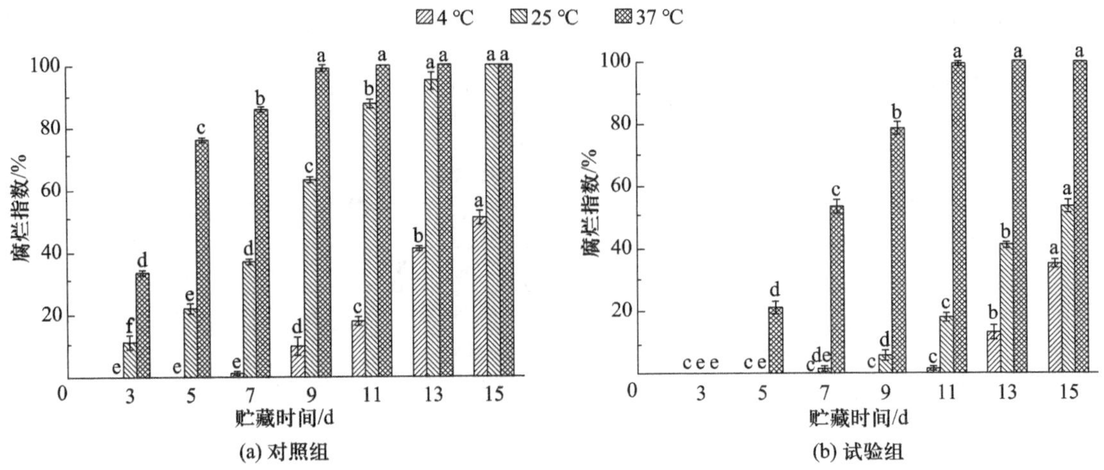

图 6-27　不同贮藏条件对草莓 3D 打印产品贮藏期间腐烂指数的影响

注：不同字母表示数据间有显著性差异。

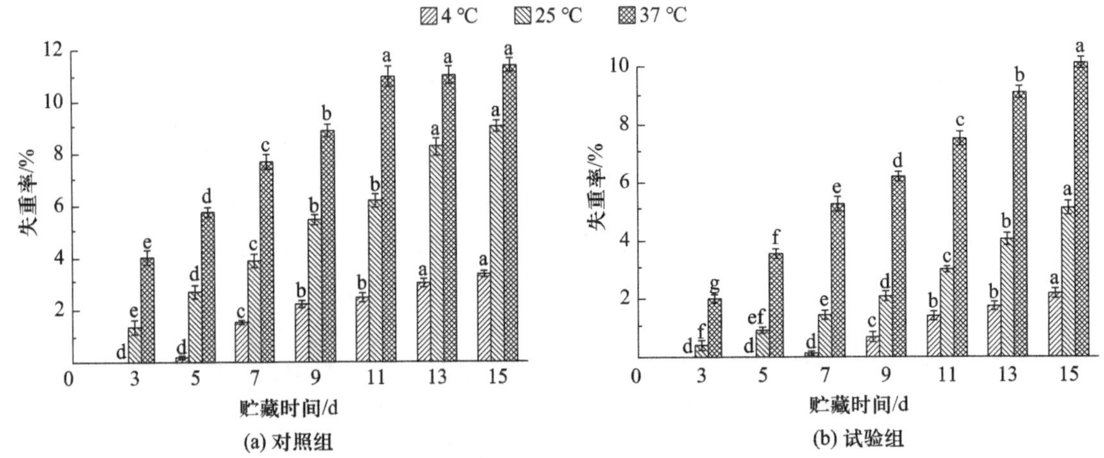

图 6-28　不同贮藏条件对草莓 3D 打印产品贮藏期间失重率的影响

注：不同字母表示数据间有显著性差异。

6.4.4.3　不同贮藏条件对草莓 3D 打印产品贮藏期间硬度的影响

产品的水分含量一般决定了其硬度，图 6-29 是不同贮藏条件对草莓 3D 打印产品贮藏期间硬度的影响。从图中可以看出，贮藏 1 d 所测量的硬度值为 1.26 N，从 3 d 开始不同贮藏温度的产品发生不同程度的变化，所有样品逐渐变硬。经过 15 d 的贮藏，对照组样品在 37 ℃条件下的硬度增加了 2.53 N；25 ℃条件下的硬度增加了 2.05 N；4 ℃条件下的硬度增加了 0.63 N。涂膜处理组的样品在 4 ℃条件下，硬度增长不显著（$p>0.05$），贮藏 15 d 之后硬度增加了 0.31 N；25 ℃条件下的硬度增加了 1.31 N；37 ℃条件下的硬度增加了 1.75 N。与其他温度环境的样品相比，4 ℃的草莓 3D 打印样品在保持产品硬度值方面更有效。

6.4.4.4　不同贮藏条件对草莓 3D 打印产品贮藏期间总酚含量的影响

总酚含量也是衡量产品品质的一个重要理化指标。根据图 6-30 显示，在贮藏期间草莓

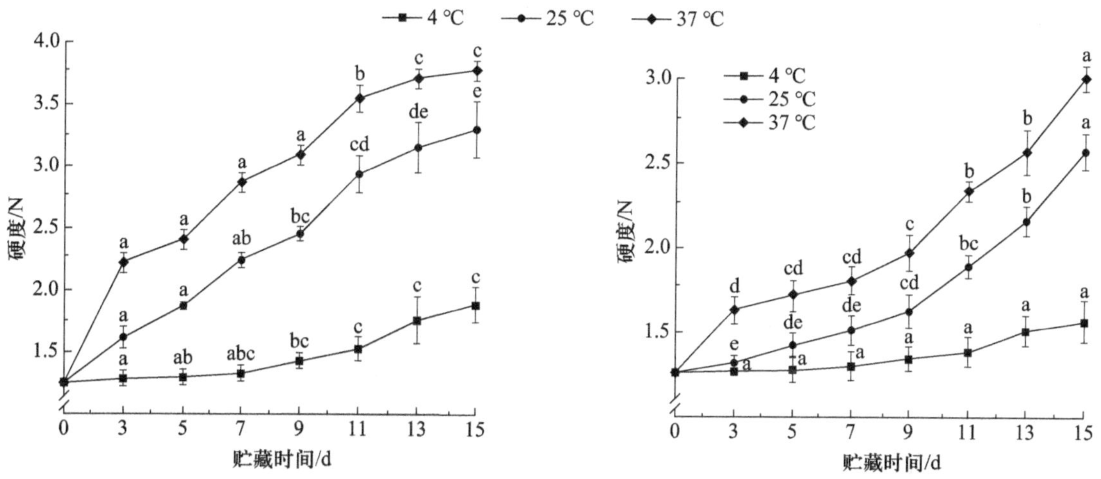

(a) 对照组 (b) 试验组

图 6-29 不同贮藏条件对草莓 3D 打印产品贮藏期间硬度的影响

注:不同字母表示数据间有显著性差异。

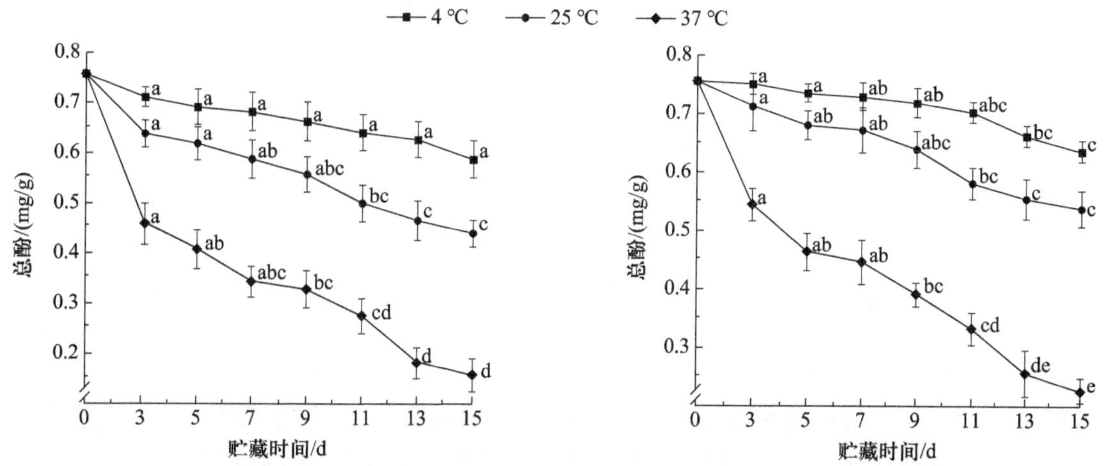

(a) 对照组 (b) 试验组

图 6-30 不同贮藏条件对草莓 3D 打印产品贮藏期间总酚含量的影响

注:不同字母表示数据间有显著性差异。

3D 打印产品中总酚含量总体变化呈逐渐下降趋势。对照组及涂膜处理组在 4 ℃条件下,总酚的含量下降速度均较为缓慢,在 11 d 时才有明显下降趋势,贮藏 15 d 对照组总酚含量下降了 0.17 mg/g,试验组下降了 0.12 mg/g;贮藏温度为 25 ℃的试验组次之,贮藏 15 d 对照组总酚含量下降了 0.31 mg/g,试验组 0.22 mg/g;样品放于 37 ℃的环境下,仅 3 d 试验组总酚含量就下降了 0.21 mg/g,对照组减少了 0.29 mg/g;当贮藏时间达到 15 d 时,试验组总酚含量仅为 0.23 mg/g,下降了 0.53 mg/g。

6.4.4.5 不同贮藏条件对草莓 3D 打印产品贮藏期间抗氧化能力的影响

1. DPPH 自由基清除率

由图 6-31 所示,贮藏期间各种处理组的 DPPH 自由基清除能力总体呈逐渐下降的趋势。

随着贮藏时间的延长，涂膜处理对 DPPH 自由基清除能力的下降有明显的抑制作用，在 37 ℃贮藏下清除自由基能力下降速度较快，从 3 d 开始大幅度下降，直至 15 d 下降了 38.38%；其次为在 25 ℃的贮藏温度下，样品贮藏 15 d DPPH 自由基清除率降为 34.62%，降低了 23.81%；清除自由基能力下降最为缓慢的是在 4 ℃条件下，前 5 d 几乎没有变化，7 d 开始小幅度下降，到 15 d 下降了 11.96%。

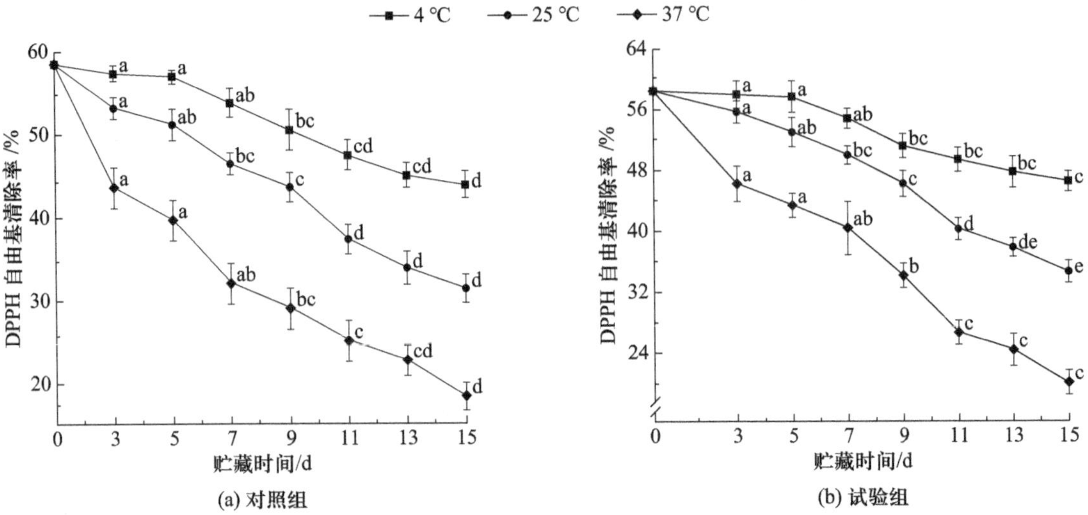

图 6-31　不同贮藏条件对草莓 3D 打印产品贮藏期间 DPPH 自由基清除率的影响

注：不同字母表示数据间有显著性差异。

2. ABTS 自由基清除率

图 6-32 为不同贮藏条件对草莓 3D 打印产品贮藏期间 ABTS 自由基清除率的影响，从图中可以看出随着贮藏时间的延长，ABTS 自由基清除率逐渐降低。相比于对照组，涂膜处理的样品 ABTS 自由基清除率下降速率更低，在 15 d 时的清除率为 26.8%～41.85%，在贮藏条件为 4 ℃时的样品保持了较高的 ABTS 自由基清除率，仅降低了 6.02%；其次为 25 ℃条件下减少了 10.89%；而在 37 ℃环境下的 ABTS 自由基清除率下降最为明显，下降了 21.07%。

6.4.4.6　不同贮藏条件对草莓 3D 打印产品贮藏期间菌落总数的影响

在不同贮藏温度下贮藏 15 d 之后的菌落总数如表 6-15 和表 6-16 所示，均呈现快速上升的趋势。菌落总数最高安全限值为 10^4 CFU/g。对照组草莓 3D 打印产品的菌落总数在 4 ℃条件下生长缓慢，在第 9 天菌落总数为 3.33×10^5 CFU/g，贮藏期为 7 d 左右；25 ℃条件下贮藏 5 d 菌落总数为 8.37×10^5 CFU/g，贮藏期为 3 d 左右；在 37 ℃条件下贮藏 3 d 菌落总数就达到了 4.77×10^7 CFU/g，其贮藏期最短，小于 3 d。涂膜处理组的产品在 4 ℃条件下，前 11 d 菌落总数增长趋势较慢，直至贮藏 13 d 之后，菌落总数达到 3.73×10^5 CFU/g，产品贮藏期为 11 d 左右；25 ℃和 37 ℃条件下产品的贮藏期分别为 7 d 和 5 d。从结果来看，与对照组相比，涂膜处理明显抑制了产品的变质，且其在 4 ℃环境下贮藏期最长。

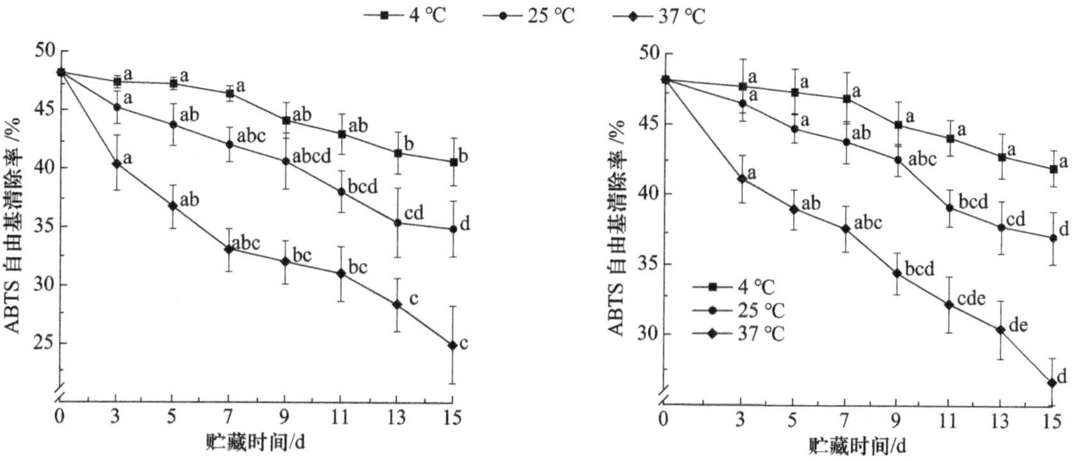

(a) 对照组　　(b) 试验组

图 6-32　不同贮藏条件对草莓 3D 打印产品贮藏期间 ABTS 自由基清除率的影响

注：不同字母表示数据间有显著性差异。

表 6-15　不同贮藏条件对草莓 3D 打印产品贮藏期间菌落总数的影响(对照组)　　CFU/g

贮藏条件/℃	贮藏时间/d							
	0	3	5	7	9	11	13	15
4	3.2×10^{2}	$3.27\times10^{3\ \mathrm{c}}$	$4.13\times10^{3\ \mathrm{c}}$	$6.93\times10^{3\ \mathrm{c}}$	$3.33\times10^{5\ \mathrm{c}}$	$4.43\times10^{6\ \mathrm{c}}$	$6.57\times10^{7\ \mathrm{b}}$	$1.7\times10^{8\ \mathrm{a}}$
25	3.2×10^{2}	$3.7\times10^{3\ \mathrm{c}}$	$8.37\times10^{5\ \mathrm{c}}$	$5.13\times10^{6\ \mathrm{c}}$	$2.8\times10^{7\ \mathrm{c}}$	$9.8\times10^{7\ \mathrm{c}}$	$4.37\times10^{8\ \mathrm{b}}$	$2.47\times10^{9\ \mathrm{a}}$
37	3.2×10^{2}	$4.77\times10^{7\ \mathrm{b}}$	$3.77\times10^{8\ \mathrm{b}}$	$9.3\times10^{8\ \mathrm{b}}$	$9.2\times10^{9\ \mathrm{b}}$	$2.33\times10^{10\ \mathrm{b}}$	$8.4\times10^{10\ \mathrm{b}}$	$1.3\times10^{12\ \mathrm{a}}$

注：不同字母表示数据间有显著性差异。

表 6-16　不同贮藏条件对草莓 3D 打印产品贮藏期间菌落总数的影响(试验组)　　CFU/g

贮藏条件/℃	贮藏时间/d							
	0	3	5	7	9	11	13	15
4	3.8×10^{2}	$7.4\times10^{2\ \mathrm{c}}$	$1.3\times10^{3\ \mathrm{c}}$	$4.37\times10^{3\ \mathrm{c}}$	$7.87\times10^{3\ \mathrm{c}}$	$9.77\times10^{3\ \mathrm{c}}$	$3.73\times10^{5\ \mathrm{b}}$	$7.93\times10^{6\ \mathrm{a}}$
25	3.8×10^{2}	$8.5\times10^{3\ \mathrm{c}}$	$4.53\times10^{3\ \mathrm{c}}$	$9.07\times10^{3\ \mathrm{c}}$	$5.53\times10^{4\ \mathrm{c}}$	$2.93\times10^{6\ \mathrm{c}}$	$4.3\times10^{7\ \mathrm{b}}$	$6.63\times10^{8\ \mathrm{a}}$
37	3.8×10^{2}	$4.53\times10^{3\ \mathrm{c}}$	$9.87\times10^{3\ \mathrm{c}}$	$6.23\times10^{7\ \mathrm{c}}$	$1.3\times10^{8\ \mathrm{c}}$	$5.73\times10^{9\ \mathrm{c}}$	$3.73\times10^{10\ \mathrm{b}}$	$7.3\times10^{11\ \mathrm{a}}$

注：不同字母表示数据间有显著性差异。

6.4.4.7　不同贮藏条件对草莓 3D 打印产品贮藏期间感官评价的影响

图 6-33 为不同贮藏条件对草莓 3D 打印产品贮藏期间感官评价的影响，随着贮藏时间的延长，产品的感官评分逐渐下降。贮藏温度越高，对于产品的感官影响越大，感官评分分值越低。涂膜处理可明显延缓产品感官品质的下降，试验组的样品在 25 ℃和 37 ℃的条件下经过 15 d 的贮藏进行感官评分，总分分别为 9.7 分和 8.8 分。此时的草莓 3D 打印产品颜色暗淡无光；香气不良，有异香；干枯、严重脱水；每层结构松散，不成型；50%以上均霉变且产品纹路模糊。然而产品在 4 ℃条件下感官评分下降速率最慢，贮藏效果最理想。

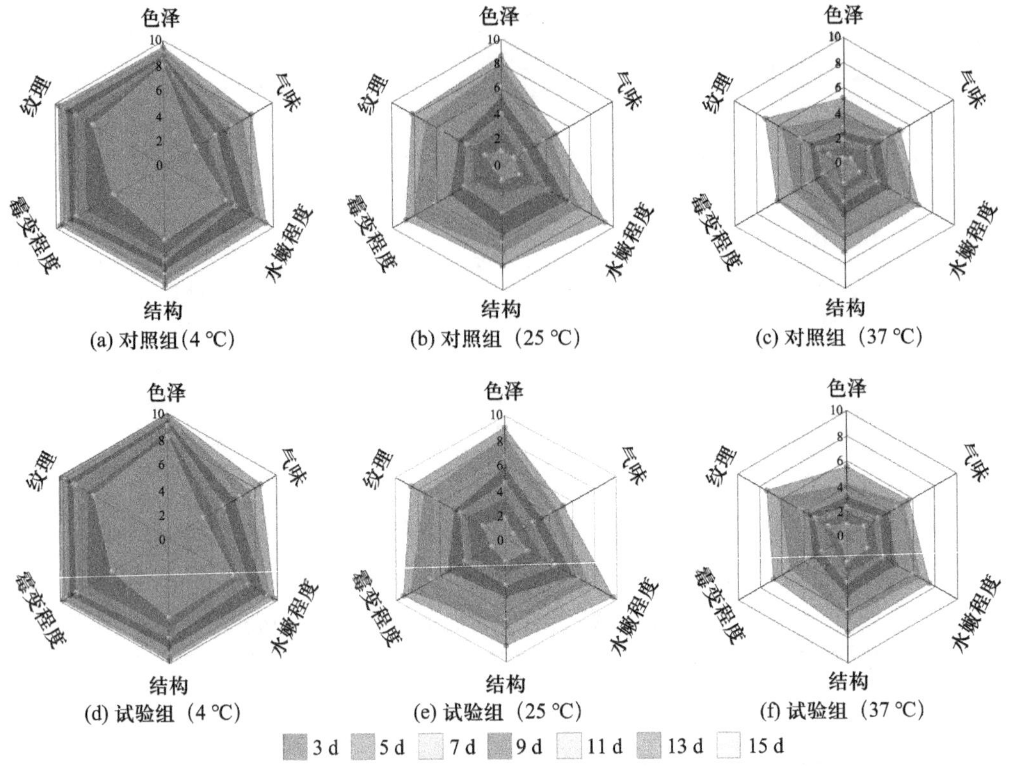

图 6-33　不同贮藏条件对草莓 3D 打印产品贮藏期间感官评价的影响

6.4.5　小结

本节主要分析了草莓 3D 打印涂膜产品放于不同贮藏温度下，在贮藏期间产品品质的变化。从结果可以很明显地看出，涂膜处理对延长草莓 3D 打印产品品质具有很好效果。

随着贮藏时间的延长，涂膜产品的腐烂指数、失重率和硬度逐渐上升。样品在 37 ℃条件下腐烂的最快，涂膜处理的产品在 9 d 时腐烂指数为 78.33%，11 d 时为 99.12%，直至 13 d 彻底达到了 100%；样品的失重率也显著升高（$p<0.05$），3 d 时失重率为 1.97%，直至 15 d 样品失重 0.38 g，失重率增长到 10.12%；样品硬度随之增加了 1.75 N。样品在 25 ℃环境下，产品贮藏 15 d 时腐烂指数为 53.33%；失重率达到 5.1%；硬度增加了 1.31 N。在 4 ℃环境下，样品贮藏 11 d 才开始有小幅度的腐烂，15 d 时腐烂指数为 35%；失重率最大为 2.14%；硬度增长不显著（$p>0.05$），增加了 0.31 N。与其他温度环境的样品相比，4 ℃的草莓 3D 打印样品在保持产品品质方面更有效。

在本试验中草莓 3D 打印产品的总酚含量、抗氧化能力、菌落总数和感官评价随着贮藏时间的增长不断下降，不同的温度环境呈现不同的变化趋势。其中在 4 ℃条件下产品品质保持最好，贮藏 15 d 总酚含量下降了 0.12 mg/g，DPPH 自由基清除率和 ABTS 自由基清除率分别为 34.62%、41.85%，菌落总数增长到 7.93×10^{6} CFU/g，此时的产品颜色亮红，光泽清亮、有异香、萎蔫开始失水、每层结构略有塌陷、纹路清晰，且有少部分霉变。同时根据菌落总数判断出涂膜处理草莓 3D 打印产品，在 4 ℃、25 ℃、37 ℃下的贮藏期分别是 11 d、7 d 和 5 d。

参考文献

程新峰，2014. 低频超声波辅助提高冷冻草莓加工全过程品质及效率的研究[D]. 无锡:江南大学.

陈佳楠，2022. 多模式超声联合温热处理对草莓汁的褐变抑制机理及品质调控研究[D]. 镇江:江苏大学.

郝浩永，张伟峰，陈莉，2010. 采后氯化钙和热处理对番茄保鲜效果的比较分析[J]. 湖北农业科学，49(4)：940-493.

胡丽丽，2022. 草莓果脯加工及贮藏过程中品质变化研究[D]. 扬州:扬州大学.

李余霞，2011. 藕带的低温贮藏保鲜研究[D]. 武汉:华中农业大学.

鲁晓翔，张平，王世军，2010. 果蔬冰温贮藏及其关键技术研究进展[J]. 保鲜与加工，10(6)：1-5.

田宗轩，黄鹤，汪洪清，2022. 草莓生产标准体系建设现状及对策浅析[J]. 南方农业，16(1)：77-80.

王淑瑶，2019. 聚乙烯醇/壳聚糖抗菌膜的制备及对草莓保鲜效果研究[D]. 雅安:四川农业大学.

王莹，何首旺，沈爱华，等，2018. 山梨糖醇对西红柿冰温影响的对比实验研究[J]. 冷藏技术，41(3)：10-14.

Ahmadzadeh S, Ubeyitogullari A, 2022. Fabrication of porous spherical beads from corn starch by using a 3D food printing system[J]. Foods, 11(7): 913.

Alegbeleye O, Odeyemi O A, Strateva M, et al., 2022. Microbial spoilage of vegetables, fruits and cereals [J]. Applied Food Research, 2(1): 100122.

Alwazeer D, Özkan N, 2022. Incorporation of hydrogen into the packaging atmosphere protects the nutritional, textural and sensorial freshness notes of strawberries and extends shelf life[J]. Journal of Food Science and Technology, 59(10): 3951-3964.

Amini G, Salehi F, Rasouli M, 2021. Drying kinetics of basil seed mucilage in an infrared dryer: Application of GA-ANN and ANFIS for the prediction of drying time and moisture ratio[J]. Journal of Food Processing and Preservation, 45(3): e15258.

Anraku M, Gebicki J M, Iohara D, et al., 2018. Antioxidant activities of chitosans and its derivatives in in vitro and in vivo studies[J]. Carbohydrate Polymers, 199: 141-149.

Asghar A, Rashid M H, Ahmed W, et al., 2022. An in-depth review of novel cold plasma technology for fresh-cut produce[J]. Journal of Food Processing and Preservation, 46(7): e16560.

Azis A D, 2020. New frozen product development from strawberries (Fragaria Ananassa Duch.)[J]. Heliyon, 6(9): e05118.

Battino M, Giampieri F, Cianciosi D, et al., 2021. The roles of strawberry and honey phytochemicals on human health: A possible clue on the molecular mechanisms involved in the prevention of oxidative stress and inflammation[J]. Phytomedicine, 86: 153170.

Bebek Markovinović A, Putnik P, Stulić V, et al., 2022. The application and optimization of hipef technology in the processing of juice from strawberries harvested at two stages of ripeness[J]. Foods, 11(14): 1997.

Bhatnagar P, 2019. Cold plasma technology: a new hope to food industry[J]. Octa Jf Biosci, 7: 108-112.

Bikila A M, Tola Y B, Esho T B, et al., 2022. Anchote (Coccinia abyssinica [Lam.] Cogn.) powder, an underutilized indigenous crop, as a substitute to commercial pectin in the production of strawberry jam [J]. Heliyon, 8(9): e10700.

Bisht B, Bhatnagar P, Gururani P, et al., 2021. Food irradiation: Effect of ionizing and nonionizing radiations on preservation of fruits and vegetables-a review[J]. Trends in Food Science & Technology, 114: 372-385.

Bose Kumar S, Howlader P, Xiaochen J, et al., 2019. Alginate oligosaccharide postharvest treatment preserve fruit quality and increase storage life via Abscisic acid signaling in strawberry[J]. Food Chemistry, 283: 665-674.

Bugarin-Castillo Y, Rando P, Clabaux M, et al., 2023. 3D printing to modulate the texture of starch-based food[J]. Journal of Food Engineering, 350:111499.

Cai Q, Zhang W J, Zhu Q Q, et al., 2016. Influence of heat treatment on the structure and core IgE-binding epitopes of rAra h 2.02[J]. Food Chemistry, 202: 404-408.

Cai Q, Zhong Y, Xu M, et al., 2022. 3D printed high oil custard cream: Effects of whey protein isolate, hydroxypropylated starch and carrageenan on physicochemical properties and printing performance[J]. LWT-Food Science and Technology, 156: 113039.

Chen J, Mu T, Goffin D, et al., 2019. Application of soy protein isolate and hydrocolloids based mixtures as promising food material in 3D food printing[J]. Journal of Food Engineering, 261: 76-86.

Chen W, Xie C, He Q, et al., 2023. Improvement in color expression and antioxidant activity of strawberry juice fermented with lactic acid bacteria: A phenolic-based research[J]. Food Chemistry: X, 17: 100535.

Chen Z, Zhao D, Liu B, et al., 2019. 3D printing of multifunctional hydrogels[J]. Advanced Functional Materials, 29(20): 1900971.

Cybulska J, Drobek M, Panek J, et al., 2022. Changes of pectin structure and microbial community composition in strawberry fruit (*Fragaria*×*ananassa* Duch.) during cold storage[J]. Food Chemistry, 381: 132151.

Dai H, Leung C E, Corradini M G, et al., 2020. Increasing the nutritional value of strawberry puree by adding xylo-oligosaccharides[J]. Heliyon, 6(4): e03769.

Delorme M M, Guimarães J T, Coutinho N M, et al., 2020. Ultraviolet radiation: An interesting technology to preserve quality and safety of milk and dairy foods[J]. Trends in food science & technology, 102: 146-154.

Ding F, Deng H, Du Y, et al., 2014. Emerging chitin and chitosan nanofibrous materials for biomedical applications[J]. Nanoscale, 6(16): 9477-9493.

Donsì F, Marchese E, Maresca P, et al., 2015. Green beans preservation by combination of a modified chitosan based-coating containing nanoemulsion of mandarin essential oil with high pressure or pulsed light processing [J]. Postharvest Biology and Technology, 106: 21-32.

Edirisinghe I, Banaszewski K, Cappozzo J, et al., 2011. Strawberry anthocyanin and its association with postprandial inflammation and insulin[J]. British Journal of Nutrition, 106(6): 913-922.

Enomoto H, 2020. Mass spectrometry imaging of flavonols and ellagic acid glycosides in ripe strawberry fruit [J]. Molecules, 25(20):e4600.

Enomoto H, 2021. Unique distribution of ellagitannins in ripe strawberry fruit revealed by mass spectrometry imaging[J]. Current Research in Food Science, 4: 821-828.

Giampieri F, Alvarez-Suarez J M, Battino M, 2014. Strawberry and human health: Effects beyond antioxidant activity[J]. Journal of agricultural and food chemistry, 62(18): 3867-3876.

Fabra M J, Falcó I, Randazzo W, et al., 2018. Antiviral and antioxidant properties of active alginate edible films containing phenolic extracts[J]. Food Hydrocolloids, 81: 96-103.

Fan X G, Liang C C, Guo F J, et al., 2019. Research process on postharvest physiological changes of fruits and vegetables during near freezing point storage[J]. Food and Fermentation Industries, 45(18): 270-276.

Fernandez-Lara R, Gordillo B, Rodriguez-Pulido F J, et al., 2015. Assessment of the differences in the phenolic composition and color characteristics of new strawberry (Fragaria x ananassa Duch.) cultivars by HPLC-MS and Imaging Tristimulus Colorimetry[J]. Food Research International, 76(3): 645-653.

García-Serrano P, Romero C, Medina E, et al., 2020. Effect of calcium on the preservation of green olives intended for black ripe olive processing under free-sodium chloride conditions[J]. LWT-Food Science and Technology,

118: 108870.

Garzon G A, Wrolstad R E, 2002. Comparison of the stability of pelargonidin-based anthocyanins in strawberry juice and concentrate[J]. Journal of food science, 67(4): 1288-1299.

Godoi F C, Prakash S, Bhandari B R, 2016. 3D printing technologies applied for food design: Status and prospects [J]. Journal of Food Engineering, 179: 44-54.

Gonçalves D A, Alves V D, Teixeira J A, et al., 2023. Development of a functional prebiotic strawberry preparation by in situ enzymatic conversion of sucrose into fructo-oligosaccharides[J]. Food Research International, 168:112671.

Goyanes A, Madla C M, Umerji A, et al., 2019. Automated therapy preparation of isoleucine formulations using 3D printing for the treatment of MSUD: First single-centre, prospective, crossover study in patients [J]. International journal of pharmaceutics, 567: 118497.

Helland H S, Leufvén A, Bengtsson G B, et al., 2016. Storage of fresh-cut swede and turnip: Effect of temperature, including sub-zero temperature, and packaging material on sensory attributes, sugars and glucosinolates [J]. Postharvest Biology and Technology, 111: 370-379.

Hernández-Martínez N R, Blanchard C, Wells D, et al., 2023. Current state and future perspectives of commercial strawberry production: A review[J]. Scientia Horticulturae, 312: 111893.

Hernández-Muñoz P, Almenar E, Ocio M J, et al., 2006. Effect of calcium dips and chitosan coatings on postharvest life of strawberries (Fragaria x ananassa)[J]. Postharvest Biology and Technology, 39(3): 247-253.

Huang Y, Zhang M, Pattarapon P, 2022. Reducing freeze-thaw drip loss of mixed vegetable gel by 3D printing porosity[J]. Innovative Food Science & Emerging Technologies, 75: 102893.

James C, Hanser P, James S J, 2011. Super-cooling phenomena in fruits, vegetables and seafoods[C]//11th International Congress on Engineering and Food (ICEF 2011), Athens, Greece: 22-26.

Jiang H, Zheng L, Zou Y, et al., 2019. 3D food printing: Main components selection by considering rheological properties[J]. Critical reviews in food science and nutrition, 59(14): 2335-2347.

Jiang N, Liu C, Li D, et al., 2017. Evaluation of freeze drying combined with microwave vacuum drying for functional okra snacks: Antioxidant properties, sensory quality, and energy consumption[J]. LWT-Food Science and Technology, 82: 216-226.

Jiang Q, Zhang M, Xu B, 2020. Application of ultrasonic technology in postharvested fruits and vegetables storage: A review[J]. Ultrasonics Sonochemistry, 69: 105261.

Joshi S S, Su X, D'ouza D H, 2015. Antiviral effects of grape seed extract against feline calicivirus, murine norovirus, and hepatitis A virus in model food systems and under gastric conditions[J]. Food microbiology, 52: 1-10.

Kaale L D, Eikevik T M, Rustad T, et al., 2011. Superchilling of food: A review[J]. Journal of food engineering, 107(2): 141-146.

Kammerer D R, Schillmöller S, Maier O, et al., 2007. Colour stability of canned strawberries using black carrot and elderberry juice concentrates as natural colourants[J]. European Food Research and Technology, 224: 667-679.

Kang S, Xiao Y, Guo X, et al., 2021. Development of gum arabic-based nanocomposite films reinforced with cellulose nanocrystals for strawberry preservation[J]. Food Chemistry, 350: 129199.

Kanmani P, Rhim J W, 2014. Development and characterization of carrageenan/grapefruit seed extract composite films for active packaging[J]. International journal of biological macromolecules, 68: 258-266.

Kao T T, Tu H C, Chang W N, et al., 2010. Grape seed extract inhibits the growth and pathogenicity of

Staphylococcus aureus by interfering with dihydrofolate reductase activity and folate-mediated one-carbon metabolism[J]. International journal of food microbiology, 141(1-2): 17-27.

Karavasili C, Gkaragkounis A, Moschakis T, et al., 2020. Pediatric-friendly chocolate-based dosage forms for the oral administration of both hydrophilic and lipophilic drugs fabricated with extrusion-based 3D printing [J]. European Journal of Pharmaceutical Sciences, 147: 105291.

Khajavi S H, Tetik M, Mohite A, et al., 2021. Additive manufacturing in the construction industry: The comparative competitiveness of 3D concrete printing[J]. Applied Sciences, 11(9): 3865.

Kim S M, Woo J H, Kim H W, et al., 2022. Formulation and evaluation of cold-extruded chocolate ganache for three-dimensional food printing[J]. Journal of Food Engineering, 314: 110785.

Kim Y, Kim H W, Park H J, 2021. Effect of pea protein isolate incorporation on 3D printing performance and tailing effect of banana paste[J]. LWT-Food Science and Technology, 150: 111916.

Koranne V, Jonas O L C, Mitra H, et al., 2022. Exploring properties of edible hydrolyzed collagen for 3D food printing of scaffold for biomanufacturing cultivated meat[J]. Procedia CIRP, 110: 186-191.

Kou X H, He Y L, Li Y F, et al., 2019. Effect of abscisic acid (ABA) and chitosan/nano-silica/sodium alginate composite film on the color development and quality of postharvest Chinese winter jujube (Zizyphus jujuba Mill. cv. Dongzao)[J]. Food Chemistry, 270: 385-394.

Kumar M, Dahuja A, Sachdev A, et al., 2019a. Evaluation of enzyme and microwave-assisted conditions on extraction of anthocyanins and total phenolics from black soybean (Glycine max L.) seed coat[J]. International journal of biological macromolecules, 135: 1070-1081.

Kumar M, Dahuja A, Sachdev A, et al., 2019b. Valorisation of black carrot pomace: Microwave assisted extraction of bioactive phytoceuticals and antioxidant activity using Box-Behnken design[J]. Journal of food science and technology, 56: 995-1007.

Kumar M, Dahuja A, Sachdev A, et al., 2020. Black carrot (Daucus carota ssp.) and black soybean (Glycine max (L.) Merr.) anthocyanin extract: A remedy to enhance stability and functionality of fruit juices by copigmentation[J]. Waste and Biomass Valorization, 11: 99-108.

Kumar P, 2021. A review on 3d printing for customized food fabrication[J]. Asian Journal of Multidimensional Research, 10(10): 1324-1329.

Lamberti C, Nebbia S, Antoniazzi S, et al., 2021. Effect of hot air and infrared roasting on hazelnut allergenicity [J]. Food Chemistry, 342: 128174.

Lanaro M, Forrestal D P, Scheurer S, et al., 2017. 3D printing complex chocolate objects: Platform design, optimization and evaluation[J]. Journal of Food Engineering, 215: 13-22.

Li H, Yu T, 2001. Effect of chitosan on incidence of brown rot, quality and physiological attributes of postharvest peach fruit[J]. Journal of the Science of Food and Agriculture, 81(2): 269-274.

Lin X D, Jing S C, 2004. Effects of subfreezing storage on the freshness of strawberry[J]. Beverage & Fast Frozen Food Industry, 1: 11-13.

Liu D K, Xu C C, Guo C X, et al., 2020. Sub-zero temperature preservation of fruits and vegetables: A review [J]. Journal of Food Engineering, 275: 109881.

Liu X F, Zhu Y X, Han W, et al., 2016. The preservation effect of ascorbic acid and calcium chloride modified chitosan coating on fresh-cut apples at room temperature[J]. Colloids and Surfaces A: Physicochemical and Engineering Aspects, 502: 102-106.

Liu Y T, Yuan Y, Duan S Q, et al., 2020. Preparation and characterization of chitosan films with three kinds of molecular weight for food packaging[J]. International Journal of Biological Macromolecules, 155: 249-259.

Liu Z B, Bhandari B, Prakash S, et al., 2018. Creation of internal structure of mashed potato construct by 3D printing and its textural properties[J]. Food Research International, 111: 534-543.

Liu Z B, Bhandari B, Prakash S, et al., 2019. Linking rheology and printability of a multicomponent gel system of carrageenan-xanthan-starch in extrusion based additive manufacturing[J]. Food Hydrocolloids, 87: 413-424.

Liu Z P, Chen H, Zheng B, et al., 2020. Understanding the structure and rheological properties of potato starch induced by hot-extrusion 3D printing[J]. Food Hydrocolloids, 105: 105812.

Liu Z B, Zhang M, Yang C H, 2018. Dual extrusion 3D printing of mashed potatoes/strawberry juice gel[J]. LWT-Food Science and Technology, 96: 589-596.

Liu B D, Jiao W X, Wang B G, et al., 2019. Near freezing point storage compared with conventional low temperature storage on apricot fruit flavor quality (volatile, sugar, organic acid) promotion during storage and related shelf life[J]. Scientia Horticulturae, 249: 100-109.

Lustriane C, Dwivany F M, Suendo V, et al., 2018. Effect of chitosan and chitosan-nanoparticles on post harvest quality of banana fruits[J]. Journal of Plant Biotechnology, 45(1): 36-44.

Lv Y Q, Lv W Q, Li G H, et al., 2023. The research progress of physical regulation techniques in 3D food printing[J]. Trends in Food Science & Technology,133:231-243.

Ma J J, Zhou Z Q, Li K, et al., 2021. Novel edible coating based on shellac and tannic acid for prolonging postharvest shelf life and improving overall quality of mango[J]. Food Chemistry, 354: 129510.

Magnussen O M, Haugland A, Hemmingsen A K T, et al., 2008. Advances in superchilling of food-Process characteristics and product quality[J]. Trends in Food Science & Technology, 19(8): 418-424.

Mantihal S, Prakash S, Godoi F C, et al., 2017. Optimization of chocolate 3D printing by correlating thermal and flow properties with 3D structure modeling[J]. Innovative food science & emerging technologies, 44: 21-29.

Maqbool M, Ali A, Alderson P G, et al., 2011. Effect of a novel edible composite coating based on gum arabic and chitosan on biochemical and physiological responses of banana fruits during cold storage[J]. Journal of agricultural and food chemistry, 59(10): 5474-5482.

Massart S, Martinez-Medina M, Jijakli M H, 2015. Biological control in the microbiome era: challenges and opportunities[J]. Biological control, 89: 98-108.

McHugh T H, 2000. Protein-lipid interactions in edible films and coatings[J]. Food/Nahrung, 44(3): 148-151.

Menezes J, Athmaselvi K A, 2016. Study on effect of pectin based edible coating on the shelf life of sapota fruits[J]. Biosciences Biotechnology Research Asia, 13(2): 1195-1199.

Min Z, Li C, Yanjun H, et al., 2001. Preservation of fresh grapes at ice-temperature-high-humidity[J]. International agrophysics, 15(2):139-143.

Montoya J, Medina J, Molina A, et al., 2021. Impact of viscoelastic and structural properties from starch-mango and starch-arabinoxylans hydrocolloids in 3D food printing [J]. Additive Manufacturing, 39: 101891.

Mostafidi M, Sanjabi M R, Shirkhan F, et al., 2020. A review of recent trends in the development of the microbial safety of fruits and vegetables[J]. Trends in Food Science & Technology, 103: 321-332.

Nair M S, Tomar M, Punia S, et al., 2020. Enhancing the functionality of chitosan-and alginate-based active edible coatings/films for the preservation of fruits and vegetables: A review[J]. International Journal of Biological Macromolecules, 164: 304-320.

Nehra K S, Sachdeva H, Kumar P, et al., 2021. Production technology and analysis of quality parameters of strawberry wine[J]. Plant cell biotechnology and molecular biology, 22:40-46.

Neveu V, Perez-Jiménez J, Vos F, et al., 2010. Phenol-Explorer: an online comprehensive database on polyphenol contents in foods[J]. Database, 2010:24.

Nieva S G, Jagus R J, Agüero M V, et al., 2022. Fruit and vegetable smoothies preservation with natural antimicrobials for the assurance of safety and quality [J]. LWT-Food Science and Technology, 154: 112663.

Okut D, Devseren E, Koç M, et al., 2018. Developing a vacuum cooking equipment prototype to produce strawberry jam and optimization of vacuum cooking conditions[J]. Journal of food science and technology, 55: 90-100.

Panariello L, Coltelli M B, Buchignani M, et al., 2019. Chitosan and nano-structured chitin for biobased antimicrobial treatments onto cellulose based materials[J]. European Polymer Journal, 113: 328-339.

Pankaj S K, Wan Z, Keener K M, 2018. Effects of cold plasma on food quality: A review[J]. Foods, 7(1): 4.

Pant A, Lee A Y, Karyappa R, et al., 2021. 3D food printing of fresh vegetables using food hydrocolloids for dysphagic patients[J]. Food Hydrocolloids, 114: 106546.

Peng D, Deng J H, Tan X H, et al., 2009. Research progress of controlled freezing point technology on the storage of fruits and vegetables[J]. Packaging and Food Mach, 27(2): 38-43.

Perdones A, Sánchez-González L, Chiralt A, et al., 2012. Effect of chitosan-lemon essential oil coatings on storage-keeping quality of strawberry[J]. Postharvest biology and technology, 70: 32-41.

Pereira L, Cunha A, Almeida-Aguiar C, 2022. Portuguese propolis from Caramulo as a biocontrol agent of the apple blue mold[J]. Food Control, 139: 109071.

Pi X W, Yang Y L, Sun Y X, et al., 2021. Food irradiation: A promising technology to produce hypoallergenic food with high quality[J]. Critical Reviews in Food Science and Nutrition, 62(24): 6698-6713.

Pietikäinen J, Pettersson M, Bååth E, 2005. Comparison of temperature effects on soil respiration and bacterial and fungal growth rates[J]. FEMS microbiology ecology, 52(1): 49-58.

Prior R L, Gu L W, Wu X L, et al., 2007. Plasma Antioxidant Capacity Changes Following a Meal as a Measure of the Ability of a Food to Alter In Vivo Antioxidant Status[J]. Journal of the American College of Nutrition, 26(2): 170-181.

Ranjha M M A N, Kanwal R, Shafique B, et al., 2021. A critical review on pulsed electric field: A novel technology for the extraction of phytoconstituents[J]. Molecules, 26(16): 4893.

Rodríguez-Ramírez J, Méndez-Lagunas L L, López-Ortiz A, et al., 2021. Solar drying of strawberry using polycarbonate with UV protection and polyethylene covers: Influence on anthocyanin and total phenolic content [J]. Solar Energy, 221: 120-130.

Rohasmizah H, Azizah M, 2022. Pectin-based edible coatings and nanoemulsion for the preservation of fruits and vegetables: A review[J]. Applied Food Research, 2(2):100221.

Roobab U, Afzal R, Ranjha M M A N, et al., 2022. High pressure-based hurdle interventions for raw and processed meat: A clean-label prospective[J]. International Journal of Food Science & Technology, 57(2): 816-826.

Roobab U, Khan A W, Irfan M, et al., 2022. Recent developments in ohmic technology for clean label fruit and vegetable processing: An overview[J]. Journal of Food Process Engineering, 45(8): e14045.

Salehi F, Kashaninejad M, 2018. Mass transfer and color changes kinetics of infrared-vacuum drying of grapefruit slices[J]. International Journal of Fruit Science, 18(4): 394-409.

Salehi F, Satorabi M, 2021. Effect of basil seed and xanthan gums coating on colour and surface change kinetics of peach slices during infrared drying[J]. Acta Technologica Agriculturae, 24(3): 150-156.

Salehi F, 2020. Recent applications and potential of infrared dryer systems for drying various agricultural products: A review[J]. International Journal of Fruit Science, 20(3): 586-602.

Severini C, Azzollini D, Albenzio M, et al., 2018. On printability, quality and nutritional properties of 3D printed cereal based snacks enriched with edible insects[J]. Food Research International, 106: 666-676.

Severini C, Derossi A, 2016. Could the 3D printing technology be a useful strategy to obtain customized nutrition? [J]. Journal of Clinical Gastroenterology, 50: S175-S178.

Severino R, Vu K D, Donsì F, et al., 2014. Antimicrobial effects of different combined non-thermal treatments against Listeria monocytogenes in broccoli florets[J]. Journal of food engineering, 124: 1-10.

Shankar S, Khodaei D, Lacroix M, 2021. Effect of chitosan/essential oils/silver nanoparticles composite films packaging and gamma irradiation on shelf life of strawberries[J]. Food Hydrocolloids, 117: 106750.

Shi H M, Li J, Xu E B, et al., 2023. Microscale 3D printing of fish analogues using soy protein food ink [J]. Journal of Food Engineering, 347: 111436.

Singh S, Ramakrishna S, 2017. Biomedical applications of additive manufacturing: present and future [J]. Current opinion in biomedical engineering, 2: 105-115.

Stonehouse G G, Evans J A, 2015. The use of supercooling for fresh foods: A review[J]. Journal of Food Engineering, 148: 74-79.

Sun J, Zhou W B, Yan L K, et al., 2018. Extrusion-based food printing for digitalized food design and nutrition control[J]. Journal of Food Engineering, 220: 1-11.

Sun C, Gunasekaran S, Richards M P, 2007. Effect of xanthan gum on physicochemical properties of whey protein isolate stabilized oil-in-water emulsions. Food Hydrocolloids, 21: 555-564.

Syuhada A, Shamsudin M S, Omar M F, et al., 2021. Incorporating 3D metal printing with artificial intelligence in meeting aerospace demands [C]//Journal of Physics: Conference Series. IOP Publishing, 1892 (1): 012015.

Teribia N, Buvé C, Bonerz D, et al., 2021. Impact of processing and storage conditions on color stability of strawberry puree: The role of PPO reactions revisited[J]. Journal of Food Engineering, 294: 110402.

Thangalakshmi S, Arora V K, 2021. Assessment of rice flour and jaggery as a potential 3D food printer cartridge [C]//2020. Advances in Interdisciplinary Engineering: Select Proceedings of FLAME. Singapore: Springer.

Troy D J, Ojha K S, Kerry J P, et al., 2016. Sustainable and consumer-friendly emerging technologies for application within the meat industry: An overview[J]. Meat Science, 120: 2-9.

Turk M, Perino S, Cendres A, et al., 2017. Alternative process for strawberry juice processing: Microwave hydrodiffusion and gravity[J]. LWT-Food Science and Technology, 84: 626-633.

Ubeda C, Callejón R M, Troncoso A M, et al., 2016. A comparative study on aromatic profiles of strawberry vinegars obtained using different conditions in the production process [J]. Food Chemistry, 192: 1051-1059.

Vancauwenberghe V, Katalagarianakis L, Wang Z, et al., 2017. Pectin based food-ink formulations for 3-D printing of customizable porous food simulants[J]. Innovative Food Science & Emerging Technologies, 42: 138-150.

Vina S Z, Chaves A R, 2003. Texture changes in fresh cut celery during refrigerated storage[J]. Journal of the Science of Food and Agriculture, 83(13): 1308-1314.

Viña S Z, Chaves A R, 2006. Antioxidant responses in minimally processed celery during refrigerated storage [J]. Food Chemistry, 94(1): 68-74.

Vu K D, Hollingsworth R G, Leroux E, et al., 2011. Development of edible bioactive coating based on modified chitosan for increasing the shelf life of strawberries[J]. Food Research International, 44(1): 198-203.

Waghmare R, Suryawanshi D, Karadbhajne S, 2022. Designing 3D printable food based on fruit and vegetable products-Opportunities and challenges[J]. Journal of Food Science and Technology, 60(5):1447-1460.

Wang C, Zhang L H, Qiao Y, et al., 2022. Effects of ultrasound and ultra-high pressure pretreatments on volatile and taste compounds of vacuum-freeze dried strawberry slice[J]. LWT-Food Science and Technology, 160: 113232.

Wang H, Guo T, Li H, 2016. Evaluation of viscosity and printing quality of chitosan-based flexographic inks: The effect of chitosan molecular weight[J]. Journal of Applied Polymer Science, 133(39):43997.

Wang H, Qian J, Ding F, 2017. Recent advances in engineered chitosan-based nanogels for biomedical applications [J]. Journal of Materials Chemistry B, 5(34): 6986-7007.

Wang L, Zhang M, Bhandari B, et al., 2018. Investigation on fish surimi gel as promising food material for 3D printing[J]. Journal of Food Engineering, 220: 101-108.

Wang L, Zhang X X, Zhao Y L, et al., 2018. Effect of treatment with 1-methylcyclopropene or ethylene absorbent on the quality of hawthorn fruits during controlled freezing-point storage[J]. Shipin Kexue/Food Science, 39(23): 243-249.

Wang T, Kaur L, Furuhata Y, et al., 2022. 3D printing of textured soft hybrid meat analogues[J]. Foods, 11(3): 478.

Wang Y J, Zhang L X, Li T, et al., 2023. Zein Coacervate as a New Coating Material for temperature-triggered microcapsule and fruit preservation[J]. Colloids and Surfaces A: Physicochemical and Engineering Aspects, 666:131255.

Wen Y, Kim H W, Park H J, 2022. Effect of xylose on rheological, printing, color, texture, and microstructure characteristics of 3D-printable colorant-containing meat analogs based on mung bean protein[J]. Food Research International, 160: 111704.

Wilms P, Daffner K, Kern C, et al., 2021. Formulation engineering of food systems for 3D-printingapplications-a review[J]. Food Res Int,148: 110585.

Wilson S A, Cross L M, Peak C W, et al., 2017. Shear-Thinning and Thermo-Reversible Nanoengineered Inks for 3D Bioprinting[J]. ACS applied materials & interfaces, 9(50): 43449-43458.

Winardiantika V, Lee Y H, Park N, et al., 2015. Effects of cultivar and harvest time on the contents of antioxidant phytochemicals in strawberry fruits[J]. Hortic Environ Biotechnol,56: 732-739.

Yang G Y, Yue J, Gong X C, et al., 2014. Blueberry leaf extracts incorporated chitosan coatings for preserving postharvest quality of fresh blueberries[J]. Postharvest Biology and Technology, 92: 46-53.

Yang H, Mao W L, Zhao S H, et al., 2017. Effects of controlled freezing point technology combined with the modified humidity packaging on preservation for Toona sinensis[J]. Food Mach, 33: 121-125.

Zahedi S M, Hosseini M S, Abadía J, et al., 2020. Melatonin foliar sprays elicit salinity stress tolerance and enhance fruit yield and quality in strawberry (*Fragaria* × *ananassa* Duch.) [J]. Plant Physiology and Biochemistry, 149: 313-323.

Zawada B, Ukpai G, Powell-Palm M J, et al., 2018. Multi-layer cryolithography for additive manufacturing [J]. Progress in Additive Manufacturing, 3: 245-255.

Zhang H Y, Liang Y, Li X L, et al., 2020. Effect of chitosan-gelatin coating containing nano-encapsulated tarragon essential oil on the preservation of pork slices[J]. Meat science, 166: 108137.

Zhang J Y, Li Y, Cai Y P, et al., 2022. Hot extrusion 3D printing technologies based on starchy food: A review [J]. Carbohydrate Polymers, 294:119763.

Zhang T, Shi Y F, Zhao Y Q, et al., 2018. Boiling and roasting treatment affecting the peanut allergenicity [J]. Annals of Translational Medicine, 6(18):357.

Zhang W, Jiang W, 2019. UV treatment improved the quality of postharvest fruits and vegetables by inducing resistance[J]. Trends in Food Science & Technology, 92: 71-80.

Zhang W J, Shen Y X, Li Z D, et al., 2021. Effects of High Hydrostatic Pressure and Thermal Processing On Anthocyanin Content, Polyphenol Oxidase and Β-Glucosidase Activities, Color, and Antioxidant Activities of Blueberry (Vaccinium Spp.) Puree[J]. Food Chemistry, 342: 128564.

Zhang W J, Zhu Q Q, Zhang T, et al., 2016. Thermal processing effects on peanut allergen Ara h 2 allergenicity in mice and its antigenic epitope structure[J]. Food Chemistry, 212: 657-662.

Zhang Y, Lee A Y, Pojchanun K, et al., 2022. Systematic Engineering approach for optimization of multi-component alternative protein-fortified 3D printing food Ink[J]. Food Hydrocolloids, 131: 107803.

Zhou W, He Y X, Liu F, et al., 2021. Carboxymethyl chitosan-pullulan edible films enriched with galangal essential oil: Characterization and application in mango preservation [J]. Carbohydrate Polymers, 256: 117579.

Zhu B R, Pan J L, Zhou Z X, et al., 2021. Mechanical properties of engineered cementitious composites beams fabricated by extrusion-based 3D printing[J]. Engineering Structures, 238: 112201.

Zunino S J, Parelman M A, Freytag T L, et al., 2012. Effects of dietary strawberry powder on blood lipids and inflammatory markers in obese human subjects[J]. British Journal of Nutrition, 108(5): 900-909.